新世纪工程管理类系列规划教材

建设工程合同管理

主　编　张志勇　张德琦
副主编　李　敏　巨　虹　王根霞
参　编　尹发利　许　峰　陈青鹤　刘铁霖
王志鹏　邹　波　于　丹　戴志亮
于锦伟　李万江　吴新华　李志国
初明祥
主　审　霍连台

机械工业出版社

本书以建设工程实施过程中的工程管理、工程造价等多个专业人才培养目标为要领，全面、系统地介绍了建设工程合同管理的相关法律法规、基本理论和方法。

本书共十一章，涵盖了建设工程勘察、设计、施工和工程总承包等不同阶段的合同管理内容，突出了“施工招标”和“施工合同管理与索赔”方面的“案例分析”，力争与现行的建设工程注册监理工程师、注册造价工程师和注册建造师等注册执业证书考试接轨；强调与工程实际相结合，注重实用性和可操作性。

本书是以“章”作为一个项目的形式进行编写的，每个项目均由知识目标和能力目标两个基本目标构成，并建立项目的知识脉络图；“节”的编写过程，首先是案例引入，然后通过知识学习，解决案例引入中提出的问题，并对建设工程合同管理中的常见问题进行分析；每章均附有供学生练习之用的思考题。

本书主要应用于土木工程类专业教学，包括土木工程、工程管理、工程造价等专业教学，也可供上述专业从事科研、勘察、设计、施工、管理、监理和监测等工作的工程技术人员和经营管理人员学习参考。

图书在版编目（CIP）数据

建设工程合同管理/张志勇，张德琦主编．—北京：机械工业出版社，2018.8

新世纪工程管理类系列规划教材

ISBN 978-7-111-60305-4

Ⅰ.①建…　Ⅱ.①张…　②张…Ⅲ.①建筑工程—经济合同—管理—高等学校—教材　Ⅳ.①TU723.1

中国版本图书馆CIP数据核字（2018）第140094号

机械工业出版社（北京市百万庄大街22号　邮政编码100037）
策划编辑：李　帅　责任编辑：李　帅　郭克学　臧程程
责任校对：黄兴伟　封面设计：张　静
责任印制：张　博
三河市宏达印刷有限公司印刷
2018年8月第1版第1次印刷
184mm×260mm·22.75印张·573千字
标准书号：ISBN 978-7-111-60305-4
定价：54.80元

凡购本书，如有缺页、倒页、脱页，由本社发行部调换

电话服务　　　　　　　　　　　网络服务
服务咨询热线：010-88379833　机 工 官 网：www.cmpbook.com
读者购书热线：010-88379649　机 工 官 博：weibo.com/cmp1952
　　　　　　　　　　　　　　教育服务网：www.cmpedu.com
封面无防伪标均为盗版　　　金　书　网：www.golden-book.com

本书以建设工程实施过程中的工程管理、工程造价、工程监理等多个专业人才培养目标为要领，全面、系统地介绍了建设工程合同管理的相关法律法规、基本理论和方法，为实现与现行的建设工程注册监理工程师、注册造价工程师和注册建造师等注册执业证书考试接轨，特别增设了“施工招标案例分析”和“施工合同管理与索赔案例分析”两章内容。

本书是以“章”作为一个项目的形式进行编写的，每个项目均由知识目标和能力目标两个基本目标构成，并附有项目的知识脉络图；“节”的编写过程，首先是案例引入，然后通过知识学习，解决案例引入中提出的问题，对建设工程合同管理中的常见问题进行分析；每章均附有供学生练习之用的思考题。

本书共十一章，其中第一章和第十一章由山东科技大学张志勇主笔，山东科技大学尹发利、于锦伟、李万江、吴新华、李志国、初明祥，北京天地科技股份有限公司许峰，山东交通职业学院戴志亮参与编写；第六章、第七章、第九章、第十章由辽宁石油化工大学张德琦主笔，辽宁石油化工大学陈青鹤、刘铁霖、王志鹏、邹波、于丹参与编写；第三章由山东建筑大学巨虹主笔；第二章和第五章由山东建筑大学李敏主笔；第四章和第八章由山东科技大学王根霞主笔。

本书由山东建筑大学霍连台主审。

本书在编写过程中进行了系统的资料检索，参考了国家有关部门颁布的现行相关法律法规，以及近年来出版的教材与著作等，谨此向作者和资料提供者致以衷心感谢。

由于作者水平有限，书中难免有不尽如人意之处，恳请读者及同行批评指正。

编　者

2017年12月

目 录

第一章

建设工程合同管理概述

学习目标

知识目标：

1. 了解建设工程合同管理的基本方法。
2. 熟悉招标投标与合同的关系。
3. 掌握建设工程合同与合同管理的概念，掌握合同管理的目标、种类和特征。

能力目标：

1. 能够建立建设工程合同管理的目标。
2. 能够区分建设工程合同的种类和特征。
3. 能够明确招标投标与合同管理的关系。
4. 能够设立合同管理机构、建立合同管理目标制度。
5. 能够知悉合同示范文本制度。

知识脉络图

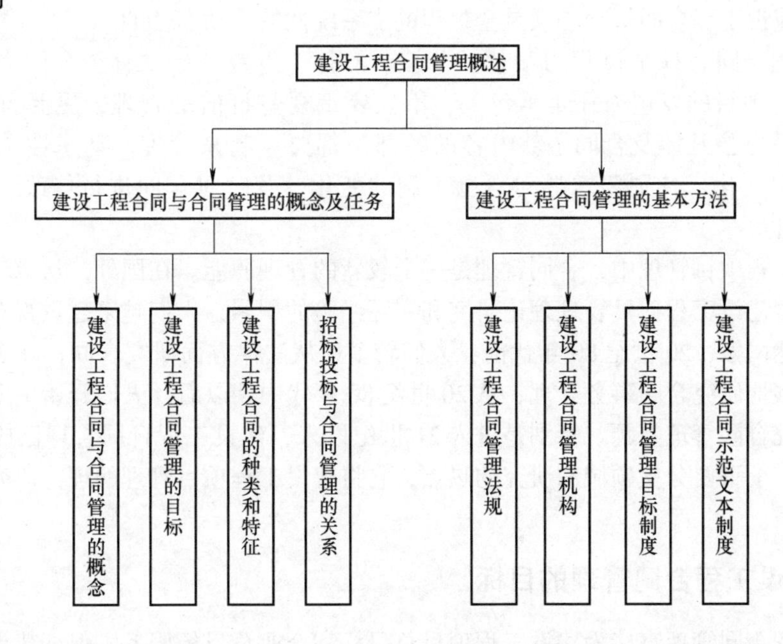

第一节 建设工程合同与合同管理的概念及任务

案例引入

背景资料：2017 年 4 月，A 单位拟建一栋办公楼，工程地址位于已建成的某小区附近。A 单位就该办公楼的设计任务与具有相应设计资质的 B 设计单位签订了设计合同，合同约定设计费为 40 万元，该工程的初步设计及施工图设计于 8 月初完成，工程于 8 月 20 日开始施工，施工承包商为 C 建筑公司。

问题：

(1) 该工程涉及了哪几种建设工程合同？分别由谁签订？

(2) C 建筑公司合同管理的三大控制目标是什么？

一、建设工程合同与合同管理的概念

（一）建设工程合同的概念

建设工程合同是承包人实施工程建设活动，发包人支付价款或酬金的协议。

在传统民法上，建设工程合同属于承揽合同的一种，德国、日本、法国及中国台湾地区民法均将对建设工程合同的规定纳入承揽合同中。建设工程合同的顺利履行是建设工程质量、投资和工期的基本保障，不但对建设工程合同当事人有重要的意义，而且对社会公共利益、公众的生命健康都有重要的意义。

（二）建设工程合同管理的概念

建设工程合同管理是指建设工程项目的发包人或承包人对以自身为当事人的合同依法进行订立、履行、变更、解除、转让、终止以及审查、监督、控制等一系列行为的总称。其中，订立、履行、变更、解除、转让、终止是合同管理的内容；审查、监督、控制是合同管理的手段。建设工程合同管理必须是全过程的、系统性的、动态性的。

建设工程合同管理全过程由洽谈、草拟、签订、生效开始，直至合同失效为止。无论是建设工程项目的发包人还是承包人，不仅要重视签订前的管理，更要重视签订后的管理。系统性是指凡涉及合同条款内容的各部门都要一起来管理。动态性是指注重履约全过程的情况变化，特别要掌握对自己不利的变化，及时对合同进行修改、变更、补充或中止和终止。

在建设工程项目管理中，合同管理是一个较新的管理职能。在国外，从 20 世纪 70 年代初开始，随着建设工程项目管理理论研究和实际经验的积累，人们越来越重视对合同管理的研究。在发达国家，20 世纪 80 年代前，人们较多地从法律方面研究合同；在 20 世纪 80 年代，人们较多地研究合同事务管理；从 20 世纪 80 年代中期以后，人们开始更多地从项目管理的角度研究合同管理问题。特别是进入 21 世纪以来，建设工程合同管理已成为建设工程项目管理的一个重要分支领域和研究的热点，它将建设工程项目管理的理论研究和实际应用推向了新阶段。

二、建设工程合同管理的目标

建设工程合同管理直接为建设工程项目总目标和企业总目标服务，保证建设工程项目总

目标和企业总目标的实现，所以，建设工程合同管理不仅是建设工程项目管理的一部分，而且也是企业管理的一部分。

（一）建设工程合同管理的宏观目标

1. 发展和完善建筑市场

市场经济与计划经济的最主要区别在于：市场经济主要是依靠合同来规范当事人的交易行为，而计划经济主要是依靠行政手段来规范财产流转关系。因此，发展和完善建筑市场，必须有规范的建设工程合同管理制度。

在市场经济条件下，由于主要是依靠合同来规范当事人的交易行为，合同的内容将成为实施建设工程行为的主要依据。依法加强建设工程合同管理，可以保障建筑市场的资金、材料、技术、信息、劳动力的管理，保障建筑市场有序运行。

2. 推进建筑领域的改革

我国建设领域推行项目法人责任制、招标投标制、工程监理制和合同管理制。在这些制度中，核心是合同管理制。因为，项目法人责任制是要建立能够独立承担民事责任的主体制度，而市场经济中的民事责任主要是基于合同义务的合同责任；招标投标制实际上是要确立一种公平、公正、公开的合同订立制度，是合同形成过程的程序要求；工程监理制也是依靠合同来规范发包人、承包人、监理人之间关系的法律制度。所以，建设领域的各项制度实际上是以合同制度为中心相互推进的，建设工程合同管理的健全完善有助于建筑领域其他各项制度的推进。

3. 提高工程建设的管理水平

工程建设管理水平的提高体现在工程质量、进度和投资（成本）的三大控制目标上，这三大控制目标的水平主要体现在合同中。在合同中规定三大控制目标后，要求合同当事人在工程管理中细化这些内容，并在工程建设过程中严格执行这些规定。同时，如果能够严格按照合同的要求进行管理，那么工程的质量就能够有效地得到保障，进度和投资的控制目标也就能够实现。因此，建设工程合同管理能够有效地提高工程建设的管理水平。

4. 避免建设领域的经济违法和犯罪行为

建设领域是我国经济犯罪的高发领域。出现这样的情况主要是由于工程建设中的公开、公正、公平做得不够好，加强建设工程合同管理能够有效地做到公开、公正、公平。特别是健全和完善建设工程合同的招标投标制度，将建筑市场的交易行为置于阳光之下，约束权力滥用行为，有效地避免建设领域的经济违法和犯罪行为。加强建设工程合同履行的管理也有助于政府行政管理部门对合同的监督，从而避免建设领域的经济违法和犯罪行为。

（二）建设工程合同管理的具体目标

1）使整个建设工程项目在预定的投资（成本）、工期范围内完成，达到预定的质量和功能要求，实现工程项目的三大控制目标。

2）使建设工程项目的实施过程顺利，合同争议较少，合同各方能互相协调，并能够圆满地履行合同责任。

3）保证整个工程合同的签订和实施过程符合法律的要求。

4）在工程结束时使双方都感到满意，业主按计划获得一个合格的工程，达到投资目的；承包商不但获得合理的利润，还赢得了信誉，建立双方友好合作关系。这是企业经营管理和发展战略对合同管理的双赢要求。

（三）建设工程合同管理的主要内容

1. 工程项目管理中的合同总体策划

在建设工程承包市场上最重要的主体——业主和承包商之间，业主是工程承包市场的主导，是工程承包市场的动力。由于业主处于主导地位，其合同总体策划对整个工程有导向作用，同时直接影响承包商的合同策划。在工程中，业主通过合同分解项目目标，委托项目任务，并实施对项目的控制。合同总体策划确定对工程项目有重大影响的合同问题，它对整个项目的顺利实施有重要作用，具体表现在以下几个方面：

1）合同总体策划决定着项目的组织结构及管理体制，决定合同各方责任、权利和工作的划分，所以对整个项目的实施和管理过程产生根本性的影响。

2）合同总体策划是起草招标文件和合同文件的依据，策划的结果通过合同文件体现出来。

3）通过合同总体策划摆正工程过程中各方面的重大关系，防止由于这些重大问题的不协调或矛盾造成工作上的障碍，导致重大的损失。

4）合同是实施项目的手段。正确的合同总体策划能够保证圆满地履行各个合同，促使各个合同达到完善的协调，减少矛盾和争执，顺利地实现工程项目的总目标。

2. 工程招标投标阶段的合同管理

一般来说，建设工程合同都是通过招标和投标的方式来委托和承接的。工程承包合同的形成是建立在招标投标的基础之上的。在合同签订前，参与工程建设的合同当事人可以在法律规定的范围内进行协商谈判；当双方合理合法的合同签订后，就具有了法律效力，受到法律保护。此时，合同也就成了工程中合同双方的最高行为准则，合同决定了双方的权利和义务。假如在工程施工过程中出现问题，发生纠纷，合同就是解决问题的关键。所以，合同双方都必须十分重视招标投标阶段的管理工作。

在市场经济条件下，建设工程项目招标投标程序已经较为完善，也有了标准化的文件。在招标投标阶段，招标人的主要目标如下：

1）按照相关法律法规的规定，经过招标竞争争取一个经济合理的价格。

2）在投标人的选择上，要选择信誉度、技术、方案等方面都能保证工程顺利实施的投标人。

3）为了保证能够在合同实施的过程中，有效地对中标人进行严格控制，保证工程的顺利实施，必须要确定严格周密的合同条款。

一般来说，在招标投标过程中，招标人是占有主导地位的，其主要工作有：组织和领导整个招标工作；组织和安排各种会议；起草招标文件；评标决定中标单位，并与之签订合同。

在招标投标阶段，投标人的主要目标如下：

1）尽可能提出对本方有利，同时具有较强竞争力的报价。投标报价是投标人对招标人要约邀请的要约，其在投标截止期后，就会产生法律效力。

2）签订一个有利的合同。

3. 建设工程合同履行阶段的合同管理

工程合同履行是指项目发包方和承包方根据合同规定的时间、地点、方式、内容、标准等要求，各自完成合同义务。

建设工程合同履行阶段的合同管理包括进度、质量、工程款支付、施工安全等管理，还包括变更管理、不可抗力、索赔管理及违约责任等，具体内容见第七章。

4. 工程合同常见争议的处理

（1）协商解决　当事人在合同履行过程中一旦发生纠纷，应本着“互谅、互让”的精神，自愿协商解决。这种解决纠纷的方式无须任何第三人介入，既有利于及时解决纠纷，又有利于双方当事人的团结，有利于维护企业间长期建立起来的协作关系，还有利于避免产生诉讼成本等。因此，纠纷发生后，当事人应把“协商”作为解决纠纷的首选途径。

（2）调解　合同发生纠纷后，当事人可以请有关单位或人员居中进行调解。这种调解不同于仲裁程序和诉讼程序中以调解方式结案的调解。双方当事人在第三人调停下达成的调解协议书不具备法律上的强制执行效力，也就是说，如果任何一方当事人不予执行，另一方当事人不可以直接以该调解书为依据向人民法院申请强制执行。

（3）仲裁　合同的双方当事人如果不愿意协商、调解，或协商、调解不成的，可以仲裁或诉讼。仲裁的前提条件是必须要有仲裁条款或仲裁协议。所谓仲裁条款，是指当事人双方订立合同时，表示愿意把将来可能发生的争议交付仲裁机构解决的一项专门条款。而仲裁协议则是事后达成的与主合同相对独立的又一协议，合同的变更、解除、终止和无效不影响仲裁协议的效力。无论是当事人之间订有仲裁条款还是事后达成仲裁协议，都可以依此向当事人在仲裁条款或仲裁协议中选定的仲裁委员会申请仲裁，从而排斥诉讼。

（4）诉讼　合同发生纠纷后，当事人自行协商、调解不成，或不同意协商、调解的，合同中又没有仲裁条款，事后又没达成仲裁协议的，则可以向人民法院起诉。我国现行法律规定，建设工程承包合同由工程所在地人民法院管辖。人民法院收到起诉状，经审查，认为符合起诉条件的，依法组成合议庭进行审理。

仲裁和诉讼这两种途径，当事人只能选择其一。从法律效力上讲，仲裁机构依法做出的仲裁裁决和人民法院依法做出的判决是一样的，即无论是仲裁裁决还是法院判决，一经生效，当事人就必须予以执行；如果一方当事人不执行，另一方当事人可以申请人民法院强制执行。从这一点来讲，选择仲裁和选择诉讼没有多大区别。从裁决和判决发生效力的时间上来看，仲裁机构采用“一裁终局”制度，即做出的裁决具有终局性，当事人既不可以通过复议也不可以通过诉讼来改变原裁决。而我国审判采用“两审终审”制，当事人对人民法院依法做出的一审判决不服的，可以在法定期限内提出上诉；二审人民法院对上诉案件，经过审理做出维持原判决、依法改判、发回原法院重审的处理决定。

三、建设工程合同的种类和特征

（一）合同法规定的种类

按照《中华人民共和国合同法》（简称《合同法》）的规定，建设工程合同包括建设工程勘察合同、建设工程设计合同、建设工程施工合同三种。

1. 建设工程勘察合同

建设工程勘察合同是指承包方进行工程勘察，发包方支付价款的合同。建设工程勘察单位称为承包方，建设单位或者有关单位称为发包方（又称委托方）。

建设工程勘察合同的标的是为建设工程需要而做的勘察成果。工程勘察是工程建设的第一个环节，也是保证建设工程质量的基础环节。为了确保工程勘察的质量，勘察合同的承包方必须是经国家或省级主管机关批准，持有勘察许可证，具有法人资格和相应资质的勘察单位。

建设工程勘察合同必须符合国家规定的基本建设程序，勘察合同由建设单位或有关单位提出委托，经与勘察部门协商，双方取得一致意见，即可签订。任何违反国家规定的建设程序的勘察合同均是无效的。

2. 建设工程设计合同

建设工程设计合同是指承包方进行工程设计，发包方支付价款的合同。建设单位或有关单位称为发包方，建设工程设计单位称为承包方。

建设工程设计合同的标的是为建设工程需要而做的设计成果。工程设计是工程建设的第二个环节，是保证建设工程质量的重要环节。工程设计合同的承包方必须是经国家或省级主管机关批准，持有设计许可证，具有法人资格和相应资质的设计单位。建设工程项目只有具备了上级批准的设计任务书，建设工程设计合同才能订立；小型单项工程必须具有上级机关批准的文件方能订立。如果单独委托施工图设计任务，应当同时具有经有关部门批准的初步设计文件方能订立。

3. 建设工程施工合同

建设工程施工合同是指工程建设单位与施工单位，也就是发包方与承包方以完成商定的建设工程为目的，明确双方权利义务的协议。建设工程施工合同的发包方可以是法人，也可以是依法成立的其他组织或公民，而承包方必须是法人。

（二）按建设工程项目承包发包的不同范围和数量进行分类

按建设工程项目承包发包的不同范围和数量，可以将建设工程合同分为建设工程设计施工总承包合同、施工总承包合同、施工分包合同。

1. 建设工程设计施工总承包合同

发包人将工程建设的勘察、设计、施工等任务发包给一个承包人的合同，即为建设工程设计施工总承包合同。

2. 施工总承包合同

发包人将全部或部分施工任务发包给一个承包人的合同，即为施工总承包合同。

3. 施工分包合同

承包人经发包人认可，将承包的工程中部分施工任务交与其他人完成而订立的合同，即为施工分包合同。

（三）建设工程合同的特征

1. 建设工程合同的法律特征

（1）建设工程合同是以完成特定不动产的工程建设为主要内容的合同　建设工程合同与承揽合同一样，在性质上属于以完成特定工作任务为目的的合同，但其工作任务是工程建设，不是一般的动产承揽，当事人权利义务所指向的工作物是建设工程项目，包括工程项目的勘察、设计和施工成果。这也是我国建设工程合同不同于承揽合同的主要特征。从这方面而言，也可以说建设工程合同就是以建设工程的勘察、设计或施工为内容的承揽合同。从双方权利义务的内容来看，承包人主要提供的是专业的建设工程勘察、设计及施工等劳务，而不同于买卖合同出卖人的转移特定标的物的所有权，这也是承揽合同与买卖合同的主要区别。

（2）在建设工程合同的订立和履行各环节，均体现了国家较强的干预　在中国，大量的建设工程的投资主体是国家或国有资本，而且建设工程项目一经投入使用，通常会对公共利益产生重大影响，因此国家对建设工程合同实施了较为严格的干预。体现在立法上，就是除《合同法》外还有大量的单行法律和法规，如《中华人民共和国建筑法》（简称《建筑法》）《中华人民共和国城乡规划法》（简称《城乡规划法》）《中华人民共和国招标投标法》（简称《招标投标法》）及大量的行政法规和规章，对建设工程合同的订立和履行各环节进行规制。具体来说，立法对建设工程合同的干预体现在以下几方面：

1）对缔约主体的限制。按照我国相关法律规定，自然人基本上被排除在建设工程合同承包人的主体之外，只有具备法定资质的单位才能成为建设工程合同的承包主体。《建筑法》明确规定了从事建筑活动的建筑施工企业、勘察单位、设计单位和工程监理单位应具备的条件，并将其划分为不同的资质等级，只有取得相应等级的资质证书后，才可在其资质等级许可的范围内从事建筑活动。此外，对建筑从业人员也有相应的条件限制。这是法律的强制性规定，违反此规定的建设工程合同依法无效。在对合同主体经营范围的限制方面，中国立法的态度日趋宽松，但对工程建设单位的主体要求却相当严格。

2）对合同的履行有一系列的强制性标准。建设工程的质量动辄涉及民众生命财产安全，因此对其质量进行监控显得非常重要。为确保建设工程质量监控的可操作性，在建设工程质量的监控过程中需要适用大量的标准。《建筑法》规定，建筑活动应当确保建筑工程质量和安全，符合国家的建筑工程安全标准。建筑活动从勘测、设计到施工、验收各个环节，均存在大量的国家强制性标准的适用。可以说，对主体资格的限制和强制性标准的大量适用，使得建筑业的行业准入标准得到提高，为建设工程的质量提供了制度上的保障。

3）合同责任的法定性。与通常的合同立法多任意性规范不同，关于建设工程合同的立法中强制性规范占了相当大的比例，相当部分的合同责任因此成为法定责任，使得建设工程合同的主体责任呈现出较强的法定性。如关于施工开工前应取得施工许可证的要求，合同订立程序中的招标发包规定，对承包人转包的禁止性规定与分包的限制性规定，以及对承包人质量保修责任的规定等，均带有不同程度的强制性，从而部分或全部排除了当事人的缔约自由。

就其分类而言，建设工程合同可分为勘察合同、设计合同与施工合同，分别以建设工程的不同工作阶段作为其内容。此外，监理合同在广义上也是建设工程合同的一种。监理合同是指由建设单位（发包人）委托具有监理资质的监理单位对其发包工程的施工质量、工期、资金使用等方面进行监督的合同，在性质上属于委托合同而非承揽合同。因此，严格说来，监理合同并不属于建设工程合同范围，《合同法》也未将其列入建设工程合同部分进行规定。

2. 建设工程合同的一般特征

（1）合同主体的严格性　建设工程合同主体一般是法人。发包人一般是经过批准进行工程项目建设的法人，必须有国家批准的建设项目，落实的投资计划，并且应当具备相应的协调能力。承包人则必须具备法人资格，而且应当具备相应的从事勘察设计、施工、监理等资质。无营业执照或无承包资质的单位不能作为建设工程合同的主体，资质等级低的单位不能越级承包建设工程。

（2）合同标的的特殊性　建设工程合同的标的是各类建筑产品。建筑产品是不动产，其基础部分与大地相连，不能移动。这就决定了每个建设工程合同的标的都是特殊的，相互间具有不可替代性。这还决定了承包人工作的流动性。建筑物所在地就是勘察、设计、施工生产的场地，施工队伍、施工机械必须围绕建筑产品不断移动。另外，建筑产品的类别庞杂，其外观、结构、使用目的、使用者都各不相同，这就要求每一个建筑产品都需单独设计

和施工（即使可重复利用标准设计或重复使用图纸，也应采取必要的修改设计才能施工），即建筑产品是单体性生产的，这也决定了建设工程合同标的的特殊性。

（3）合同履行期限的长期性　建设工程由于结构复杂、体积大、建筑材料类型多、工作量大，使得合同履行期限都较长（与一般工业产品的生产相比）。建设工程合同的订立和履行一般都需要较长的准备期。在合同的履行过程中，还可能因为不可抗力、工程变更、材料供应不及时等原因而导致合同期限顺延。所有这些情况，决定了建设工程合同的履行期限具有长期性。

（4）计划和程序的严格性　由于工程建设对国家的经济发展、公民的工作和生活都有重大的影响，因此，国家对建设工程的计划和程序都有严格的管理制度。订立建设工程合同必须以国家批准的投资计划为前提，即使是国家投资以外的、以其他方式筹集的投资也要受到当年的贷款规模和批准限额的限制，纳入当年投资规模的平衡，并经过严格的审批程序。建设工程合同的订立和履行还必须符合国家关于工程建设程序的规定。

（5）合同形式的特殊要求　我国《合同法》对合同形式确立了以不要式为主的原则，即在一般情况下对合同形式采用书面形式还是口头形式没有限制。但是，考虑到建设工程的重要性和复杂性，在建设过程中经常会发生影响合同履行的纠纷，因此，《合同法》要求建设工程合同应当采用书面形式，即采用要式合同。

四、招标投标与合同管理的关系

招标是规范选择合同交易对象和标的，订立交易合同的过程。招标人发出的招标公告和招标文件没有价格要素，属于要约邀请，投标人向招标人递交的投标文件属于要约，招标人向中标人发出的中标通知书属于承诺。招标投标各方通过公平竞争、公正评价的规范程序完成合同主体的选择和合同权利、义务、责任的约定；合同既是招标的决策结果和项目实施的控制目标，也是检验、评价合同各方全面履行权利义务、承担相应责任的标准。

招标投标及其签订合同全过程中，各当事人应当始终坚持公开、公平、公正和诚实信用的基本原则，并应按照法律程序完成选择交易主体和订立合同，这与一般合同订立中应遵守的自治、自愿和自由协商的原则有所不同。按照特别法优先于一般法的原则，以招标方式订立合同的，交易双方应遵守《招标投标法》的特别规定。特别是在招标人发出中标通知书以后，招标人和中标人订立书面合同时，均不得自行更改价格、质量、工期和付款等中标合同的实质内容。

案例分析

（1）该工程共涉及两种合同类型：一种是建设工程设计合同，由A单位和B设计单位签订；另一种是建设工程施工合同，由A单位和承包商C建筑公司签订。

（2）C建筑公司合同管理的三大控制目标是工程质量、工期和成本控制。

常见问题解析

1. 建设工程合同管理在建设项目管理过程中的地位和作用是什么？

【解析】建设工程合同管理在建设项目管理过程中的地位和作用主要是由合同的地位和

作用所决定的，主要体现在以下三个方面：

1）建设工程合同管理是建设项目管理的核心。

2）建设工程合同是承包发包双方履行义务、享有权利的法律基础。

3）建设工程合同是处理建设项目实施过程中各种争执和纠纷的法律依据。

2. 建筑公司中标一住宅工程施工合同，则该公司合同管理的起止时间如何确定？

【解析】该公司住宅工程施工合同管理的开始时间一般应定义为招标人发布招标公告的时间，结束时间一般应定义为合同约定的缺陷责任期届满时间。

第二节　建设工程合同管理的基本方法

案例引入

背景资料：某国有特大型施工企业承担了中东某国家一建设工程项目，项目合同额为100多亿元人民币，合同约定的工期为1.5年。项目部在工程进行到1年时发现工程进度只完成了1/2，工期明显滞后，若不能按时完工，将承担高额超期罚款，且经初步估算，项目直接亏损高达40多亿元人民币。

问题：试从合同管理角度分析，造成该施工企业困境的主要原因。

建设工程合同管理必须依据我国相关法律法规，通过设立合同管理机构，培养合同管理人才，建立合同管理各项制度等来实现。

一、建设工程合同管理法规

建设工程合同管理必须严格执行我国相关法律法规。随着《中华人民共和国民法通则》（简称《民法通则》）、《合同法》《招标投标法》《建筑法》的颁布和实施，我国建设工程合同管理法律已基本健全。但在实践中，这些法律的执行还存在着很大的问题，其中既有勘察、设计、施工单位转包、违法分包和不认真执行工程建设强制性标准、偷工减料、忽视工程质量的问题，也有监理单位监理不到位的问题，还有建设单位不认真履行合同，特别是拖欠工程款的问题。在市场经济条件下，要求我们在建设工程合同管理时要严格依法进行。这样，我们的管理行为才能有效，才能提高建设工程合同管理的水平，才能解决建设领域存在的诸多问题。

二、建设工程合同管理机构

合同管理的任务必须由一定的组织机构和人员来完成。要提高合同管理水平，必须使合同管理工作专门化和专业化，在承包企业和建设工程项目组织中应设立专门的机构和人员负责合同管理工作。

（一）建设工程合同管理组织形式和工作内容

对于不同的企业组织和工程项目组织形式，其合同管理组织的形式也不相同，通常有以下几种情况：

1）工程承包企业应设置合同管理部门，专门负责企业所有工程合同的总体的管理工

作。主要包括：

① 参与投标报价，对招标文件、合同条件进行审查和分析。

② 收集市场和工程信息。

③ 对工程合同进行总体策划。

④ 参与合同谈判与合同的签订，为报价、合同谈判和签订提出建议、意见甚至警告。

⑤ 向工程项目派遣合同管理人员。

⑥ 对工程项目的合同履行情况进行汇总、分析，对工程项目的进度、成本和质量进行总体计划和控制。

⑦ 协调项目各个合同的实施。

⑧ 处理与业主、与其他方面重大的合同关系。

⑨ 具体地组织重大的索赔。

⑩ 对合同实施进行总的指导、分析和诊断。

2）对于大型的工程项目，设立项目的合同管理小组，专门负责与该项目有关的合同管理工作。

3）对于一般的项目、较小的工程，可设合同管理员。他在项目经理领导下进行施工现场的合同管理工作。而对于处于分包地位，且承担的工作量不大、工程不复杂的承包商，工地上可不设专门的合同管理人员，而将合同管理的任务分解下达给各职能人员，由项目经理做总体协调。

4）对于一些特大型的，合同关系复杂、风险大、争执多的项目，承包商可聘请合同管理专家或将整个工程的合同管理工作委托给咨询公司或管理公司。这样会大大提高工程合同管理水平和工程经济效益，但花费也比较高。

（二）普及相关法律知识，培训合同管理人才

在市场经济条件下，工程建设领域的从业人员应当增强合同观念和合同意识，这就要求普及相关法律知识，培训合同管理人才。无论是施工合同中的监理工程师，还是建设工程合同中的当事人，以及涉及有关合同的各类人员，都应当熟悉合同的相关法律知识，增强合同观念和合同意识，努力做好建设工程合同管理工作。

（三）设立合同管理机构，配备合同管理人员

加强建设工程合同管理，应当设立合同管理机构，配备合同管理人员。一方面，建设工程合同管理工作应当作为建设行政管理部门的管理内容之一；另一方面，建设工程合同当事人内部也要建立合同管理机构。特别是建设工程合同当事人内部，不但应当建立合同管理机构，还应当配备合同管理人员，建立合同台账、统计、检查和报告制度，提高建设工程合同管理的水平。

三、建设工程合同管理目标制度

合同管理目标是指合同管理活动应当达到的预期结果和最终目的。建设工程合同管理需要设立管理目标，并且管理目标可以分解为管理的各个阶段的目标。合同的管理目标应当落到实处。为此，还应当建立建设工程合同管理的评估制度。这样，才能有效地督促合同管理人员提高合同管理的水平。

四、建设工程合同示范文本制度

推行合同示范文本制度，一方面有助于当事人了解、掌握有关法律法规，使具体实施项目的建设工程合同符合法律法规的要求，避免缺款少项，防止出现显失公平的条款，也有助于当事人熟悉合同的运行；另一方面，有利于行政管理机关对合同的监督，有助于仲裁机构或者人民法院及时裁判纠纷，维护当事人的利益。使用标准化的范本签订合同，对完善建设工程合同管理制度起到了极大的推动作用。

案例分析

从合同管理角度分析，造成该施工企业困境的主要原因包括：

(1) 没有对招标文件、合同条件进行认真审查和分析，对施工环境和施工条件估计不足，特别是对当地高温环境缺乏认识。

(2) 收集市场和工程信息工作没有做好，在中东某国家当地招工困难，施工企业事先又没有备用方案。

(3) 对工程项目的合同履行情况分析不及时，直到工程进行过半才开始重视工期。

(4) 没有及时组织索赔。

(5) 其他。

常见问题解析

建设工程施工合同目标管理的范围是什么?

【解析】建设工程施工合同目标管理的范围一般包括：施【解析】工合同中确定的全部工程内容和范围；施工合同以外，经建设方同意施工的附属工程、增加项目。

思考题

1. 建设工程合同和合同管理的概念是什么?
2. 建设工程合同的种类有哪些?
3. 招标投标与合同的关系如何界定?
4. 建设工程合同的法律特征和一般特征分别表现在哪些方面?
5. 建设工程承包企业合同管理部门的总体管理工作内容有哪些?

2

第二章 建设工程合同管理法律基础

学习目标

知识目标：

1. 了解我国法的形式与效力层级。
2. 掌握我国建设工程法规体系的构成。
3. 掌握保证在工程建设中的应用。
4. 了解合同法律关系的发生、变更与消灭。
5. 了解工程建设领域的风险及工程建设保险的种类。

能力目标：

1. 能够明确建设工程法规体系法律冲突的解决原则。
2. 能够区分合同担保制度的不同形式。
3. 能够区分施工投标保证、施工合同的履约保证金和施工预付款担保。
4. 能够知悉建筑工程一切险。
5. 能够知悉安装工程一切险。
6. 能够就建设工程合同的担保及保险合同管理提出合理建议。

知识脉络图

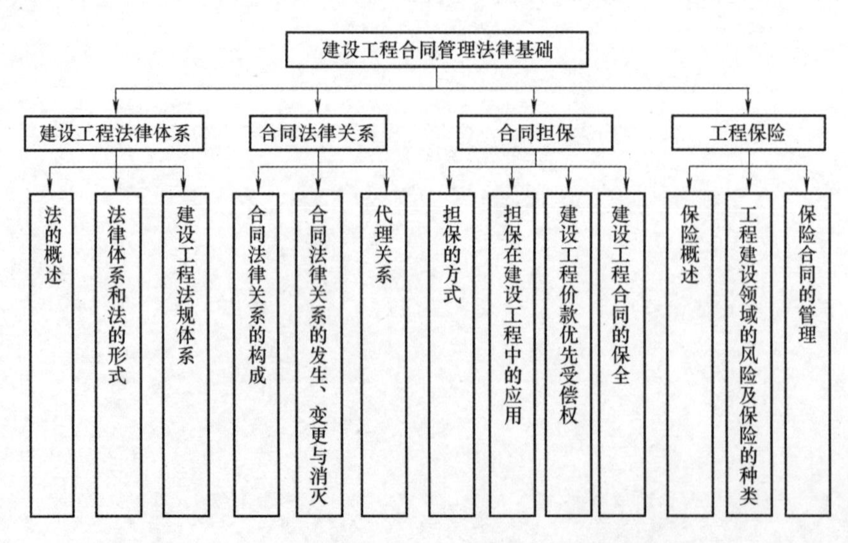

第一节　建设工程法律体系

案例引入

背景资料：A省政府根据本省工程勘察、设计执业情况的实际需要，特制定地方性规章，允许本省那些已取得相应执业资格但未经注册的个人可以从事相关的勘察、设计执业活动，以满足该行业对人才的市场需求。

问题：A省政府的做法是否合法？

一、法的概述

（一）法的概念

法的概念有广义与狭义之分。依照马克思主义法学观，广义的法是指国家按照统治阶级的利益和意志制定或者认可，并由国家强制力保证其实施的行为规范的总和。狭义的法是指具体的法律规范，包括宪法、法令、法律、行政法规、地方性法规、行政规章、判例、习惯法等各种成文法和不成文法。

（二）法律规范

通常意义的规范可以分为技术规范和社会规范两大类。法律规范是社会规范的一种，是由国家强制力保证其实施的一般行为规则。技术规范是指规定人们支配和使用自然力、劳动工具、劳动对象的行为规则。二者既有区别又有联系。在现代社会生产中，违反技术规范可能造成严重后果，如导致各种生产安全事故和灾害事故。因此，国家往往把遵守技术规范规定为法律义务，并确定违反技术规范的法律责任。从这个角度来看，技术规范构成法律规范的义务部分。

法律规范通常由“假定”“处理”和“制裁”三个要素构成。“假定”是指适用法律规范的必要条件。每一个法律规范都是在一定条件下才出现的，而适用这一法律规范的必要条件就称为“假定”。“处理”是指行为规范本身的基本要求，它规定人们应当做什么、禁止做什么、允许做什么，这是法律规范的中心部分，也是法律规范的主要内容。“制裁”是指对违反法律规范将导致的法律后果的规定，如损害赔偿、行政处罚、经济制裁、判处刑罚等。法律规范这三个组成部分密切联系且不可缺少，既可以规定在同一个法律条文中，也可以分别规定在不同的法律条文中。

法律规范虽属于社会规范的一种，但与其他社会规范相比仍有明显区别。首先，法律规范由国家制定或认可，其适用和遵守有国家强制力作为保证。其他社会规范则可能既不由国家来制定，也不依靠国家强制力来保证实施，如道德规范、宗教规范等。其次，在各国通常只有统治阶级才有权制定法律规范，其他社会规范则不同。以道德规范为例，在同一阶级社会中，既有统治阶级的道德规范，又有被统治阶级的道德规范。再次，除习惯法之外，法律规范一般具有特定的形式，由国家机关用正式文件（如法律命令等）的形式规定出来，成为具体的制度。其他社会规范则不一定采用正式文件的形式。最后，法律规范是一般性的行为规则，具有普适性。除非常特殊的情况外，法律规范所针对的不是个别的、特定的事或者

人，而是适用于大量同类的事或人，并可多次适用的一般规则。

（三）法的特征

法的特征是法律在与相近的社会现象（如道德、宗教、政策等）相比较的过程中显示出来的特殊象征和标志，其外在特征可概括如下。

1. 规范性

法的规范性是指法具有规定人们行为模式、指导人们行为的性质。通常，法律规定人们的一般行为模式，从而为人们的交互行为提供了一个模型、标准或方向。法律规定的一般行为模式包括以下三种：

1）人们可以怎样行为（可为模式）。

2）人们不得怎样行为（勿为模式）。

3）人们应当或者必须怎样行为（应为模式）。

2. 国家意志性

法体现国家对人们行为的评价，具有国家意志性；其产生需要通过制定和认可这两种途径。法的制定，是指国家立法机关按照法定程序创制规范性文件的活动。法的认可，是指国家通过一定的方式承认其他社会规范（如道德、宗教、风俗、习惯等）具有法律效力的活动。在法的制定与认可过程中，国家意志贯穿始终。

3. 强制性

法的强制性是指法具有依靠国家强制力保证实施、强迫人们遵守的性质。因此，不管人们的主观愿望如何，人们都必须履行守法义务，否则将导致国家强制力的干涉，受到相应的法律制裁。国家强制力是法得以实施的保障。

4. 普遍性

法的普遍性又称“法的普遍适用性”，是指法作为一般性行为规范在国家权力管辖范围内具有普遍适用的效力和特性。具体而言，它包含以下两方面内容：

（1）法的效力对象具有广泛性　在一国范围之内，任何人的合法行为都无一例外地受法的保护；任何人的违法行为，也都无一例外地受法的制裁。法不是特别为保护个别人的利益而制定的，也不是特别为约束个别人的行为而设立的。

（2）法的效力具有重复性　法对人们的行为有反复适用的效力。在同样的情况下，法可以反复适用，而不仅适用一次。

法在国家权力管辖范围内普遍有效，是从法的属性上来讲的。就一个国家的具体法律的效力而言，则呈现出不同的情况，不可一概而论。有些法律是在全国范围内生效的（如宪法、民法、刑法），有些则是在部分地区或者仅对特定主体生效的（如地方性法规、军事法规）。

5. 程序性

程序是社会制度化的最重要的基石。法本身便是强调程序、规定程序和实行程序的规范。也就是说，法是一个程序制度化的体系或者制度化解决问题的程序。法的实施和实现均按照严格的程序进行。

（四）法的效力

法的效力，即法的生效范围，是指法律规范对何人、在何地方及何时间内发生效力。

1. 关于人的效力

法律对什么人发生效力，各国立法原则不同，大体有以下三种情况：

1）以国籍为主。即属人原则，又称属人主义，法律只对本国人适用，不适用于外国人，外国人侨居法院地国，也不适用该国法律。

2）以地域为主。即属地原则，又称属地主义，法律规范在该国主权控制下的陆地、水域及其底床、底土和领空的领域内有绝对效力。无论本国人还是外国人，原则上一律适用该国法律。

3）属人原则与属地原则相结合。即，凡居住在一国领土内者，无论本国人还是外国人，原则上一律适用该国法律。但在某些问题上，对外国人仍要适用其本国法律，特别是依照国际惯例和条约，享有外交特权和豁免权的外国人，仍适用其本国法律。我国采用属人主义与属地主义相结合的原则。

2. 关于地域的效力

法的地域效力是指法在什么地域范围内发生效力。法的地域效力大体分为以下三种情况：

1）在全国范围内生效。即在国家主权管辖的全部领域有效，包括延伸意义上的领域，如驻外使领馆、领海及领空外的船舶和飞机。凡是国家机关制定的规范性法律文件，一般在全国范围内有效，如全国人民代表大会及其常委会制定的法律、国务院制定的行政法规，除有特殊规定之外，一般都在全国有效。

2）在局部地区有效。一般是指地方国家机关制定的规范性法律文件，在该地区有效。如省、自治区、直辖市人民代表大会及其常委会制定的地方性法规，只在本行政区域内有效。

3）有的法律不但在国内有效，在一定条件下其效力还可以超出国境。如《中华人民共和国刑法》（简称《刑法》）规定："外国人在中华人民共和国领域外对中华人民共和国国家或者公民犯罪，而按本法规定的最低刑为3年以上有期徒刑的，可以适用本法；但是按照犯罪地的法律不受处罚的除外"。

3. 关于时间的效力

法的时间效力是指法律何时生效和何时终止效力，主要有以下三种情况：

1）自法律公布之日起开始生效。

2）法律另行规定生效时间。如：《城乡规划法》由中华人民共和国第十届全国人民代表大会常务委员会第三十次会议于2007年10月28日通过，规定自2008年1月1日起施行。

3）规定法律公布后到达一定期限时生效。法的时间效力会涉及法律的溯及力问题。法律一般只适用于生效后发生的事实和关系，通常不具有溯及力，这是当今各国法律特别是刑法所共同遵循的惯例。但是法不溯及既往并不是绝对的，出于某种需要，也可以对法的时间效力做出溯及既往的规定。例如，我国《刑法》等法律、行政法规就有溯及既往的特别规定。

（五）法的分类

1. 成文法和不成文法

法按照创制和表现形式可分为成文法和不成文法。成文法是指有权制定法律规范的国家机关依照法定程序所制定的规范性法律文件，如宪法、法律、行政法规、地方性法规等。不成文法是指未经国家制定、但经国家认可和赋予法律效力的行为规则，如习惯法、判例等。

2. 宪法性法律和普通法律

按照法的内容和效力强弱，法律可分为宪法性法律和普通法律。宪法又称为根本法或者母法，是具有最高地位和效力的法律文件。宪法是制定其他法律的依据，其他法律不得与之相抵触。普通法律是指有立法权的机关依照立法程序制定和颁布的规范性法律文件，通常规定某种社会关系或者社会关系某一方面的行为规则，其效力次于宪法。次于宪法的普通法律又可分为基本法律和基本法律以外的法律。前者由全国人民代表大会制定和通过，后者由全国人民代表大会常务委员会制定和通过。

3. 国内法和国际法

按照法的创制和适用范围，法律可分为国内法和国际法。国内法是指由国内有立法权的主体制定的、其效力范围一般不超出本国主权范围的法律、法规和其他规范性文件。国际法是指由参与国际关系的两个或两个以上国家或国际组织间制定、认可或缔结的确定其相互关系中权利和义务的，并适用于它们之间的法。其主要表现形式是国际条约和国际惯例。

4. 一般法和特别法

按照法的适用范围，法律可分为一般法和特别法。一般法是指对一般人、一般事项、一般时间、一般空间范围有效的法。特别法是指对特定的人、特定事项有效，或在特定区域、特定时间有效的法。在法律的适用上，一般来说是特别法优于一般法。

5. 实体法和程序法

按照法规定的内容，法律可分为实体法和程序法。实体法一般是指以规定主体的权利、义务关系或职权、职责关系为主要内容的法，如民法、刑法、行政法等。程序法通常是指以保证主体的权利和义务得以实现或保证主体的职权和职责得以履行所需程序或手续为主要内容的法，如民事诉讼法。

6. 公法和私法

以保护国家利益和社会公共利益为目的，具有管理与服从性质，以国家或具有管理公共事务职能的组织为法律关系主体一方或双方的法律，即为公法，如行政法。凡是以保护私人利益为目的、具有平等的性质，以地位平等的公民、法人和其他组织为法律关系主体双方的法律，即为私法，如民法。

二、法律体系和法的形式

(一) 法律体系

1. 法律体系的概念

法律体系又称为法的体系，通常是指一个国家的全部现行法律规范分类组合为不同的法律部门而形成的有机联系的统一整体。任何一个国家的各种现行法律规范，虽然所调整社会关系的性质不同，具有不同的内容和形式，但都是建立在共同的经济基础上，反映同一阶级意志，受共同的原则指导，具有内在一致性，从而构成一个有机联系的统一整体。简单地说，法律体系就是部门法体系。部门法又称法律部门，是根据一定标准和原则对一国法律所做的类别划分。各部门法的设置是否完备，门类是否齐全，是法律体系完善与否的重要标志。目前，我国主要划分部门法的标准是按法所调整的社会关系和调整方法的不同对法进行分类。凡调整同类社会关系并采用同一调整方法的法，就构成一个独立的部门法。例如，规定犯罪和刑罚的法即构成刑法部门。

2. 我国的法律体系

我国现行有效的法律涵盖宪法及宪法相关法、民商法、行政法、经济法、社会法、刑法、诉讼及非诉讼程序法七个法律部门；形成了以宪法为核心，以法律为主干，包括行政法规、地方性法规等规范性文件在内的，由七个法律部门、三个层次法律规范构成的中国特色社会主义法律体系，为依法治国提供了有力的法制保障。

(1) 宪法及宪法相关法　宪法部门在法律体系中居于主导地位，是整个法律体系的基础。宪法部门的主要表现形式是《中华人民共和国宪法》(简称《宪法》)；此外，还包括国家机关组织法、选举法、民族区域自治法、特别行政区基本法、授权法、立法法、国籍法等宪法相关法。

(2) 民商法　民商法是指由调整平等主体之间的财产关系、人身非财产关系和商事关系的法的规则集合而成的部门法；其调整特点主要在于坚持自愿、平等、合意等原则。民商法包括民法和商法两个集群，二者都调整财产关系，但民法调整动态的和静态的财产关系，而商法只调整动态的财产关系。这个部门法在我国原先被称为民法，后来随着商法规则的不断丰富和完整，它又更多地被称为民商法。民法主要由《中华人民共和国民法总则》(简称《民法总则》) 和单行民事法律组成。单行民事法律主要包括合同法、担保法、专利法、商标法、著作权法、婚姻法等。商法则主要包括公司法、证券法、保险法、票据法、企业破产法、海商法等。我国实行“民商合一”的原则，商法虽然是一个相对独立的法律部门，但民法的许多概念、规则和原则也通用于商法。

(3) 行政法　行政法是指调整国家行政管理活动中各种社会关系的法律规范的总和。行政法一方面规定和确立宏观和微观的行政管理制度，另一方面规定和确立各专门行政职能部门的行政管理制度。前者称为一般行政法，如行政复议法、行政处罚法、行政监察法；后者称为特别行政法，如税法、海关法。

(4) 经济法　经济法是指调整一定范围的经济关系的法所构成的部门法。这里“一定范围”包括：国家在国民经济管理中的纵向经济关系；各种社会组织在经济活动中的横向经济关系；各种经济组织内部活动中的经济关系。

(5) 社会法　社会法是指调整劳动关系、社会保障和社会福利关系的法律规范的总称。社会法作为一个独立的部门法在许多国家已是普遍现象。同时，中国社会也存在着大量的需要以专门立法调整的具有相对独立性的社会保障关系、社会福利关系等社会关系。

(6) 刑法　作为部门法的刑法，是指关于犯罪和刑罚的法的规则的总称。“刑法”一词，通常也指具体的刑法典。刑法典是刑法部门的核心和主导，但它不等于是整个刑法部门。

(7) 诉讼及非诉讼程序法　这是由诉讼程序法和非诉讼程序法两方面的法的规则所合成的法的集群。主要包括民事诉讼法、行政诉讼法、刑事诉讼法、仲裁法、律师法、法官法、检察官法。关于程序法应否作为独立的部门法，学界也有争议。主流观点认为将程序法作为独立的部门法，有利于中国诉讼程序和非诉讼程序建设，划清实体法与程序法的领域，从而使二者都得以完善。

(二) 法的形式

法的形式又称为法的渊源。在我国，法的形式是指由不同国家机关制定、认可和变动的，具有不同法的效力或地位的各种法的形式。根据《宪法》和《中华人民共和国立法法》(简称《立法法》) 及有关规定，我国法的形式主要包括以下几种。

1. 宪法

当代中国法的形式主要是以宪法为核心的各种制定法。宪法是每一个民主国家最根本的法的渊源，其法律地位和效力是最高的。我国的宪法是由我国的最高权力机关——全国人民代表大会制定和修改的，一切法律、行政法规和地方性法规都不得同宪法相抵触。

2. 法律

法律是指由全国人民代表大会及其常务委员会制定颁布的规范性文件。它们是法律体系的核心和基础。法律可分为基本法律和普通法律，前者由全国人民代表大会制定，如《合同法》；后者由全国人民代表大会常务委员会制定，如《建筑法》。

3. 行政法规

国务院作为最高国家行政机关，可以根据宪法和法律规定行政措施、制定行政法规、发布决定和命令。尚未制定法律的，全国人民代表大会及其常务委员会有权做出决定，授权国务院可以根据实际需要，对其中的部分事项先制定行政法规，但是有关犯罪和刑罚、对公民政治权利的剥夺和限制人身自由的强制措施和处罚、司法制度等事项除外。可见，行政法规是最高国家行政机关即国务院制定的规范性文件，其效力低于宪法和法律。建设领域内存在大量的行政法规，如《建设工程质量管理条例》《建设工程勘察设计管理条例》等。

4. 部门规章

国务院各部、各委员会根据法律和国务院的行政法规、决定、命令，在本部门的权限内，发布命令、指示和规章。部门规章是国务院各部、各委员会根据法律和国务院的行政法规、决定、命令，在本部门的权限范围内制定和发布的调整本部门范围内的行政管理关系的规范性文件；其主要表现形式为命令、规定、办法等；其内容不得同宪法、法律和行政法规相抵触。

5. 地方性法规和地方政府规章

省、自治区、直辖市的人民代表大会及其常务委员会根据本行政区域的具体情况和实际需要，在不同宪法、法律、行政法规相抵触的前提下，可以制定地方性法规。

设区的市的人民代表大会及其常务委员会根据本市的具体情况和实际需要，在不同宪法、法律、行政法规和本省、自治区的地方性法规相抵触的前提下，可以对城乡建设与管理、环境保护、历史文化保护等方面的事项制定地方性法规，法律对设区的市制定地方性法规的事项另有规定的，从其规定。设区的市的地方性法规须报省、自治区的人民代表大会常务委员会批准后施行。省、自治区的人民代表大会常务委员会对报请批准的地方性法规，应当对其合法性进行审查，同宪法、法律、行政法规和本省、自治区的地方性法规不抵触的，应当在四个月内予以批准。

省、自治区的人民代表大会常务委员会在对报请批准的设区的市的地方性法规进行审查时，发现其同本省、自治区的人民政府的规章相抵触的，应当做出处理决定。

除省、自治区的人民政府所在地的市，经济特区所在地的市和国务院已经批准的较大的市以外，其他设区的市开始制定地方性法规的具体步骤和时间，由省、自治区的人民代表大会常务委员会综合考虑本省、自治区所辖的设区的市的人口数量、地域面积、经济社会发展情况以及立法需求、立法能力等因素确定，并报全国人民代表大会常务委员会和国务院备案。

自治州的人民代表大会及其常务委员会可以依照《立法法》相关规定行使设区的市

制定地方性法规的职权。自治州开始制定地方性法规的具体步骤和时间，依照前款规定确定。

省、自治区的人民政府所在地的市，经济特区所在地的市和国务院已经批准的较大的市已经制定的地方性法规，涉及《立法法》相关规定事项范围以外的，继续有效。

地方性法规是省、自治区、直辖市以及省级人民政府所在地的市和国务院批准的较大的市、经济特区所在地的市以及其他设区的市的人民代表大会及其常务委员会，根据宪法、法律和行政法规，结合本地区的实际情况制定的规范性文件，只在本辖区内有效，其效力低于宪法、法律、行政法规。地方政府规章是由省、自治区、直辖市以及省、自治区人民政府所在地的市和国务院批准的较大的市、经济特区所在地的市以及其他设区的市的人民政府所制定的规范性文件。地方政府规章的效力低于法律、行政法规，也低于同级或上级地方性法规。

地方性法规、规章之间不一致时，由有关机关依照下列规定的权限做出裁决：

1）同一机关制定的新的一般规定与旧的特别规定不一致时，由制定机关裁决。

2）地方性法规与部门规章之间对同一事项的规定不一致，不能确定如何适用时，由国务院提出意见，国务院认为应当适用地方性法规的，应当决定在该地方适用地方性法规的规定；认为应当适用部门规章的，应当提请全国人民代表大会常务委员会裁决。

3）部门规章之间、部门规章与地方政府规章之间对同一事项的规定不一致时，由国务院裁决。

6. 最高人民法院司法解释等规范性文件

最高人民法院对于法律的系统性解释文件和对法律适用的说明，对法院审判有约束力，在司法实践中具有重要的地位和作用。在建设领域内，最高人民法院制定的司法解释文件有很多，如《最高人民法院关于审理建设工程施工合同纠纷案件适用法律问题的解释》和《最高人民法院关于建设工程价款优先受偿权问题的批复》。前者是针对工程建设中某一领域的具体问题的法律适用进行全面总结，而做出的具有一般适用意义的司法解释；后者是最高人民法院对下级法院法律适用中的争议问题的批复。

7. 国际条约

国际条约是指我国作为国际法主体同外国缔结的双边、多边协议和其他具有条约、协定性质的文件。国际条约是我国法的一种形式，对所有国家机关、社会组织和公民都具有法律效力。在建设领域，我国参加了《建筑业安全卫生公约》。

三、建设工程法规体系

建设工程法规体系是指把已经制定和需要制定的建设法律、建设行政法规和建设部门规章衔接起来，形成一个相互联系、相互补充、相互协调的完整统一的框架结构。就广义的建设工程法规体系而言，还包括地方性建设法规和建设规章。我国建设工程法规体系由五个层次构成，即建设法律、建设行政法规、建设部门规章、地方性建设法规和地方性建设规章。

1. 建设法律

建设法律是指由全国人民代表大会及其常务委员会制定颁布的属于国务院建设法规主管部门主管业务范围的各项法律，是建设法规体系的核心和基础。常见的建设法律主要包括：《中华人民共和国建筑法》《中华人民共和国城市房地产管理法》《中华人民共和国城乡规划

法》《中华人民共和国招标投标法》《中华人民共和国安全生产法》《中华人民共和国合同法》《中华人民共和国物权法》等。

2. 建设行政法规

建设行政法规是指由国务院制定颁布的属于建设行政主管部门主管业务范围的规范性文件。如国务院颁布的《建设工程质量管理条例》《建设工程安全生产管理条例》《建设工程勘察设计管理条例》《国有土地上房屋征收与补偿条例》《招标投标法实施条例》等。

3. 建设部门规章

建设部门规章是指由国务院建设行政主管部门或国务院建设行政主管部门与国务院其他相关部门根据其职责范围，依法制定并颁布的各项规定、办法以及条例实施细则与建设技术规范等。如《建筑业企业资质管理规定》《建设工程勘察设计企业资质管理规定》《工程监理企业资质管理规定》等。建设技术规范包括实施工程建设勘察、设计、规划、施工、安装、检测、验收等技术规程、规范、条例、办法、定额等规范性文件，作为全国建设业共同遵守的准则和依据。

4. 地方性建设法规

地方性建设法规是指在不同宪法、法律、行政法规相抵触的前提下，由省、自治区、直辖市、国务院批准为较大的市、经济特区所在地的市以及其他设区的市人民代表大会及其常委会制定颁行的或经其批准颁行的由下级人大或常委会制定的建设方面的法规。

5. 地方性建设规章

地方性建设规章是指由省、自治区、直辖市、国务院批准的较大的市以及设区的市人民政府制定颁布的或经其批准颁布的由其所辖城市人民政府制定的建设方面的规章。

此外，还有最高人民法院关于建设法律适用的司法解释。如《最高人民法院关于审理建设工程施工合同纠纷案件适用法律问题的解释》《最高人民法院关于建设工程价款优先受偿权问题的批复》等。

建设工程法规体系是国家法律体系的重要组成部分，同时又自成体系，具有相对独立性。根据法制统一原则，建设工程法规体系必须服从国家法律体系的总要求，工程建设方面的法律必须与宪法和相关的法律保持一致，工程建设行政法规、部门规章和地方性法规、规章不得同宪法、法律以及上一层次的法律规范相抵触。在建设工程法律体系内部，纵向不同层次的法规之间，应当相互衔接，不能抵触；横向同层次的法规之间，应当协调配套，不能互相矛盾、重复或者留有“空白”。建设工程法规体系作为国家法律体系的一个子系统，还应当考虑与其他法律体系的相互衔接。

案例分析

A 省政府的做法不合法。

省级政府制定地方性建设规章时，不得违背其上位法的规定。

根据《建设工程勘察设计资质管理规定》（地方性建设规章的上位法）的规定，从事建设工程勘察、工程设计执业活动的个人，应当取得执业资格并经注册后方可从事相关执业活动。该条规定具有强制性效力，任何地方性建设规章都不得变更。

第二节　合同法律关系

案例引入

背景资料：A公司因业务需要，将原圆形合同专用章更换成方形合同专用章。但由于工作疏忽，当时未及时登记收回并销毁原圆形合同专用章。原圆形合同专用章由A公司职员王某保管。两个月后，王某从A公司辞职。后A公司收到一份法院送达的诉状副本，才知王某用A公司作废公章，同B商场订立了买卖合同，王某在收到B商场30万元的定金后，下落不明。B商场遂以违约为由，要A公司双倍返还定金60万元。

问题：B商场的主张是否能得到法院的支持？

一、合同法律关系的构成

法律关系是法律在调整人们行为的过程中形成的特殊的权利和义务关系，其本质是受到法律调整的权利和义务关系。合同法律关系属于民事关系，是指受合同法律规范调整的当事人在民事流转过程中形成的权利和义务关系。法律关系通常由主体、客体、法律关系的内容三个要素构成，合同法律关系也不例外，它的构成要素同样包括主体、客体和内容。

（一）合同法律关系的主体

合同法律关系的主体（简称合同主体或当事人），是指合同法律关系中享受权利、承担义务的当事人和参与者，包括自然人、法人和非法人组织。

1. 自然人

自然人是指基于出生而依法成为民事法律关系主体的人，包括本国人、外国人和无国籍人。自然人从出生时起到死亡时止，具有民事权利能力，依法享有民事权利、承担民事义务。我国民法根据一个人是否具有正常的认识及判断能力以及丧失这种能力的程度，把自然人的行为能力分为完全民事行为能力、限制民事行为能力和无民事行为能力三种状况。

（1）完全民事行为能力　完全民事行为能力是指自然人具有通过自己独立的意思表示进行民事行为的能力。十八周岁以上的自然人是成年人，具有完全的民事行为能力，可以独立进行民事活动，是完全民事行为能力人；十六周岁以上不满十八周岁的未成年人，以自己的劳动收入为主要生活来源的，视为完全民事行为能力人。

（2）限制民事行为能力　限制民事行为能力是指自然人独立通过意思表示进行民事行为的能力受到一定的限制。八周岁以上的未成年人为限制民事行为能力人，实施民事法律行为由其法定代理人代理或者经其法定代理人同意、追认，但是可以独立实施纯获利益的民事法律行为或者与其年龄、智力相适应的民事法律行为；不能完全辨认自己行为的成年人为限制民事行为能力人，实施民事法律行为由其法定代理人代理或者经其法定代理人同意、追认，但是可以独立实施纯获利益的民事法律行为或者与其智力、精神健康状况相适应的民事法律行为。限制民事行为能力人的监护人是其法定代理人。

（3）无民事行为能力　无民事行为能力是指自然人不具有以自己独立的意思表示进行民事行为的能力。不满八周岁的未成年人为无民事行为能力人，由其法定代理人代理实施民

事法律行为；不能辨认自己行为的成年人为无民事行为能力人，由其法定代理人代理实施民事法律行为。八周岁以上的未成年人不能辨认自己行为的，适用前述规定。无民事行为能力人的监护人是其法定代理人。

2. 法人

法人是指具有民事权利能力和民事行为能力，依法独立享有民事权利和承担民事义务的组织。法人是与自然人相对应的一个法律概念，是指在法律上与自然人相对应的“人”。

（1）法人的构成要件

1）依法成立。依法成立是指依照法律规定而成立。首先，法人组织的设立应合法，其设立的目的、宗旨要符合国家和社会公共利益的要求，其组织机构、设立方案、经营范围、经营方式等要符合法律的要求；其次，法人的成立程序应符合法律、法规的规定。

2）有必要的财产或者经费。必要的财产或者经费是指法人的财产或者经费应与法人的性质、规模等相适应。法人作为独立的民事主体，要独立进行各种民事活动，独立承担民事活动的后果。必要的财产或者经费是法人生存和发展的基础，也是法人独立承担民事责任的物质基础。因此，必要的财产或者经费是法人应具备的最重要的基础条件。

3）有自己的名称、组织机构和住所。法人应该有自己的名称，通过名称的确定使其区别于其他法人和法人成员。法人是社会组织，法人的意思表示必须依法由法人组织机构来完成，因此每一个法人都应该有自己的组织机构，代表公司进行相应的活动。例如，股份有限公司的组织机构由权力机构（股东大会）、执行机构（董事会）、监督机构（监事会）三部分构成。法人应有自己的住所，主要作用在于法人业务的开展和债务的履行。《民法总则》规定“自己的住所”是法人的要件，主要是为了交易安全和便于国家主管机关监督。

4）能够独立承担民事责任。能够独立承担民事责任是指具有承担民事责任的独立能力。这是与法人需拥有独立支配的财产相联系的。法人作为独立的民事主体，对自己从事各项活动的后果，必须以自己的财产独立承担民事责任；法人的设立人、成员以及工作人员对此不承担连带责任。能否独立承担民事责任是法人区别于非法人组织的一个关键特征。

（2）法人的分类　法人分为营利法人、非营利法人和特别法人。

1）营利法人。以取得利润并分配给股东等出资人为目的成立的法人，为营利法人。营利法人包括有限责任公司、股份有限公司和其他企业法人等。营利法人即我们常说的企业法人。企业法人以从事生产、流通、科技等活动为内容，以获取盈利和增加积累、创造社会财富为目的，是营利性的社会经济组织。我国的企业法人通常有以下三种分类方法：一是根据所有制性质，将企业法人分为全民所有制企业法人、集体所有制企业法人、私营企业法人；二是根据是否有外资参与，将企业法人分为中资企业法人、中外合资经营企业法人、中外合作经营企业法人和外资企业法人；三是根据企业的组合形式，将企业分为单一企业法人、联营企业法人和公司法人。

2）非营利法人。为公益目的或者其他非营利目的成立，不向出资人、设立人或者会员分配所取得利润的法人，为非营利法人。非营利法人包括事业单位、社会团体、基金会、社会服务机构等。

事业单位法人是指为了社会公益事业目的，由国家机关或者其他组织利用国有资产举办的，从事文化、教育、卫生、体育、新闻等公益事业的单位。这些法人组织不以营利为目的，一般不参与商品生产和经营活动，虽然有时也能取得一定收益，但该收益只能用于目的事业，且属于辅助性质。它们的独立经费主要来源于国家财政拨款，也可以通过集资入股或由集体出资等方式取得。事业单位以法人名义从事民事活动所产生的债务，应以它们的独立经费负清偿责任。依据法律规定或行政命令组建的事业单位，从成立之日起，即具有法人资格。由自然人或法人自愿组建的事业单位，应依法办理法人登记，方可取得法人资格。

社会团体法人是指由自然人或法人自愿组成，为实现会员的共同意愿，按照其章程开展活动的非营利性法人。社会团体法人采取由参加成员出资或由国家资助的办法建立团体财产和活动基金，除依法规定的特别基金外，应以此对其债务负清偿责任。社会团体法人可分为学术性社会团体法人、行业性社会团体法人、专业性社会团体法人及联合性社会团体法人。

具备法人条件，为公益目的以捐助财产设立的基金会、社会服务机构等，经依法登记成立，取得捐助法人资格。依法设立的宗教活动场所，具备法人条件的，可以申请法人登记，取得捐助法人资格。法律、行政法规对宗教活动场所有规定的，依照其规定。

3）特别法人。机关法人、农村集体经济组织法人、城镇农村的合作经济组织法人、基层群众性自治组织法人，为特别法人。有独立经费的机关和承担行政职能的法定机构从成立之日起，具有机关法人资格，可以从事为履行职能所需要的民事活动。农村集体经济组织依法取得法人资格。城镇农村的合作经济组织依法取得法人资格。居民委员会、村民委员会具有基层群众性自治组织法人资格，可以从事为履行职能所需要的民事活动。未设立村集体经济组织的，村民委员会可以依法代行村集体经济组织的职能。

3. 非法人组织

非法人组织是不具有法人资格，但是能够依法以自己的名义从事民事活动的组织。非法人组织包括个人独资企业、合伙企业、不具有法人资格的专业服务机构等。非法人组织应当依照法律的规定登记。通常，非法人组织具有一定的民事权利能力和民事行为能力，也具有民事诉讼能力，但只具有相对独立的民事主体地位，其在财产和责任上不具有完全的独立性。

（二）合同法律关系的客体

合同法律关系的客体是指合同权利和义务所共同指向的对象，表现为各种物质利益和非物质利益，包括物、行为、智力成果。在有法律规定的情况下，还包括权利本身。

1. 物

物是合同法律关系最广泛的客体。物是指存在于人身之外、人力所能支配并且能够满足人类需要的财产。

2. 行为

行为是指权利人行使权利的活动以及义务人履行义务的活动。行为主要是债的关系的客体。行为作为合同法律关系的客体，是指能够满足权利主体某种利益的行为，不是任何行为都可以作为合同法律关系的客体。可以作为合同法律关系的客体的行为通常有以下三类。

（1）给付财产的行为　如买卖合同法律关系中，买方权利所针对的并非出卖物，而是卖方给付出卖物的行为。

（2）完成一定工作并交付工作成果的行为　其特点是设立民事法律关系时该成果尚未创造，因此民事权利和义务的对象不可能是成果本身，而只能是创造成果的行为。例如，建设领域内施工方对不动产的加工即为此种行为。

（3）提供劳务或服务　其特点是行为本身并不产生物质成果，而权利主体从行为本身得益。

3. 智力成果

智力成果又称知识产品，是指人类运用脑力劳动创造的具有一定表现形式的精神财富。智力成果主要表现为作品、发明专利、实用新型专利、外观设计、科学发现、商标等。其共同点皆为无形，称之为“无形资产”。

（三）合同法律关系的内容

合同法律关系的内容是指合同主体享有的合同权利和所承担的合同义务。合同权利与合同义务可以由合同法律规范直接规定，也可在法定范围内由当事人协商决定。合同权利是指合同主体享有某种民事利益的可能性。合同义务是指合同主体依法或依照约定应为一定行为或不为一定行为，从而使相对的合同主体实现其利益的必要性。合同权利与合同义务是相互对应的。在任何一个具体的合同法律关系中，一方合同主体享有的合同权利，都需要另一方合同主体承担相应的合同义务。合同权利具有法律保障其实现的性质，合同义务则体现法律强制其履行的特性。

二、合同法律关系的发生、变更与消灭

（一）法律事实的分类

能够引起合同法律关系发生、变更、消灭的客观情况，称为法律事实。法律事实按照其是否直接包含人的意志，可分为自然事实和行为。

（1）自然事实　自然事实是指人的行为以外的，能够引起民事法律关系发生、变更或消灭的一切客观情况。自然事实分为两种，即状态和事件。状态是指某种客观情况的持续，如善意、恶意、人的下落不明、精神失常、对物继续占有、权利持续不行使、战争状态、封锁禁运等。事件是指与人的意志无关，能够引起一定民事法律后果的客观现象；例如，人的出生、人的死亡、不当得利、自然灾害均属于事件。

（2）行为　行为是指人有意识的活动，此处的“人”包括自然人和法人。行为可分为表示行为与非表示行为。表示行为是指表现一定的意思内容，并基于其表现而发生法律效果的行为，包括民事法律行为与准民事法律行为。民事法律行为是指以意思表示为要素，并依照当事人企图的意思内容发生民事法律效果的行为；即在法律规定的范围内，由民事法律行为者自己赋予法律效果的权利和义务内容。准民事法律行为是指行为人表达了一定的主观意思，法律对其赋予一定法律效果的表示行为。准民事法律行为包括意思通知、观念通知、感情表示等。非表示行为即事实行为，是指毋庸表现内心的意思内容，即可发生法律效果的行为；易言之，只要事实上有此行为，即发生法律上的效果，至于行为人有无取得此种法律效果的意思，在所不问。例如，先占、添附、建造房屋、制造产品、天然孳息的分离、履行买卖合同的交付行为等属于引起物权变动效果的事实行为；无因管理、拾得遗失物、发现埋藏物则属于引起债权、债务关系的事实行为；创作作品的行为，也属于事实行为。

（二）民事法律行为

民事行为是指以意思表示为要素，旨在发生民事法律后果的行为。民事行为包括民事法律行为、无效的民事行为、可变更或可撤销的民事行为、效力待定的民事行为。民事行为的成立与生效是两个既有联系又有区别的概念。民事行为的成立，是确认民事行为这一事实是否存在，属于事实判断。民事行为的生效，则是认定民事行为是否具有合法性的问题，属于价值判断。民事行为的成立是民事行为生效的前提。在大多数情况下，民事行为的成立与民事行为的生效在时间上是一致的，即在民事行为成立时即具有法律效力。只有在少数情况

下，民事行为的成立与生效不具有时间上的一致性，即一项民事行为已经成立，但却尚未生效。依法成立的合同，自成立时生效。法律、行政法规规定应当办理批准、登记等手续生效的，依照其规定。

（1）民事行为的成立要件　民事行为的成立要件是指依照法律规定所成立的民事行为应包括的必不可少的事实要素。民事行为的成立要件可分为一般成立要件与特别成立要件。

1）一般成立要件。民事行为的成立一般应具备以下三个要件：

① 当事人。这是民事行为成立须具备的主体要素。当事人包括自然人、法人和其他组织。有的民事行为的当事人只有一人，如立遗嘱；而有的民事行为须有两方以上当事人，如合同。

② 意思表示。这是民事行为得以成立的本质要素。民事行为的成立，必须具备意思表示。对一个单独民事行为而言，只需具备一个意思表示即可，如抛弃动产；而对合同而言，则需数个发生合意的意思表示才能导致民事行为成立，如买卖合同的订立。

③ 标的。这是民事行为成立须具备的客体要素。标的是指行为的内容，即行为人通过其行为所要达到的效果。意思表示中的效果意思，决定了民事行为的内容。尽管民事行为的内容是由意思表示中的效果意思决定的，但行为的内容是独立于意思表示之外的一个独立的要素。

2）特别成立要件。民事行为的特别成立要件是指成立某一具体民事行为，除须具备一般成立要件外，还须具备的其他特殊事实要素。例如，实践性行为以标的物的交付为特别成立要件；当事人约定合同必须采用书面形式为合同成立前提的，则以采用书面形式为合同成立的特别要件。

（2）民事行为的生效要件　生效的民事行为即为民事法律行为。民事法律行为的有效条件是指已经成立的民事行为能够按照意思表示的内容而发生法律效力所应当具备的法定条件。民事法律行为的有效条件具体包括：

1）行为人具有相应的民事行为能力。就自然人而言，完全民事行为能力人可以独立实施民事法律行为；限制民事行为能力人只能实施与其年龄、智力和精神健康状况相适应的民事法律行为，其他民事法律行为的实施要征得其法定代理人的同意或由其法定代理人代理；无民事行为能力人不能独立实施民事法律行为，其需要实施民事法律行为时，由其法定代理人代理。法人的民事行为能力是由法人的经营范围决定的，一般情况下，法人只能在其核准登记的经营范围内活动。

2）行为人的意思表示真实。民事法律行为是以意思表示为构成要素的行为，因此，它要求行为人的意思表示必须真实。所谓意思表示真实，是指行为人表现于外部的意思与其内在意志相一致或相符合。意思表示真实包括以下两层含义：一是行为人的意思表示须是自愿的，任何人都不得强制行为人实施或不实施某一民事行为；二是行为人的意思表示须是真实的，即行为人的主观意愿和外在的意思表示是一致的。

3）不违反法律、行政法规或社会公共利益。民事法律行为不违反法律和社会公共利益的有效条件是指民事法律行为的内容不得违反法律或者社会公共利益。民事法律行为的内容是以意思表示明确确定的，它必须能发生民事法律效果；不仅在事实上能够发生民事法律效果，而且在法律上能够发生民事法律效果。此处“法律上能够”是指民事法律行为内容合法，这是民事社会法治秩序的必然要求。

4）特殊生效要件。某些特殊民事行为，依其性质，其生效除须具备一般有效要件外，尚须具备其他条件。例如，依照法律、行政法规规定应当办理批准、登记等手续生效的民事行为，依照其规定。

(3) 无效的民事行为　无效的民事行为是指欠缺民事法律行为的有效要件，不发生法律效力的民事行为。下列民事行为无效：

1）无民事行为能力人实施的。

2）限制民事行为能力人依法不能独立实施的。

3）行为人与相对人以虚假的意思表示实施的民事法律行为无效。

4）违反法律、行政法规的强制性规定的民事法律行为无效，但是该强制性规定不导致该民事法律行为无效的除外。

5）违背公序良俗的民事法律行为无效。

6）行为人与相对人恶意串通，损害他人合法权益的民事法律行为无效。

无效的民事行为，从行为开始起就没有法律约束力。民事法律行为部分无效，不影响其他部分效力的，其他部分仍然有效。

下列情形下合同无效：

1）一方以欺诈、胁迫的手段订立合同，损害国家利益。

2）恶意串通，损害国家、集体或者第三人利益。

3）以合法形式掩盖非法目的。

4）损害社会公共利益。

5）违反法律、行政法规的强制性规定。

此外，合同中的下列免责条款无效：造成对方人身伤害的；因故意或者重大过失造成对方财产损失的。

(4) 可变更或可撤销的民事行为　可变更或可撤销的民事行为是指依照法律规定，由于行为人的意思与表示不一致或者意思表示不自由，导致非真实的意思表示，可由当事人请求人民法院或者仲裁机构予以变更或者撤销的民事行为。根据《民法总则》及《合同法》的规定，可变更或可撤销的民事行为有以下三种：

1）因重大误解而成立的民事行为。因重大误解而成立的民事行为为可变更或可撤销的民事行为。所谓重大误解，是指行为人对行为的性质、对方当事人、标的物的品种、质量、规格和数量等的错误认识，使行为的后果与自己的意思相悖，造成较大损失的意思表示。例如，在赠予中，赠予人将甲误认为乙而为的赠予。

2）显失公平的民事行为。显失公平的民事行为是指一方当事人利用优势或者利用对方没有经验，致使双方的权利和义务明显违反公平、等价有偿原则实施的民事行为。例如，某古董收购商下乡以极不合理的价格收购古董的行为就是显失公平的民事行为。对于合同是否显失公平进行判断的时间点，应当以订立合同之时为标准。故合同订立以后发生的情势变化，导致双方利益显失公平的，不属于显失公平的民事行为，而应当按照诚实信用原则处理。

3）受欺诈、胁迫而订立的不损害国家利益的合同或者乘人之危而订立的合同。此类合同中，受损害方有权请求人民法院或者仲裁机构变更或者撤销。当事人请求变更的，人民法院或者仲裁机构不得撤销。具有撤销权事由的当事人自知道或应当知道撤销事由之日起一年内没有行使撤销权的，撤销权消灭。具有撤销权的当事人知道撤销事由后明确表示或者以自己的行为放弃撤销权的，撤销权消灭。

（5）民事行为被确认无效或被撤销的法律后果　民事行为被确认为无效后和被撤销后，从行为开始就没有法律效力。但是没有法律效力不等于没有法律后果产生。如果无效或者被撤销的是合同，不影响其中独立存在的有关解决争议方法的条款的效力。此种类型的条款包括：仲裁或诉讼条款；选择管辖法院条款；选择检验、鉴定机构的条款；法律适用条款。

民事行为被确认为无效后和被撤销后，还可能会产生以下法律后果：

1）返还财产。民事行为被确认无效后，当事人因民事行为取得的财产，应当返还给对方。如果一方取得，取得方返还对方；如果双方取得，则双方返还。不能返还或者没有必要返还的，应当折价补偿。

2）赔偿损失。民事行为被确认为无效后，除发生返还财产的法律后果以外，如果无过错方遭受了财产上的损失，则有过错的一方应当承担损害赔偿的责任。如果双方都有过错的，应当各自承担相应的责任。

3）追缴财产。如果双方恶意串通，实施民事行为损害国家、集体或者第三人利益的，应当追缴双方取得的财产，收归国家所有或者返还集体或者第三人。

（6）效力待定的民事行为　效力待定的民事行为是指民事行为虽已经成立，但是否生效还不确定，只有经特定当事人的行为，才能确定生效或不生效的民事行为。效力待定的合同主要有：

1）限制民事行为能力人签订的依法不能独立订立的合同。限制民事行为能力人订立的合同，经法定代理人追认后，该合同有效，但纯获利益的合同或者与其年龄、智力、精神健康状况相适应而订立的合同，不必经法定代理人追认。对于效力待定的合同，相对人可以催告法定代理人在一个月内予以追认。法定代理人未做表示的，视为拒绝追认。合同被追认之前，善意相对人有撤销的权利。撤销应当以通知的方式做出。

2）无权代理人订立的合同。行为人没有代理权、超越代理权或者代理权终止后以被代理人名义订立的合同，未经被代理人追认，对被代理人不发生效力，由行为人承担责任。相对人可以催告被代理人在一个月内予以追认。被代理人未做表示的，视为拒绝追认。合同被追认之前，善意相对人有撤销的权利。撤销应当以通知的方式做出。行为人没有代理权、超越代理权或者代理权终止后以被代理人名义订立合同，相对人有理由相信行为人有代理权的，该代理行为有效。

3）无权处分合同。无权处分合同是指无处分权人处分他人财产的合同。无处分权的人处分他人财产，经权利人追认或者无处分权的人订立合同后取得处分权的，该合同有效。由于无权处分合同的效力取决于权利人的追认，因此合同效力待定。但当事人一方以出卖人在缔约时对标的物没有所有权或者处分权为由主张合同无效的，人民法院不予支持。出卖人因未取得所有权或者处分权致使标的物所有权不能转移，买受人要求出卖人承担违约责任或者要求解除合同并主张损害赔偿的，人民法院应予以支持。由此，基于处分行为和负担行为的区分，无权处分他人之物的合同不再效力待定，而是成为有效合同。

三、代理关系

代理是指代理人在代理权限内，以被代理人的名义实施民事法律行为，被代理人对代理人的代理行为承担民事责任。代理有狭义与广义之分。狭义的代理是指直接代理，又称显名

代理，代理人以被代理人名义进行民事活动。广义的代理包括直接代理和间接代理。间接代理又称隐名代理，是指代理人以自己的名义进行民事活动，而其后果间接地归属于被代理人，如行纪行为。

（一）代理的种类

根据代理权产生的依据不同，可将代理分为委托代理、法定代理和指定代理。

1）委托代理。委托代理又称意定代理，是指基于被代理人的委托授权而发生的代理。委托代理是最常见、最广泛适用的一种代理形式。委托授权行为是委托代理产生的直接依据。委托授权书应当载明代理人的姓名或名称、代理事项、权限和期间，并由授权人签名或盖章。委托授权书授权不明的，被代理人应当向第三人承担民事责任，代理人负连带责任。

2）法定代理。法定代理是指根据法律的直接规定而发生的代理关系。法定代理主要适用于被代理人无民事行为能力或限制民事行为能力的情况；在法定代理中，代理人与被代理人之间一般都存在血缘关系、婚姻关系或组织关系等。

3）指定代理。指定代理是指基于法院或有关机关的指定行为而发生的代理关系。例如，在没有委托代理人和法定代理人的情况下，人民法院、未成年人父母的所在单位或精神病人的所在单位、未成年人或精神病人住所地的居民委员会或村民委员会有权为无民事行为能力人或限制民事行为能力人指定代理人。

（二）代理权的行使

代理权是代理制度的核心内容，是指代理人基于被代理人的意思表示或法律的直接规定或相关的指定，能够以被代理人的名义为意思表示或受领意思表示，其法律效果归于被代理人的资格。

1. 代理人的义务

1）代理人应在代理权限范围内行使代理权，不得无权、越权代理。

2）不得实施违法行为。代理人知道被委托代理的事项违法仍然进行代理活动的，或者被代理人知道代理人的代理行为违法不表示反对的，由代理人和被代理人负连带责任。

3）代理人应积极行使代理权，尽勤勉和谨慎的义务。

4）要为被代理人的利益实施代理行为。代理人应从维护被代理人的利益出发，争取在对被代理人最为有利的情况下完成代理行为。委托代理要看被代理人的主观利益；法定代理和指定代理要看被代理人的客观利益。

5）代理人应亲自行使代理权，不得任意转托他人代理。

6）代理人应尽到报告义务和保密义务。

代理人未尽到职责，给被代理人造成损害的，代理人应承担民事赔偿责任。

2. 代理权行使的限制

滥用代理权是指代理人行使代理权时，违背代理权的设定宗旨和代理行为的基本准则，有损被代理人利益的活动。滥用代理权的主要类型包括：

1）自己代理。自己代理是指代理人在代理权限内，以被代理人名义与自己实施的民事行为。自己代理并不必然导致行为无效；如事先得到被代理人的同意或事后得到其追认，法律也承认其效力。

2）同时代理双方。同时代理双方是指一人同时担任双方的代理人实施民事行为。对同时代理双方，如事先得到双方被代理人的同意或事后得到其追认，法律也承认其效力。

3）代理人的懈怠行为。代理人的懈怠行为是指代理人不尽勤勉义务致使被代理人利益受损的行为。

4）代理人与第三人恶意串通损害被代理人利益的行为。在此情况下，由代理人和第三人对被代理人负连带责任。

（三）无权代理与表见代理

1. 无权代理

无权代理是指代理人不具有代理权而实施的代理行为。无权代理有狭义和广义之分。狭义的无权代理是指行为人既没有代理权，也没有令第三人相信其有代理权的事实或理由，而以本人名义所实施的代理。广义的无权代理除了包括狭义的无权代理之外，还包括表见代理。无权代理行为属于效力待定的民事行为；基于意思自治原则，在无权代理不违反强行法的前提下，由当事人自主选择发生何种法律的效果。

2. 表见代理

表见代理是指被代理人的行为足以使诚信第三人相信无权代理人具有代理权，基于此项信赖而与无权代理人交易，由此造成的法律效果由法律强制被代理人承担的代理。行为人没有代理权、超越代理权或者代理权终止后以被代理人名义订立合同，相对人有理由相信行为人有代理权的，该代理行为有效。

（1）表见代理的构成要件　表见代理的构成要件包括：

1）行为人无代理权。

2）有使相对人相信行为人具有代理权的事实或理由。通常表现为：行为人持有本人发出的证明文件，行为人与本人之间的亲属关系或劳动雇佣关系等。对此，相对人负有举证责任。如果是盗用他人的介绍信、合同专用章或空白合同书的，由本人负举证责任；如不能举证，则构成表见代理。对于非盗用而是借用的，一般不认定为表见代理，而由借用人和出借人对无效合同的法律后果承担连带责任。

3）相对人主观须为善意。即相对人不知道，也无法知道表见代理人实际上不具有代理权。

4）行为人与相对人之间的民事行为具备民事法律行为成立的有效要件。

（2）表见代理的效力　表见代理对本人产生有权代理的效力，本人不得以无权代理抗辩。表见代理对相对人来说，可自由选择主张表见代理或主张无权代理。

（四）代理权的终止

1. 委托代理关系的消灭

有下列情形之一的，委托代理终止：

1）代理期间届满或者代理事务完成。

2）被代理人取消委托或者代理人辞去委托。

3）代理人丧失民事行为能力。

4）代理人或者被代理人死亡。

5）作为代理人或者被代理人的法人、非法人组织终止。

被代理人死亡后，有下列情形之一的，委托代理人实施的代理行为有效：

1）代理人不知道并且不应当知道被代理人死亡。

2）被代理人的继承人予以承认。

3）授权中明确代理权在代理事务完成时终止。

4）被代理人死亡前已经实施，为了被代理人的继承人的利益继续代理。

作为被代理人的法人、非法人组织终止的，参照适用前述规定。

2. 法定代理关系的消灭

有下列情形之一的，法定代理终止：

1）被代理人取得或者恢复完全民事行为能力。

2）代理人丧失民事行为能力。

3）代理人或者被代理人死亡。

4）法律规定的其他情形。

案例分析

该案中，A公司与王某之间构成表见代理。根据《合同法》的规定，行为人没有代理权、超越代理权或者代理权终止以后以被代理人的名义订立合同，相对人有理由相信行为人有代理权的，该代理行为有效。

该案中，A公司原合同专用章已在工商行政管理机关登记备案，其在更换合同专用章后，却并未由工商行政管理机关登记收回或销毁，该合同专用章对外仍具有法律效力。同时，A公司对原合同专用章未妥善保管，存在明显过错。而B商场不知内情，有理由相信手持仍具有法律效力的合同专用章的王某具有代理权，其所订合同当然有效，故A公司应承担返还定金的责任。

第三节 合同担保

案例引入

背景资料：A公司以招标代理机构的身份，对甲市某学校设备采购项目进行国内公开招标。B公司按照A公司的要求向其提交投标保证金。提交投标文件截止时间前，B公司因故撤回其已提交的投标文件。后A公司以此为由，拒绝返还B公司的投标保证金。B公司将A公司告上法庭，要求返还投标保证金。

问题：A公司是否应该返还B公司提交的投标保证金？

担保是指合同的当事人双方为了使合同能够得到切实履行，根据法律、行政法规的规定，经双方协商一致而采取的一种具有法律效力的保护措施。担保的目的在于促使当事人履行合同，从而在更大程度上使权利人的权益得以实现。

一、担保的方式

根据《中华人民共和国担保法》（简称《担保法》）的规定，担保方式共有五种，即保证、抵押、质押、留置和定金。

（一）保证

保证是指保证人和债权人约定，当债务人不履行债务时，保证人按照约定履行债务或者承担责任的行为。

1. 保证人

具有代为清偿债务能力的法人、其他组织或者公民，可以作为保证人。国家机关不得为保证人，但经国务院批准使用外国政府或者国际经济组织贷款进行转贷的除外。学校、幼儿园、医院等以公益为目的的事业单位、社会团体不得为保证人。企业法人的分支机构、职能部门不得为保证人。企业法人的分支机构有法人书面授权的，可以在授权范围内提供保证。任何单位和个人不得强令银行等金融机构或者企业为他人提供保证；银行等金融机构或者企业对强令其为他人提供保证的行为，有权拒绝。

同一债务有两个以上保证人的，保证人应当按照保证合同约定的保证份额，承担保证责任。没有约定保证份额的，保证人承担连带责任，债权人可以要求任何一个保证人承担全部保证责任，保证人都负有担保全部债权实现的义务。已经承担保证责任的保证人，有权向债务人追偿，或者要求承担连带责任的其他保证人清偿其应当承担的份额。

2. 保证合同

保证人与债权人应当以书面形式订立保证合同。保证人与债权人可以就单个主合同分别订立保证合同，也可以协议在最高债权额限度内就一定期间连续发生的借款合同或者某项商品交易合同订立一个保证合同。保证合同应当包括以下内容：

1）被保证的主债权种类、数额。

2）债务人履行债务的期限。

3）保证的方式。

4）保证担保的范围。

5）保证的期间。

6）双方认为需要约定的其他事项。

保证合同不完全具备前述规定内容的，可以补正。

3. 保证方式

保证方式有一般保证与连带责任保证。当事人在保证合同中约定，债务人不能履行债务时，由保证人承担保证责任的，为一般保证。一般保证的保证人在主合同纠纷未经审判或者仲裁，并就债务人财产依法强制执行仍不能履行债务前，对债权人可以拒绝承担保证责任。有下列情形之一的，保证人不得行使前述规定的权利：

1）债务人住所变更，致使债权人要求其履行债务发生重大困难的。

2）人民法院受理债务人破产案件，中止执行程序的。

3）保证人以书面形式放弃前述规定的权利的。

当事人在保证合同中约定保证人与债务人对债务承担连带责任的，为连带责任保证。连带责任保证的债务人在主合同规定的债务履行期届满没有履行债务的，债权人可以要求债务人履行债务，也可以要求保证人在其保证范围内承担保证责任。当事人对保证方式没有约定或者约定不明确的，按照连带责任保证承担保证责任。一般保证和连带责任保证的保证人享有债务人的抗辩权。债务人放弃对债务的抗辩权的，保证人仍有权抗辩。抗辩权是指债权人行使债权时，债务人根据法定事由，对抗债权人行使请求权的权利。

4. 保证责任

保证合同生效后，保证人就应当在合同约定的保证范围和保证期间承担保证责任。保证担保的范围包括主债权及利息、违约金、损害赔偿金和实现债权的费用。保证合同另有约定

的，按照约定。当事人对保证担保的范围没有约定或者约定不明确的，保证人应当对全部债务承担责任。保证期间，债权人依法将主债权转让给第三人的，保证人在原保证担保的范围内继续承担保证责任。保证合同另有约定的，按照约定。保证期间，债权人许可债务人转让债务的，应当取得保证人书面同意，保证人对未经其同意转让的债务，不再承担保证责任。债权人与债务人协议变更主合同的，应当取得保证人书面同意，未经保证人书面同意的，保证人不再承担保证责任。保证合同另有约定的，按照约定。一般保证的保证人与债权人未约定保证期间的，保证期间为主债务履行期届满之日起六个月。连带责任保证的保证人与债权人未约定保证期间的，债权人有权自主债务履行期届满之日起六个月内要求保证人承担保证责任。

（二）抵押

抵押是指债务人或者第三人不转移对抵押财产的占有，将该财产作为债权的担保。债务人不履行债务时，债权人有权依法以该财产折价或者以拍卖、变卖该财产的价款优先受偿。其中，债务人或者第三人为抵押人，债权人为抵押权人，提供担保的财产为抵押物。在国际上，抵押是一种非常受欢迎的担保方式，因为它能比较充分地保障债权人的利益。采用抵押担保时，抵押人和抵押权人应以书面形式订立抵押合同。

《担保法》规定下列财产可以抵押：

1）抵押人所有的房屋和其他地上定着物。

2）抵押人所有的机器、交通运输工具和其他财产。

3）抵押人依法有权处分的国有的土地使用权、房屋和其他地上定着物。

4）抵押人依法有权处分的国有的机器、交通运输工具和其他财产。

5）抵押人依法承包并经发包方同意抵押的荒山、荒沟、荒丘、荒滩等荒地的土地使用权。

6）依法可以抵押的其他财产。

（三）质押

质押是指债务人或者第三人将其动产或者权利移交债权人占有，用以担保债权的履行，当债务人能履行时，债权人依法有权就该动产或者权利优先得到清偿的担保。采用质押这种担保方式时，出质人与质权人应以书面形式订立质押合同。质押分为动产质押和权利质押两种。下列权利可以质押：

1）汇票、支票、本票、债券、存款单、仓单、提单。

2）依法可以转让的股份、股票。

3）依法可以转让的商标专用权、专利权、著作权中的财产权。

4）依法可以质押的其他权利。

（四）留置

留置是指债权人按照合同的约定占有债务人的动产，债务人不按照合同约定的期限履行债务的，债权人有权依法留置该财产，并以该财产折价或者以拍卖、变卖该财产的价款优先受偿。留置担保的范围包括主债权及利息、违约金、损害赔偿金、留置物保管费用和实现留置权的费用。

留置只成立于债务人的动产，针对建设工程不动产实施留置存在着法律上的障碍。留置权行使的前提是债权人依法占有对方的动产，即该动产在合同订立之时就已经存在了，但建设工程并不是在建设合同订立之时就存在的，它是根据合同的履行程度而逐渐形成的不动产。所以从这个角度而言，建设工程是不能被留置的。

（五）定金

定金是指合同签订后，但还没有履行前，当事人一方向另一方支付一定数额的金钱或者其他有价代替物，以保证合同履行的担保方式。交付定金的一方不履行合同，则无权要求返还定金；收取定金的一方不履行合同，则应双倍返还定金。在建设工程勘察和设计合同中，通常都采用定金这种担保方式。

应当注意的是，定金与预付款在形式上好像完全一样，但它们的性质是完全不同的，定金起担保作用，而预付款只是起资助作用。当事人违约时，定金起着制裁违约方、补偿被违约方的作用；而预付款则无此作用，无论哪一方违约，均不得采取扣留预付款或要求双倍返还预付款的行为。定金也不同于违约金，定金是合同的一种担保方式，而违约金只是对违约的一种制裁手段，违约金并不事先支付，被违约方只能通过事后请求支付的方式才能真正获得。

二、担保在建设工程中的应用

在工程建设的过程中，保证是最为常用的一种担保方式。保证这种担保方式必须由第三人作为保证人，由于对保证人的信誉要求较高，工程建设中的保证人往往是银行，也可能是信用较高的其他担保人，如担保公司。这种保证应当采用书面形式，主要包括施工投标保证、施工合同的履约保证、施工预付款担保和保修金等。

（一）施工投标保证

施工投标保证是指在招标投标活动中，投标人随投标文件一同递交给招标人的一定形式、一定金额的投标责任担保。其主要用于保证投标人在递交投标文件后不得撤销投标文件，中标后不得无正当理由不与招标人订立合同，在签订合同时不得向招标人提出附加条件或者不按照招标文件要求提交履约保证金。否则，招标人有权不予返还其递交的投标保证金。

招标人可以在招标文件中要求投标人提交投标保证金。投标保证金除现金外，还可以使用银行出具的银行保函、保兑支票、银行汇票或现金支票。投标人应提交规定金额的投标保证金，并作为其投标书的一部分，数额不得超过招标项目估算价的2%。投标人不按招标文件要求在开标前以有效形式提交投标保证金的，该投标文件将被否决。

投标保证金的有效期应当与投标有效期一致。投标有效期从提交投标文件的截止之日起计算。截止时间按照招标项目的情况由招标文件规定。若由于评标时间过长而使保证到期，招标人应当通知投标人延长投标保函或者保证书有效期。投标保函或者保证书在评标结束之后应退还给投标人。一般有以下两种情况：一是未中标的投标人可向招标人索回投标保函或者保证书，以便向银行或者担保公司办理注销或使押金解冻；二是中标的投标人在签订合同时，向业主提交履约担保，招标人即应退回投标保函或者保证书。招标人最迟应当在书面合同签订后5天内向中标人和未中标的投标人退还投标保证金及银行同期存款利息。

下列任何情况发生时，投标保证金将被没收：

1）投标人在投标函格式中规定的投标有效期内撤回其投标。

2）中标人在规定期限内无正当理由未能根据规定签订合同，或未能根据规定接受对错误的修正。

3）中标人未能根据规定提交履约保证金。

4）投标人采用不正当的手段骗取中标。

（二）施工合同的履约保证

施工合同的履约保证是指为了保证施工合同的顺利履行而要求承包人提供的担保，以防止承包人在合同执行过程中违反合同规定，并弥补发包人造成的经济损失。《招标投标法》规定："招标文件要求中标人提交履约保证金的，中标人应当提供。"

施工合同的履约保证的形式有履约保证金（履约担保金）、履约银行保函和履约保证书。履约保证金可用保兑支票、银行汇票或现金支票，一般情况下额度为合同价格的10%；履约银行保函是中标人从银行开具的保函，额度是合同价格的10%；履约保证书是由保险公司、信托公司、证券公司、实体公司或社会上的担保公司出具的担保书，担保额度是合同价格的30%。

履约保证的功能主要是担保投标人中标后按合同规定，在工程全过程按期限按质量履行其义务。若发生下列情况，发包人有权凭履约保证向银行或者担保公司索取保证金作为赔偿：

1）施工过程中，承包人中途毁约，或任意中断工程，或不按规定施工。

2）承包人破产、倒闭。

履约保证的有效期限从提交履约保证金起，一般情况到保修期满并颁发保修责任终止证后15天止。如果工程拖期，不论何种原因，承包人都应与发包人协商，并通知保证人延长保证有效期，防止发包人故意提款。

履约保证金不同于定金，其目的是担保承包商完全履行合同，主要担保工期和质量符合合同的约定。承包商顺利履行完毕自己的义务，招标人必须全额返还承包商。履约保证金的功能在于承包商违约时，赔偿招标人的损失，即如果承包商违约，将丧失收回履约保证金的权利，并且不以此为限。如果约定了双倍返还或具有定金独特属性的内容，符合定金罚则，则是定金；如果没出现"定金"字样，也没有明确约定使用定金性质的处罚之类的约定，已经交纳的履约保证金，就不是定金，则不能适用定金罚则。

（三）施工预付款担保

施工预付款担保是指承包人与发包人签订合同后，为约束承包人正确、合理使用发包人支付的预付款而由承包人提供的担保。建设工程合同签订后，发包人给承包人一定比例的预付款，但需由承包人的开户银行向发包人出具施工预付款担保，金额应当与预付款金额相同。

施工预付款担保的主要形式是银行保函。其主要作用是保证承包人能够按照合同规定进行施工，偿还发包人已支付的全部预付款金额。预付款在工程的进展过程中每次结算工程款（中间支付）分次返还时，经发包人出具相应文件，担保金额也应当随之减少。

如果承包人中途毁约，中止工程，使发包人不能在规定期限内从应付工程款中扣除全部预付款，则发包人作为保函的受益人有权凭施工预付款担保向银行索赔该保函的担保金额作为补偿。

（四）保修金

保修金在我国的官方文件中称之为建设工程质量保证金，是指发包人与承包人在建设工程承包合同中约定，从应付的工程款中预留，用以保证承包人在缺陷责任期内对建设工程出现的缺陷进行维修的资金。

缺陷是指建设工程质量不符合工程建设强制性标准、设计文件，以及承包合同的约定。缺陷责任期一般为 1 年，最长不超过 2 年，由发包承包双方在合同中约定。

发包人应按照合同约定方式预留保证金，保证金总预留比例不得高于工程价款结算总额的 3%。合同约定由承包人以银行保函替代预留保证金的，保函金额不得高于工程价款结算总额的 3%。

缺陷责任期从工程通过竣工验收之日起计算。由于承包人原因导致工程无法按规定期限进行竣工验收的，缺陷责任期从实际通过竣工验收之日起计算。由于发包人原因导致工程无法按规定期限进行竣工验收的，在承包人提交竣工验收报告 90 天后，工程自动进入缺陷责任期。

缺陷责任期内，由承包人原因造成的缺陷，承包人应负责维修，并承担鉴定及维修费用。如承包人不维修也不承担费用，发包人可按合同约定从保证金或银行保函中扣除，费用超出保证金额的，发包人可按合同约定向承包人进行索赔。承包人维修并承担相应费用后，不免除对工程损失的赔偿责任。

由他人原因造成的缺陷，发包人负责组织维修，承包人不承担费用，且发包人不得从保证金中扣除费用。

缺陷责任期内，承包人认真履行合同约定的责任，到期后，承包人向发包人申请返还保证金。发包人在接到承包人返还保证金申请后，应于 14 天内会同承包人按照合同约定的内容进行核实。如无异议，发包人应当按照约定将保证金返还给承包人。对返还期限没有约定或者约定不明确的，发包人应当在核实后 14 天内将保证金返还承包人，逾期未返还的，依法承担违约责任。发包人在接到承包人返还保证金申请后 14 天内不予答复，经催告后 14 天内仍不予答复，视同认可承包人的返还保证金申请。

三、建设工程价款优先受偿权

（一）建设工程价款优先受偿权的概念

建设工程承包人价款的优先受偿权，是指工程竣工后，建设工程承包人在发包人未按照合同约定给付工程价款，工程价款的债权与抵押权或其他债权同时并存时，承包人就该工程折价或者拍卖所得的价款，享有优先于抵押权和其他债权受偿的权利。

发包人未按照约定支付价款的，承包人可以催告发包人在合理期限内支付价款。发包人逾期不支付的，除按照建设工程的性质不宜折价、拍卖的以外，承包人可以与发包人协议将该工程折价，也可以申请人民法院将该工程依法拍卖。建设工程的价款就该工程折价或者拍卖的价款优先受偿。

（二）行使建设工程价款优先受偿权的条件和方式

建设工程价款优先受偿权的行使应符合下列条件：

1）必须是建设工程合同中的施工合同所产生的建设工程价款。

2）必须是为建设工程实际支出的劳务报酬、材料款等费用。

3）必须是经承包人催告后仍不支付的建设工程价款。

4）必须是允许折价、拍卖的建设工程。

5）承包人履行了催告义务。

行使建设工程价款优先受偿权的方式有以下两种：

1）由承包人与发包人协议将该建设工程折价。

2）由承包人申请法院依法拍卖。

四、建设工程合同的保全

合同的保全是指法律为防止合同债务人的财产不当减少，维护其财产状况，允许合同的债权人向债务人行使一定权利的制度。合同的保全可理解为法律强制实施的一般担保，即债务人应以其所有的财产来保证其合同债务的履行。它可弥补保证、抵押、定金、留置等特殊担保及民事强制执行的不足。合同保全有两种，即代位权和撤销权。

（一）代位权

代位权是指因债务人怠于行使其到期债权，对债权人造成损害的，债权人可以向人民法院请求以自己的名义代位行使债务人的债权的权利。但是，该债权专属于债务人自身的除外。代位权的行使范围以债权人的债权为限。债权人行使代位权的必要费用，由债务人负担。提起代位权诉讼，应当符合下列条件：

1）债权人对债务人的债权合法。

2）债务人怠于行使其到期债权，对债权人造成损害。

3）债务人的债权已到期。

4）债务人的债权不是专属于债务人自身的债权。

1. 建设工程领域代位权的主体

（1）分包商对发包商的代位权　在工程项目实施过程中，总承包商不能从建设单位获得工程款，进而不能支付分包商合同价款的情况非常普遍。在这种情况下，分包商可以考虑行使代位权维护自身利益，以自己的名义向发包商提起代位权之诉。

（2）劳务工人、供应商对总承包商的代位权　在由分包商选择劳务施工队伍或材料设备供应商的项目管理模式下，当分包商不能给付工人工资或材料款时，劳务工人（劳务公司）及供应商得以向拖欠分包商款项的总承包商提起代位权之诉。在工程实践中，一个工程项目中往往涉及多个施工队伍和供应商，在这种情况下需注意，根据《合同法》的司法解释，两个或者两个以上债权人以同一次债务人为被告提起代位权诉讼的，人民法院可以合并审理。当然，部分劳务工人作为债权人依法向次债务人（总承包商）提起代位权诉讼，法院判决对未成为原告的其他债权人同样发生法律拘束力。

2. 实际施工人的法律地位

实际施工人以发包人为被告主张权利的，发包人只在欠付工程价款范围内对实际施工人承担责任。如果发包人与承包人已完成工程价款结算，实际施工人则无权要求重新结算，只能要求发包人在欠付工程款的范围内支付工程款。

（二）撤销权

撤销权是指因债务人放弃其到期债权或者无偿转让财产，对债权人造成损害的，债权人可以请求人民法院撤销债务人的行为。债务人以明显不合理的低价转让财产，对债权人造成损害，并且受让人知道该情形的，债权人也可请求人民法院撤销债务人的行为。撤销权的行使范围以债权人的债权为限。债权人行使撤销权的必要费用，由债务人负担。撤销权自债权人知道或者应当知道撤销事由之日起一年内行使。自债务人的行为发生之日起五年内没有行使撤销权的，该撤销权消灭。

案例分析

A 公司应返还 B 公司提交的投标保证金。

投标保证金有效期从提交投标文件的截止之日起计算。根据《招标投标法》的规定，投标人有权在提交投标文件的截止之日前撤回其投标文件。该案中，B 公司因故在提交投标文件截止时间前撤回投标文件，符合法律规定。A 公司应向 B 公司退还投标保证金及银行同期存款利息。

第四节　工程保险

案例引入

背景资料：某建筑工程集团 A 公司因承建钢管混凝土中承式拱桥工程，于某年 7 月在 B 保险公司处购买了“建筑工程一切险”，保险期限为两年，保险单金额为 8768 万元。次年 8 月，夏季洪水冲走 A 公司为承建该工程而搭建的一处临时工程——便桥、工作平台。围堰模板被冲走，造成围堰渗漏，A 公司重新修复，加上因施救产生的人工费和材料费等共计财产损失 250 余万元。A 公司据此向 B 保险公司发出了出险通知，要求其就该损失进行赔偿。B 保险公司派人到现场查勘，认为 A 公司主张的损失是为施工工程而搭建的便桥被冲毁的损失，而该便桥是为完成项目工程的施工而搭建的临时施工，属于工程施工中的措施，不属于承保范围，因此拒绝赔偿。

经查实，A 公司向 B 保险公司提交的投保申请书及 B 公司签发的保险单上均注明了“投保项目：第一部分：物质损失的项目是建筑工程（包括永久和临时工程及所用材料)”。且洪水发生后，A 公司已采取紧急措施，组织施工队伍对所有工程进行加固，但终因洪水过大过猛，导致临时工程——便桥、工作平台被冲毁，事后又及时通知了 B 保险公司。B 保险公司则认为 A 公司与项目业主签订的建设工程施工合同中并未约定其对所承建工程修的便桥（临时工程）属于工程量清单细项，因此不属于工程内容，也不属于承保范围，拒绝赔偿。

问题：B 保险公司是否应赔偿 A 公司因洪水导致的临时工程损失？

一、保险概述

（一）保险的概念

保险是指投保人根据合同的约定，向保险人支付保险费，保险人对于合同约定的可能发生的事故因其发生所造成的财产损失承担赔偿保险金责任，或者当被保险人死亡、伤残、疾病或者达到合同约定的年龄、期限时承担给付保险金责任的商业保险行为。

保险合同是指投保人与保险人约定保险权利和义务关系的协议。投保人是指与保险人订立保险合同，并按照保险合同负有支付保险费用义务的人。保险人是指与投保人订立保险合同，并承担赔偿或给付保险金责任的保险公司。保险合同在履行中还会涉及被保险人和受益

人的概念。被保险人是指其财产或者人身受保险合同的保障，享有保险金请求权的人。受益人是指人身保险合同中由被保险人或者投保人指定的享有保险金请求权的人。

(二) 保险的分类

1. 按照实施方式分类

(1) 自愿保险　自愿保险又称为任意保险，是指保险双方当事人通过签订保险合同，或是由需要保险保障的人自愿组合而实施的一种保险。

(2) 法定保险　法定保险又称为强制保险，是指国家对一定群体对象以法律、法令或条例规定其必须投保的一种保险。法定保险的保险关系不是产生于投保人与保险人之间的合同行为，而是产生于国家或政府的法律效力。

2. 按照保险标的分类

(1) 财产保险　财产保险是指以财产及其相关利益为保险标的，对保险事故发生导致的财产损失，以金钱或实物进行补偿的一种保险。财产保险有广义与狭义之分。广义的财产保险包括财产损失保险、责任保险、保证保险等；狭义的财产保险是指以有形的物质财富及其相关利益为保险标的的一种保险。狭义的财产保险包括火灾保险、海上保险、汽车保险、航空保险、利润损失保险、农业保险等。

(2) 人身保险　人身保险是指以人的身体或生命为保险标的的一种保险。根据保障范围的不同，人身保险可分为人寿保险、意外伤害保险和健康保险。

(3) 责任保险　责任保险是指以被保险人依法应负的民事损害赔偿责任或经过特别约定的合同责任为保险标的的一种保险。责任保险的种类包括公众责任保险、产品责任保险、职业责任保险、雇主责任保险。

(4) 信用、保证保险　信用、保证保险都是以信用风险作为保险标的的保险，都是具有担保性质的保险。当债权人作为投保人向保险人投保债务人的信用风险时就是信用保险；当债务人作为投保人向保险人投保自己的信用风险时就是保证保险。

3. 按照承保方式分类

(1) 原保险　原保险是相对于再保险而言的，是指投保人与保险人直接签订保险合同而建立保险关系的一种保险。

(2) 再保险　再保险又称分保，是指保险人在原保险合同的基础上，通过签订合同的方式，将其所承担的保险责任向其他保险人进行保险的行为。

(3) 复合保险　复合保险是指投保人以保险利益的全部或部分，分别向数个保险人投保相同种类保险，签订数个保险合同，其保险金额总和不超过保险价值的一种保险。

(4) 重复保险　重复保险是指投保人以同一保险标的、同一保险利益、同一风险事故分别与数个保险人订立保险合同的一种保险。重复保险与复合保险的区别在于，其保险金额的总和超过保险价值。

(5) 共同保险　共同保险是指投保人与两个以上保险人之间就同一保险利益、同一风险共同缔结保险合同的一种保险。

二、工程建设领域的风险及保险的种类

工程建设保险是指业主或承包商为了工程建设项目顺利完成而对工程建设中可能产生的人身伤害或财产损失，向保险公司投保以化解风险的行为。业主或承包商与保险公司订立的保险合同，即为工程建设保险合同。工程建设一般都具有投资规模大、建设周期长、技术要

求复杂、涉及面广等特点。正是由于这些特点，使得建筑业属于高风险的行业。

（一）工程建设领域的风险

工程建设领域的风险主要有以下几个方面。

1. 建筑风险

建筑风险是指工程建设中由于人为的或自然的原因，而影响工程建设顺利完成的风险，包括设计失误、工艺不善、原材料缺陷、施工人员伤亡、第三者财产的损毁或人身伤亡、自然灾害等。

2. 市场风险

与发达国家和地区的建筑市场相比，我国的建筑市场发展得还很不成熟。不成熟的市场带来的一个突出问题是信用，业主是否能够保证按期支付工程款，承包商是否能够保证质量、按期完工，对于承包合同双方当事人都是未知的，这是市场所带来的风险。

3. 政治风险

稳定的政治环境，会对工程建设产生有利的影响；反之，将会给市场主体带来顾虑和阻力，加大工程建设的风险。

4. 法律风险

一般涉外工程承包发包合同中，都会有“法律变更”或“新法适用”的条款。两个国家关于建筑、外汇管理、税收管理、公司制度等方面的法律、法规和规章的办法及修订都将直接影响到建筑市场各方的权利和义务，从而进一步影响其根本利益。

（二）工程建设保险的种类

工程建设涉及的保险种类较多，主要包括：建筑工程一切险（及第三者责任险）、安装工程一切险（及第三者责任险）、工伤保险、人身意外伤害保险、货物运输保险、职业责任保险、工程质量保险等。但狭义的工程保险，则只有建筑工程一切险（及第三者责任险）、安装工程一切险（及第三者责任险）。本节主要介绍狭义的工程保险以及职业责任保险和工程质量保险。

建筑工程一切险及安装工程一切险是指以建筑或安装工程中的各种财产和对第三者的经济赔偿责任为保险标的的保险。这两类保险的特殊性在于，保险公司可以在一份保险单内对所有参加该项工程的有关各方都给予所需要的保障。换言之，即在工程进行期间，对这项工程承担一定风险的有关各方，均可纳入被保险人之列。建筑工程一切险及安装工程一切险一般都同时承保建筑工程第三者责任险，即指在该工程的保险期内，因发生意外事故所造成的依法应由被保险人负责的工地及邻近地区的第三者的人身伤亡、疾病、财产损失，以及被保险人因此所支出的费用。

1. 建筑工程一切险（及第三者责任险）

建筑工程一切险承保各类民用、工业和公用事业建筑工程项目在建造过程中因自然灾害或意外事故而引起的一切损失，包括道路、水坝、桥梁、港埠等。

（1）建筑工程一切险的投保人与被保险人　建筑工程一切险的投保人，是指与保险人订立保险合同，并按照保险合同负有支付保险费义务的人。建筑工程一切险的被保险人，是指其财产或者人身受保险合同保障，享有保险金请求权的人，投保人可以为被保险人。建筑工程一切险的投保人多数为承包商。建筑工程一切险的被保险人可以包括：业主；总承包商；分包商；业主聘用的监理工程师；与工程有密切关系的单位或个人，如贷款银行或投资人等。

(2) 建筑工程一切险的适用范围　建筑工程一切险适用于所有房屋工程和公共工程，尤其是：住宅、商业用房、医院、学校、剧院；工业厂房、电站；公路、铁路、飞机场；桥梁、船闸、大坝、隧道、排灌工程、水渠及港埠等。

(3) 建筑工程一切险承保的危险与损害　建筑工程一切险承保的危险与损害范围很广，凡保险单中列举的除外情况之外的一切事故损失全在保险范围内，尤其是下述原因造成的损失：火灾、爆炸、雷击、飞机坠毁及灭火或其他救助所造成的损失；海啸、洪水、潮水、水灾、地震、暴雨、风暴、雪崩、地崩、山崩、冻灾、冰雹及其他自然灾害；一般性盗窃和抢劫；由于工人、技术人员缺乏经验、疏忽、过失、恶意行为或无能力等导致的施工拙劣而造成的损失；其他意外事件等。

(4) 建筑工程一切险的保险期　建筑工程一切险自工程开工之日或在开工之前工程用料卸放于工地之日开始生效，二者以先发生者为准，开工日包括打地基在内（如果地基也在保险范围内）。施工机具保险自其卸放于工地之日起生效。保险终止日应为工程竣工验收之日或者保险单上列出的终止日。

(5) 建筑工程一切险的保险金额和免赔额　保险金额是指保险人承担赔偿或者给付保险金责任的最高限额。保险金额不得超过保险标的的保险价值。超过保险价值的，超过的部分无效。建筑工程一切险的保险金额按照不同的保险标的确定。保险公司要求投保人根据其不同的损失自负一定的责任，由被保险人承担的损失额称为免赔额。工程本身的免赔额为保险金额的0.5%～3%。施工机具设备等的免赔额为保险金额的5%。第三者责任险中财产损失的免赔额为每次事故赔偿限额的1%～2%，但人身伤害没有免赔额。保险人向被保险人支付为修复保险标的遭受损失所需的费用时，必须扣除免赔额。支付的赔偿额极限相当于保险总额，但不超过保险合同中规定的每次事故的保险极限之和或整个保险期内发生的全部事故的总保险极限。

2. 安装工程一切险（及第三者责任险）

安装工程一切险承保安装机器、设备、储油罐、钢结构工程、起重机以及包含机械工程因素的各种建造工程的一切损失，属于技术保险种类；能够保障被保险人在机器设备安装、调试过程中可能遭受的损失得到经济补偿。安装工程一切险的被保险人除承包商外，还包括业主、制造商或供给商、技术咨询顾问、安装工程的信贷机构、待安装构件的买受人等。

安装工程一切险往往还加保第三者责任险。安装工程一切险的第三者责任险承保被保险人在保险期限内，因发生意外事故造成在工地及邻近地区的第三者人身伤亡、疾病或财产损失，依法应由被保险人赔偿的经济损失，以及因此支付的诉讼费用和经保险人书面同意支付的其他费用。

(1) 安装工程一切险与建筑工程一切险的区别

1) 建筑工程一切险的保险标的从开工以后逐步增加，保险额也逐步提高。而安装工程一切险的保险标的自始存放于工地，与建筑工程一切险相比，保险人承保的风险比较集中。在机器安装好之后，试车、考核所带来的危险以及在试车过程中发生机器损坏的危险是建筑工程一切险不涉及的。

2) 在一般情况下，自然灾难造成建筑工程一切险的保险标的损失的可能性较大，而安装工程一切险的保险标的多数是建筑物内安装及设备（石化、桥梁、钢结构建筑物等除外），受自然灾难（如洪水、台风、暴雨等）损失的可能性较小，受人为事故损失的可能性较大。

3）安装工程在交接前必须经过试车考核，在试车期内，任何潜在的因素都可能造成损失，损失率要占安装工期内的总损失的一半以上。试车期的安装工程一切险的保费通常占整个工期保费的三分之一左右，而且保险人对旧机器设备不承担赔付责任。总的来说，安装工程一切险的风险较大并且集中，保险费率也要高于建筑工程一切险。

（2）安装工程一切险的责任范围及除外责任　安装工程一切险对下列各项负责赔偿：安装的机器及安装费，包括安装工程合同内要安装的机器、设备、装置、物料、基础工程（如地基、机座等）以及安装工程所需的各种临时设施（如水电、照明、通信设备等）；安装工程使用的承包人的机器、设备；附带投保的土木建筑工程项目（如厂房、仓库、办公楼、宿舍、码头、桥梁等），这些项目一般不在安装合同以内，但可在安装工程一切险内附带投保。安装工程一切险也可以根据投保人的要求附加第三者责任险，这与建筑工程一切险是相同的。

安装工程一切险承保的危险和损害除包括建筑工程一切险中规定的内容外，还包括：短路、过电压、电弧所造成的损失；超压、压力不足、离心力引起的断裂所造成的损失；其他意外事故（如因进入异物或因安装地点的运输而引起的意外事件）。

安装工程一切险的除外情况主要包括：由结构、材料或在车间制作方面的错误导致的损失；因被保险人或其派遣人员蓄意破坏或欺诈行为而造成的损失；因功力或效益不足而招致合同罚款或其他非实质性损失；由战争或其他类似事件，民众运动或因当局命令而造成的损失；因罢工和骚乱而造成的损失（但有些国家却不视为除外情况）；由原子核裂化或核辐射造成的损失等。

（3）安装工程一切险的保险期限　安装工程一切险的保险责任，自投保工程的动工日（若包括土建任务）或第一批被保险项目卸至施工地点时（以先发生为准），即行开始。其保险责任的终止日可以是安装完毕验收通过之日或保险物所列明的终止日，二者以先发生者为准。安装工程一切险的保险责任也可以延展至为期一年的维修期满日。在征得保险人同意后，安装工程一切险的保险期限可以延长，但应在保险单上加批注并增收保费。

安装工程一切险的保险期一般应包括一个试车考核期。考核期的长短应根据工程合同上的规定来决定。对考核期的保险责任一般不超过三个月，若超过三个月，应另行加收费用。安装工程一切险对旧机器设备不负考核期的保险责任，也不承担其维修期的保险责任。

3. 职业责任保险

职业责任保险是指承保专业技术人员因工作疏忽、过失所造成的合同一方或他人的人身伤害或财产损失的经济赔偿责任的保险。工程建设标的额巨大、风险因素多，建筑事故造成的损害往往数额巨大，而责任主体的偿付能力相对有限，这就有必要借助保险来转移职业责任风险。在工程建设领域，这类保险对勘察、设计、监理单位尤为重要。由于设计错误、工作疏忽、监督失误等原因给业主或者第三者造成的损失或损害，保险公司将负责进行赔偿。职业责任保险只承担经济赔偿责任，对于其他的法律责任则不予承保。下面以建设工程设计责任保险为例加以说明。

（1）建设工程设计责任保险的概念　建设工程设计责任保险，是指以建设工程设计人因设计上的疏忽或过失而引发工程质量事故造成损失或费用应承担的经济赔偿责任为保险标的的职业责任保险。建设工程设计责任保险的被保险人通常是依法成立的建设工程设计单位，也可以是依法独立从事建设工程设计的个人。工程设计人（包括单位和个人）从事建设工程设计工作，为工程的建设人提供设计成果，如果由于其疏忽或过失使设计本身存在瑕

疵，就可能导致工程毁损或报废，给工程建设人造成经济损失，并可能造成其他人的人身伤亡或财产损失。在这种情况下，工程设计人就负有经济赔偿责任。因此，工程设计人可以通过建设工程设计责任保险，将这种责任风险转移给保险人。

（2）建设工程设计责任保险的种类　建设工程设计责任保险按其保险标的不同，可分为综合年度保险、单项工程保险、多项工程保险三种。

1）综合年度保险。综合年度保险是指以工程设计单位一年内完成的全部工程设计项目可能发生的对受害人的赔偿责任作为保险标的的建设工程设计责任保险。综合年度保险的年累计赔偿限额由工程设计单位根据该年承担的设计项目所遇风险和出险概率来确定，保险期限为一年。

2）单项工程保险。单项工程保险是指以工程设计单位完成的一项工程设计项目可能发生的对受害人的赔偿责任作为保险标的的建设工程设计责任保险。单项工程保险的累计赔偿限额一般与该项目工程的总造价相同，保险期限由工程设计单位与保险公司具体约定。

3）多项工程保险。多项工程保险是指以工程设计单位完成的数项工程设计项目可能发生的对受害人的赔偿责任作为保险标的的建设工程设计责任保险。多项工程保险的累计赔偿限额，一般为数个项目工程的总造价之和或数个项目工程的总造价之和的一定比例，保险期限由工程设计单位与保险公司具体约定。

（3）建设工程设计责任保险的保险责任　建设工程设计责任保险的保险责任一般包括以下四项内容：

1）工程设计单位对造成的建设工程损失、第三者财产损失或人身伤亡依法应承担的赔偿责任。

2）事先经保险公司书面同意的保险责任事故的鉴定费用。

3）事先经保险公司书面同意，为解决赔偿纠纷而交给人民法院的诉讼费用等。

4）发生保险责任事故后，工程设计单位为缩小或减轻依法应承担的赔偿责任所支付的必要的合理的费用。

因建筑设计单位的如下违法行为造成的损失、费用，保险公司不予赔偿：

1）工程设计单位因违反国家现行资质管理规定承接工程设计业务而造成的损失、费用，保险公司不负责赔偿。

2）工程设计单位未根据勘察成果文件进行工程设计而造成的损失、费用，保险公司不负责赔偿。

3）工程设计单位将工程设计任务转包或未按照国家有关规定分包而造成的损失、费用，保险公司不负责赔偿。

4. 工程质量保险

建筑工程质量保险又称为工程质量潜在缺陷保险，是指以建筑物由于各种原因存在潜在缺陷，导致其在使用期间发生的损失作为保险标的的保险。

（1）建筑工程质量保险的性质　建筑工程质量保险是一种保证保险。广义的工程质量保险是指建设工程相关方以工程质量为保险标的，由保险公司对因工程质量缺陷造成的建筑本体的损失予以赔偿、维修或重置的保险。狭义的工程质量保险是指工程质量潜在缺陷保险，是由工程的建设单位投保，保险公司根据法律法规和保险条款约定，对在保修范围和保修期限内出现的由于工程质量潜在缺陷所导致的投保建筑物损坏，予以赔偿、维修或重置的保险。中国人民财产保险股份有限公司所推出的建筑工程质量保险实际上就是狭义的建筑工

程质量保险。

（2）建筑工程质量保险的内容 建筑工程质量保险的投保人为进行住宅商品房开发及写字楼工程开发的获得国家或当地建设主管部门资质认可的建筑开发商；被保险人为对建筑物具有所有权的自然人、法人或其他组织。保险责任范围为：保险合同中载明的、由投保人开发的建筑物，按规定的建设程序竣工验收合格满一年后，经保险人指定的建筑工程质量检测机构检测通过，在正常使用条件下，因潜在缺陷在保险期限内发生质量事故造成建筑物的损坏，经被保险人向保险人提出索赔申请，保险人按照本保险合同的约定负责赔偿修理、加固或重置的费用，包括：

1）整体或局部倒塌。

2）地基产生超出设计规范允许的不均匀沉降。

3）阳台、雨篷、挑檐等悬挑构件坍塌或出现影响使用安全的裂缝、破损、断裂。

4）主体结构部位出现影响结构安全的裂缝、变形、破损、断裂。

关于保险合同的成立与生效：投保人于工程开工前投保本保险，保险人同意承保，本保险合同成立。建筑物竣工验收合格满一年后，投保人应就其开发的建筑物，向保险人指定的建筑工程质量检测机构申请质量检测，上述机构检测通过后，本保险合同自检测通过之日起生效。保险期限为十年，自保险合同生效之日起计算。

三、保险合同的管理

（一）保险决策

保险决策主要表现在两个方面，即是否投保和选择保险人。

针对工程建设的风险，可以自留也可以转移。在进行这一决策时，需要考虑期望损失与风险概率、机会成本、费用等因素。如，期望损失与风险发生的概率高，则尽量避免风险自留；如果机会成本高，则可以考虑风险自留。当决定将工程建设的风险进行转移后，还需要决策是否投保。风险转移的方法包括保险风险转移和非保险风险转移。非保险风险转移是指通过各种合同将本应由自己承担的风险转移给别人，如设备租赁、房屋出租等。保险风险转移是指通过购买保险的方法将风险转移给保险公司或者其他保险机构。在许多国家，强制规定承包商必须投保建筑工程一切险（及第三者责任险）、安装工程一切险（及第三者责任险）。在这些国家，对于必须要求保险的保险种类，建设工程的主体是没有投保决策问题的。但是，在没有强制性保险规定的国家或者针对没有强制性保险规定的保险种类，则存在投保决策问题。当一个项目的风险无法回避，风险自留的损失高于保险的成本时，应当进行投保。在比较风险自留的损失和保险的成本时，可以采用定量的计算方法。

在进行选择保险人决策时，一般至少应当考虑安全、服务、成本这三项因素。安全是指保险人在需要履行承诺时的赔付能力。保险人的安全性取决于保险人的信誉、承包业务的大小、盈利能力、再保险机制等。保险人的服务也是一项必须考虑的因素，在工程保险中，好的服务能够减少损失，使投保人公平合理地得到索赔。决定保险成本的最主要因素则是保险费率，当然也要考虑到资金的时间价值。在进行决策时，应当选择安全性高、服务质量好、保险成本低的保险人。

（二）保险合同当事人的管理义务

保险合同订立后，当事人双方必须严格、全面地按保险合同订立的条款履行各自的义务。在订立保险合同前，当事人双方应履行告知义务。即保险人应将办理保险的有关事项告

知投保人；投保人应当按照保险人的要求，将主要危险情况告知保险人。在保险合同订立后，投保人应按照约定期限交纳保险费，遵循有关消防、安全、生产操作和劳动保护方面的法规及规定。保险人可以对被保险财产的安全情况进行检查，如发现不安全因素，应及时向投保人提出清除不安全因素的建议。在保险事故发生后，投保人有责任采取一切措施，避免扩大损失，并将保险事故发生的情况及时通知保险人。保险人对保险事故所造成的保险标的损失或者引起的责任，应当按照保险合同的规定履行赔偿或给付责任。

对于保险标的损坏的，保险人可以选择赔偿或者修理。如果选择赔偿，保险事故发生后，保险人已经支付了全部保险金额，并且保险金额相当于保险价值的，受损保险标的全部权利归于保险人；保险金额低于保险价值的，保险人按照保险金额与保险时此保险标的价值的比例取得保险标的的部分权利。

（三）保险索赔

对于投保人而言，保险的根本目的是发生灾难事件时能够得到补偿，而这一目的必须通过索赔实现。

1）工程投保人在进行保险索赔时，必须提供必要的、有效的证明作为索赔的依据。证据应当能够证明索赔对象及索赔人的索赔资格，证明索赔能够成立且属于保险人的保险责任。这就要求投保人在日常的管理中注意证据的收集和保存；当保险事件发生后更应注意证据收集，有时还需要有关部门的证明。索赔的证据包括保险单、建设工程合同、事故照片、鉴定报告、保险单中规定的证明文件。

2）投保人应当及时提出保险索赔，这不仅与索赔的成功与否有关，也与索赔是否能够获得补偿和索赔的难易有关。因为资金有时间价值，如果保险事件发生后很长时间才取得索赔，即使是全额赔偿也不易补偿自己的全部损失。时间一长，无论是索赔人的取证还是保险人的理赔都会增加很大的难度。

3）要计算损失大小。如果保险单上载明的保险财产全部损失，则应当按照全损进行保险索赔。如果财产虽然没有全部毁损或灭失，但其损坏程度已经达到无法修理；或者虽然能够修理，但修理费将超过赔偿金额，都应当按照全损进行索赔。如果保险单上载明的保险财产没有全部损失，则应当按照部分损失进行索赔。如果一个建设项目同时由多家保险公司承保，则只能按照约定的比例分别向不同的保险公司提出索赔要求。

案例分析

该案中，A公司与B保险公司对保险合同成立均无异议，对保险单所载明的内容也无异议。根据保险单规定，“投保项目：第一部分：物质损失的项目是建筑工程（包括永久和临时工程及所用材料）”，因此该案中的便桥、工作平台属于承保范围，因其被冲毁而造成的损失，B保险公司应予以赔偿。

B保险公司的主张不成立。根据合同关系的相对性，在A公司与B保险公司之间，应以其签订的保险合同为准。A公司与项目业主之间确定的工程量清单不能直接对A公司和B保险公司产生效力，除非A公司与B保险公司签订合同时明确约定以工程量清单作为确定承包范围的唯一依据。

常见问题解析

1. 施工合同的履约保证的形式有哪些?

【解析】施工合同的履约保证的形式有履约保证金（又称为履约担保金）、履约银行保函和履约保证书。履约保证金可用保兑支票、银行汇票或现金支票，一般情况下额度为合同价格的10%；履约银行保函是中标人从银行开具的保函，额度是合同价格的10%；履约保证书是由保险公司、信托公司、证券公司、实体公司或社会上的担保公司出具的担保书，担保额度是合同价格的30%。

2. 投保决策时应考虑的因素有哪些?

【解析】保险决策主要表现在两个方面，即是否投保和选择保险人。在进行这一决策时，需要考虑期望损失与风险概率、机会成本、费用等因素。期望损失与风险发生的概率高，则尽量避免风险自留；如果机会成本高，则可以考虑风险自留。当决定将工程建设的风险进行转移后，还需要决策是否投保。风险转移的方法包括保险风险转移和非保险风险转移。非保险风险转移是指通过各种合同将本应由自己承担的风险转移给别人。保险风险转移是指通过购买保险的方法将风险转移给保险公司或者其他保险机构。当一个项目的风险无法回避，风险自留的损失高于保险的成本时，应当进行投保。在比较风险自留的损失和保险的成本时，可以采用定量的计算方法。在进行选择保险人决策时，一般至少应当考虑安全、服务、成本这三项因素。决定保险成本的最主要因素则是保险费率，当然也要考虑到资金的时间价值。在进行决策时，应当选择安全性高、服务质量好、保险成本低的保险人。

思 考 题

1. 工程建设涉及的主要保险种类有哪些？
2. 建设工程价款优先受偿权行使的条件和方式是什么？
3. 投标保证金被没收的情形有哪些？
4. 履约保证金和定金的关系是什么？
5. 施工预付款担保的形式与作用有哪些？

3

第三章 建设工程施工招标及施工投标

学习目标

知识目标：

1. 熟悉建设工程施工招标的基本程序。
2. 掌握标准施工招标文件的主要组成部分和内容。
3. 掌握建设工程投标人的资格审查办法和相关规定。
4. 掌握建设工程评标的主要方法和程序。
5. 了解投标文件的组成及编制要点。

能力目标：

1. 能够组织建设工程施工招标。
2. 能够编制标准施工招标文件。
3. 能够知悉施工投标相关知识。

知识脉络图

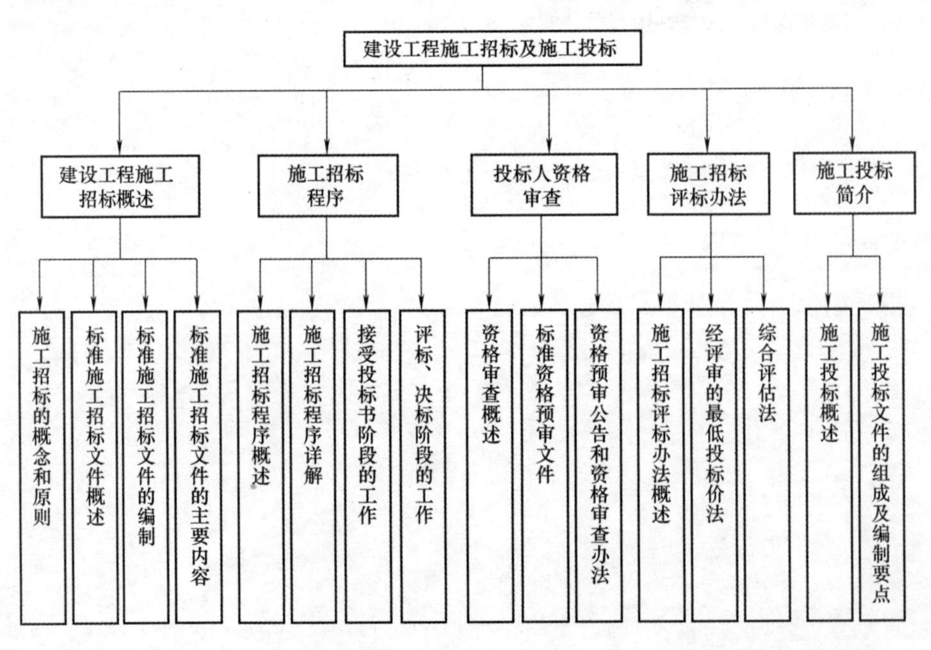

建设工程施工招标投标是建设工程项目需求人依据法律规定的交易规则，通过市场主体的公平竞争，科学、公正地评价和选择满足项目需求的交易主体、客体及其实施方案，确定交易价格，形成和签订合同的一种交易方式。招标投标制度对于实现市场资源优化配置，提高政府和企业资金使用效益，规范市场主体交易行为，建立健全现代市场统一、开放、透明、公平的竞争机制等具有重要意义，是保护市场竞争、反对市场垄断和发展市场经济的一个重要标志。

第一节 建设工程施工招标概述

案例引入

背景资料：某市的某工程投资金额为4.5亿元，7月发布招标公告，通过招标确定了中标单位。但实际上早在4月，该工程就已经开始现场施工，在项目施工现场的《工程公告牌》上显示：项目施工单位为A公司和B公司，工期为2016年4月1日至2017年5月31日。该公司工程招标负责人在7月份接受记者采访时坦承："工程开工三个多月了，施工单位的招标投标工作确实没做完。"记者问及为什么会出现这种违反法定程序的问题，负责人解释说："这是个市场化运作的项目，所以当初没招标就交给施工单位干了。现在正补办招标投标手续，估计很快程序就走完了。"

问题：这种先施工后补办招标投标手续的做法是否合法？

一、施工招标的概念和原则

（一）施工招标基本概念

工程施工招标是指建设单位对拟建的工程项目通过法定的程序和方式吸引建设项目的施工承包单位竞争，并从中选择条件优越者来完成工程建设任务的法律行为。

《招标投标法》规定，招标分为公开招标和邀请招标。一般情形下，建设工程项目施工招标的招标人应采用公开招标的方式进行招标；特殊情形下，经批准可采用邀请招标。

目前，我国建设工程领域的工程项目施工招标执行国家发展和改革委员会、财政部、建设部、铁道部、交通部、信息产业部、水利部、民用航空总局、广播电影电视总局九部委联合编制的《中华人民共和国标准施工招标资格预审文件》和《中华人民共和国标准施工招标文件》（简称为《标准文件》），自2008年5月1日起实施。2012年，国家发展和改革委员会、工业和信息化部、财政部、住房和城乡建设部、交通运输部、铁道部、水利部、广播电影电视总局、民用航空局九部委又颁布了适用于工期在12个月之内的《中华人民共和国简明标准施工招标文件》（简称《简明标准施工招标文件》）和《中华人民共和国标准设计施工总承包招标文件》（简称《标准设计施工总承包招标文件》）。按照《标准文件》试行规定要求，各行业编制的标准施工合同应不加修改地引用"通用合同条款"。标准施工合同、简明施工合同及标准设计施工总承包合同的通用合同条款广泛适用于各类建设工程。

建设工程施工招标项目经过评标确定中标人后，招标人和中标人订立合同时应依据九部委编制的《标准施工招标文件》和住房和城乡建设部（简称住建部）、国家工商行政管理总局制定的GF—2017—0201《建设工程施工合同（示范文本）》（简称《示范文本》）进行。《示范文本》为非强制性使用文本，其具体内容详见第七章。

（二）建设工程项目招标分类

（1）按工程建设程序分类　分为建设项目可行性研究招标、工程勘察设计招标、施工招标、材料设备采购招标。

（2）按不同行业分类　分为勘察设计招标、设备安装招标、土建施工招标、建筑装饰招标、货物采购招标、工程咨询招标、服务招标。

（3）按建设项目组成分类　分为建设项目招标、单项工程招标、单位工程招标、分部工程招标。

（4）按工程发包范围分类　分为工程总承包招标、工程分包招标、工程专项承包招标。

（5）按有无涉外关系分类　分为国内工程承包招标、境内国际工程承包招标、国际工程承包招标。

（6）按市场竞争的开放程度分类　分为公开招标和邀请招标。

（7）按市场竞争开放的地域范围分类　分为国内招标和国际招标。

（8）按招标组织实施方式分类　分为集中招标和分散招标。

（9）按招标组织形式分类　分为自行招标和委托招标。

（10）按招标项目需求形成的方式分类　分为一阶段招标和两阶段招标。

（11）按交易信息的载体形式分类　分为纸质招标和电子招标。

其中，电子招标投标活动是指以数据电文形式为载体，依托电子招标投标系统完成的全部或者部分招标投标交易、公共服务和行政监督活动。

2013 年 2 月 4 日，发展和改革委员会第 20 号令公布《电子招标投标办法》。该“办法”分为总则，电子招标投标交易平台，电子招标，电子投标，电子开标、评标和中标，信息共享与公共服务，监督管理，法律责任，附则，共九章 66 条，自 2013 年 5 月 1 日起实施。

推行电子招标投标不仅可以降低招标投标交易成本、节约社会资源、提高公共交易的透明度和效率，更重要的是充分利用电子招标投标系统及其公共交易信息服务体系，可以实现招标投标市场信息集中动态和对称共享，有效发挥社会公众的监督作用，转变和规范招标投标行政监督方式，促进市场主体的诚信自律，从而进一步建立健全招标投标市场统一开放、透明规范、公平公正、经济高效的现代市场竞争机制。

电子招标投标活动形成的数据电文在满足《中华人民共和国电子签名法》（简称《电子签名法》）关于数据电文原件真实及可靠签名等要求的前提下，与纸质文件具有同等的法律效力。为此，数据电文形式的招标投标程序与纸质形式的招标投标程序具有同等法律效力。电子招标投标系统按照功能定位，由交易平台、公共服务平台和行政监督平台构成。

（三）招标投标活动的基本原则

招标投标活动应当遵循公开、公平、公正和诚实信用的原则。

1. 公开原则

公开原则是指招标活动要具有较高的透明度，在招标过程中要将招标信息、招标程序、评标办法、中标结果等按相关规定公开。

1）招标活动的公开原则，首要的就是将工程项目招标的信息公开。依法必须公开招标的工程项目，应当在国家或者地方指定的报刊、信息网络或者其他媒介上发布招标公告，并同时在中国工程建设信息网上发布招标公告。现阶段，各级地方政府网站或指定的建设工程交易中心网站可以发布工程项目招标公告。招标公告应当载明招标人的名称和地址，以及招标工程的性质、规模、地点和获取招标文件的办法等事项。如果要进行资格预审，要求将资

格预审所需提交的材料和资格预审条件载明于公告中。

2）采用邀请招标方式的，应当向3个以上符合资质条件的施工企业发出投标邀请书，并将公开招标公告所要求告之的内容在邀请书中予以载明。招标公告（或招标邀请书）内容要包括让潜在投标人决定是否参加投标竞争所需要的信息。

3）招标人必须将建设工程项目的资金来源、资金准备情况、项目前期工作进展情况、项目实施进度计划、招标组织机构、设计及监理单位、对投标单位的资格要求等向社会公开，以便潜在投标人决定是否参加投标和接受社会监督。

4）招标人应在招标文件中将招标投标程序和招标投标活动的具体时间、地点、安排等注明，以便投标人准时参加各项招标投标活动，并对招标投标活动加以监督。开标应当公开进行，开标的时间和地点应当与招标文件中预先确定的相一致。开标由招标人主持，邀请所有投标人和监督管理相关单位代表参加。招标人把在招标文件要求提交投标文件的截止时间前收到的所有密封完好的投标文件进行开标，开标时都应当众予以拆封、宣读，并做好记录，以便存档备查。

5）评标办法和标准应当在招标文件中载明，评标应严格按照招标文件确定的办法和标准进行，不得将招标文件未列明的其他任何标准和办法作为评标依据。招标人不得与投标人对投标价格、投标方案等实质性内容进行谈判。

6）评标委员会根据评标结果推荐1~3个中标候选人并进行排序，招标人应当确定排名第一的中标候选人为中标人。在中标通知书发出前，要将预中标人的情况在该工程项目招标公告发布的同一信息网络和建设工程交易中心予以公示，并且公示的时间最短不应少于法律法规规定的时间。

7）确定中标人必须以评标委员会出具的评标报告为依据，严格按照法定的程序在规定的时间内完成，并向中标人发出中标通知书。

2. 公平原则

公平原则是指招标投标过程中所有的潜在投标人和正式投标人均享有同等的权利、履行同等的义务，并采用统一的资格审查条件、评标办法和评标标准来进行评审。

1）招标人要严格按照《招标投标法》和其他招标投标法规规定的招标条件、程序要求办事，给所有的潜在投标人或正式投标人平等的机会，不得以不合理的条件限制或者排斥潜在投标人，不得对潜在投标人实行歧视待遇。招标人应当根据招标项目的特点和需要编制招标文件，不得提出与项目特点和需要不相符或过高的要求来排斥潜在投标人。招标文件中规定的各项技术标准均不得要求或标明某一特定的专利、商标、名称、设计、原产地或生产供应者，不得含有倾向或者排斥潜在投标人的其他内容。招标人应将招标文件答疑和现场踏勘答疑或招标文件的补充说明等以书面形式通知所有购买招标文件的潜在投标人。

2）招标人不得向他人透露已获取招标文件的潜在投标人的名称、数量以及可能影响公平竞争的有关招标投标的其他情况。招标人不得限制投标人之间的竞争。所有投标人都有权参加开标会议，并对开标会议过程和结果进行监证。

3）对于投标人，不得相互串通投标报价，不得组织排斥其他投标人的公平竞争、损害招标人或者其他投标人的合法权益。投标人不得与招标人串通投标而损害国家利益、社会公共利益或者他人的合法权益。

3. 公正原则

在招标过程中，招标人的行为应当公正，对所有的投标竞争者都应平等对待，不能有特

殊倾向。建设行政主管部门要依法对工程招标投标活动实施监督，严格执法，秉公办事，不得对建筑市场违法设障、实行地区封锁以及进行部门保护等行为，不得以任何方式限制或者排斥本地区、本系统以外的企业参加投标。评标时，评标标准和评标办法应当严格执行招标文件的规定，不得在评标时修改、补充。对所有在投标截止时间后送达的投标书及密封不完好的投标书都应拒收。投标人或者投标主要负责人的近亲属、项目主管部门、行政监督部门的人员，以及与投标人有经济利益或者其他社会关系等可能影响投标文件公正评审的人员，不得作为评标委员会的成员。评标委员会成员不得发表任何具有倾向性、诱导性的见解，不得对评标委员会其他成员的评审意见施加任何影响。任何单位和个人不得非法干预、影响评标的过程和结果。

4. 诚实信用原则

遵循诚实信用原则，就是要求招标投标当事人在招标投标活动中应当以诚实守信的态度行使权利、履行义务，不得通过弄虚作假、欺骗他人来争取不正当利益，不得损害对方、第三者或者社会公共利益。在招标投标活动中，招标人应当将工程项目实际情况和招标投标活动的程序、安排准确及时地通知投标人，不得暗箱操作，应将合同条款在招标文件中明确并应按事先明确的合同条款与中标人签订合同，不得搞“阴阳合同”，应实事求是地答复投标人对招标文件或踏勘现场提出的疑问。对投标人而言，不得排挤其他投标人的公平竞争，不得以低于成本的报价竞标；中标后，应按投标承诺组织机构人员到位，组织机械设备、劳动力及时到位，确保工程质量、安全，进度达到招标文件要求和投标承诺；不得违反法律规定而将中标项目转包、分包。

（四）政府行政主管部门对招标投标的监管

建设工程招标投标涉及国家利益、社会公共利益和公众安全，因而必须对其实行强有力的政府监管。建设工程招标投标活动及其当事人应当接受依法实施的监督管理。

1. 建设工程招标投标监管体制

建设工程招标投标涉及各行各业的很多部门，为了维护建筑市场的统一性、竞争性、有序性和开放性，国家采取由建设行政主管部门（即住建部）统一归口管理方法。它是全国最高招标投标管理机构，在住建部的统一监管下，实行省、市、县三级建设行政主管部门对所辖行政区域内的建设工程招标投标分级管理。省、市、县三级建设行政主管部门依照各自的权限，对本行政区域内的建设工程招标投标分别实行管理，即分级属地管理。

2. 建设工程招标投标监管机关

建设工程招标投标监管机关是指经政府或政府主管部门批准设立的隶属于同级建设行政主管部门的省、市、县（市）建设工程招标投标管理办公室。建设行政主管部门与建设工程招标投标监管机关之间是领导与被领导关系。省、市、县（市）招标投标监管机关的上级与下级之间有业务上的指导和监督关系。这里必须强调的是，工程招标投标监管机关，与建设工程交易中心和工程招标代理机构实行机构分设，职能分离。

3. 建设工程招标投标监管机关的主要职责

建设工程招标投标监管机关的主要职责，概括起来可分为以下两个方面：一方面是承担具体负责的建设工程招标投标管理工作的职责；另一方面，是在招标投标管理活动中享有可独立以自己的名义行使管理的职权。

二、标准施工招标文件概述

从法律意义上讲，建设项目招标一般是指建设单位（或业主）就拟建的工程发布通告，

用法定方式吸引建设项目的承包单位参加竞争，进而通过法定程序从中选择条件优越者来完成工程建设任务的法律行为。建设项目投标一般是指经过特定审查而获得投标资格的建设项目承包单位，按照招标文件的要求，在规定的时间内向招标单位填报投标书，并争取中标的法律行为。

我国从20世纪80年代初开始试行招标投标制度，从最初的推广试行到现在逐步形成了比较完备的法律法规体系。建设工程招标投标涉及的法律法规主要包括《招标投标法》《招标投标法实施条例》《工程建设项目招标范围和规模标准规定》《工程建设项目施工招标投标办法》《标准施工招标文件》等。

《招标投标法》是我国招标投标法律体系中的基本法律，自2000年1月1日起实施，于2017年修改。随着招标采购方式的广泛应用，招标投标活动也出现了一些亟待解决的突出问题：一些依法必须招标的项目规避招标或者搞“明招暗定”的虚假招标，先施工再招标，有的领导干部利用权力插手干预招标投标活动，搞权钱交易，使工程建设和其他公共采购领域成为腐败现象易发、多发的重灾区；一些招标投标活动当事人相互串通，围标串标，严重扰乱招标投标活动正常秩序，破坏公平竞争。《中华人民共和国招标投标法实施条例》（简称《招标投标法实施条例》）是我国招标投标法律体系中的行政法规，自2012年2月1日起实施。该“条例”认真总结《招标投标法》实施以来的实践经验，将法律规定进一步具体化，增强可操作性，并针对新情况、新问题充实完善有关规定，进一步筑牢工程建设和其他公共采购领域预防和惩治腐败的制度屏障，维护招标投标活动的正常秩序。

工程建设项目由于其投资数额较为巨大、数量多、涉及范围广，一直是招标投标活动的主要对象，特别是其中的施工部分，关系到工程的质量和农民工等社会问题，成为国家监管的重要领域。为了确定必须进行招标的工程建设项目的具体范围和规模标准，规范招标投标活动，根据《招标投标法》规定，原国家发展计划委员会于2000年5月实施了《工程建设项目招标范围和规模标准规定》(原国家发展计划委员会第3号令，于2013年修订)。

除了《招标投标法》和相应的《招标投标法实施条例》外，针对建设工程施工活动，还有一部专门的法规，即2013年修订实施的《工程建设项目施工招标投标办法》（七部委第30号令)，对工程建设项目的施工招标活动进行了具体的规范。

为规范施工招标资格预审文件和招标文件编制活动，提高资格预审文件和招标文件的编制质量，促进招标投标活动的公开、公平和公正，国家发展和改革委员会等九部委联合编制了《标准施工招标文件》(第56号令，自2008年5月1日起实施)（简称《标准文件》）和与之配套的《标准施工招标资格预审文件》。作为系列文件，九部委又联合编制了《简明标准施工招标文件》和《标准设计施工总承包招标文件》，自2012年5月1日起实施，以分别适应小型项目和设计施工总承包项目的招标。

各行业还结合自身的特点编制了本行业的标准施工招标文件，如《中华人民共和国房屋建筑和市政工程标准施工招标文件》（简称《房屋建筑和市政工程标准施工招标文件》）等。

（一）标准施工招标文件的组成

标准施工招标文件包括施工招标资格预审文件和招标文件两个标准格式。

1. 标准施工招标资格预审文件

标准施工招标资格预审文件是为采用资格预审程序的招标活动编制的，包括资格预审公告、申请人须知、资格预审办法、资格预审申请文件格式和项目建设概况五部分内容。

2. 标准施工招标文件

施工招标文件由于涉及内容较多，采用分卷、分章的编写方式。

第一卷内容包括：招标公告（或投标邀请书）、投标人须知、评标办法、合同条款和工程量清单。

第二卷为图纸。

第三卷为技术标准和要求。

第四卷为投标格式文件。

此外，行业标准施工招标文件（如《房屋建筑和市政工程标准施工招标文件》等）的主要作用是对专用合同条款的内容进行补充。

（二）标准施工招标文件的使用

标准施工招标文件和标准施工招标资格预审文件是一个完整的约束招标投标主体行为的文件体系，规定了招标投标过程中各阶段参与方的行为，目的是发包人通过竞争筛选与中标人订立一个风险合理分担，全过程、全方位管理规范，保证顺利实现项目建设预期目的的合同。《标准文件》是招标文件编制的纲领，各行业标准文件是《标准文件》的配套文件。《招标投标法实施条例》规定："公开招标的项目，应当依照《招标投标法》和本条例的规定发布招标公告、编制招标文件。编制依法必须进行招标的项目的资格预审文件和招标文件，应当使用国务院发展改革部门会同有关行政监督部门制定的标准文本。"

因此，以九部委联合编制的标准文件形式发布的《标准施工招标文件》及其系列文件和《标准施工招标资格预审文件》，不同于以往各部委或行业协会颁布的合同示范文本。示范文本不具有强制性使用的效力，而标准文件具有强制使用的效力。

九部委联合颁布的第56号令中，对《标准施工招标资格预审文件》和《标准施工招标文件》的使用做出了如下明确要求：

1）国务院有关行业主管部门可以根据《标准施工招标文件》并结合本行业施工招标特点和管理需要，编制行业标准施工招标文件。行业标准施工招标文件重点对"专用合同条款""工程量清单""图纸""技术标准和要求"做出具体规定。

2）行业标准施工招标文件和试点项目招标人编制的施工招标资格预审文件、施工招标文件，应不加修改地引用《标准施工招标资格预审文件》中的"申请人须知"（申请人须知前附表除外）、"资格审查办法"（资格审查办法前附表除外），以及《标准施工招标文件》中的"投标人须知"（投标人须知前附表和其他附表除外）、"评标办法"（评标办法前附表除外）、"通用合同条款"。

3）行业标准施工招标文件中的"专用合同条款"可以对《标准施工招标文件》中的"通用合同条款"进行补充、细化，除"通用合同条款"明确"专用合同条款"可做出不同约定外，补充和细化的内容不得与"通用合同条款"强制性规定相抵触，否则抵触内容无效。

4）试点项目招标人编制招标文件中的"专用合同条款"可根据招标项目的具体特点和实际需要，对《标准施工招标文件》中的"通用合同条款"进行补充、细化和修改，但不得违反法律、行政法规的强制性规定和平等、自愿、公平和诚实信用原则。

三、标准施工招标文件的编制

（一）编制目的

《标准文件》的编制，充分体现了国务院有关部门协作配合解决招标投标各种问题的决心和信心，标志着政府对招标投标活动的管理已经不局限于简单法律规范，而是结合项目管理实际和操作规程，通过合理的制度设计解决深层次问题。《标准文件》的贯彻实施，对于进一步统一工程招标投标规则，提高招标文件质量，规范招标投标活动，加强政府投资管理，预防和遏制腐败，促进形成统一开放、竞争有序的招标投标市场，具有重要意义。

（二）编制成果

1）《标准施工招标文件》（第56号令，2008年5月1日起实施）。

2）《简明标准施工招标文件》和《标准设计施工总承包招标文件》（2012年5月1日起实施）。

3）各行业标准施工招标文件，如《房屋建筑和市政工程标准施工招标文件》（2010年版）、《公路工程标准施工招标文件》（2009年版）等。

（三）编制原则

我国《招标投标法》规定，招标投标活动应当遵循公开、公平、公正和诚实信用的原则。《标准文件》定位于通用性，着力解决施工招标文件编制中带有普遍性和共性的问题。编制过程中始终坚持以下原则：一是严格遵守上位法的规定。严格遵守《招标投标法》《合同法》《保险法》《环境保护法》《建筑法》《建设工程质量管理条例》《建设工程安全生产管理条例》等与工程建设有关的现行法律法规，不做任何突破或超越。二是妥善处理好与行业标准施工招标文件的关系。《标准文件》重点规范具有共性的问题，对于行业要求差别较大的事项，由各行业标准施工招标文件规定。三是切实解决当前存在的突出问题。《标准文件》针对招标文件编制活动中存在的突出问题，如有些领域和活动缺乏相应的规范标准和文件，没有严格贯彻执行“公开、公平、公正和诚实信用”原则，程序不规范，方法不统一等，做出了相应规定。

（四）适用范围

1.《标准文件》的适用条件

《标准施工招标文件》适用于一定规模以上，且设计和施工不是由同一承包人承担的工程施工招标。《简明标准施工招标文件》适用于工期不超过12个月、技术相对简单，且设计和施工不是由同一承包人承担的小型项目施工招标。设计施工一体化的总承包项目，其招标文件应当根据《标准设计施工总承包招标文件》编制。招标人可根据招标项目的具体特点和实际需要，参照《标准施工招标文件》、行业标准施工招标文件（如《房屋建筑和市政工程标准施工招标文件》），对《简明标准施工招标文件》和《标准设计施工总承包招标文件》做相应的补充和细化。

2.《招标投标法》规定

我国相关法律法规是基于项目性质和资金来源两个方面对工程建设项目范围进行界定的，《招标投标法》将必须进行招标的工程建设项目范围界定为以下三类：

第一类为基础设施、公用事业等关系社会公共利益、公众安全的项目。所谓基础设施，是指为国民经济生产过程提供基本条件的设施，可分为生产性基础设施和社会性基础设施。前者是指直接为国民经济生产过程提供基本条件的设施，后者是指间接为国民经济生产过程提供基本条件的设施。基础设施通常包括能源、交通运输、邮电通信、水利、城市设施、环境与资源保护设施等。所谓公用事业，是指为适应生产和生活需要而提供的具有公共用途的服务，如供水、供电、供热、供气、科技、教育、文化、体育、卫生、社会福利等。由于大型基础设施和公用事业项目投资金额大、建设周期长，基本上以国家投资为主，特别是公用事业项目，国家

投资更是占了绝对比重。从项目性质上来说，基础设施和公用事业项目大多关系社会公共利益和公众安全，为了保证项目质量，保护公民的生命财产安全，必须进行强制性招标采购。

第二类为全部或部分使用国有资金投资或者国家融资的项目。国有资金是指国家财政性资金，国家机关、国有企事业单位和社会团体的自有资金及借贷资金。其中，国有企业是指全民所有制企业、国有独资公司及国有控股企业，国有控股企业包括国有资本占企业资本总额50%以上的企业以及虽不足50%，但国有资产投资者实质上拥有控制权的企业。全部或部分使用国有资金投资的项目或者国家融资的项目，执行2018年6月1日起施行的发改委《必须招标的工程项目规定》（第16号令）。国家融资的建设项目，是指使用国家通过对内发行政府债券或向外国政府及国际金融机构举借主权外债所筹资金进行的建设项目。这些以国家信用为担保筹集，由政府统一筹措、安排、使用、偿还的资金也应视为国有资金。我国是以公有制经济为基础的社会主义国家，建设资金主要来源于国有资金，必须发挥最佳经济效益。通过立法，把使用国有资金进行的建设项目纳入强制招标的范围，是切实保护国有资产的重要措施。

第三类为使用国际组织或外国政府贷款等援助资金的项目。这类项目必须招标，是世界银行等国际金融组织和外国政府所普遍要求的。我国在与这些国际组织或外国政府签订的双边协议中，也对这一要求给予了认可。另外，这些贷款大多属于国家的主权债务，由政府统借统还，在性质上应视同为国有资金投资。世界银行、亚洲开发银行等国际金融组织的贷款资金，主要依靠在国际资本市场上筹措和各成员国捐款。因此，凡是使用其贷款资金进行的项目都必须招标，以保证资金的有效使用和项目的公开进行，是这些国际组织对成员国提出的一项基本要求。世界银行、亚洲开发银行还分别制定了专门的采购指南和采购准则，将这一要求用法律形式固化下来，成为收款方的一项法定义务。基于同样的道理，凡是利用外国政府贷款等援助资金的项目，也必须招标。

3. 发改委关于必须招标的工程项目规定

自2018年6月1日起施行的发改委《必须招标的工程项目规定》（第16号令）规定如下：

第一条　为了确定必须招标的工程项目，规范招标投标活动，提高工作效率、降低企业成本、预防腐败，根据《中华人民共和国 招标投标法》第三条的规定，制定本规定。

第二条　全部或者部分使用国有资金投资或者国家融资的项目包括：

1）使用预算资金200万元人民币以上，并且该资金占投资额10%以上的项目。

2）使用国有企业事业单位资金，并且该资金占控股或者主导地位的项目。

第三条　使用国际组织或者外国政府贷款、援助资金的项目包括：

1）使用世界银行、亚洲开发银行等国际组织贷款、援助资金的项目。

2）使用外国政府及其机构贷款、援助资金的项目。

第四条　不属于本规定第二条、第三条规定情形的大型基础设施、公用事业等关系社会公共利益、公众安全的项目，必须招标的具体范围由国务院发展改革部门会同国务院有关部门按照确有必要、严格限定的原则制订，报国务院批准。

第五条　本规定第二条至第四条规定范围内的项目，其勘察、设计、施工、监理以及与工程建设有关的重要设备、材料等的采购达到下列标准之一的，必须招标：

1）施工单项合同估算价在400万元人民币以上。

2）重要设备、材料等货物的采购，单项合同估算价在200万元人民币以上。

3）勘察、设计、监理等服务的采购，单项合同估算价在100万元人民币以上。

同一项目中可以合并进行的勘察、设计、施工、监理以及与工程建设有关的重要设备、材料等的采购，合同估算价合计达到前款规定标准的，必须招标。

4. 可以不进行施工招标的工程建设项目

《工程建设项目施工招标投标办法》规定，依法必须进行施工招标的工程建设项目，有下列情形之一的，可以不进行施工招标：

1）涉及国家安全、国家秘密、抢险救灾或者属于利用扶贫资金实行以工代赈需要使用农民工等特殊情况，不适宜进行招标。

2）施工主要技术采用不可替代的专利或者专有技术。

3）已通过招标方式选定的特许经营项目投资人依法能够自行建设。

4）采购人依法能够自行建设。

5）在建工程追加的附属小型工程或者主体加层工程，原中标人仍具备承包能力，并且其他人承担将影响施工或者功能配套要求。

6）国家规定的其他情形。

四、标准施工招标文件的主要内容

《标准施工招标文件》由四卷八章组成。《简明标准施工招标文件》和《标准设计施工总承包招标文件》的主要内容与之相似，不再详述。《标准施工招标文件》的主要内容如下。

1. 招标公告（未进行资格预审）或投标邀请书（适用于邀请招标或代资格预审通过通知书）

招标公告适用于公开招标，投标邀请书适用于邀请招标或代资格预审通过通知书。这两个文件均是第一次向投标人或潜在投标人简单介绍项目招标的信息，以便其决定是否参与投标竞争。

2. 投标人须知

投标人须知包括文字说明和投标人须知前附表两个文件。投标人须知是对所有招标项目的通用性规定，前附表则是针对本次招标项目在投标人须知对应款项中需要明确规定或说明的具体要求予以明确，附表中的内容不得与正文内容相抵触，使投标人阅读时一目了然。

投标人须知的内容主要涉及以下三个方面：

（1）招标项目概况介绍和要求　主要包括：项目概况；资金来源和落实情况；招标范围、计划工期和质量要求；投标人资格要求等内容。

（2）招标程序　主要包括：踏勘现场的时间和地点；投标预备会的时间和地点；招标文件的修改规定；开标的时间和地点；开标程序；评标方法，评审因素、标准和评审程序；中标通知书；签订合同等内容。（详见本章第二节）。

（3）对投标人的要求　主要包括：投标人的资格要求（资格审查内容详见本章第三节）；对工程分包的要求或限制；投标文件的组成、澄清和修改；投标有效期；投标保证金；投标报价单的填写；投标文件的递交、修改和撤回；履约担保等内容。

3. 评标办法（详见本章第四节）

4. 合同条款及格式

从内容和形式上看，《标准文件》通用合同条款较多地参考了FIDIC（1999年第一版）合同条款。合同条款分为通用合同条款和专用合同条款两部分，通用合同条款的内容按我国各建设行业工程合同管理中的共性规则制定；专用合同条款则根据各行业的管理要求和具体工程的特点，由各行业在其施工招标文件范本中自行制定。

但专用合同条款的约定是通用合同条款约定的合同责任、工作内容和工作程序的延伸和

补充，其延伸和补充约定的内容不能违背原通用合同条款约定的基本原则。

根据通用合同条款内容，可以将其分为八组共 24 条。

第一组第 1 条。合同主要用语定义和一般性约定：

1）一般约定。第一组第 1 条一般约定中，第 1.1 款“词语定义”是为准确理解本合同条款，对合同中使用的主要用语和常用语予以专门定义；第 1.2 ~1.12 款为有关合同文件的通用性解释和一般性说明。

第二组第 2）~4）条。合同双方的责任、权利和义务：

2）发包人义务。

3）监理人。

4）承包人。

从广义上说，通用合同条款的全部 24 条都是约定合同双方的责任、权利和义务，第二组第 2）~4）条为合同条款编制框架需要表述的第一层次条款内容，其目的是列出合同双方总体的合同责任及其相应的权利和义务。

第三组第 5）~9）条。列出双方投入施工资源的责任及其具体操作内容：

5）材料和工程设备。

6）施工设备和临时设施。

7）交通运输。

8）测量放线。

9）施工安全、治安保卫和环境保护。

第四组第 10）~12）条。列出双方对工程进度控制的责任及其具体操作内容：

10）进度计划。

11）开工和竣工。

12）暂停施工。

第五组第 13）~14）条。列出双方对工程质量控制的责任及其具体操作内容：

13）工程质量。

14）试验和检验。

第六组第 15）~17）条。列出双方对工程投资控制的责任及其具体操作内容：

15）变更。

16）价格调整。

17）计量和支付。

第七组第 18）~19）条。列出双方对工程竣工验收、缺陷修复与保修的责任及其具体操作内容：

18）竣工验收。

19）缺陷责任与保修责任。

第三 ~ 七组为合同条款编制框架需要表述的第二层次条款内容，列出合同双方在工程建设过程中为完成合同约定的实物目标，需要各自履行的具体工作责任及相应的权利和义务。

第八组第 20）~24）条。是为保障上述第二层次条款的实物操作内容得以公正、公平地顺利执行，保障工程的圆满完成。这一组条款应与国家的《合同法》及相关的法律法规衔接好，以充分体现本合同执法的公正性：

20）保险。

21）不可抗力。

22）违约。

23）索赔。

24）争议的解决。

5. 工程量清单

工程量清单应与招标文件中的投标人须知、通用合同条款、专用合同条款、技术标准和要求及图纸等一起阅读和理解。工程量清单中的每一子项目须填入单价或价格，且只允许有一个报价。工程量清单中标价的单价或金额，应包括所需人工费、施工机械使用费、材料费、其他（如运杂费、质检费、安装费、缺陷修复费、保险费，以及合同明示或暗示的风险、责任和义务等），以及管理费、利润等。

6. 图纸（略）

7. 技术标准和要求（略）

8. 投标文件格式（图）

案例分析

先施工后补办招标投标手续，不符合招标程序的规定，是《招标投标法》明令禁止的行为。不难看出，该案的项目存在重大内定施工单位、串标围标、腐败交易等嫌疑，情况调查清楚后相关人员必将受到严厉处罚。2000 年 1 月 1 日起施行了《招标投标法》，2012 年 2 月 1 日起施行了《招标投标法实施条例》。时至今日，招标人明招暗定、先施工后招标的现象仍时有发生。有些招标人先施工后招标，生米做成熟饭，再通过给评标人员做工作，补充完善招标手续，使程序合法化。此类行为完全使招标流于形式，并容易引发投诉甚至法律纠纷。针对此类现象，监督管理部门应加强监管，完善监督举报机制，严肃处理违规行为；同时，招标人也应加强依法招标的观念，以降低招标投标活动中的风险和隐患。

第二节　施工招标程序

案例引入

背景资料：某单位进行施工招标，由于设计院的设计深度不足，招标人提供的图纸、清单、技术规范等资料并不满足招标的前提条件，而招标人因工期紧张等理由，坚持马上发布公告进行招标，并打算采取预算比例下浮报价的方式。招标文件发售阶段又陆续发出澄清文件对技术文件部分进行补充和说明。开标后，因图纸与清单内容核算不一致，投标人对招标文件投标报价方法的理解不同等原因，导致投标人报价的基础不一致，评委在评标过程中花费了大量时间和精力进行仔细的计算复核，最终将投标人的报价调整至统一报价基础进行比较评审，并导致其中若干个标段流标。

问题：某单位的做法是否符合法定的施工招标程序？

一、施工招标程序概述

施工招标是指招标单位将施工任务发包，鼓励企业投标竞争，并从中选出技术能力强、管理水平高、信誉可靠且报价合理的承建单位。按照国家有关规定，已履行项目审批、核准手续的招标项目，还需将招标范围、招标方式、招标组织形式等事项报项目审批、核准部门审查同意后才可以开始招标，无须审批、核准的项目，执行备案制度。

招标过程可以粗略地划分为招标准备阶段、接受投标书阶段、评标决标阶段。招标工作程序包括：确定招标方式；向建设主管部门申请招标；发布招标公告（或投标邀请书）；编制发放资格预审文件；确定合格投标申请人；发售投标文件；组织现场踏勘；召开投标预备会；接受投标文件；开标；评标；编写投标情况报告及备案；发中标通知书；与中标人签订施工合同。

（一）施工招标单位应具备的条件

根据2013年5月实施修订的《工程建设项目施工招标投标办法》，依法必须招标的工程建设项目，应当具备下列条件才能进行施工招标：

1）招标人已经依法成立。

2）初步设计及概算应当履行审批手续的，已经批准。

3）有相应资金或资金来源已经落实。

4）有招标所需的设计图及技术资料。

（二）工程招标代理机构应具备的条件

招标代理机构是依法设立、从事招标代理业务并提供相关服务的社会中介组织。

招标代理机构应当具备下列条件：

1）有从事招标代理业务的营业场所和相应资金。

2）有能够编制招标文件和组织评标的相应专业力量。

自2017年12月28日起施行的《招标投标法》删去了“从事工程建设项目招标代理业务的招标代理机构，其资格由国务院或者省、自治区、直辖市人民政府的建设行政主管部门认定。具体办法由国务院建设行政主管部门会同国务院有关部门制定”这一规定，其理由是因为招标方自主选择代理机构属于市场行为，代理机构可以通过市场竞争、发挥行业自律作用予以规范。我国曾经实施的招标师资格证书也已经取消。

工程招标代理机构可以跨省、自治区、直辖市承担工程招标代理业务。任何单位和个人不得限制或者排斥工程招标代理机构依法开展工程招标代理业务。

工程招标代理机构不得在所代理的招标项目中投标或者代理投标，也不得为所代理的招标项目的投标人提供咨询；未经招标人同意，不得转让招标代理业务。工程招标代理机构与招标人应当签订书面委托合同，并按双方约定的标准收取代理费；国家对收费标准有规定的，依照其规定。

（三）施工投标单位应具备的条件

投标人应当具备相应的资质，并在工程业绩、技术能力、项目经理资格条件、财务状况等方面满足招标文件的要求。

组成联合体以一个投标人的身份进行投标的，联合体各方均应具备承担招标项目的相应能力。由同一专业的单位组成的联合体，按照资质等级较低的单位确定资质等级。联合体中标的，联合体各方应共同与招标人签订合同，就中标项目向招标人承担连带责任。

二、施工招标程序详解

招标是招标人选择中标人并与其签订合同的过程，按招标人和投标人参与的程度，可将招标过程概括划分为招标准备阶段和招标阶段。施工招标投标流程图如图 3-1 所示。

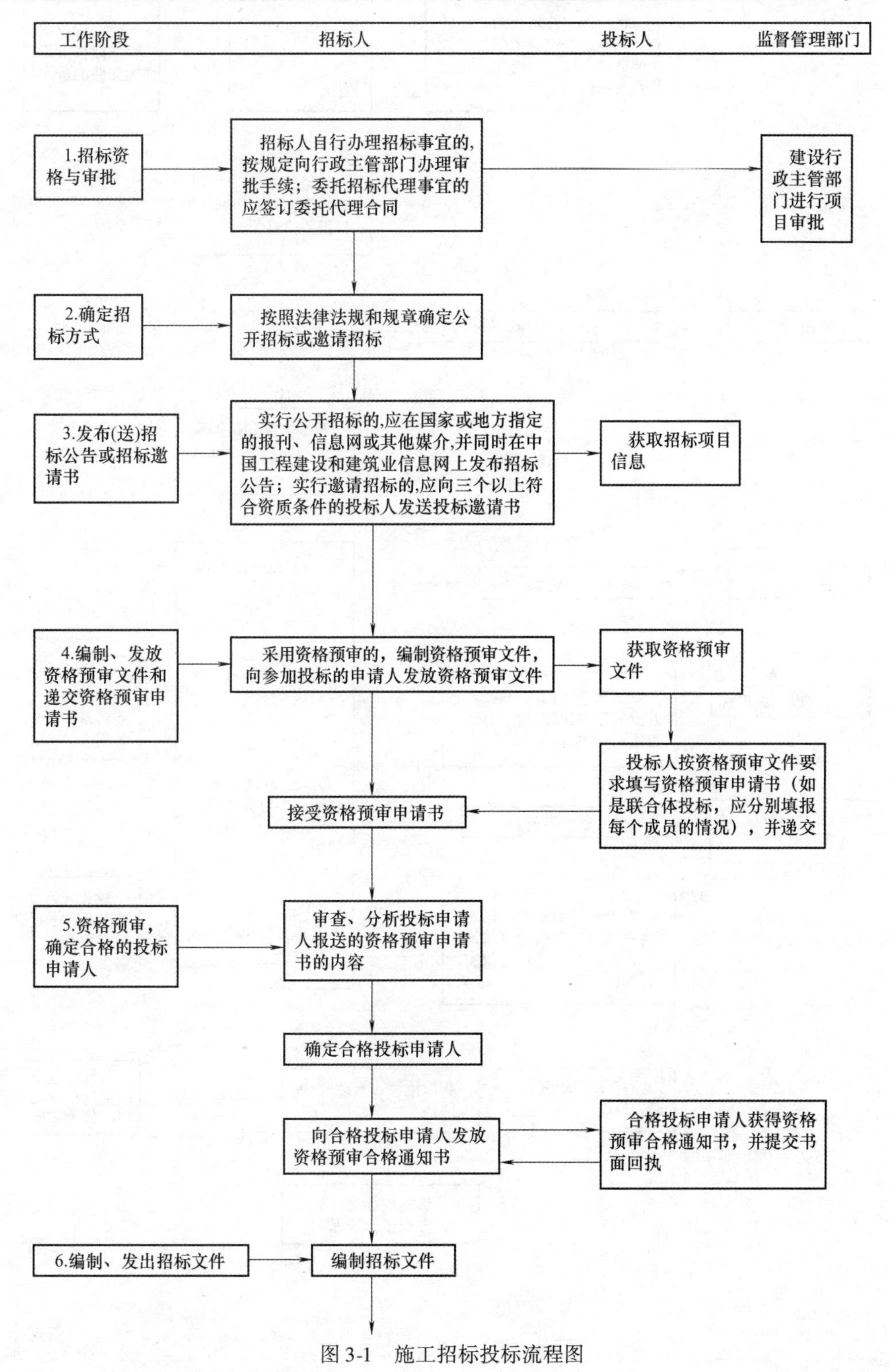

图 3-1　施工招标投标流程图

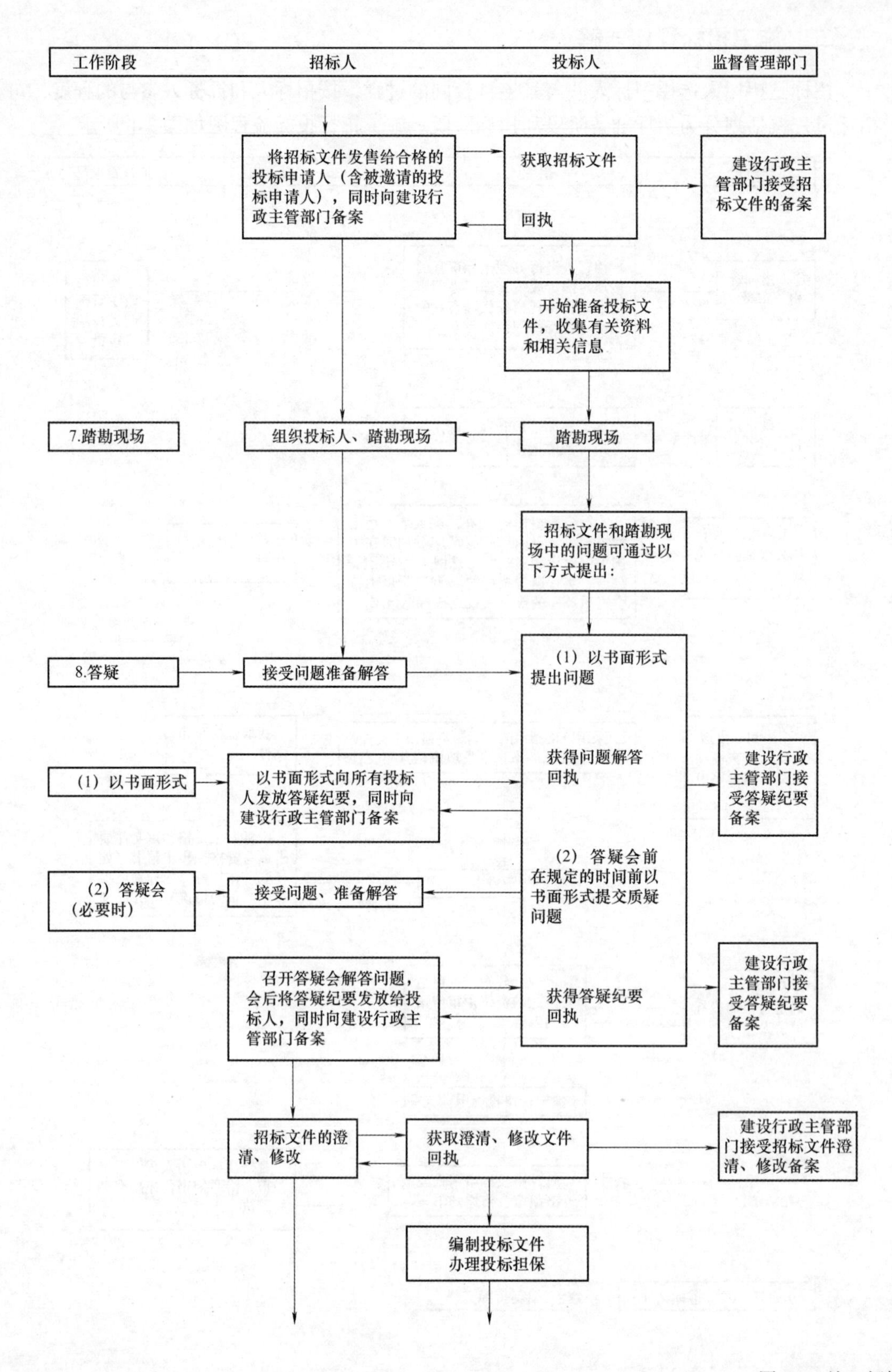

工作阶段
招标人
投标人
监督管理部门
将招标文件发售给合格的投标申请人（含被邀请的投标申请人），同时向建设行政主管部门备案
获取招标文件
回执
建设行政主管部门接受招标文件的备案
开始准备投标文件，收集有关资料和相关信息
7.踏勘现场
组织投标人、踏勘现场
踏勘现场
招标文件和踏勘现场中的问题可通过以下方式提出：
8.答疑
接受问题准备解答
（1）以书面形式提出问题
获得问题解答回执
（1）以书面形式
以书面形式向所有投标人发放答疑纪要，同时向建设行政主管部门备案
建设行政主管部门接受答疑纪要备案
（2）答疑会前在规定的时间前以书面形式提交质疑问题
（2）答疑会（必要时）
接受问题、准备解答
召开答疑会解答问题，会后将答疑纪要发放给投标人，同时向建设行政主管部门备案
获得答疑纪要回执
建设行政主管部门接受答疑纪要备案
招标文件的澄清、修改
获取澄清、修改文件回执
建设行政主管部门接受招标文件澄清、修改备案
编制投标文件办理投标担保

图 3-1　施工招标

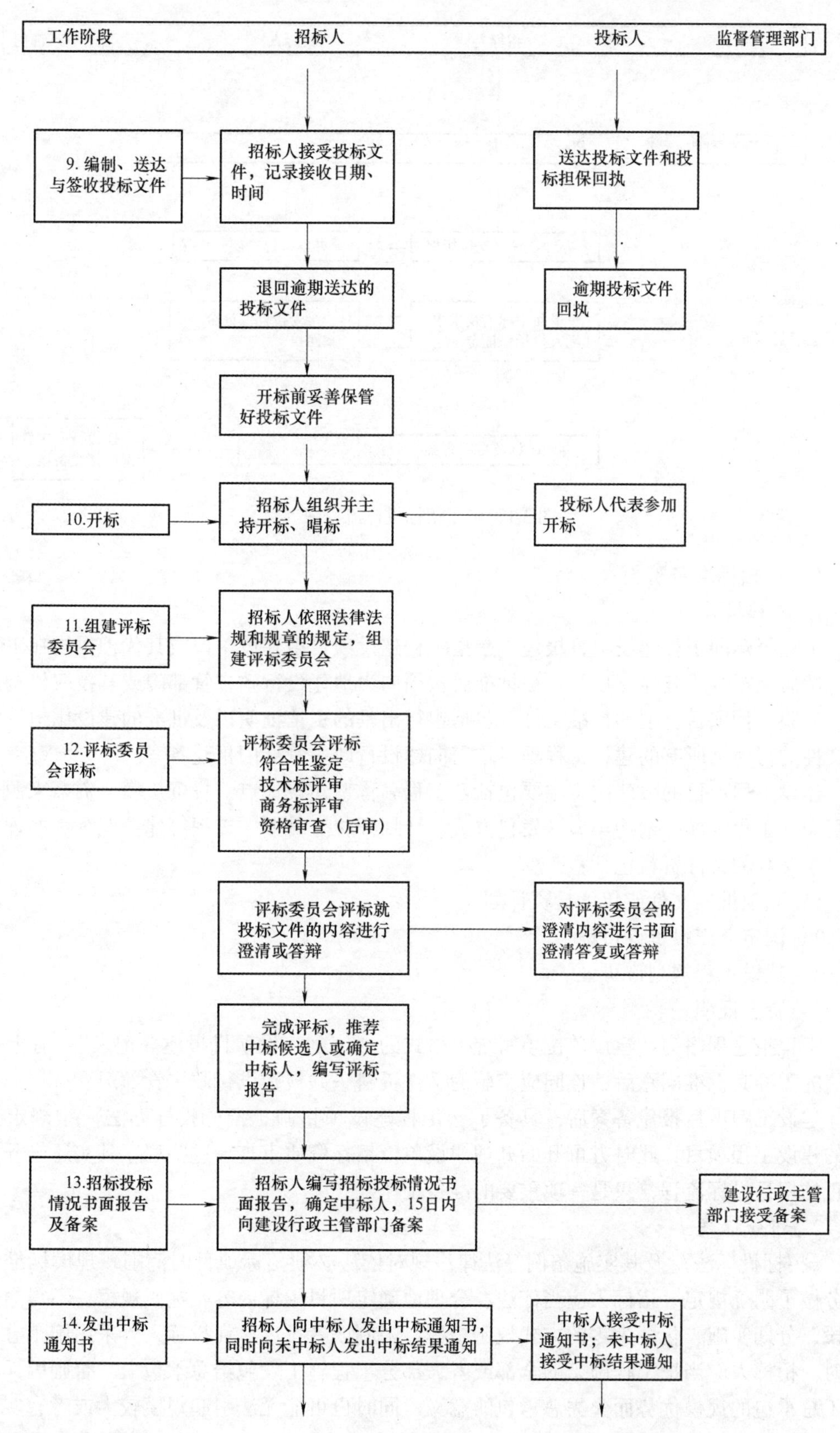
工作阶段
招标人
投标人
监督管理部门
9. 编制、送达与签收投标文件
招标人接受投标文件，记录接收日期、时间
送达投标文件和投标担保回执
退回逾期送达的投标文件
逾期投标文件回执
开标前妥善保管好投标文件
10.开标
招标人组织并主持开标、唱标
投标人代表参加开标
11.组建评标委员会
招标人依照法律法规和规章的规定，组建评标委员会
12.评标委员会评标
评标委员会评标
符合性鉴定
技术标评审
商务标评审
资格审查（后审）
评标委员会评标就投标文件的内容进行澄清或答辩
对评标委员会的澄清内容进行书面澄清答复或答辩
完成评标，推荐中标候选人或确定中标人，编写评标报告
13.招标投标情况书面报告及备案
招标人编写招标投标情况书面报告，确定中标人，15日内向建设行政主管部门备案
建设行政主管部门接受备案
14.发出中标通知书
招标人向中标人发出中标通知书，同时向未中标人发出中标结果通知
中标人接受中标通知书；未中标人接受中标结果通知

投标流程图（续）

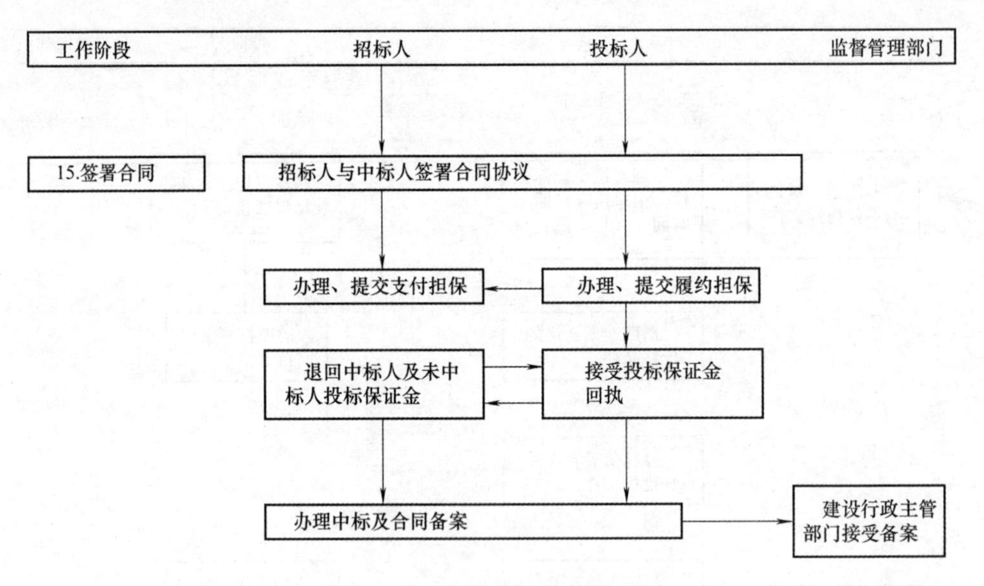

图 3-1 施工招标投标流程图（续）

（一）招标准备阶段

1. 工程报建

工程报建即工程建设项目报建，是指工程建设项目由建设单位或其代理机构在工程项目可行性研究报告或其他立项文件被批准后，须向当地建设行政主管部门或其授权机构进行报建，交验工程项目立项的批准文件，包括银行出具的资信证明以及批准的建设用地等其他有关文件的行为。所有的建设工程项目均需向建设行政主管部门报建备案。

建设工程项目的报建内容主要包括：工程名称、建设地点、投资规模、资金来源、当年投资额、工程规模、结构类型、发包方式、计划开竣工日期、工程筹建情况等。办理工程报建时应交验的文件资料包括：

1）立项批准文件或年度投资计划。

2）固定资产投资许可证。

3）建设工程规划许可证。

4）资金证明。

工程报建程序为：建设单位填写统一格式的“工程建设项目报建登记表”，有上级主管部门的需经其批准同意后，连同应交验的文件资料一并报建设行政主管部门。

建设工程项目报建备案后，具备了《工程建设项目施工招标投标办法》中规定招标条件的建设工程项目，此时方可开始办理建设单位招标资质审查。这些程序其实还未开始进入真正的招标投标流程，只是一项重要的准备工作。

2. 划分标段

《招标投标法》及其实施条例等法律法规对依法必须招标项目的范围、规模标准和标段划分做了明确规定。招标人应当依法、合理地确定项目招标内容及标段规模，不得通过细分标段、分期实施、化整为零的方式规避招标，限制或者排斥潜在投标人。采用施工总承包模式时，招标人应当把工程施工的全部或者大部分工程施工发包给总承包人，否则因无法发挥施工总承包的规模优势而失去总承包的意义，同时也可能无法引起规模较大或者有实力的总承包商的投标兴趣；采用多个平行施工承包模式是将一个工程建设项目分成若干个可以独

立、平行施工的标段，分别发包给若干个施工承包人承担，工程施工的责任、风险随之分散，但是工程施工协调管理的工作量随之增加。招标项目划分合同标段的规模和数量，与需要招标人管理合同的数量、协调对接工作量以及专业能力直接有关。如果招标人的项目管理机构比较精简或专业管理力量不足，则合同标段划分不宜规模过小和数量过多。

工程施工标段规模的大小和标段数量的确定应以实现市场充分有效竞争格局为基础。首先，施工承包人可以承揽的工程范围和规模取决于其工程施工承包资质类别范围和等级，因此，合同标段的范围、规模和标段数量应当考虑引进的承包人可以承包工程的资质类别范围等级和规模。其次，如果同时期同一类别招标项目比较多或者感兴趣的潜在投标人比较少时，招标人应适当提高合同标段规模，减少合同标段数量，以吸引潜在投标人投标，保证每个标段有足够的投标人参与竞争。工程总工期及其进度计划对合同标段划分也会产生很大的影响。标段规模小，标段数量多，进场施工的承包人多，容易集中各承包人加快投入更多的资源力量，在多个工点齐头并进赶工期，但需要项目发包人具有相应的管理力量配合以及充足、及时的资金保障。标段数量增加虽然能引进更多承包人进场施工，但也可能因标段规模偏小，发挥不了规模效益，不利于吸引大型施工企业参与投标，也不利于发挥大型施工机械的使用效率，从而提高工程造价，并容易导致产生转包、分包现象。

通常情况下，划分合同包的工作范围时，主要应考虑以下因素的影响。

（1）施工内容的专业要求　将土建施工和设备安装分别招标。土建施工采用公开招标，跨行业、跨地域在较广泛的范围内选择技术水平高、管理能力强而报价又合理的投标人实施。设备安装工作由于专业技术要求高，可采用邀请招标（符合邀请招标法律规定的条件时）选择有能力的中标人。

（2）施工现场条件　划分合同包时，应充分考虑施工过程中几个独立承包商同时施工可能发生的交叉干扰，以利于监理对各合同的协调管理。其基本原则是现场施工尽可能避免平面或不同高程作业干扰。还需考虑各合同施工中在空间和时间的衔接，避免两个合同交界面工作责任的推诿或扯皮，以及关键线路上的施工内容划分在不同合同包时要保证总进度计划目标的实现。

（3）对工程总投资的影响　合同数量划分的多与少对工程总造价的影响不能一概而论，应根据项目的具体特点进行客观分析。只发一个合同包，便于承包人的施工，人工、施工机械和临时设施可以统一使用；划分合同数量较多时，各投标书的报价中均要分别考虑动员准备费、施工机械闲置费、施工干扰的风险费等。但大型复杂项目的工程总承包，由于有能力参与竞争的投标人较少，且报价中往往计入分包管理费，会导致中标的合同价较高。

（4）其他因素影响　工程项目的施工是一个复杂的系统工程，影响划分合同包的因素很多，如筹措建设资金的计划到位时间、施工图完成的计划进度等条件。

（二）确定招标方式

1. 公开招标和邀请招标

按照《招标投标法》规定，招标分为公开招标和邀请招标。公开招标，即招标人按照法定程序，在指定的报刊、电子网络和其他媒介上发布招标公告，向社会公示其招标项目要求，吸引众多潜在投标人参加投标竞争，招标人按事先规定的程序和办法从中择优选择中标人的招标方式；邀请招标，即招标人通过市场调查，根据承包商或供应商的资信、业绩等条件，选择一定数量法人或其他组织（不能少于3家），向其发出投标邀请书，邀请其参加投标竞争，招标人按事先规定的程序和办法从中择优选择中标人的招标方式。

建设工程招标方式的选择应根据实际情况确定发包范围，由工程情况确定投标次数和内容，由招标的准备情况确定合同的计价方式，综合各方面的因素，最终确定工程的招标方式。

按照《招标投标法》规定，国家发展和改革委员会确定的国家重点项目和省、自治区、直辖市人民政府确定的地方重点项目不适宜公开招标的，经国家发展和改革委员会或者省、自治区、直辖市人民政府批准，可以进行邀请招标。这条规定表明重点项目一般都应当公开招标，不适宜公开招标的，经批准方可采用邀请招标。

依据《工程建设项目施工招标投标办法》的规定，依法必须进行公开招标的项目，有下列情形之一的，可以邀请招标：

1）项目技术复杂或有特殊要求，或者受自然地域环境限制，只有少量潜在投标人可供选择。

2）涉及国家安全、国家秘密或者抢险救灾，适宜招标但不宜公开招标。

3）采用公开招标方式的费用占项目合同金额的比例过大。

全部使用国有资金投资或者国有资金投资占控股或者主导地位的并需要审批的工程建设项目的邀请招标，应当经项目审批部门批准，项目审批部门只审批立项的，由有关行政监督部门批准。

公开招标可以在较广泛的范围内通过竞争选择实力最强的投标人中标，又称无限竞争性招标。通常情况下，技术复杂、有能力实施者较少或施工环境较差、以劳动密集型施工为主的工程，响应招标的投标人较少，可以采用有限竞争性的邀请招标。

2. 两阶段招标

《招标投标法实施条例》规定，“对技术复杂或者无法精确拟定技术规格的项目，招标人可以分两阶段进行招标”。两阶段招标可以采用公开招标，也可以采用邀请招标。

建设项目的规模、总体布置方案、工艺流程虽已确定，但有时涉及因技术复杂实施方案尚未确定的情况，通过两阶段招标首先寻求实施方案。如设计施工总承包招标、大型工程项目的特殊地基处理、技术升级换代较快的设备选型和安装等，希望通过两阶段招标来予以落实。在第一阶段招标中博采众议，进行评价，选出可接受的方案，然后在第二阶段中邀请被选中方案的投标者进行报价竞争。

（1）第一阶段招标　第一阶段属于工程项目实施方案选择阶段，投标人按招标文件的要求首先投技术标，说明项目的设计方案和实施计划。技术标内不允许附带报价，否则视为废标。

招标人在投标须知规定的时间和地点进行公开开标，会上可以由招标人宣读各投标书的内容，也可以请投标人自己讲解各自递交的投标方案。公布投标人的方案体现公平、公正、公开的原则，但不涉及具体细节以保护投标方案的知识产权。会后转入评标阶段，由评标委员会对各投标方案进行评审，找出每个方案的优点和缺点，淘汰那些不可接受的方案。

由于各投标人对规划招标项目的出发点不同、设计方案的指导思想不同、实现的方法不同，在可以接受的方案中会有不同利弊的反映。在对各投标书评审的基础上，招标人和评标委员会将单独约请各投标人举行澄清问题会，请其阐述投标书中的主要指导思想、最终建筑产品预计达到的技术和经济指标、方案的实施计划细节等有关内容，并提出对其方案的具体改进要求。与每一个可接受方案投标人分别会谈后，对各投标书中存在的共性问题再发出招标文件的补充文件，请第一阶段合格的投标人修改投标方案后进行第二阶段投标。第一阶段不涉及报价问题，因此称为非价格竞争，第二阶段才进行价格竞争。

(2) 第二阶段招标　投标人在投标须知规定的投标截止日期以前要报送分别包封的“修改技术标”和“商务标”。在招标的第二阶段将选定中标人，其主要工作程序为：

1) 召开第二次开标会。在招标文件规定的时间和地点进行公开开标，虽然投标人递交了修改后的技术标和就此方案编制的商务标，但会上只宣读修改后的技术标，不开商务标。凡在第一阶段被淘汰的标书，不允许修改后再参加第二次投标。

2) 第二阶段评标。评标委员会首先检查各投标书是否按照第一阶段提出的要求做了响应性的修改，未达到要求的标书将予淘汰。分别对各标书进行方案、设计标准、预期达到的经济技术指标、实施计划和措施、质量保证体系、实施进度计划、工程量和材料用量等方面的详细评审。对投标书中的不明确之处，召开澄清问题会要求投标人予以说明，形成书面文件作为投标书的组成部分。

3) 对各技术标的优劣进行横向比较，选出几个较好的投标人。然后开启技术标被选中的投标人的商务标，此时可不公开开标。技术标未通过者，商务标原封不动退还给投标人。技术标与商务标不同时启封的目的，是为了避免评标委员因商务标中的报价和优惠条件而影响对优秀技术方案的客观选择。优秀的建设方案是发包人采取两阶段招标法的最主要目的。

4) 审查各商务标是否对招标文件做出了实质性响应，如是否对合同条款中规定的基本义务有实质性背离，以及投标书说明的优惠条件接受的可能性等，然后分析报价组成的合理性。

5) 确定投标书的排序。对做出实质性响应的投标书进行排序的原则是：总报价在发包人可接受范围内的方案明显最优者排序在前，因为投标人实施项目后的预期利润高低对项目总投资影响所占比重很小，而方案的先进性是发包人的最大收益；技术方案同等水平的投标书，按照对投标报价、技术保证措施、实施进度计划等方面的综合评比确定排列次序。

6) 发包人依据评标委员会做出的评标报告和推荐中标人与备选中标人进行谈判，落实合同条款的内容和实施工程中的细节安排，最终定标签订合同。

(三) 选择招标代理机构

发包人拥有与招标项目规模和复杂程度相适应的技术、经济等方面的专业人员，具有编制招标文件和组织评标的能力时，可以自行组织招标。若不具备相应能力，应委托招标代理机构负责招标工作的有关事宜。选择招标代理机构时，既要审查其是否具有相应资质，又应考察其是否主持过与本次招标工程规模和复杂程度相应的经历，以便判断其代理招标的能力。

(四) 履行审批手续

按照国家有关规定需要履行项目审批、核准手续的依法必须进行施工招标的工程建设项目，其招标范围、招标方式、招标组织形式应当报项目审批部门审批、核准。项目审批、核准部门应当及时将审批、核准确定的招标内容通报有关行政监督部门。

(五) 编制招标文件

招标准备阶段应编制好所有需要的文件，以便招标过程中陆续使用。文件的类型大体可分为以下三类。

(1) 规范招标投标行为的文件

1) 资格审查文件。按照资格预审标准文件，结合项目的特点提出具体要求。

2) 招标文件。按照施工标准文件，结合项目的特点在投标人须知中提出具体要求。主要内容包括：招标范围；计划工期；质量要求；是否接受联合体投标；踏勘现场的时间、地

点；投标预备会的时间、地点；投标人提出问题的截止时间和招标人书面澄清的时间；对分包的规定；构成投标文件的其他材料；投标截止日期；投标有效期；投标保证金；是否允许递交备选投标方案；开标时间和地点；开标程序；评标委员会的组成；履约担保等。

（2）用于招标评审的文件

1）资格审查内容和标准文件。

2）评标的审查、比较要素和标准文件。

3）标底说明文件。标底说明属于招标文件的投标人须知中的内容，《招标投标法实施条例》规定招标人可以自行决定是否编制标底。一个招标项目只能有一个标底。标底必须保密，若招标项目设有标底，则应当在开标时公布。

接受委托编制标底的中介机构不得参加受托编制标底项目的投标，也不得为该项目的投标人编制投标文件或者提供咨询。招标人设有最高投标限价的，应当在招标文件中明确最高投标限价或者最高投标限价的计算方法。招标人不得规定最低投标限价，以防止企业偷工减料或者中标价格过低从而以次充好。

标底只能作为评标的参考，不得以投标报价是否接近标底作为中标条件，也不得以投标报价超过标底上下浮动的某一范围作为否决投标的条件。

《招标投标法》规定，招标人不得向他人透露已获取招标文件的潜在投标人的名称、数量以及可能影响公平竞争的有关招标投标的其他情况。招标人设有标底的，标底必须保密。《工程建设项目施工招标投标办法》规定："招标人可根据项目特点决定是否编制标底。编制标底的，标底编制过程和标底在开标前必须保密。招标项目编制标底的，应根据批准的初步设计、投资概算，依据有关计价办法，参照有关工程定额，结合市场供求状况，综合考虑投资、工期和质量等方面的因素合理确定。标底由招标人自行编制或委托中介机构编制。一个工程只能编制一个标底。任何单位和个人不得强制招标人编制或报审标底，或干预其确定标底。招标项目可以不设标底，进行无标底招标。"

（3）投标人编制投标文件的依据

1）工程量清单。招标文件中的工程量清单是投标人报价的依据文件，应包括工程量清单说明、投标报价说明和工程量清单表三部分内容。工程量清单表应按照《建设工程工程量清单计价规范》编制。应对暂估价的报价做出相应的说明，因为按照《招标投标法实施条例》的规定，"以暂估价形式包括在总承包范围内的工程、货物、服务属于依法必须进行招标的项目范围且达到国家规定规模标准的，应当依法进行招标"。

2）施工组织设计导则。施工组织设计是非常复杂的文件体系，投标文件中没必要做出全部的施工组织设计，详细的施工组织设计待投标人中标后，在开始施工前再编制。为了指导投标人编制符合本次评标审查要求的施工组织设计，招标文件说明中应提出审查施工组织设计的主要内容。《标准施工招标文件》中规定，编制时应采用文字并结合图表形式说明施工方法、拟投入本标段的主要施工设备情况、拟配备本标段的试验和检测仪器设备情况、劳动力计划等；结合工程特点提出切实可行的工程质量、安全生产、文明施工、工程进度、技术组织措施，同时应对关键工序、复杂环节重点提出相应技术措施，如冬雨期施工技术、减少噪声、降低环境污染、地下管线及其他地上地下设施的保护加固措施等。

三、接受投标书阶段的工作

自发出招标信息开始至投标截止日期止，为接受投标书的工作阶段，包括进行资格预

审、发售招标文件、组织现场踏勘、招标文件的澄清、接受投标人的标书等工作。该阶段的特点主要表现为招标投标双方均可按照自己的意愿自主决定自己的行为，如招标人可以补充或修改已发售招标文件的部分内容；投标人通过资格预审后决定不投标，在投标截止日期前修改投标文件或撤回已提交的投标文件退出竞争等均不属于违约行为。

《工程建设项目施工招标投标办法》（2013 年修订）规定，招标人应当确定投标人编制投标文件所需要的合理时间；但是，依法必须进行招标的项目，自招标文件开始发出之日起至投标人提交投标文件截止之日止，最短不得少于 20 日。

（一）发出招标信息

公开招标通常要通过资格预审筛选出有资格的投标人，既可以突出竞争并减少评标的工作量，又可以让能力较低的申请投标人不参与投标竞争以节省投标费用和做无效工作。此时可用资格预审公告代替招标公告，不必发布两个公告。依法必须进行招标的项目的资格预审公告和招标公告，应当在国务院发展改革部门依法指定的媒介发布。在不同媒介发布的同一招标项目的资格预审公告或者招标公告的内容应当一致。指定媒介发布依法必须进行招标的项目的境内资格预审公告、招标公告，不得收取费用。编制依法必须进行招标的项目的资格预审文件和招标文件，应当使用国务院发展改革部门会同有关行政监督部门制定的标准文本。

招标人发售资格预审文件、招标文件收取的费用应当限于补偿印刷、邮寄的成本支出，不得以营利为目的。招标人应当按照资格预审公告、招标公告或者投标邀请书规定的时间、地点发售资格预审文件或者招标文件。由于招标人有可能为了排挤外地投标人，故意将招标文件的发售时间缩短，使外地投标者来不及前往购买招标文件，所以《招标投标法实施条例》规定，资格预审文件或者招标文件的发售期不得少于 5 日。

招标人采用邀请招标时，招标人应当向三家以上具备承担施工招标项目的能力、资信良好的特定的法人或者其他组织发出投标邀请书。

（二）招标文件的澄清与补充或修改

1. 招标文件的澄清

投标人研究招标文件和现场踏勘后，在投标人须知前附表规定的时间内以书面形式提交招标人，要求予以澄清。招标人在规定的时间和地点召开的投标预备会上，一方面进行招标工程的交底，另一方面要对投标人提出的问题予以澄清，并将会议记录发给每一位投标人。投标预备会不是招标的必经程序，是否召开投标预备会应由招标人在投标人须知中说明。对于不召开投标预备会的，或投标预备会会后投标人提出的问题，招标人均应以书面形式予以解答，并发送给每一位投标人，但不应涉及问题的来源。如果澄清文件发出的时间距投标截止时间不足 15 天，须相应延长投标截止时间。

2. 招标文件的补充或修改

如果招标人发现招标文件中的错误，或要对招标文件中的部分内容进行修改，应在投标截止时间 15 天前，以书面形式修改招标文件，并通知所有已购买招标文件的投标人。如果修改招标文件的时间距投标截止时间不足 15 天，须相应延长投标截止时间。

投标预备会的会议纪要、对投标人质疑的书面解答和招标文件的修改均构成招标文件的组成部分，如果与发售的招标文件出现矛盾或歧义，以时间靠后的文件为准。

（三）对投标人的要求

在投标人须知中，应说明投标文件的组成、投标有效期、投标保证金等的要求。

1. 投标文件的组成

投标文件应包括以下内容：

1）投标函及投标函附录。

2）法定代表人身份证明或附有法定代表人身份证明的授权委托书。

3）联合体协议书。

4）投标保证金。

5）已标价工程量清单。

6）施工组织设计。

7）项目管理机构。

8）拟分包项目情况表。

9）资格审查资料。

10）投标人须知前附表规定的其他材料。

2. 投标有效期

投标有效期是对招标人和投标人均有约束力的时间期限，从投标截止日期开始计算。招标人应在有效期内完成评标、定标、签订合同的全部工作；投标人在有效期内不得要求撤销或修改其投标文件，否则将没收投标保证金。

出现特殊情况需要延长投标有效期时，招标人应以书面形式通知所有投标人延长投标有效期。投标人应相应延长其投标保证金的有效期，但不得要求或被允许修改或撤销其投标文件；投标人拒绝延长，则失去竞争资格，但有权收回其投标保证金。

3. 投标保证金

（1）投标保证金的递交　投标人在递交投标文件的同时，按照投标人须知前附表规定的金额、担保形式递交投标保证金；联合体投标的，其投标保证金由牵头人递交。投标人不按要求提交投标保证金的，其投标文件按废标处理。

（2）没收投标保证金的情况　招标过程中出现下列情形之一时，招标人有权没收该投标人的投标保证金：

1）投标人在投标有效期内撤销或修改其投标文件。

2）中标人在收到中标通知书后，无正当理由拒签合同协议书或未按招标文件规定提交履约担保。

（四）投标人要求撤标或修改投标文件的内容

在投标截止日期前，投标人出于某种考虑要求撤标或修改文件中的部分内容，不构成投标人违约。投标人书面通知撤标后，可退还投标保证金。投标人书面要求对投标文件的部分内容进行修改，如更改报价的金额或施工方案等，修改文件作为投标文件的组成部分，开标时应予以宣读，以时间靠后的文件为准。

四、评标、决标阶段的工作

该阶段自开标日始至签订施工合同日并退还投标保证金止，主要工作内容包括开标、评标、澄清投标书的质疑、提交评标报告、确定中标人、签订合同等。

（一）开标

《招标投标法实施条例》规定，投标人少于3个时不得开标，招标人应当重新招标。招标人应当按照招标文件规定的时间、地点开标。主持人按以下程序进行：

1）宣布开标纪律。

2）公布在投标截止时间前递交投标文件的投标人名称，并点名确认投标人是否派人到场。如果投标人代表未到场，则不开启该投标书。

3）宣布开标人、唱标人、记录人、监标人等有关人员姓名。

4）按照投标人须知前附表规定检查投标文件的密封情况。

5）按照投标人须知前附表的规定确定并宣布投标文件开标顺序。

6）设有标底的，公布标底。

7）按照宣布的开标顺序当众开标，公布投标人名称、标段名称、投标保证金的递交情况、投标报价、质量目标、工期及其他内容，并记录在案。

8）投标人代表、招标人代表、监标人、记录人等有关人员在开标记录上签字确认；开标结束。

（二）评标委员会

评标委员会成员一般应于开标前确定，成员名单应当保密。评标委员会由招标人或其委托的招标代理机构熟悉相关业务的代表，以及有关技术、经济等方面的专家组成，成员人数为五人以上单数，其中技术、经济等方面的专家不得少于成员总数的2/3。

评标委员会的专家应当从评标专家库内相关专业的专家名单中随机抽取，但对技术复杂、专业性强或者国家有特殊要求的招标项目，采取随机抽取方式确定的专家难以保证胜任评标工作时，可以由招标人直接确定。

为了保证评标工作的公正和公平，《招标投标法实施条例》规定，评标委员会成员有下列情形之一的，应当回避：

1）投标人或者投标人主要负责人的近亲属。

2）项目主管部门或者行政监督部门的人员。

3）与投标人有经济利益关系，可能影响对投标公正评审的。

4）曾因在招标、评标以及其他与招标投标有关活动中从事违法行为而受过行政处罚或刑事处罚的。

（三）评标

1. 审查投标文件

评标程序按照初步评审和详细评审两个步骤进行。评标委员会首先通过初步评审检查各投标书是否响应了招标文件的要求，淘汰对招标文件没有做出响应或存在重大偏差的投标书。然后，按照招标文件规定的评标标准和方法对投标文件进行详细评审，比较各标书的优劣。招标文件没有规定的评标标准和方法不得作为评标的依据。

2. 对投标文件的质疑

评审中对投标书存在的响应性的细微偏差或不确定性问题，以书面形式通知该投标人。投标人书面回答的澄清、说明不得超出投标文件的范围或者改变投标文件的实质性内容。评标委员会不得暗示或者诱导投标人做出澄清、说明，也不接受投标人主动提出的澄清、说明。投标人的书面澄清，作为投标书的组成文件。

质疑的问题通过澄清确定后，按照招标文件确定的方法、评审要素、标准，分别计算各投标书的评分。

3. 评标报告

评标委员会完成评标后，应当向招标人提交评标报告。评标报告应当如实记载以下

内容：

1）基本情况和数据表。

2）评标委员会成员名单。

3）开标记录。

4）符合要求的投标一览表。

5）废标情况说明。

6）评标标准、评标方法或评标因素一览表。

7）经评审的价格一览表。

8）经评审的投标人排序。

9）推荐的中标候选人名单，以及签订合同前要处理的事宜。

10）澄清、说明、补正事项纪要。

推荐的中标候选人名单不超过3家，并标明排序，以便招标人选择中标人。

评标报告应当由评标委员会全体成员签字。对评标结果有不同意见的评标委员会成员应当以书面形式说明其不同意见和理由，评标报告应当注明该不同意见。评标委员会成员拒绝在评标报告上签字又不书面说明其不同意见和理由的，视为同意评标结果。

（四）中标

1. 确定中标人

如果招标人授权评标委员会确定中标人，评标委员会可将排序第一的投标人定为中标人，提交发包人请其与中标人签订施工合同。

评标委员会是招标人聘请的咨询专家团，仅是按照预定的评审要素和方法对各投标书进行比较，因此大多情况下由招标人确定中标人。

招标人依据评标报告的推荐，与投标人名单排序第一的候选中标人进行签约前的谈判，主要针对评标报告中提出的签订合同前要处理的事宜进行协商，通常为投标文件中存在的细微偏差，如进一步加强质量安全措施等。招标人不得就投标价格、投标方案、质量、履行期限等实质性内容进行谈判。

排名第一的中标候选人放弃中标、因不可抗力不能履行合同、不按照招标文件要求提交履约保证金，或者被查实存在影响中标结果的违法行为等情形，不符合中标条件的，招标人可以按照评标委员会提出的中标候选人名单排序依次确定其他中标候选人为中标人，也可以重新招标。

2. 签订施工合同

中标人确定后，招标人发出中标通知书并予以公示，公示期不少于3日。投标人或者其他利害关系人对招标的项目的评标结果有异议，应当在中标候选人公示期间提出。招标人应当自收到异议之日起3日内做出答复；做出答复前，应当暂停招标投标活动。

招标人全部或者部分使用非中标单位投标文件中的技术成果或技术方案时，需征得其书面同意，并给予一定的经济补偿。

招标人接受中标人提交的履约保证金后，双方签订合同协议书。在签订合同的5日内，退还中标人和其他所有投标人的投标保证金及银行同期存款利息，完成本次项目招标的全部工作。

招标人和中标人应当在投标有效期内并在自中标通知书发出之日起30日内，按照招标文件和中标人的投标文件订立书面合同。招标人和中标人不得再行订立背离合同实质性内容

的其他协议。招标人要求中标人提供履约保证金或其他形式履约担保的，招标人应当同时向中标人提供工程款支付担保。招标人不得擅自提高履约保证金，不得强制要求中标人垫付中标项目建设资金。

合同中确定的建设规模、建设标准、建设内容、合同价格应当控制在批准的初步设计及概算文件范围内；确需超出规定范围的，应当在中标合同签订前，报原项目审批部门审查同意。凡应报经审查而未报的，在初步设计及概算调整时，原项目审批部门一律不予承认。

招标人不得直接指定分包人。对于不具备分包条件或者不符合分包规定的，招标人有权在签订合同或者中标人提出分包要求时予以拒绝。发现中标人转包或违法分包时，可要求其改正；拒不改正的，可终止合同，并报请有关行政监督部门查处。监理人员和有关行政部门发现中标人违反合同约定进行转包或违法分包的，应当要求中标人改正，或者告知招标人要求其改正；对于拒不改正的，应当报请有关行政监督部门查处。

3. 备案

依法必须进行施工招标的项目，招标人应当自发出中标通知书之日起 15 日内，向有关行政监督部门提交招标投标情况的书面报告。书面报告至少应包括下列内容：

1）招标范围。

2）招标方式和发布招标公告的媒介。

3）招标文件中投标人须知、技术条款、评标标准和方法、合同主要条款等内容。

4）评标委员会的组成和评标报告。

5）中标结果。

（五）重新招标和不再招标

1. 重新招标

招标过程中出现下列情形之一时，招标人应当重新招标：

1）投标截止时间止，投标人少于 3 家。

2）经评标委员会评审后否决所有投标。

招标人应分析此次招标失败的原因，对招标文件进行恰当的修改后再行招标。

2. 不再招标

重新投标后，投标人仍少于 3 家或所有投标人又全部被否决，属于必须审批或核准的工程建设项目，经原审批或核准部门批准后不再进行招标，采用直接发包的形式委托施工单位完成建设任务。

案例分析

根据《招标投标法》规定，建设工程项目土建安装等施工招标的前提条件有以下几条：(1) 招标人已经依法成立；(2) 项目已经按照国家规定履行了审批或核准手续；(3) 资金或资金来源已经落实；(4) 具有满足招标的技术条件，如技术规格、图纸、使用功能等。清单图纸等技术资料是保证招标顺利进行的必要前提条件，图纸应由专业设计单位制作，清单应由有足够经验的造价工程师编制，招标人在招标前应仔细审核图纸、清单、技术规范以保证各种技术资料对工程量的描述统一、各项工作内容完整明确。

如果在不具备进行招标条件的情况下发布公告进行招标，将导致招标投标工作从开始就存在不确定的因素，如存在清单和图纸不能一一对应或设计深度不够等情形，而这些不确定的因素所造成的结果就是中标造价不能真正反映工程的实际情况，使工程在施工过程中出现较大的变动甚至出现返工，最终给招标投标双方之中的某一方造成经济损失。所以在进行招标投标工作时，一定要对所有有可能影响报价的前提条件做到完整明确，避免因为招标前提条件的某种缺失，使工程蒙受不必要的损失或引发供应商不满而发生投诉事件。

第三节　投标人资格审查

案例引入

背景资料：

（1）某单位进行厂区施工公开招标，在资格条件中设置有“在某省获得过施工质量优秀奖项、鲁班奖”“本地企业注册资金1000万元，外地企业注册资金3000万元”“在某省建筑行业业绩不少于5个”，在投标阶段，合格的投标人只有3人，全部是本地建筑施工单位，达到招标人控制投标人的目的。

（2）某单位进行三层办公楼施工招标，在施工资质条件中设置“具有建筑施工一级企业资质”“项目经理具有一级建造师资格、具有10个类似工程业绩”“必须是国有建筑施工企业”等，由于设置资质条件原因，第一次招标公告后只有一家企业报名参与投标，招标公司与招标人共同商定后，修改资格条件，重新发布了招标公告。

问题：这两个案例中有哪些不当的做法？

一、资格审查概述

资格审查分为资格预审和资格后审。资格预审是指在招标投标活动中，招标人在发放招标文件前，对报名参加投标的申请人的承包能力、业绩、资格和资质、历史工程情况、财务状况和信誉等进行审查，并确定合格的投标人名单的过程。资格后审是指在开标后由评标委员会对投标人进行的资格审查。进行资格预审的一般不进行资格后审，但招标文件另有规定的除外。《招标投标法》规定，招标人可以根据招标项目本身的要求，在招标公告或者投标邀请书中，要求潜在投标人提供有关资质证明文件和业绩情况，并对潜在投标人进行资格审查；国家对投标人的资格条件有规定的，依照其规定。《招标投标法实施条例》规定，招标人不得以不合理的条件限制或者排斥潜在投标人，不得对潜在投标人实行歧视待遇，所谓的潜在投标人，是指知悉招标人公布的招标项目信息和要求，具备承担招标项目的能力，有意愿参与投标竞争并中标的供应商、承包商或服务商，是招标采购的市场基础。例如，建筑面积12000m^2、檐高24m、地上5层、最大跨度18m的写字楼工程，其设计招标的潜在投标人是具备房屋建筑工程乙级及其以上设计资质的设计企业，监理招标的潜在投标人是具备房屋

建筑工程乙级及其以上监理资质的监理企业，施工招标的潜在投标人是具备房屋建筑工程总承包三级及以上施工资质的施工企业。

1. 资格审查的内容

资格审查应主要审查潜在投标人或者投标人是否符合下列条件：

1）具有独立订立合同的权利。

2）具有履行合同的能力，包括专业、技术资格和能力，资金、设备和其他物质设施状况，管理能力，经验、信誉和相应的从业人员。

3）没有处于被责令停业，投标资格被取消，财产被接管、冻结，破产状态。

4）在最近三年内没有骗取中标和严重违约及重大工程质量问题。

5）法律、行政法规规定的其他资格条件。

资格审查时，招标人不得以不合理的条件限制、排斥潜在投标人或者投标人，不得对潜在投标人或者投标人实行歧视待遇。任何单位和个人不得以行政手段或者其他不合理方式限制投标人的数量。

招标人应当合理确定提交资格预审申请文件的时间。依法必须进行招标的项目提交资格预审申请文件的时间，自资格预审文件停止发售之日起不得少于 5 日。资格预审应当按照资格预审文件载明的标准和方法进行。国有资金占控股或者主导地位的依法必须进行招标的项目，招标人应当组建资格审查委员会审查资格预审申请文件。资格审查委员会及其成员应当遵守《招标投标法》和《招标投标法实施条例》有关评标委员会及其成员的规定。资格预审结束后，招标人应当及时向资格预审申请人发出资格预审结果通知书。未通过资格预审的申请人不具有投标资格。通过资格预审的申请人少于 3 个的，应当重新招标。招标人采用资格后审办法对投标人进行资格审查的，应当在开标后由评标委员会按照招标文件规定的标准和方法对投标人的资格进行审查。

招标人可以对已发出的资格预审文件或者招标文件进行必要的澄清或者修改。澄清或者修改的内容可能影响资格预审申请文件或者投标文件编制的，招标人应当在提交资格预审申请文件截止时间至少 3 日前，或者投标截止时间至少 15 日前，以书面形式通知所有获取资格预审文件或者招标文件的潜在投标人；不足 3 日或者 15 日的，招标人应当顺延提交资格预审申请文件或者投标文件的截止时间。潜在投标人或者其他利害关系人对资格预审文件有异议的，应当在提交资格预审申请文件截止时间 2 日前提出；对招标文件有异议的，应当在投标截止时间 10 日前提出。招标人应当自收到异议之日起 3 日内做出答复；做出答复前，应当暂停招标投标活动。招标人编制的资格预审文件、招标文件的内容违反法律、行政法规的强制性规定，违反公开、公平、公正和诚实信用原则，影响资格预审结果或者潜在投标人投标的，依法必须进行招标的项目的招标人应当在修改资格预审文件或者招标文件后重新招标。

2. 资格预审与资格后审的区别

（1）资格预审　资格预审是招标人通过发布资格预审公告，向不特定的潜在投标人发出投标邀请，由招标人或者由其依法组建的资格审查委员会按照资格预审文件确定的审查方法、资格条件以及审查标准，对资格预审申请人的经营资格、专业资质、财务状况、类似项目业绩、履约信誉等条件进行评审，以确定通过资格预审的申请人。未通过资格预审的申请人，不具有投标资格。资格预审的方法包括合格制和有限数量制。一般情况下应采用合格制，潜在投标人过多的，可采用有限数量制。

（2）资格后审　资格后审是在开标后由评标委员会对投标人进行的资格审查。采用资格后审时，招标人应当在开标后由评标委员会按照招标文件规定的标准和方法对投标人的资格进行审查。资格后审是评标过程的一个重要内容。对资格后审不合格的投标人，评标委员会应否决其投标。

资格预审与资格后审的区别见表3-1。

表3-1　资格预审与资格后审的区别

资格审查 对比项目	资格预审	资格后审
审查时间	在发售招标文件之前	在开标之后的评标阶段
评审人	招标人或资格审查委员会	评标委员会
评审对象	申请人的资格预审申请文件	投标人的投标文件
审查方法	合格制或有限数量制	合格制
优点	避免不合格的申请人进入投标阶段，节约社会成本；提高投标人投标的针对性、积极性；减少评标阶段的工作量，缩短评标时间，提高评标的科学性、可比性	减少资格预审环节，缩短招标时间；投标人数量相对较多，竞争性更强；增加串标、围标难度
缺点	延长招标投标的过程，增加招标人组织资格与审核申请人参加资格预审的费用；通过资格预审的申请人相对较少，容易串标	投标方案差异大，会增加评标工作难度；在投标人过多时，会增加评标费用和评标工作量；增加社会综合成本
适用范围	比较适合技术难度较大或投标文件编制费用较高，或潜在投标人数量较多的招标项目	比较适合潜在投标人数量不多，具有通用性、标准化的招标项目

二、标准资格预审文件

（一）标准资格预审文件概述

《标准施工招标资格预审文件》是与《标准施工招标文件》配套颁布和使用的。其中的正式文件内容适用于所有工程，对应于资格预审文件的部分条、目，结合招标工程特点和实际需要，将具体要求和说明置于申请人须知前附表中。

九部委联合颁布的第56号令中明确要求，行业标准的施工招标资格预审文件应不加修改地引用《标准施工招标资格预审文件》中的“申请人须知”（申请人须知前附表除外）、“资格审查办法”（资格审查办法前附表除外）。

“申请人须知前附表”用于进一步明确“申请人须知”正文中的未尽事宜，招标人应结合招标项目的具体特点和实际需要编制和填写，但不得与“申请人须知”正文内容相抵触，否则抵触内容无效。

“资格审查办法前附表”用于明确资格审查的方法、因素、标准和程序。招标人应根据招标项目的具体特点和实际需要，详细列明全部审查或评审因素、标准，没有列明的因素和标准不得作为资格审查或评标的依据。

（二）标准资格预审文件的组成

标准资格预审文件由以下五个部分组成：资格预审公告、申请人须知、资格审查办法（合格制或有限数量制）、资格预审申请文件格式、项目建设概况。

其中，申请人须知包括以下内容。

1. 对招标项目和资格预审文件的说明

(1) 招标项目情况介绍　一般应包括以下内容：

1) 招标人和招标代理机构。

2) 项目名称和建设地点。

3) 项目的资金来源和落实情况。

4) 招标范围、计划工期和质量要求。

5) 发售的资格预审文件说明。

6) 申请人应具备承担本标段施工的资质条件、能力和信誉的最低要求。

7) 是否接受联合体投标。

(2) 拒绝作为资格预审申请人的情况　包括以下12种情况的单位：

1) 为招标人不具有独立法人资格的附属机构（单位）。

2) 为本标段前期准备提供设计咨询服务的，但设计施工总承包的除外。

3) 本标段的监理人。

4) 本标段的代建人。

5) 为本标段提供招标代理服务的。

6) 与本标段的监理人或代建人或招标代理机构同为一个法定代表人的。

7) 与本标段的监理人或代建人或招标代理机构相互控股或参股的。

8) 与本标段的监理人或代建人或招标代理机构相互任职或工作的。

9) 被责令停业的。

10) 被暂停或取消投标资格的。

11) 财产被接管或冻结的。

12) 在最近3年内有骗取中标或严重违约或重大工程质量问题的。

2. 对申请投标人编制资格预审申请文件的要求

(1) 申请文件的组成　申请人提供的资格预审申请文件应包括下列内容：

1) 资格预审申请函。

2) 法定代表人身份证明或附有法定代表人身份证明的授权委托书。

3) 联合体协议书。本次招标不接受联合体投标或申请人不组成联合体，则不需要提供。

4) 申请人基本情况表。

5) 近年财务状况表。

6) 近年完成的类似项目情况表。

7) 正在施工和新承接的项目情况表。

8) 近年发生的诉讼及仲裁情况。

9) 其他材料，在申请人须知前附表内要求提供的材料。

(2) 申请文件递交的说明　申请截止时间和地点，在申请人须知前附表内规定。招标人应当合理确定提交资格预审文件的时间，自资格预审文件停止发售之日起不得少于5日。

除申请人须知前附表另有规定的外，申请人所递交的资格预审申请文件不予退换。

逾期送达或者未送达指定地点的资格预审申请文件，招标人不予受理。

(3) 对资格预审文件审查的说明

1) 审查委员会。按照《招标投标法实施条例》的规定，招标人在发售资格预审文件

前，按照组建评标委员会的规定组建资格预审审查委员会，审查资格预审申请文件。申请委员会的人数在申请人前附表内说明。

2）资格审查内容。在申请人前附表内应说明资质条件、财务要求、业绩要求、信誉要求、项目经理资格和其他要求的具体规定。

（三）资格预审程序

资格审查活动一般分为以下六个步骤进行：

1）审查准备工作。

2）初步审查。

3）详细审查。

4）澄清、说明或补正。

5）评分。

6）确定通过资格预审的申请人（正选）、通过资格预审的申请人（候补）及提交资格审查报告。

以下主要介绍资格预审审查委员会组成后的初步审查和详细审查这两个阶段。

1. 初步审查

初步审查主要检查申请人提交的资格预审文件是否满足申请人须知的要求，包括以下内容。

（1）提供资料的有效性　法定代表人授权委托书必须由法定代表人签署。申请人基本情况表应附申请人营业执照副本及其年检合格的证明材料、资质证书副本和安全生产许可证等材料的复印件。

（2）提供资料的完整性　提供资料的完整性至少应包括以下基本内容：

1）前附表规定年份的财务状况表，应附经会计师事务所或审计机构审计的财务会计报表，包括资产负债表、现金流量表、利润表和财务情况说明书的复印件。

2）前附表规定近几年完成的类似项目情况表，应附中标通知书或（和）合同协议书，工程接收证书（工程竣工验收证书）的复印件。

3）正在施工和新承接的项目情况表，应附中标通知书或（和）合同协议书。

4）前附表规定近几年发生的诉讼及仲裁情况表应说明相关情况，并附法院或仲裁机构做出的判决、裁决等有关法律文书复印件。接受联合体资格预审申请的，申请人除了提供联合体协议书并明确联合体牵头人外，还应包括联合体各方按上述要求的相关情况资料。联合体各方不得再以自己名义单独或加入其他联合体在同一标段中参加资格预审。

2. 详细审查

详细审查主要评定申请人的资质条件、能力和信誉是否满足招标工程的要求，但前附表没有规定的方法和标准不得作为评审依据。

（1）主要审查内容

1）资质条件。承接工程项目施工的企业必须有与工程规模相适应的资质，不允许低资质企业承揽高等级工程的施工。

由同一专业的单位组成的联合体，按照资质等级较低的单位确定资质等级；两个以上资质类别不同的成员组成的联合体，按照联合体协议中约定的内部分工分别认定联合体申请人的资质类别和等级，不承担联合体协议约定由其他成员承担的专业工程的成员，其相应的专业资质和等级不参与联合体申请人的资质和等级的认定。联合体申请人的可量化审查因素

(如财务状况、类似项目业绩、信誉等）的指标考核，首先分别考核联合体各个成员的指标，在此基础上，以联合体协议中约定的各个成员的分工占合同总工作量的比例作为权重，加权折算各个成员的考核结果，作为联合体申请人的考核结果。

招标人接受联合体投标并进行资格预审的，联合体应当在提交资格预审申请文件前组成。资格预审后联合体增减、更换成员的，其投标无效。

2）财务状况。通过经审计的资产负债表、现金流量表、利润表和财务情况说明，既要审查申请投标人企业目前的运行是否良好，又要考察是否有充裕的资金支持完成项目的施工。因为申请投标人一旦中标，只有完成一定的合格工作量后，才可以获得相应工程款的支付，因此在施工准备阶段和施工阶段需要有相应的资金维持施工的正常运转。

3）类似项目的业绩。如果申请人没有完成过与招标工程类似项目的施工经理，则缺少本次招标工程的施工经验。通过考察完成过的类似项目业绩，尤其是与本项目同规模或更大规模的施工业绩，可以反映出对项目施工的组织、技术、风险防范等方面的能力。尤其对大型复杂有特殊专业施工要求的招标项目，此点尤为重要。

4）信誉。信誉良好是能够忠实履行合同的保证，在前附表规定的最近几年不能有违约或毁约的历史。对于以往承接工程的重大合同纠纷，应通过法院判决书或仲裁判决书分析事件的起因和责任，对其信誉进行评估。

5）项目经理资格。项目经理是施工现场的指挥者和直接责任人，对项目施工的成败起关键作用。除了审查其建造师证书、职称和专业知识外，还应重点考察其参与过的工程项目施工经历，以及在项目上担任的职务是否为主要负责人，以判断其在本工程能否胜任项目经理的职责。

6）承接本招标项目的实施能力。申请人正在实施的其他工程项目施工，会对资金、施工机械、人力资源等产生分流，通过申请人提交的正在施工和新承接的项目情况表中说明的项目名称、签约合同价、开工日期、竣工日期、承担的工作、项目经理名称等，分析若该申请人中标，能否按期、按质、按量完成招标项目的施工任务。

(2) 资格预审文件的澄清　审查过程中，审查委员会可以书面形式，要求申请人对所提交的资格预审申请文件中不明确的内容进行必要的澄清或说明。申请人的澄清或说明应采用书面形式，并不得改变资格预审文件的实质性内容。申请人的澄清和说明内容属于资格预审申请文件的组成部分。

招标人和审查委员会不接受申请人主动提出的澄清或说明。

三、资格预审公告和资格审查办法

(一) 资格预审公告

资格预审公告是指为邀请潜在的供应商参加资格预审而在官方媒体上发布的资格预审通告。多数情况下，资格预审公告可以代招标公告，发布招标信息。招标人按照《标准施工招标资格预审文件》第一章“资格预审公告”的格式发布资格预审公告后，将实际发布的资格预审公告编入出售的资格预审文件中，作为资格预审邀请。资格预审公告应同时注明发布所在的所有媒介名称。

1. 资格预审公告的内容

代招标公告的资格预审公告，资格预审公告的内容同前述资格预审内容一致。非代招标公告的资格预审公告的内容较简单，但至少应包括：

1）工程内容介绍。详细说明工程性质、工程数量、质量要求、开工时间、工程监督要求、竣工时间。

2）资金来源。是政府投资、私人投资，还是利用国际金融组织贷款，资金落实程度。

3）工程项目的当地自然条件。包括当地气候、降雨量（即年平均降雨量、最大降雨量、最小降雨量）发生的月份、气温、风力、冰冻期、水文地质方面的情况。

4）工程合同的类型。是单价合同还是总价合同，或是其他价格形式合同，是否允许分包工程。

5）其他。

2. 招标人不得以不合理的条件限制、排斥潜在投标人或者投标人

招标人有下列行为之一的，属于以不合理条件限制、排斥潜在投标人或者投标人：

1）就同一招标项目向潜在投标人或者投标人提供有差别的项目信息。

2）设定的资格、技术、商务条件与招标项目的具体特点和实际需要不相适应或者与合同履行无关。

3）依法必须进行招标的项目以特定行政区域或者特定行业的业绩、奖项作为加分条件或者中标条件。

4）对潜在投标人或者投标人采取不同的资格审查或者评标标准。

5）限定或者指定特定的专利、商标、品牌、原产地或者供应商。

6）依法必须进行招标的项目非法限定潜在投标人或者投标人的所有制形式或者组织形式。

7）以其他不合理条件限制、排斥潜在投标人或者投标人。

（二）资格审查办法

资格审查办法分为合格制和有限数量制。

1. 合格制

合格制是指凡符合资格预审文件规定资格条件标准的投标申请人，即取得相应投标资格。这种方式的优点是投标竞争性强，有利于获得更多、更好的投标人和投标方案；对满足资格条件的所有投标申请人公平、公正。缺点是投标人可能较多，从而加大投标和评标工作量，浪费社会资源。

资格审查办法依照前附表中的规定，由审查委员会先进行初步审查，有一项因素不符合审查标准的，不能通过资格预审。接着再进行详细审查，进一步核实审查标准，有一项不符合的就不能通过，通过资格预审的申请人除应满足规定的审查标准外，还不得存在下列任何一种情形：

1）不按审查委员会要求澄清或说明的。

2）申请人不得存在下列情形之一：

① 为招标人不具有独立法人资格的附属机构（单位）。

② 为本标段前期准备提供设计或咨询服务的，但设计施工总承包的除外。

③ 为本标段的监理人。

④ 为本标段的代建人。

⑤ 为本标段提供招标代理服务的。

⑥ 与本标段的监理人或代建人或招标代理机构同为一个法定代表人的。

⑦ 与本标段的监理人或代建人或招标代理机构相互控股或参股的。

⑧ 与本标段的监理人或代建人或招标代理机构相互任职或工作的。

⑨ 被责令停业的。

⑩ 被暂停或取消投标资格的。

⑪ 财产被接管或冻结的。

⑫ 在最近三年内有骗取中标或严重违约或重大工程质量问题的。

3）在资格预审过程中弄虚作假、行贿或有其他违法违规行为的。包括：

① 不同申请人的资格预审申请文件由同一单位或者个人编制的。

② 不同申请人委托同一单位或者个人办理投标事宜的。

③ 不同申请人的资格预审申请文件载明的项目管理机构成员出现同一人的。

④ 不同申请人的资格预审申请文件相互混装的。

除以上情形外，近年来很多地区开始使用电子化招标，针对这种情况，有下列情形之一的通常也会被判定为不通过资格审查：

① 没有按照资格预审文件规定的递交方式递交的。

② 回执载明的传输完成时间超出资格预审文件规定资格预审申请文件递交截止时间的。

③ 电子化平台中无申请文件，且无成功递交回执的。

④ 因申请人原因，电子化平台无法正常打开的。

⑤ 电子资格预审申请文件不是使用招标投标交易场所提供的“电子标书生成器”生成的 GEF 文件的。

⑥ 资格预审申请文件与其他申请人的资格预审申请文件使用同一电子标书生成器生成的。

在审查过程中，审查委员会可以书面形式，要求申请人对所提交的资格预审申请文件中不明确的内容进行必要的澄清或说明。申请人的澄清或说明应采用书面形式，并不得改变资格预审申请文件的实质性内容。申请人的澄清和说明内容属于资格预审申请文件的组成部分。招标人和审查委员会不接受申请人主动提出的澄清或说明。

审查委员会按照规定的程序对资格预审申请文件完成审查后，确定通过资格预审的申请人名单，并向招标人提交书面审查报告。通过资格预审申请人的数量不足 3 个的，招标人重新组织资格预审或不再组织资格预审而直接招标。

2. 有限数量制

有限数量制是当潜在投标人过多时采用的一种方式。招标人在资格预审文件中既要规定投标资格条件、标准和评审方法，又应明确通过资格预审的投标申请人数量。

有限数量制的优点是有利于降低招标投标活动的社会综合成本；缺点是在一定程度上可能限制了潜在投标人的范围。

审查委员会依据《标准施工招标文件》中规定的审查标准和程序，对通过初步审查和详细审查的资格预审申请文件进行量化打分，按得分由高到低的顺序确定通过资格预审的申请人。通过资格预审的申请人不超过资格审查办法前附表规定的数量。与合格制一样，有限数量制也要进行初步审查和详细审查两个阶段且满足相应的要求。

通过详细审查的申请人不少于 3 个且没有超过资格预审文件规定数量的，均通过资格预审，不再进行评分。通过详细审查的申请人数量超过规定数量的，审查委员会依据评分标准进行评分，按得分由高到低的顺序进行排序。完成审查后，由审查委员会确定通过资格预审的申请人名单，并向招标人提交书面审查报告。

通过详细审查申请人的数量不足3个的，招标人重新组织资格预审或不再组织资格预审而直接招标。

案例分析

上述两个案例，招标人用地域、奖项等与项目不相适应的资质、资格等设置不合理的条件，限制、排斥潜在投标人，达到某些预期的目的，该做法违反了《招标投标法实施条例》第三十二条中规定：招标人不得以不合理的条件限制、排斥潜在投标人或者投标人。

第四节　施工招标评标办法

案例引入

背景资料：某单位进行施工招标，评标过程中，评标委员会专家发现三个投标人的纸质投标文件内容关键环节一致性比较高，投标文件电子文档属性显示：三个投标文件为同一作者制作、最后一次保存日期为同一天、最后一次打印时间为同一天且相隔不到10分钟，三份投标文件中相对应部分内容的标点符号及错别字都惊人的一致，经过评标委员会评审，按照法律规定取消三个投标人的投标资格。

问题：这种做法的法律依据是什么？

一、施工招标评标办法概述

评标由招标人依法组建的评标委员会负责，评标委员会应当按照招标文件规定的评标标准和方法对投标文件进行评审。而评标方法是确定中标人的机制和投标人决策的重要依据，其评标内容包含技术标和商务标，其中技术标主要是施工组织设计，具体内容一般包括实施方案和方法、质量保证措施、施工进度计划及工期保证措施、组织管理体系及人员和施工部署等；商务标分为经济标和其他商务条款，其中经济标主要包括投标报价、综合单价、主要材料及设备价格等，其他商务条款包括工期、质量、业绩等。

《标准施工招标文件》中的“评标办法”分别规定了经评审的最低投标价法和综合评估法两种评标方法，供招标人根据招标项目的具体特点和实际需要选择适用。最低投标价法主要评定经济标，其他商务条款及技术标内容仅需满足招标文件要求或处于次要地位。招标人选择适用综合评估法的，各评审因素的评审标准、分值和权重等由招标人自主确定。国务院有关部门对各评审因素的评审标准、分值和权重等有规定的，从其规定。“评标办法”前附表应按试行规定要求列明全部评审因素和评审标准，并在前附表及正文标明投标人不满足其要求即导致废标的全部条款。

（一）评标办法

评标是对各投标书实施中标项目方案优劣的评定，因此评标的要素更为宽泛，需要进行量化比较。按照《招标投标法》的规定，评标办法可以采用经评审的最低投标价法或综合评估法。

最低投标价法适用于没有特殊专业施工技术要求，采用通用技术即可保证质量完成的招标工程项目，在满足评审各要素条件的前提下，按照预定的评标规则，在投标人报价的基础上，对部分评审要素进行简单的价格量化后形成评标价。评标价最低者最好。

综合评估法则适用于大型复杂工程，有特殊专业施工技术和经验要求的评标。由于评标要素较多，需要进行分别计分的综合评估。

（二）评标程序

评标的基本程序分为初步审查和详细审查两个阶段，这是无论采用什么方法都需要进行的步骤。初步审查以招标文件前附表规定的评审内容，检查投标书是否对招标文件做出了实质性响应，有一项不符合评审标准，做废标处理，不再进行详细评审。详细评审则是审查和评定投标实施方案的完整性和科学性，对工程质量、安全等方面存在的风险，投入产出的可行性进行比较。

在评标过程中，评标委员会可以书面形式要求投标人对提交投标文件中不明确的内容进行书面澄清或说明，或者对细微偏差进行补正。评标委员会不接受投标人主动提出的澄清、说明或补正。投标人的澄清、说明和补正属于投标文件的组成部分。评标委员会对投标人提交的澄清、说明或补正有疑问的，可以要求投标人进一步澄清、说明或补正，直至满足评标委员会的要求。

评标委员会成员应当按照招标文件规定的评标标准和方法，客观、公正地对投标文件提出评审意见。招标文件没有规定的评标标准和方法不得作为评标的依据。《评标委员会和评标方法暂行规定》（2013 年修订版）规定：评标委员会成员应当客观、公正地履行职责，遵守职业道德，对所提出的评审意见承担个人责任。评标委员会成员不得与任何投标人或者与招标结果有利害关系的人进行私下接触，不得收受投标人、中介人、其他利害关系人的财物或者其他好处，不得向招标人征询其确定中标人的意向，不得接受任何单位或者个人明示或者暗示提出的倾向或者排斥特定投标人的要求，不得有其他不客观、不公正履行职务的行为。《招标投标法》规定：招标人应当采取必要的措施，保证评标在严格保密的情况下进行。任何单位和个人不得非法干预、影响评标的过程和结果。

招标人应当根据项目规模和技术复杂程度等因素合理确定评标时间，超过三分之一的评标委员会成员认为评标时间不够的，招标人应当适当延长。

完成评标后，如果招标人授权由评标委员会定标，可直接确定中标人。若评标委员会没有获得招标人的定标授权，应向招标人提交评标报告和中标候选人名单。中标候选人应当不超过 3 个，并标明顺序。

（三）评审中应做废标处理的情况

《工程建设项目施工招标投标办法》（2013 年修订）规定，投标文件有下列情形之一的，招标人应当拒收：

1）逾期送达。需要说明的是，《招标投标法实施条例》中明确提出国家鼓励利用信息网络进行电子招标投标，所以近年来有很多工程施工招标都要求在提交纸质文件的同时，在网上再提交电子投标文档，要注意网上的时间不要超过截止日期。

2）未按招标文件要求密封。

3）评标委员会否决的情形。有下列情形之一的，评标委员会应当否决其投标：

① 投标文件未经投标单位盖章和单位负责人签字。

② 投标联合体没有提交共同投标协议。

③ 投标人不符合国家或者招标文件规定的资格条件。

④ 同一投标人提交两个以上不同的投标文件或者投标报价，但招标文件要求提交备选投标的除外。

⑤ 投标报价低于成本或者高于招标文件设定的最高投标限价。

⑥ 投标文件没有对招标文件的实质性要求和条件做出响应。

⑦ 投标人有串通投标、弄虚作假、行贿等违法行为。其中《招标投标法实施条例》中对串通投标的情形有相关规定，即：

a. 不同投标人的投标书由同一单位或者个人编制。

b. 不同投标人委托同一单位或者个人办理投标事宜。

c. 不同投标人的投标文件载明的项目管理成员为同一人。

d. 不同投标人的投标文件异常一致或者投标报价呈规律性差异。

e. 不同投标人的投标文件相互混装。

f. 不同投标人的投标保证金从同一单位或者个人的账户转出。

4）在提交投标文件后不按评标委员会要求澄清、说明或补正投标文件中的偏差的。

二、经评审的最低投标价法

《招标投标法》规定，中标人的投标应当符合下列条件之一：①能够最大限度地满足招标文件中规定的各项综合评价标准；②能够满足招标文件的实质性要求，并且经评审的投标价格最低，但是投标价格低于成本的除外。这一规定实际包括了以下三个方面的含义：一是投标文件能够满足招标文件的实质性要求，这是投标中标的前提条件；二是经评审的投标价格最低，即指对投标文件中的各项评标因素尽可能折算成为货币量，加上投标报价进行综合评审比较之后，确定评审价格最低的投标，也就是我们常称的最低评标价，以该投标为中标，也就是说中标价是经过评审的最低投标价，并不是指报价最低的投标价；三是为了保证项目的质量安全，防止某些投标人以不正常的低价中标后粗制滥造、偷工减料，因此对于投标价格低于成本的投标将不予考虑。

《标准施工招标文件》和与之配套的《房屋建筑和市政工程标准施工招标文件》也均要求在采用经评审的最低投标价法时，评标委员会在详细评审的第一步就根据招标文件规定的量化因素及量化标准进行价格折算，并列举了单价遗漏、付款条件、不平衡报价等量化因素。这里的“价”实际应包含以下两大部分：一是经过算术性修正的投标报价，二是各类量化因素的折算价格，二者共同构成了最终决定投标人是否能够中标的“评标价”。而“评审”的对象，不但包括投标报价和单价遗漏、不平衡报价等货币类量化因素，还应包括付款条件等可以折算为价格的非货币类量化因素。

（一）初步评审

初步评审一般应包括形式评审、资格评审、响应性评审、施工组织设计和项目管理机构评审四个方面。招标人允许偏离的最大范围和最高项数应在投标人须知中明确，作为判定投标书是否有效的依据。

1. 形式评审

评审内容包括：投标人名称、投标函盖章签字、投标文件格式、联合体投标人、报价唯一等。

审查重点为：投标人的名称应与营业执照、资质证书、安全生产许可证中的名称一致；联合体投标除提交联合体协议书并明确牵头人外，审查联合体成员是否与资格预审的名单一致，成员的改变要重新进行资格预审或认定为资格不合格；报价唯一性表现为只有一个价格，不允许以若中标可以优惠降价的方式提出两个报价。

2. 资格审查

资格审查适用于没有进行资格预审的资格后审，审查内容和重点与资格预审一致。

3. 响应性评审

评审内容包括：投标内容、工期、工程质量、投标有效期、投标保证金、权利义务、已标价的工程量清单、技术标准和分包要求（如有）等。

审查重点为：投标书是否涵盖了标段的所有工作，如基础工程、主体工程、电气工程等的施工；承诺的工程质量达到或超过招标文件规定的要求；投标工期满足或短于招标工期；对部分专用合同条款的调整建议是否有推卸基本义务的行为；工程量清单不仅看投标总价，还要针对主要工程量或关键施工部位有无严重不平衡报价等。

4. 施工组织设计和项目管理机构评审

审查内容包括：施工方案与技术措施；质量管理体系与措施；环境保护管理体系与措施；工程进度计划与措施；资源配备计划；技术负责人；其他主要人员；施工设备；试验、检测仪器设备等。

审查重点为：施工方案的可行性和科学性，是否采用了先进的施工工艺和方法；质量管理体系和环境保护管理体系的完整性、措施的有效性；工程进度计划与拟投入的资源比较，能否保证计划的实现；施工设备除了审查数量外，还应关注设备的型号、容量和适用性；项目管理机构关注组织的合理性、主要人员的能力，以及是否缺少主要部位或关键部位的专业人员等。

由于经评审的最低投标价法针对具有通用技术、性能标准没有特殊要求的招标项目，因此施工组织设计和项目管理机构置于初步评审阶段审查。

（二）详细评审

评标委员会对满足招标文件实质性要求的投标文件，按照投标人须知中规定的量化因素及量化标准进行打分，按照得分由高到低顺序推荐中标候选人或根据招标人授权直接确定中标人，但投标报价低于其成本的除外。得分相等时，以投标报价低的优先；投标报价也相等的，由招标人自行确定。

首先审查是否有单价漏项、报价的算术计算错误、付款调价要求等。计算错误应通过要求投标人澄清、说明的方式请其确认。评标委员会发现投标人的报价明显低于其他投标报价，或者设有标底时明显低于标底，使得其报价可能低于成本时，应当要求该投标人做出书面说明并提供相应的证明材料。例如，某工程招标文件中所列的评标办法（经评审的最低投标价法）见表3-2。

初步评审合格的投标文件，首先对其投标报价进行算术性错误修正，并按招标文件约定的方法、因素和标准调整计算评标价。评标价计算通常包括工程招标文件引起的投标报价内容范围差异和遗漏的费用、投标方案中租用临时用地的数量（如果由发包人提供临时用地）、提前竣工的效益等直接反映价格的因素，一般采用折现方法计算评标价。使用外币项目，应根据招标文件约定，将不同外币报价金额转换为约定的货币金额。或者也可以采用投标报价打分的方法进行排序，量化因素和评价标准等在评标办法中自行规定。评审时，投标

文件中的大写金额和小写金额不一致的，以大写金额为准；总价金额与单价金额不一致的，以单价金额为准，但单价金额小数点有明显错误的除外。

表 3-2 某工程招标文件中所列的评标办法（经评审的最低投标价法）

节选自某工程招标文件中所列的评标办法（经评审的最低投标价法）

1）计算有效投标报价的算术平均值 P_p。P_p 等于去掉最高和最低工程量清单有效标总报价后的算术平均值，若有效投标报价少于5家时，则 P_p 等于所有有效投标报价的算数平均值。

2）计算投标最低价控制值 P_k。

$$P_k = P_p(1 - E\%)$$

（$1 - E\%$）为最低价控制率，E 建议取值为3～6的整数。E 应当在招标文件中明确，也可以在投标截止后开标前在招标投标监管部门的监督下由招标人随机抽取确定。

3）工程量清单总报价评分（本部分总分为50分）。评标委员会以 P_k 为最低投标报价限制值，将大于或等于此值的投标报价由低到高进行排序。最低的为最优报价，本部分得满分，低于最优报价的得零分，其余投标报价与最优报价相比，每增加1%扣2分，扣完为止。具体得分采用插入法进行计算。

工程量清单总报价为零分的投标文件不再参与下述4）、5）、6）项的计算及评分。

4）分部分项工程量清单项目综合单价评分（本部分总分为20分）。按照招标文件中明确的10项工程量清单，对其综合单价进行评审，去掉一个最高单价和一个最低单价（投标人不足5家则不扣除）后的平均值为该分项的基准价。与基准价相比，每增加1%扣0.2分，每减少1%扣0.1分，扣完为止。具体得分采用插入法进行计算。

5）主要材料价格评分（本部分总分为20分）。按照招标文件中明确的不少于10项的单项材料，每项材料去掉一个最高单价和一个最低单价（投标人不足5家则不扣除）后的平均值为该项材料的基准价。与基准价相比，每增加1%扣0.2分，每减少1%扣0.1分，扣完为止。具体得分采用插入法进行计算。

6）措施项目费评分（本部分总分为10分）。所有措施项目费去掉一个最高价和一个最低价（投标人不足5家则不扣除）后的算术平均值作为基准价，为满分10分。与基准价相比，每增加1%扣1分，每减少1%扣0.5分，扣完为止。具体得分采用插入法进行计算。

7）招标人可根据工程实际情况，适当调整上述指标分值，但其中工程量清单总报价所占比重一般不宜低于50%。工程量清单总报价评分、分部分项工程量清单项目综合单价评分、主要材料价格评分、措施项目费评分各项分值设置不得为0，且四项评分满分之和必须为100。

三、综合评估法

目前综合评估法应用比较广泛，各地也先后出台了一些关于综合评估法使用的相关规定，如《北京市建设工程施工综合定量评标办法》（京建法〔2016〕4号），以及一些行业法规，如《公路工程建设项目招标投标管理办法》（交通运输部令2015年第24号令）等。综合评估法评审分为初步评审和详细评审两个阶段。

（一）初步评审

初步评审分为形式评审、资格评审（适用于资格后审）和响应性评审三个方面，主要检查投标书是否满足招标文件的要求。审查内容和经评审的最低投标价法相同。初步评审的各项不打分，只要满足审查标准即可。只要有一项不合格，即做废标处理。如果投标文件实质上不响应招标文件的各项要求，评标委员会将予以拒绝，并且不允许投标人通过修改或撤销其不符合要求的差异或保留，使之成为具有响应性的投标。

评标委员会将对确定为实质上响应招标文件要求的投标文件进行校核，看其是否有计算上、累计上或表达上的错误，修正错误的原则如下：

1）如果数字表示的金额和用文字表示的金额不一致时，应以文字表示的金额为准。

2）当单价与数量的乘积与合价不一致时，以单价为准，除非评标委员会认为单价有明显的小数点错误，此时应以标出的合价为准，并修改单价。

按上述修正错误的原则及方法调整或修正投标文件的投标报价，投标人同意后，调整后的投标报价对投标人起约束作用。如果投标人不接受修正后的报价，则其投标将被拒绝并且其投标保证金不予退还，并不影响评标工作。

（二）详细评审

1. 评审内容

详细评审的每一项均应结合招标工程的特点和实际情况预先规定相应的评分标准。内容一般应包括施工组织设计、项目管理机构、投标报价和其他因素四个方面。

（1）施工组织设计　评审重点一般包括：

1）内容完整性和编制水平。

2）施工方案和技术措施的合理性。

3）质量管理体系与措施的可靠性和针对性。

4）环境保护管理体系与措施的完整性和有效性。

5）工程进度计划与措施的科学性和合理性。

6）资源配备计划的合理性。

（2）项目管理机构　评审重点有：

1）项目经理的任职资格及以往的工程施工管理业绩表明能胜任本项目的工作。

2）主要技术负责人的任职资格及以往的工程施工管理业绩表明能胜任本项目的工作。

3）其他主要人员的配备是否合理，本项目施工设计的专业能全覆盖。

（3）投标报价　对工程量清单核对无误且不存在严重不平衡报价的基础上，主要计算报价与标准值的偏差率。计算公式为

$$偏差率=\frac{(投标人报价-评标基准价)}{评标基准价}\times 100\%$$

使用上式计算的关键问题是确定评标基准价，应在投标人须知前附表内说明。目前采用较多的方式有以下几种：

1）全部有效报价取平均值或平均值下浮某一预定的百分比。如有标底，再将平均值与标底做二次加权平均。

2）全部有效报价中去掉最高报价和最低报价后，取平均值或平均值下浮某一预定的百分比。如有标底，再将平均值与标底做二次加权平均。此方法的好处是不因个别与次高或次低报价相差20%以上的个别报价，影响评标基准价的计算。

3）以标底为标准，将有效报价分为高低两类分别计算算数平均值，然后采用分别赋予权重的方法确定加权平均值（其中低报价的权重大于高报价的权重），最后与标底再做加权平均。此方法可以使得评标基准价向下浮动。

（4）其他因素　按照投标人须知中设定的项目标准确定。

2. 分值构成

综合评估法采用打分的方法进行评估，总分100分，四个方面的分值分配应预先确定并在投标人须知前附表中说明。招标人选择适用综合评估法的，各评审因素的评审标准、分值和权重等由招标人自主确定。国务院有关部门对各评审因素的评审标准、分值和权重等有规定的，从其规定。

对于综合评标法，各地也相继出台了相关法规进行规范。以北京市住房和城乡建设委员

会颁布的《北京市建设工程施工综合定量评标办法》（京建法〔2016〕4号）为例，其中，规定招标文件中载明的评标办法应当区分技术标（即施工组织设计）、商务标（即投标报价）和信用标（即项目管理机构等），分别设立具体的评标因素和评标标准，其中信用标的评审应当直接采用开标当日市住房和城乡建设委员会公布的企业市场行为信用评价分值，并按照本办法的规定将其纳入相应投标人的最终得分。商务标、技术标、信用标评分权重合计为100%，信用标在总得分中所占权重一般为5%～20%，并应当符合本办法附表的规定。商务标和技术标在总得分中的权重合计为95%～80%，其中，技术标的相对权重一般不得高于40%，商务标的相对权重不得低于60%。

综合评估法有以下三个优点：一是综合评估法的适用范围很广，任何招标项目都可以采取综合评估法这种评审方式。二是评审简单、没有难度。因为经济标只评审总价，又是简单的加减乘除数学计算，所以经济标评审没有任何难度，打分很快，实行电子招标投标后计算机可直接计算出结果。技术标就是按照评标成员个人感觉打分，所以简单易行，一个施工总承包标评标专家的有效评标时间不超过3个小时。三是中间评标价格得满分，不鼓励高价和低价，所以投标人做出降价的动力不大，基本不会出现报价低于成本的情况。

3. 评标结果

标准文件中规定除前附表授权直接确定中标人外，评标委员会按照得分从高到低的顺序推荐3名中标候选人。评标委员会完成评标后，应当向招标人提交书面评标报告。

案例分析

按照《招标投标法实施条例》第四十条规定，有下列情形之一的，视为投标人相互串通投标：(1) 不同投标人的投标文件由同一单位或者个人编制；(2) 不同投标人委托同一单位或者个人办理投标事宜；(3) 不同投标人的投标文件载明的项目管理成员为同一人；(4) 不同投标人的投标文件异常一致或者投标报价呈规律性差异；(5) 不同投标人的投标文件相互混装；(6) 不同投标人的投标保证金从同一单位或者个人的账户转出。

在招标工作中相互串通投标还存在以下情况：参加同一标段投标的不同投标人投标文件装订顺序相同、排版相同；不同投标人文件相互混装或相互盖错公章等。

第五节 施工投标简介

案例引入

背景资料：某政府办公楼施工招标采用工程量清单计价模式，某投标人计算标价时采用了施工图预算价格进行了报价，被评标委员会否决。

问题：评标委员会否决的理由是什么？

一、施工投标概述

建设项目施工投标是建设项目施工招标的相对概念，是指具有合法资格和能力的投标人根据招标条件，经过初步研究和估算，在指定期限内填写标书，提出报价，并等候开标，决定能否中标的经济活动。投标人是响应招标、参加投标竞争的法人或者其他组织。招标人的任何不具独立法人资格的附属机构（单位），或者为招标项目的前期准备或者监理工作提供设计、咨询服务的任何法人及其任何附属机构（单位），都无资格参加该招标项目的投标。投标人应当按照投标人须知前附表中有关截止时间的规定，将投标文件密封送达投标地点。招标人收到投标文件后，应当向投标人出具标明签收人和签收时间的凭证，在开标前任何单位和个人不得开启投标文件。建设工程施工投标程序如图 3-2 所示。

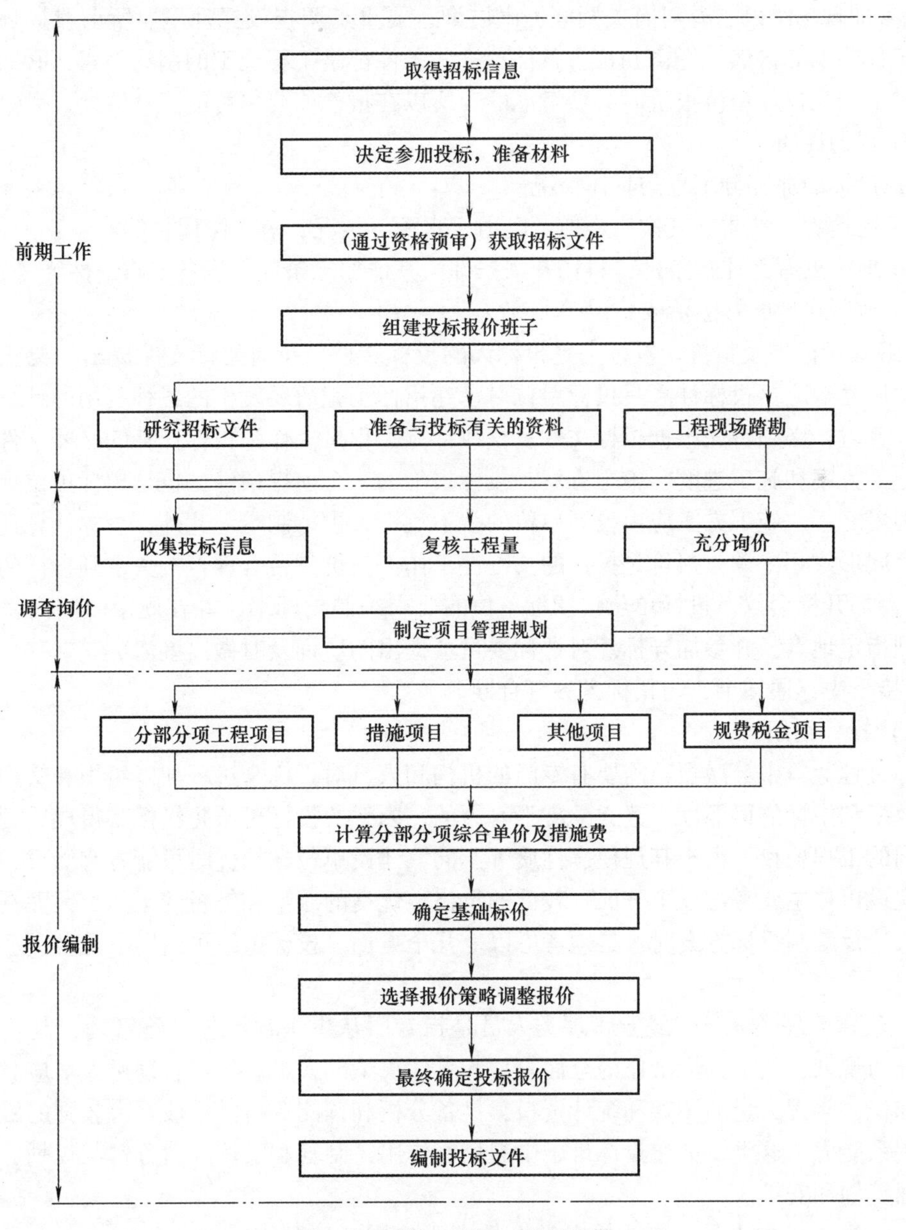

图 3-2　建设工程施工投标程序

（一）建设工程施工投标的主要步骤及内容

1）投标人了解招标信息，申请投标。建筑企业根据招标广告或投标邀请书，分析招标工程的条件，依据自身的实力，选择投标工程。

2）接受招标人的资质审查。向招标人提出投标申请，并提交有关资料。

3）购买招标文件及有关技术资料。通过了资格审查，取得招标文件之后，首要的工作就是认真仔细地研究招标文件，充分了解其内容和要求，以便有针对性地安排投标工作。研究招标文件，重点应放在投标者须知、合同条款、设计图、工程范围及工程量表上，当然对技术规范要求也要看清楚有无特殊要求。对于招标文件中的工程量清单，投标者一定要进行校核，因为这直接影响到投标报价及中标机会，如发现工程量有重大出入的，特别是漏项的，必要时可找业主核对，要求业主认可，并给予书面声明，对于总价合同，尤为重要。

4）参加现场踏勘，并对有关疑问提出质询。要重点调查投标环境。所谓投标环境，就是招标工程施工的自然、经济和社会条件，这些条件都是工程施工的制约因素，必然会影响到工程成本，是投标单位报价时必须考虑的，所以在报价前要尽可能了解清楚。例如：

① 工程的性质。

② 拟投标的那部分工程的具体情况。

③ 工地地貌、地质、气候、交通、电力、水源等情况，有无障碍物等。

④ 工地附近有无住宿条件，料场开采条件，其他加工条件，设备维修条件等。

⑤ 工地所在地的社会治安情况等。

5）编制投标书及报价。投标书是投标人的投标文件，是对招标文件提出的要求和条件做出的实质性响应。投标计算是投标单位对承建招标工程所要发生的各种费用的计算。在进行投标计算时，必须首先根据招标文件复核或计算工程量。作为投标计算的必要条件，应预先确定施工方案和施工进度。施工方案是投标报价的一个前提条件，也是招标单位评标时要考虑的因素之一。施工方案应由投标单位的技术负责人主持制定，此外，投标计算还必须与采用的合同形式相协调。报价是投标的关键性工作，报价是否合理直接关系到投标的成败。

6）参加开标会议。投标单位按招标单位的要求编制投标书，并在规定时间内将投标文件投送到指定地点，并参加开标。对评标委员会提出的质询及时做出澄清。

7）接受中标通知书，与招标人签订合同。

（二）投标组织

投标过程竞争十分激烈，需要有专门的机构和人员对投标全过程加以组织和管理，以提高工作效率和中标的可能性，建立一支强有力的、内行的投标班子是投标获得成功的根本保证。不同的工程项目，由于其规模、性质等不同，建设单位在择优时可能各有侧重，但一般来说，建设单位主要考虑以下方面：较低的价格、优良的质量和较短的工期。因而在确定投标班子人选及编制投标方案时，必须考虑以上几个方面。投标组织可由以下几种类型的人员组成：

（1）经营管理类人员　经营管理类人员是指专门从事工程承包经营管理，制定和贯彻经营方针与规划，负责投标工作的全面筹划和具体决策的人员。经营管理类人员应具备一定的法律知识，掌握大量的调查和统计资料，具备分析和预测等科学手段，有较强的社会活动和公共关系能力。这类人员在投标班子中起核心作用，制定和贯彻经营方针与规划，负责工作的全面筹划和安排。

（2）专业技术类人员　专业技术类人员主要是指工程及施工中的各类技术人员，如土木工程师、电气工程师、机械工程师等各类专业技术人员。他们应具有较高的学历和技术职称，掌握本学科最新的专业知识，具备较强的实际操作能力，在投标时能从本公司的实际技术水平出发，制定各项专业实施方案。

（3）商务金融类人员　商务金融类人员主要是指具有预算、金融、贸易、税法、保险、采购、保函、索赔等专业知识的人员。他们应具有概预算、材料设备采购、财务会计、金融、保险和税务等方面的专业知识。投标报价主要由这类人员进行具体编制。报价是工程投标的核心，报价一般要占整个投标书分值的60%～70%，代表着企业的综合竞争力和施工能力。报价过高，可能因为超出最高限价而被招标人拒绝；报价过低，则可能因为低于合理低价而废标，即使中标，也可能会给企业带来亏本的风险。因此，投标企业应针对工程的实际情况，凭借自己的实力，综合分析，研究形成最终的报价，达到中标和盈利的目的。

二、施工投标文件的组成及编制要点

（一）施工投标文件的组成

（1）投标函及投标函附录　投标函是指投标人按照招标文件的条件和要求，向招标人提交的有关报价、质量目标等承诺和说明的函件。投标函附录中包含基本情况说明表和价格指数权重表。

（2）法定代表人身份证明　包括法定代表人身份证明和授权委托书，加盖印章。其中，授权委托书由法定代表人书面委托某代理人，代理人根据授权，以投标方名义签署、澄清、说明、补正、递交、撤回、修改该施工投标文件、签订合同和处理有关事宜，其法律后果由投标方承担。该代理人与项目经理可以是一个人，也可以是不同的人。

（3）联合体协议书　当招标方接受联合体投标，且投标方为联合体时需要该文件。内容主要是对联合体牵头人和联合体各成员单位内部的职责分工的确认，联合体牵头人合法代表联合体各成员负责本招标项目投标文件编制和合同谈判活动，并代表联合体提交和接收相关的资料、信息及指示，处理与之有关的一切事务，负责合同实施阶段的主办、组织和协调工作。

（4）投标保证金　投标保证金必须按照招标文件的要求来提供。投标保证金除现金外，还可以是银行出具的银行保函、保兑支票、银行汇票或现金支票。投标保证金不得超过项目估算价的百分之二，同时对于房屋建筑工程和市政公用工程而言，最高不得超过八十万元人民币。投标保证金有效期应当与投标有效期一致。投标人应当按照招标文件要求的方式和金额，将投标保证金随投标文件提交给招标人或其委托的招标代理机构。依法必须进行施工招标的项目的境内投标单位，以现金或者支票形式提交的投标保证金应当从其基本账户转出。

在提交投标文件截止时间后到招标文件规定的投标有效期终止之前，投标人不得撤销其投标文件，否则招标人可以不退还其投标保证金。

（5）已标价工程量清单　工程量清单计价是指由招标人提供相同的工程量清单，由投标人根据自身特点及综合实力自主填写费用，价格完全由市场决定。这是目前房地产企业的主流招标计价方式。招标文件中很大一部分由已标价的工程量清单组成，施工招标项目工期较长的，按照招标文件中已有的规定，按工程造价指数体系、价格调整因素和调整方法进行标价。工程量清单招标主要有以下三种模式：

1）直接费单价模式。即基本直接费单价法。编制投标报价单价，最后再计算直接费以外的费用并列入其他报表。这种模式和现行定额模式比较类似，区别在于工程量分项可能和

定额分项不一致，所以需要进行定额分项的组合或拆分。

2）综合单价模式。即工程量清单分项的单价综合了直接费、间接费和利润。而其他一些费用（如施工组织措施费、工程担保费、保险费等）则列入其他报表。这种模式和直接费单价相比，分项单价综合了间接费和利润等费用，要首先计算这些费用后，将这些费用分摊到各清单分项中。《建设工程工程量清单计价规范》规定，工程量清单计价模式招标投标采用综合单价计价。

3）完全单价模式。这是一种国际惯例模式。完全单价模式的工程量清单分项单价综合了直接费、其他直接费、间接费、利润和税金等所有费用。这种模式的工程量清单分为一般项目、暂定金额和计日工三种。因为这种模式的单价综合了所有费用，所以它需要更多的费用分摊计算。

（6）施工组织设计　标准施工招标文件中对投标人编制施工组织设计的要求如下：编制时应采用文字并结合图表形式说明施工方法；拟投入本标段的主要施工设备情况、拟配备本标段的试验和检测仪器设备情况、劳动力计划等；结合工程特点提出切实可行的工程质量、安全生产、文明施工、工程进度、技术组织措施，同时应对关键工序、复杂环节重点提出相应技术措施，如冬雨期施工技术、减少噪声、降低环境污染、地下管线及其他地上地下设施的保护加固措施等。图表的种类和格式包括：

1）拟投入本标段的主要施工设备表。

2）拟配备本标段的试验和检测仪器设备表。

3）劳动力计划表。某大型建筑安装工程劳动力计划表，见表3-3。

表3-3　某大型建筑安装工程劳动力计划表

工种	按工程施工阶段投入劳动力情况													
	2008年	2009年				2010年				2011年				2012年
	四季度	一季度	二季度	三季度	四季度	一季度	二季度	三季度	四季度	一季度	二季度	三季度	四季度	一季度
混凝土工	224	278	343	343	343	343	343	343	303	255	215	141	92	6
木工	35	40	60	60	60	60	60	60	55	48	42	23	17	15
司机	110	120	150	150	150	150	150	150	122	102	89	55	30	24
测量工	70	88	101	101	101	101	101	101	92	70	65	43	35	31
试验工	15	15	15	15	45	45	45	45	45	45	45	45	45	40
材料工	30	28	35	35	35	35	35	35	32	26	23	20	17	16
架子工	280	312	350	350	350	350	350	350	254	222	198	119	75	50
开挖工	35	388	476	476	476	476	476	476	388	320	260	132	69	52
起重工	20	25	40	40	40	40	40	40	33	28	24	22	20	10
机电工	25	28	70	70	70	70	70	70	66	55	46	41	35	15
焊接工	31	57	145	145	145	145	145	145	123	113	90	66	47	28
钢筋工	80	90	187	187	187	187	187	187	134	104	90	65	38	26
砌石工	40	66	178	178	178	178	178	178	133	117	91	67	41	31
普工	840	987	1124	1124	1125	1124	1124	1124	1021	954	851	524	484	327
汇总	1835	2522	3274	3274	3305	3304	3304	3304	2801	2459	2129	1363	1045	751

4）计划开工、竣工日期和施工进度网络图。某道路工程施工进度计划横道图见图3-3。

分项工程名称		第　天													
		第10天	第20天	第30天	第40天	第50天	第60天	第70天	第80天	第90天	第100天	第110天	第120天	第130天	第135天
施工准备															
第一工作面	路基及基层施工														
	片石挡土墙及边沟施工														
	平石及护栏施工														
	绿化、电气及交通设施施工														
第二工作面	路基及基层施工														
	片石挡土墙及边沟施工														
	平石及护栏施工														
	绿化、电气及交通设施施工														
路面（包括交通标线）及工程扫尾															

图3-3　某道路工程施工进度计划横道图

5）施工总平面图。施工总平面图要求绘制出现场临时设施布置图表并附文字说明，说明临时设施、加工车间、现场办公、设备及仓储、供电、供水、卫生、生活、道路、消防等设施的布置情况。投标人应递交施工进度网络图或施工进度表，说明按招标文件要求的计划工期进行施工的各个关键日期。施工进度表可采用网络图（或横道图）表示。

6）临时用地表。

（7）项目管理机构　包括项目管理机构组成表、主要人员简历表。“主要人员简历表”中的项目经理应附项目经理证（注册建造师证）、身份证、职称证、学历证、养老保险复印件，管理过的项目业绩须附合同协议书复印件；技术负责人应附身份证、职称证、学历证、养老保险复印件，管理过的项目业绩须附证明其所任技术职务的企业文件或用户证明；其他主要人员应附职称证（执业证或上岗证书）、养老保险复印件。

（8）拟分包项目情况表　对于允许分包的工程可以将部分项目进行分包，在投标文件中要标明分包人的资质等级、拟分包的工程项目、主要内容和预计造价等。

（9）资格审查资料　包括投标人基本情况表、近年财务状况表、近年完成的类似项目情况表、正在施工的和新承接的项目情况表、近年发生的诉讼及仲裁情况等。

（10）其他材料　包括其他在招标文件中要求投标人提供的材料证明文件等。

（二）施工投标文件的编制要点

1. 编制技术标应遵循的原则

（1）针对性　编制时，应根据招标文件的要求及项目的特点，提出相应的保证措施。在技术措施上，对围护体系、桩基础、地下室、特殊结构、重点装饰等均应单独阐述。对高层、超高层建筑，应在垂直运输机械的选择、脚手架形式、施工用水用电等方面说明施工方案选择的理由。

（2）实用性　对施工总平面布置图，应力求与实际施工相结合，若场地条件允许，应

将职工生活区与施工管理区分开。平面布置图中，临时设施构筑物、建筑机械安放、施工材料的堆置、临时管线安装及道路布置，均应考虑可行性，避免施工时引起平面立体交叉矛盾。施工网络进度计划编制时，其关键线路应结合主要施工工序，按实际施工交叉、工序衔接来合理考虑各分部分项的逻辑关系。

(3) 重点问题重点阐述　技术标编制中，在保证响应招标文件的前提下，不应拘泥于固定的格式。尤其是在施工管理方面，可以结合本单位的先进管理模式，在技术标中增加叙述篇幅。例如，在文明标化施工、推广应用四新技术、技术创新等方面做重点论述。

(4) 减少失误　因投标文件的编制时间一般都比较仓促，业务部门为了提高工作效率，往往在计算机中套用已有标书的部分文档，这就给投标文件发生错误提供了机会，因为仓促之中，原标书的内容进入其中，未能及时修改而导致投标文件内容与招标文件要求不对应。如只有本地适用的标准、施工环境、地名及不同的施工工艺等，从而造成套用错误，使得标书得分降低，甚至废标。另外，由于有的技术标在招标文件中规定不得出现投标单位名称及单位特征，故在编制标书时应特别引起注意。

(5) 表达清晰明确　对于重大工程投标，技术标在编制过程中，应增加图示和表格内容。施工现场平面布置图可分阶段绘制（如基坑支护、基础施工、主体结构、装饰阶段等)，并可根据需要增加现场文明标化的设计方案。施工进度计划可按总控制、流水段、标准层、分部工程等从粗到细绘制。涉及新工艺新技术的施工方案应附图说明。

2. 编制商务标时应注意的问题

商务标一般包括报价书、预算书、标函综合说明及承诺书等。编制商务标时应注意以下几个问题。

(1) 格式正确　招标文件提供的格式，应严格按要求填写，规定投标文件要求打印的就不得手写。未规定不允许更改的，更改处应加盖更改专用章。

(2) 减少遗漏　需承诺的投标文件，承诺书应对招标文件中需承诺条款逐项对口承诺。由于商务评标还很重视信誉分，在编制投标文件时应按规定完整附上企业所获荣誉资料，以便在各投标单位于其他条件相当的情况下竞标，能凭借信誉分获取中标优势。

(3) 准备备份　商务标中需盖企业及法人印鉴的地方较多，盖章时千万不可遗漏。报价书因封标前可能改动，最好带空白备份以便应急。

(4) 建立单独审核制度　应按招标文件规定封标，预先盖好的封标袋，应预留好标书厚度空间。投标文件封标前，应建立单独审核制度，以减少标书的失误。

案例分析

工程量清单计价模式可采用以下三种计价方式之一：(1) 直接费单价模式；(2) 综合单价模式；(3) 完全单价模式。工程量清单计价规范规定，工程量清单计价模式招标投标采用综合单价计价方式。施工图预算计价方式适用于定额计价模式的招标情形，不能用于工程量清单计价模式，因为二者之间的计价规则不同，其计算出的单价不一致。

常见问题解析

1. 采用邀请招标应符合什么批准程序?

【解析】根据《招标投标法》第十一条规定，国务院发展计划部门确定的国家重点项目和省、自治区、直辖市人民政府确定的地方重点项目不适宜公开招标的，经国务院发展计划部门或者省、自治区、直辖市人民政府批准，可以进行邀请招标。

2. 评标委员会应依据什么对投标文件进行评审和比较?

【解析】根据《招标投标法》第四十条中规定，评标委员会应当按照招标文件确定的评标标准和方法，对投标文件进行评审和比较。

思考题

1. 标准施工招标文件由哪几部分组成?
2. 施工招标的程序分为哪几个阶段?
3. 标准资格预审文件包括哪些内容?
4. 简述最低投标价法的评审程序。
5. 投标文件被作为废标处理的情形有哪些?

第四章 施工招标案例分析

学习目标

知识目标：

1. 掌握注册监理工程师招标相关知识。
2. 掌握注册造价工程师招标相关知识。
3. 掌握注册建造师招标相关知识。

能力目标：

1. 能进行注册监理工程师招标案例分析。
2. 能进行注册造价工程师招标案例分析。
3. 能进行注册建造师招标案例分析。

知识脉络图

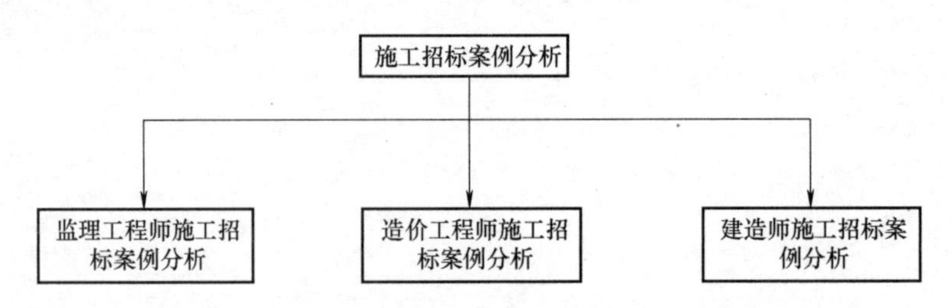

第一节 监理工程师施工招标案例分析

案例（一）

背景资料：依法必须招标的工程，建设单位采用公开招标方式选择监理单位承担施工监理任务，工程施工过程中发生以下事件：

事件1：编制监理招标文件时，建设单位提出投标人除应具备规定的工程监理资质条件外，还必须满足下列条件：

1）具有工程招标代理资质。

2）不得组成联合体投标。

3）已在工程所在地行政辖区内进行工商注册登记。

4）属于混合股份制企业。

事件2：经评审，评标委员会推荐了3名中标候选人，并进行了排序。建设单位在收到评标报告5日后公示了中标候选人，同时，与中标候选人协商，要求重新报价。中标候选人拒绝了建设单位的要求。

事件3：中标监理单位与建设单位按照《建设工程监理合同（示范文本）》签订了监理合同，合同履行过程中，合同双方就以下四项工作是否可作为附加工作进行了协商：

1）工程建设过程中外部关系协调。

2）施工起重机械安全性检测。

3）施工合同争议处理。

4）竣工结算审查。

事件4：管道工程隐蔽后，项目监理机构对施工质量提出质疑，要求进行剥离复验。施工单位以该隐蔽工程已通过项目监理机构检验为由拒绝复验。项目监理机构坚持要求施工单位进行剥离复验，经复验该隐蔽工程质量合格。

问题：

1. 逐条分析事件1中建设单位针对投标人提出的条件是否妥当，并说明理由。

2. 指出事件2中建设单位做法的不妥之处，并说明理由。

3. 逐条分析事件3中的四项工作是否可作为附加工作，并说明理由。

4. 分析事件4中施工单位和项目监理机构的做法是否妥当，并说明理由。该隐蔽工程剥离所发生的费用由谁承担？

参考答案：

1. 分析如下：

1）具有工程招标代理资质的要求不妥当。

理由：招标投标相关法规规定，招标人不得以投标人是否具有工程招标代理资质的要求排斥潜在投标人。

2）不得组成联合体投标的要求妥当。

理由：招标投标相关法规规定，招标人应当在资格预审公告、招标公告或者投标邀请书中载明是否接受联合体投标。

3）投标人在工程所在地行政辖区内进行工商注册登记的要求不妥当。

理由：招标投标相关法规规定，招标人不得以地区限制排斥潜在投标人。

4）投标人属于混合股份制企业的要求不妥当。

理由：招标投标相关法规规定，招标人不得对潜在投标人实行歧视政策。

2. 分析如下：

1）不妥之处：5日后公示。

理由：招标投标相关法规规定，依法必须进行招标的项目，招标人应当自收到评标报告之日起3日内公示中标候选人，公示期不得少于3日。

2）不妥之处：与中标候选人协商，要求重新报价。

理由：《合同法》和招标投标相关法规规定，招标人和中标人应当依照法律法规的规定签订书面合同，合同的标的、价款、质量、履行期限等主要条款应当与招标文件和中标人的投标文件的内容一致。招标人和中标人不得再行订立背离合同实质性内容的其他协议。

3. 分析如下：1）、2）可以作为附加工作，1）是建设单位的工作，属于监理工作范围外的工作可以作为附加工作，2）是使用单位的工作，监理单位作为监督单位参与验收，但

不承担施工起重机械安全性检测。3)、4) 不可以作为附加工作，3)、4) 属于监理的正常工作范围。

4. 施工单位拒绝复验不妥当，监理机构做法妥当。

建设工程施工合同通用合同条款规定，监理人对已覆盖的隐蔽工程部位质量有疑问时，可要求承包人对已覆盖部位进行钻孔探测或揭开重新检验，承包人应遵照执行，并在检验后重新覆盖恢复原状。

经检验证明工程质量符合合同要求，由发包人承担由此增加的费用和（或）工期延误，并支付承包人合理利润。

案例（二）

背景资料：某工程项目，建筑面积为6000m²，预算投资为520万元，建设工期为12个月。工程采用公开招标的方式进行招标。按照《招标投标法》和《建筑法》的规定，建设单位编制了招标文件，并向当地的建设行政管理部门提出了招标申请书，得到了批准。但是在招标之前，该建设单位就已经与甲施工公司进行了工程招标沟通，对投标价格、投标方案等实质性内容达成了一致的意向。招标公告发布后，来参加投标的公司有甲、乙、丙三家。按照招标文件规定的时间、地点及投标程序，三家公司分别向建设单位投递了标书。在公开开标的过程中，甲公司和乙公司在施工技术、施工方案、施工力量及投标报价上相差不大，乙公司在总体技术和实力上较甲公司好一些。但是，定标的结果确定是甲公司。乙公司很不满意，但最终接受了这个竞标的结果。20多天后，一个偶然的机会，乙公司接触到甲公司的一名中层管理人员，在谈到该建设单位的工程招标问题时，甲公司的这名员工透露说，在招标之前，该建设单位和甲公司已经进行了多次接触，中标条件和标底是双方议定的，参加投标的其他人都蒙在鼓里。对此情节，乙公司认为该建设单位严重违反了法律的有关规定，遂向当地建设行政管理部门举报，要求建设行政管理部门依照职权宣布该招标结果无效。经建设行政管理部门审查，乙公司所陈述的事实属实，遂宣布本次招标结果无效。

甲公司认为，建设行政管理部门的行为侵犯了甲公司的合法权益，遂起诉至法院，请求法院依法判令被告承担侵权的民事责任，并确认招标结果有效。

问题：

1. 简述建设单位进行施工招标的程序。
2. 通常情况下，招标人和投标人串通投标的行为有哪些表现形式？
3. 按照《招标投标法》的规定，该建设单位应对本次招标承担什么法律责任？

参考答案：

1. 施工招标一般按下列程序进行：

1）由建设单位向招标投标管理机构提出招标申请书。

2）由建设单位组建符合招标要求的招标班子。

3）编制招标文件和招标控制价，并报招标投标管理机构审定。

4）发布招标公告或发出招标邀请书。

5）投标单位申请投标。

6）对投标单位进行资质审查。

7）向合格的投标单位发招标文件及设计图、技术资料等。

8）组织投标单位踏勘现场，并对招标文件答疑。

9）接收投标文件。

10）召开开标会议，审查投标标书。

11）组织评标，决定中标单位。

12）发出中标通知书。

13）建设单位与中标单位签订承包发包合同。

2. 招标人与投标人串通投标的行为表现如下：

1）招标人在开标前开启投标文件，并将投标情况告知其他投标人，或者协助投标人撤换投标文件，更改报价。

2）招标人向投标人泄露标底。

3）招标人与投标人商定，投标时压低或抬高标价，中标后再给投标人或招标人额外补偿。

4）招标人预先内定中标人。

5）其他串通投标行为。

3. 该建设单位违反《招标投标法》规定，招标前事先与投标人甲就投标价格、投标方案等实质性内容达成一致意向。对建设单位的这种违法行为，由有关行政监督部门给予警告，对单位直接负责的主管人员和其他直接责任人员依法给予处分。

案例（三）

背景资料：某实施监理的工程，在招标与施工阶段发生以下事件：

事件1：招标代理机构提出，评标委员会由7人组成，包括建设单位纪委书记、工会主席、当地招标投标管理办公室主任，以及从评标专家库中随机抽取的4位技术、经济专家。

事件2：建设单位要求招标代理机构在招标文件中明确：投标人应在购买招标文件时提交投标保证金；中标人的投标保证金不予退还；中标人还需提交履约保函，保证金额为合同总额的20%。

事件3：施工中因地震导致：施工停工1个月；已建工程部分损坏；现场堆放的价值50万元的工程材料（由施工单位负责采购）损毁；部分施工机械损坏，修复费用20万元；现场8人受伤，施工单位承担了全部医疗费24万元（其中，建设单位受伤人员医疗费3万元，施工单位受伤人员医疗费21万元）；施工单位修复损坏工程支出10万元。施工单位按合同约定向项目监理机构提交了费用补偿和工程延期申请。

事件4：建设单位采购的大型设备运抵施工现场后，进行了清点移交。施工单位在安装过程中发现该设备的一个部件损坏，经鉴定，部件损坏是由于本身存在质量缺陷。

问题：

1. 指出事件1中评标委员会人员组成的错误之处，并说明理由。

2. 指出事件2中建设单位要求的不妥之处，并说明理由。

3. 根据《建设工程施工合同（示范文本）》，分析事件3中建设单位和施工单位各自应承担的经济损失。项目监理机构应批准的费用补偿和工程延期各是多少？（不考虑工程保险）。

4. 就施工合同主体关系而言，事件4中设备部件损坏的责任应由谁承担？说明理由。

参考答案：

1. 事件1中评标委员会人员组成的错误之处及理由如下：

1）错误之处：招标代理机构提出评标委员会的组成。

理由：招标投标相关法规规定，应由招标人依法组建评标委员会。

2）错误之处：评标委员会人员组成中包括当地招标投标管理办公室主任。

理由：招标投标相关法规规定，评标委员会由招标人代表和有关技术、经济方面的专家组成。

3）错误之处：从评标专家库中随机抽取4位技术、经济专家。

理由：招标投标相关法规规定，评标委员会应为5人以上单数，其中技术、经济专家不得少于2/3；背景资料中技术、经济专家没有达到评标委员会成员总数的2/3。

2. 事件2中建设单位要求的不妥之处及理由如下：

1）不妥之处：投标人应在购买招标文件时提交投标保证金。

理由：招标投标相关法规规定，投标保证金应当在投标时提交。

2）不妥之处：中标人的投标保证金不予退还。

理由：招标投标相关法规规定，中标人和未中标人的投标保证金都应退还。

3）不妥之处：履约保函的保证金额为合同总额的20%。

理由：招标投标相关法规规定，履约保证金不得超过合同总额的10%。

3. 分析如下：

1）事件3中建设单位应承担的经济损失有：已建工程的损坏；现场堆放的价值50万元的工程材料的损毁；建设单位受伤人员医疗费3万元；修复损坏工程支出10万元。

2）事件3中施工单位应承担的经济损失有：部分施工机械损坏的修复费20万元；施工单位受伤人员医疗费21万元。

3）项目监理机构应批准的费用补偿＝(50＋3＋10)万元＝63万元。

4）项目监理机构应批准的工程延期为1个月。

4. 就施工合同主体关系而言，事件4中设备部件损坏的责任应由建设单位承担。

理由：主体关系就是建设单位和施工单位，施工合同规定，建设单位采购的材料设备经检查试验通过后，仍不能解除建设单位供应材料设备存在的质量缺陷责任。

案例（四）

背景资料：政府投资的某工程，监理单位承担了施工招标代理和施工监理任务。该工程采用无标底公开招标方式选定施工单位。工程实施过程中发生了以下事件：

事件1：工程招标时，A、B、C、D、E、F、G共7家投标单位通过资格预审，并在投标截止时间前提交了投标文件。评标时，发现A投标单位的投标文件虽加盖了公章，但没有投标单位法定代表人的签字，只有法定代表人授权书中被授权人的签字（招标文件中对是否可由被授权人签字没有具体规定）；B投标单位的投标报价明显高于其他投标单位的投标报价，分析其原因是施工工艺落后造成的；C投标单位以招标文件规定的工期380天作为投标工期，但在投标文件中明确表示如果中标，合同工期按定额工期400天签订；D投标单位投标文件中的总价金额汇总有误。

事件2：经评标委员会评审，推荐G、F、E投标单位为前3名中标候选人。在中标通知书发出前，建设单位要求监理单位分别找G、F、E投标单位重新报价，以价格低者为中标单位，按原投标报价签订施工合同后，建设单位与中标单位再以新报价签订协议书作为实际履行合同的依据。监理单位认为建设单位的要求不妥，并提出了不同意见，建设单位最终接受了监理单位的意见，确定G投标单位为中标单位。

事件3：开工前，总监理工程师组织召开了第一次工地会议，并要求G单位及时办理施工许可证，确定工程水准点、坐标控制点，按政府有关规定及时办理施工噪声和环境保护等相关手续。

事件4：开工前，设计单位组织召开了设计交底会。会议结束后，总监理工程师整理了一份“设计修改建议书”，提交给设计单位。

事件5：施工开始前，G单位向专业监理工程师报送了“施工测量成果报验表”，并附有测量放线控制成果及保护措施。专业监理工程师复核了控制桩的校核成果和保护措施后即予以签认。

问题：

1. 分别指出事件1中A、B、C、D投标单位的投标文件是否有效，并说明理由。

2. 事件2中，建设单位的要求违反了招标投标有关法规的哪些具体规定？

3. 指出事件3中总监理工程师做法的不妥之处，并写出正确做法。

4. 指出事件4中设计单位和总监理工程师做法的不妥之处，并写出正确做法。

5. 事件5中，专业监理工程师还应检查、复核哪些内容？

参考答案：

1. 分析如下：

1）A投标单位的投标文件有效。招标文件对此没有具体规定，签字人有法定代表人的授权书。

2）B投标单位的投标文件有效。招标文件中对高报价没有限制。

3）C投标单位的投标文件无效。因为附有招标人无法接受的条件（工期不满足要求），属于没有响应招标文件的实质性要求。

4）D投标单位的投标文件有效。总价金额汇总有误属于细微偏差，属于有效标，明显的计算错误允许补正。

2. 违反了以下规定：

1）确定中标人前，招标人不得与投标人就投标文件实质性内容进行协商。

2）招标人与中标人必须按照招标文件和中标人的投标文件订立合同，不得再行订立背离合同实质性内容的其他协议。

3. 分析如下：

1）不妥之处：总监理工程师组织召开第一次工地会议。

正确做法：由建设单位组织。

2）不妥之处：要求施工单位办理施工许可证。

正确做法：由建设单位办理。

3）不妥之处：要求施工单位及时确定水准点与坐标控制点。

正确做法：由建设单位（监理单位）确定水准点与坐标控制点。

4. 分析如下：

1）不妥之处：设计单位组织召开设计交底会。

正确做法：由建设单位组织。

2）不妥之处：总监理工程师直接向设计单位提交《设计修改建议书》。

正确做法：应提交给建设单位，由建设单位交给设计单位。

5. 检查施工单位专职测量人员的岗位证书及测量设备检定证书；复核（平面和高程）控制网和临时水准点的测量成果。

第二节　造价工程师施工招标案例分析

案例（一）

背景资料：某国有资金投资建设项目，采用公开招标方式进行施工招标，业主委托具有相应招标代理和造价咨询资质的中介机构编制了招标文件和招标控制价。

该项目招标文件包括以下规定：

1）招标人不组织项目现场踏勘活动。

2）投标人对招标文件有异议的，应当在投标截止时间10日前提出，否则招标人拒绝回复。

3）投标人报价时必须采用当地建设行政管理部门造价管理机构发布的计价定额中分部分项工程人工、材料、机械台班消耗量标准。

4）招标人将聘请第三方造价咨询机构在开标后评标前开展清标活动。

5）投标人报价低于招标控制价幅度超过30%的，投标人在评标时须向评标委员会说明报价较低的理由，并提供证据；投标人不能说明理由、提供证据的，将拒绝其投标。

在项目的投标及评标过程中发生了以下事件：

事件1：A投标人为外地企业，对项目所在区域不熟悉，向招标人申请希望招标人安排一名工作人员陪同现场踏勘。

事件2：清标时发现，A投标人和B投标人的总价和所有分部分项工程综合单价均相差相同的比例。

事件3：通过市场调查，工程量清单中某材料暂估单价与市场调查价格有较大偏差，为规避风险，C投标人在投标报价计算相关分部分项工程项目综合单价时采用了该材料市场调查的实际价格。

事件4：评标委员会某成员认为D投标人与招标人曾经在多个项目上合作过，从有利于招标人的角度，建议优先选择D投标人为中标候选人。

问题：

1. 逐条分析项目招标文件包括的1）~5）项规定是否妥当，并说明理由。

2. 分析事件1中招标人的做法是否妥当，并说明理由。

3. 针对事件2，评标委员会应该如何处理？说明理由。

4. 分析事件3中C投标人的做法是否妥当，并说明理由。

5. 分析事件4中该评标委员会成员的做法是否妥当，并说明理由。

参考答案：

1. 分析如下：

1）妥当。

理由：根据招标投标相关法规规定，招标人根据招标项目的具体情况，可以组织潜在投标人踏勘项目现场；招标人不得组织单人或部分潜在投标人踏勘项目现场，招标人可以不组织项目现场踏勘。

2）妥当。

理由：《招标投标法实施条例》规定，潜在投标人或者其他利害关系人对资格预审文件有异议的，应当在提交资格预审申请文件截止时间2日前提出；对招标文件有异议的，应当

在投标截止时间10日前提出。招标人应当自收到异议之日起3日内做出答复；做出答复前，应当暂停招标投标活动。

3）不妥当。

理由：投标报价由投标人自主确定，招标人不能要求投标人采用指定的人工、材料、机械消耗量标准。

4）妥当。

理由：清标工作组应该由招标人选派或者邀请熟悉招标工程项目情况和招标投标程序、专业水平和职业素质较高的专业人员组成，招标人也可以委托工程招标代理单位、工程造价咨询单位或者监理单位组织具备相应条件的人员组成清标工作组。

5）不妥当。

理由：此种情况不是指低于招标控制价而是指可能低于成本的情况。招标投标相关法规规定，在评标过程中，评标委员会发现投标人的报价明显低于其他投标报价或者在设有标底时明显低于标底的，使得其投标报价可能低于其个别成本的，应当要求该投标人做出书面说明并提供相关证明材料。投标人不能合理说明或者不能提供相关证明材料的，由评标委员会认定该投标人以低于成本报价竞标，其投标应被拒绝。

2. 事件1中，招标人的做法不妥当。

理由：根据《招标投标法实施条例》规定，招标人不得组织单人或部分潜在投标人踏勘项目现场，因此招标人不能安排一名工作人员陪同现场踏勘。

3. 评标委员会应该拒绝A投标人和B投标人的投标文件。

理由：应判定为串通投标，所以应当拒绝其投标。根据招标投标相关法规规定，有下列情形之一的，视为投标人相互串通投标：

1）不同投标人的投标文件由同一单位或者个人编制。

2）不同投标人委托同一单位或者个人办理投标事宜。

3）不同投标人的投标文件载明的项目管理成员为同一人。

4）不同投标人的投标文件异常一致或者投标报价呈规律性差异。

5）不同投标人的投标文件相互混装。

6）不同投标人的投标保证金从同一单位或者个人的账户转出。

4. 不妥当。

理由：暂估价不得变动和更改。当招标人提供的其他项目清单中列示了材料暂估价时，投标人应根据招标人提供的价格计算材料费，并在分部分项工程量清单与计价表中表现出来。

5. 不妥当。

理由：评标委员会成员应当依照招标投标法律法规规定，按照招标文件规定的评标标准和方法，客观、公正地对投标文件提出评审意见。招标文件没有规定的评标标准和方法不得作为评标的依据。评标委员会成员不得私下接触投标人，不得收受投标人给予的财物或者其他好处，不得向招标人征询确定中标人的意向，不得接受任何单位或者个人明示或者暗示提出的倾向或者排斥特定投标人的要求，不得有其他不客观、不公正履行职务的行为。

案例（二）

背景资料：某国有资金投资的大型建设项目，建设单位采用工程量清单公开招标方式进

行施工招标。建设单位委托具有相应资质的招标代理机构编制了招标文件，招标文件包括以下规定：

1）招标人设有最高投标限价和最低投标限价，高于最高投标限价或低于最低投标限价的投标人报价均按废标处理。

2）投标人应对工程量清单进行复核，招标人不对工程量清单的准确性和完整性负责。

3）招标人将在投标截止日后的90日内完成评标和公布中标候选人工作。

投标和评标过程中发生以下事件：

事件1：A投标人对工程量清单中某分项工程工程量的准确性有异议，并于投标截止时间15日前向招标人书面提出了澄清申请。

事件2：B投标人在投标截止时间前10分钟以书面形式通知招标人撤回已递交的投标文件，并要求招标人5日内退还已递交的投标保证金。

事件3：在评标过程中，D投标人主动对自己的投标文件向评标委员会提出了书面澄清、说明。

事件4：在评标过程中，评标委员会发现E投标人和F投标人的投标文件中载明的项目管理成员中有一人为同一人。

问题：

1. 招标文件中，除了投标人须知、图纸、技术标准和要求、投标文件格式外，还包括哪些内容？

2. 分析招标代理机构编制的招标文件中1）~3）项规定是否妥当，并说明理由。

3. 针对事件1和事件2，招标人应如何处理？

4. 针对事件3和事件4，评标委员会应如何处理？

参考答案：

1. 招标文件还应当包括工程量清单、评标标准和方法、施工合同条款。

2. 分析如下：

1）招标人设有最高投标限价，高于最高投标限价的投标人报价按废标处理妥当。

理由：《招标投标法实施条例》规定，招标人可以设定最高投标限价；且根据GB 50500—2013《建设工程工程量清单计价规范》规定，国有资金投资建设项目必须编制招标控制价（最高投标限价），高于招标控制价的投标人报价按废标处理。

招标人设有最低投标限价不妥。

理由：《招标投标法实施条例》规定，招标人不得规定最低投标限价。

2）投标人应对工程量清单进行复核妥当。

理由：投标人复核招标人提供的工程量清单的准确性和完整性是投标人科学投标的基础。

招标人不对工程量清单的准确性和完整性负责不妥。

理由：根据GB 50500—2013《建设工程工程量清单计价规范》规定，工程量清单必须作为招标文件的组成部分，其准确性和完整性由招标人负责。

3）招标人将在投标截至日后的90日内完成评标和公布中标候选人工作妥当。

理由：我国招标投标相关法规规定，招标人根据项目实际情况（规模、技术复杂程度等）合理确定评标时间，本题招标文件对评标和公布中标候选人工作时间的规定，并未违反相关限制性规定。

3. 针对事件1，招标人应受理A投标人的书面澄清申请，并在复核工程量后做出书面回复，同时招标人应将书面回复送达所有投标人。

针对事件2，招标人应允许B投标人撤回投标文件，并应在收到投标人书面撤回通知之日起5日内退还已收取的投标保证金。

4. 针对事件3，评标委员会不得接受D投标人主动提出的澄清和说明。

针对事件4，评标委员会应视同E投标人和F投标人相互串通投标，E投标人和F投标人的投标均按废标处理。

案例（三）

背景资料：某市政府投资一建设项目，法人单位委托招标代理机构采用公开招标方式代理招标，并委托有资质的工程造价咨询企业编制了招标控制价。

招标投标过程中发生了以下事件：

事件1：招标信息在招标信息网上发布后，招标人考虑到该项目建设工期紧，为缩短招标时间，而改为邀请招标方式，并要求在当地承包商中选择中标人。

事件2：资格预审时，招标代理机构审查了各个潜在投标人的专业、技术资格和技术能力。

事件3：招标代理机构设定招标文件出售的起止时间为3个工作日；要求投标保证金为120万元。

事件4：开标后，招标代理机构组建了评标委员会，由技术专家2人、经济专家3人、招标人代表1人、该项目主管部门主要负责人1人组成。

事件5：招标人向中标人发出中标通知书后，向其提出降价要求，双方经多次谈判，签订了书面合同，合同价比中标价降低2%。招标人在与中标人签订合同3周后，退还了未中标的其他投标人的投标保证金。

问题：

1. 说明编制招标控制价的主要依据。
2. 指出事件1中招标人行为的不妥之处，并说明理由。
3. 事件2中还应审查哪些内容？
4. 指出事件3、事件4中招标代理机构行为的不妥之处，并说明理由。
5. 指出事件5中招标人行为的不妥之处，并说明理由。

参考答案：

1. 编制招标控制价的主要依据为：GB 50500—2013《建设工程工程量清单计价规范》；国家或省级、行业建设主管部门颁布的计价定额和计价方法；建设工程设计文件及相关资料；招标文件中的工程量清单及有关要求；与建设项目相关的标准、规范、技术资料；工程造价管理机构发布的工程造价信息，如工程造价信息没有发布的参照市场价；其他相关资料。

2. 分析如下：

1）不妥之处：改为邀请招标方式。

理由：政府投资建设项目应当公开招标，如果项目技术复杂，经有关主管部门批准，才能进行邀请招标。

2）不妥之处：要求在当地承包商中选择中标人。

理由：招标人不得对投标人实行歧视待遇。

3. 事件2中还应审查的内容包括：资质证书和营业执照；资金、设备和其他物质设施状况，管理能力，经验、信誉和相应的从业人员情况；是否处于被责令停业，投标资格被取消，财产被接管、冻结，破产状态；近3年内是否有骗取中标和严重违约及重大工程质量问题；是否符合法律、行政法规规定的其他资格条件。

4. 事件3中：

1）不妥之处：招标文件出售的起止时间为3个工作日。

理由：招标文件自出售之日起至停止出售之日最少不得少于5个工作日。

2）不妥之处：要求投标保证金为120万元。

理由：投标保证金不得超过投标总价的2%，且最高不得超过80万元人民币。

事件4中：

1）不妥之处：开标后组建评标委员会。

理由：评标委员会应于开标前组建。

2）不妥之处：招标代理机构组建了评标委员会。

理由：评标委员会应由招标人负责组建。

3）不妥之处：评标委员会成员中有该项目主管部门主要负责人1人。

理由：项目主管部门的人员不得担任评委。

5. 分析如下：

1）不妥之处：招标人向中标人发出中标通知后，向其提出降价要求。

理由：确定中标人后，不得就报价、工期等实质性内容进行变更。

2）不妥之处：双方经多次谈判，签订了书面合同，合同价比中标价降低2%。

理由：中标通知书发出后的30日内，招标人与中标人依据招标文件与中标人的投标文件签订合同，不得再行订立背离合同实质性内容的其他协议。

3）不妥之处：招标人在与中标人签订合同3周后，退还了未中标的其他投标人的投标保证金。

理由：应在签订合同后的5个工作日内，退还未中标的其他投标人的投标保证金。

案例（四）

背景资料：某市政府拟投资建设一大型垃圾焚烧发电站工程项目。该项目除厂房及有关设施的土建工程外，还有全套进口垃圾焚烧发电设备及垃圾处理专业设备的安装工程。厂房范围内地质勘察资料反映地基条件复杂，地基处理采用钻孔灌注桩。招标单位委托某咨询公司进行全过程投资管理。该项目厂房土建工程有A、B、C、D、E共5家施工单位参加投标，资格预审结果均合格。招标文件要求投标单位将技术标和商务标分别封装。评标原则及方法如下：

1）采用综合评估法，按照得分高低排序，推荐3名合格的中标候选人。

2）技术标共40分，其中施工方案10分，工程质量及保证措施15分，工期、业绩信誉、安全文明施工措施分别为5分。

3）商务标共60分。①若最低报价低于次低报价15%以上（含15%），最低报价的商务标得分为30分，且不再参加商务标基准价计算；②若最高报价高于次高报价15%以上（含15%），最高报价的投标按废标处理；③人工、钢材、商品混凝土价格参照当地有关部门发布的工程造价信息，当低于该价格10%以上时，评标委员会应要求该投标单位做必要的澄清；④以符合要求的商务报价的算术平均数作为基准价（60分），报价比基准价每下降

1%扣1分，最多扣10分，报价比基准价每增加1%扣2分，扣分不保底。

各投标单位的技术标得分和商务标报价分别见表4-1和表4-2。

表4-1　各投标单位技术标得分汇总表

投标单位	施工方案	工　期	工程质量及保证措施	安全文明施工措施	业绩信誉
A	8.5	4	14.5	4.5	5
B	9.5	4.5	14	4	4
C	9.0	5	14.5	4.5	4
D	8.5	3.5	14	4	3.5
E	9.0	4	13.5	4	3.5

表4-2　各投标单位报价汇总表

投标单位	A	B	C	D	E
报价/万元	3900	3886	3600	3050	3784

评标过程中又发生E投标单位不按评标委员会要求进行澄清、说明补正。

问题：

1. 该项目应采取哪种招标方式？如果把该项目划分成若干个标段分别进行招标，划分时应当综合考虑的因素是什么？本项目可如何划分？

2. 按照评标办法，计算各投标单位商务标得分。

3. 按照评标办法，计算各投标单位综合得分。

4. 推荐合格的中标候选人，并排序。

（计算结果均保留两位小数）

参考答案：

1. 分析如下：

1）应采取公开招标方式。因为根据有关规定，垃圾焚烧发电站项目是政府投资项目，属于必须公开招标的范围。

2）标段划分应综合考虑以下因素：招标项目的专业要求、招标项目的管理要求、对工程投资的影响、工程各项工作的衔接，但不允许将工程肢解成分部分项工程进行招标。

3）本项目可划分为：土建工程、垃圾焚烧发电进口设备采购、设备安装工程三个标段招标。

2. 计算各投标单位商务标得分：

1）最低D报价与次低C报价比：$[(3600-3050)/3600]\times100\%=15.28\%>15\%$。

最高A报价与次高B报价比：$[(3900-3886)/3886]\times100\%=0.36\%<15\%$。

D投标单位的报价（3050万元）在计算基准价时不予以考虑，且D投标单位的商务标得分为30分。

2）E投标单位不按评标委员会要求进行澄清、说明补正，按废标处理。

3）基准价 $=[(3900+3886+3600)/3]$万元 $=3795.33$ 万元。

4）计算各投标单位商务标得分，见表4-3。

表 4-3 各投标单位商务标得分

投标单位	报价/万元	报价与基准价比例	扣分	得分
A	3900	(3900/3795.33) ×100% =102.76%	(102.76 −100) ×2 =5.52	54.48
B	3886	(3886/3795.33) ×100% =102.39%	(102.39 −100) ×2 =4.78	55.22
C	3600	(3600/3795.33) ×100% =94.85%	(100 −94.85) ×1 =5.15	54.85
D	3050			30
E	3784	按废标处理		

3. 计算各投标单位综合得分，见表 4-4。

表 4-4 各投标单位综合得分

投标单位	技术标得分	商务标得分	综合得分
A	8.5 +4 +14.5 +4.5 +5 =36.5	54.48	90.98
B	9.5 +4.5 +14 +4 +4 =36.00	55.22	91.22
C	9.0 +5 +14.5 +4.5 +4 =37.00	54.85	91.85
D	8.5 +3.5 +14 +4 +3.5 =33.50	30	63.5
E	按废标处理		

4. 推荐中标候选人及排序：1. C；2. B；3. A。

案例（五）

背景资料：某大型工程项目由政府投资建设，业主委托某招标代理公司代理施工招标。招标代理公司确定该项目采用公开招标方式进行招标，招标公告在当地政府规定的招标信息网上发布。招标文件中规定：投标担保可采用投标保证金或投标保函方式。评标方法采用经评审的最低投标价法。投标有效期为 60 天。

业主对招标代理公司提出以下要求：为了避免潜在的投标人过多，项目招标公告只在该市日报上发布，且采用邀请招标方式招标。

项目施工招标信息发布以后，共有 12 家潜在的投标人报名参加投标。业主认为报名参加投标的人数太多，为减少评标工作量，要求招标代理公司仅对报名的潜在投标人的资质条件、业绩进行资格审查。

开标后发现：

1）A 投标人的投标报价为 8000 万元，为最低投标价，经评审后推荐其为中标候选人。

2）B 投标人在开标后又提交了一份补充说明，提出可以降价 5%。

3）C 投标人提交的银行投标保函有效期为 50 天。

4）D 投标人投标文件的投标函盖有企业及企业法定代表人的印章，但没有加盖项目负责人的印章。

5）E 投标人与其他投标人组成了联合体投标，附有各方资质证书，但没有联合体共同投标协议书。

6）F 投标人投标报价最高，故 F 投标人在开标后第二天撤回了其投标文件。

经过标书评审，A 投标人被确定为中标候选人。发出中标通知书后，招标人和 A 投标人进行合同谈判，希望 A 投标人能再压缩工期、降低费用。经谈判后双方达成一致：不压缩工期，降价 3%。

问题：

1. 分析业主对招标代理公司提出的要求是否正确，并说明理由。

2. 分析A、B、C、D、E投标人的投标文件是否有效，并说明理由。

3. F投标人的投标文件是否有效？对其撤回投标文件的行为应如何处理？

4. 该项目施工合同应该如何签订？合同价格应为多少？

参考答案：

1. 分析如下：

1）业主提出招标公告只在本市日报上发布不正确。

理由：公开招标项目的招标公告，必须在指定媒介发布，任何单位和个人不得非法限制招标公告的发布地点和发布范围。

2）业主要求采用邀请招标不正确。

理由：因该工程项目由政府投资建设，招标投标相关法规规定，全部使用国有资金投资或者国有资金投资占控股或者主导地位的项目，应当采用公开招标方式招标。特殊情况下，如果采用邀请招标方式招标，应由有关部门批准。背景资料无特殊项目说明，所以不得采用邀请招标。

3）业主提出的仅对潜在投标人的资质条件、业绩进行资格审查不正确。

理由：资格审查的内容还应包括：信誉、技术、拟投入人员、拟投入机械、财务状况等。

2. 分析如下：

1）A投标人的投标文件有效。

2）B投标人的投标文件（或原投标文件）有效。但补充说明无效，因为开标后投标人不能变更（或更改）投标文件的实质性内容。

3）C投标人的投标文件无效。因为《招标投标法实施条例》规定，投标保证金有效期应当与投标有效期一致。

4）D投标人的投标文件有效。

5）E投标人的投标文件无效。因为组成联合体投标的，投标文件应附联合体共同投标协议书。

3. F投标人的投标文件有效。招标人可以没收其投标保证金，给招标人造成损失超过投标保证金的，招标人可以要求其赔偿。

4. 分析如下：

1）该项目应自中标通知书发出后30天内按招标文件和A投标人的投标文件签订书面合同，双方不得再签订背离合同实质性内容的其他协议。

2）合同价格应为8000万元。

第三节　建造师施工招标案例分析

案例（一）

背景资料：某政府机关在城市繁华地段建一幢办公楼。在施工招标文件的附件中要求投标人具有垫资能力，并写明：投标人承诺垫资每增加500万元的，评标增加1分。某施工总承包单位中标后，因设计发生重大变化，需要重新办理审批手续。为了不影响按期开工，建

设单位要求施工总承包单位按照设计单位修改后的草图先行开工。

施工过程中发生了以下事件：

事件1：施工总承包单位的项目经理在开工后又担任了另一个工程的项目经理，于是项目经理委托执行经理代替其负责本工程的日常管理工作，建设单位对此提出异议。

事件2：施工总承包单位以包工包料的形式将全部结构工程分包给劳务公司。

事件3：在底板结构混凝土浇筑过程中，为了不影响工期，施工总承包单位在连夜施工的同时，向当地行政主管部门报送了夜间施工许可申请，并对附近居民进行公告。

事件4：为了便于底板结构混凝土浇筑施工，基坑四周未设临边防护；由于现场架设的灯具照明不够，工人从配电箱中接出220V电源，使用行灯照明进行施工。

为了分解垫资压力，施工总承包单位与劳务公司的分包合同中写明：建设单位向总承包单位支付工程款后，总承包单位才向分包单位付款，分包单位不得以此要求总承包单位承担逾期付款的违约责任。

为了强化分包单位的质量安全责任，总包分包双方还在补充协议中约定，分包单位出现质量安全问题，总承包单位不承担任何法律责任，全部由分包单位自己承担。

问题：

1. 分析建设单位招标文件是否妥当，并说明理由。
2. 分析施工总承包单位开工是否妥当，并说明理由。
3. 分析事件1～事件3中施工总承包单位的做法是否妥当，并说明理由。
4. 指出事件4中的错误之处，并写出正确做法。
5. 分包合同条款能否规避施工总承包单位的付款责任？说明理由。
6. 补充协议的约定是否合法？说明理由。

参考答案：

1. 建设单位招标文件不妥当。

理由：建设单位不得以不合理的条件限制或者排斥潜在投标人，不得对潜在投标人实行歧视待遇。即不得将垫资作为评标的加分条件。

2. 施工总承包单位开工不妥当。

理由：根据《建设工程质量管理条例》规定，施工图设计文件未经审查批准的，不得使用。建设单位要求施工总承包单位按照设计单位修改后的草图先行开工，违反了《建设工程质量管理条例》的有关规定。

3. 分析如下：

1）事件1中施工总承包单位的做法不妥当。

理由：施工总承包单位的项目经理不应该同时担任两个工程的项目经理。

2）事件2中施工总承包单位的做法不妥当。

理由：施工总承包单位的行为属于违法分包。根据《建筑法》规定，施工总承包的，建筑工程主体结构的施工必须由总承包单位自行完成。禁止总承包单位将工程分包给不具备相应资质条件的单位。

3）事件3中施工总承包单位的做法不妥当。

理由：根据相关规定，在城市市区范围内从事建筑工程施工，如确需夜间施工的，应在办理了夜间施工许可证后，才可进行夜间施工。

4. 事件4中的错误之处：①基坑四周未设临边防护；②工人从配电箱中接出220V电

源，使用行灯照明进行施工。

正确做法：①基坑四周必须设置防护栏杆；②吊装作业使用行灯照明时，电压不得超过36V。

5. 分包合同条款不能规避施工总承包单位的付款责任。

理由：建设单位与施工总承包单位签订的是总承包合同，施工总承包单位和分包单位签订的是分包合同，两个合同的主体是不同的，总承包单位不能以建设单位未付工程款为由拒付分包单位的工程款。

6. 补充协议的约定不合法。

理由：总承包单位依法将建设工程分包给其他单位的，分包合同中应当明确各自的安全生产方面的权利、义务。总承包单位和分包单位对分包工程的安全生产承担连带责任。建设工程实行施工总承包的，由总承包单位对施工现场的安全生产负总责。

案例（二）

背景资料：某大型综合商场工程，建筑面积为49500m^2，地下一层，地上三层，现浇钢筋混凝土框架结构。建筑安装投资为22000万元，采用工程量清单计价模式，报价执行GB 50500—2013《建设工程工程量清单计价规范》，工期自2013年8月1日至2016年3月31日，面向国内公开招标，有6家施工单位通过了资格预审进行投标。

从工程招标至竣工决算的过程中，发生了以下事件：

事件1：市建委指定了专门的招标代理机构。在投标期限内，先后有A、B、C共3家单位对招标文件提出了疑问，建设单位以一对一的形式书面进行了答复。经过评标委员会严格评审，最终确定E单位中标。双方签订了施工总承包合同（幕墙工程为专业分包）。

事件2：E单位的投标报价构成如下：分部分项工程费为16100万元，措施项目费为1800万元，安全文明施工费为322万元，其他项目费为1200万元，暂列金额为1000万元，管理费10%，利润5%，规费1%，税金11%。

事件3：建设单位按照合同约定支付了工程预付款；但合同中未约定安全文明施工费预支付比例，双方协商按照国家相关部门规定的最低预支付比例进行支付。

事件4：E单位对项目部安全管理工作进行检查，发现安全生产领导小组只有E单位项目经理、总工程师、专职安全管理人员。E单位要求项目部整改。

事件5：2016年3月30日工程竣工验收，5月1日双方完成竣工结算，双方书面签字确认于2016年5月20日前由建设单位支付未付工程款560万元（不含5%的保修金）给E单位。此后，E单位三次书面要求建设单位支付所欠款项，但是截至8月30日建设单位仍未支付560万元的工程款。随即E单位以行使工程款优先受偿权为由，向法院提起诉讼，要求建设单位支付欠款560万元，以及拖欠利息5.2万元、违约金10万元。

问题：

1. 分别指出事件1中的不妥之处，并说明理由。

2. 列式计算事件2中E单位的中标造价（保留两位小数）。根据工程项目的不同建设阶段，建设工程造价可划分为哪几类？该中标造价属于其中的哪一类？

3. 事件3中，建设单位预支付的安全文明施工费最低为多少万元（保留两位小数）？说明理由。安全文明施工费包括哪些费用？

4. 事件4中，项目安全生产领导小组还应有哪些人员（分单位列出）？

5. 事件5中，工程款优先受偿权自竣工之日起共计多少个月？E单位诉讼是否成立？

其可以行使的工程款优先受偿权为多少万元?

参考答案:

1. 分析如下:

1）不妥之处：市建委指定了专门的招标代理机构。

理由：根据相关规定，任何单位和个人均不得为招标人指定代理机构。

2）不妥之处：建设单位进行了一对一的书面答复。

理由：建设单位对于招标过程中的疑问以书面的形式向所有招标文件的收受人发出。

2. 事件2中E单位的中标造价 = [(16100 + 1800 + 1200) × (1 + 1%) × (1 + 11%)]万元 = 21413.01万元。

根据工程项目的不同建设阶段，建设工程造价分为招标控制价、投标价、签约合同价、竣工结算价。

该中标造价属于投标价。

3. 事件3中建设单位支付的安全文明施工费 = [322 × (5/8) × 60%]万元 = (201.25 × 60%)万元 = 120.75万元。

理由：根据相关规定，发包人应该在工程开工后的28天之内预付不低于当年施工进度计划的安全文明施工费总额的60%，其余部分按照提前安排的原则，与进度款同期支付。

安全文明施工费包括安全施工费、文明施工费、环境保护费、临时设施费。

4. 项目安全生产领导小组还应该包括下列人员：由总承包单位、专业承包和劳务分包单位项目经理、技术负责人和专职安全生产管理人员组成的安全管理领导小组。

5. 优先受偿权自竣工之日起6个月以内。E单位诉讼成立。可以行使的优先受偿权 = (560 + 5.2)万元 = 565.2万元，不含建设单位违约金。

案例（三）

背景资料：某新建住宅工程，建筑面积为43200m²，框架结构，投资额为25910万元。建设单位自行编制了招标工程量清单等招标文件，其中部分条款内容为：本工程实行施工总承包模式，承包范围为土建、水电安装、内外装修及室外道路和小区园林景观；施工质量标准为合格；工程款按每月完成工作量的80%支付，保修金为总价的5%，招标控制价为25000万元；工期自2015年7月1日起至2016年9月30日止，工期为15个月；园林景观由建设单位指定专业分包单位施工。

某工程总承包单位按市场价格计算为25200万元，为确保中标，最终以23500万元作为投标价，经公开招标投标，该总承包单位中标，双方签订了工程施工总承包合同A，并上报建设行政主管部门，建设单位因资金紧张提出工程款支付比例修改为按每月完成工作量的70%支付，并提出今后在同等条件下该施工总承包单位可以优先中标的条件。施工总承包单位同意了建设单位这一要求，双方据此重新签订了施工总承包合同B，约定按此执行。

施工总承包单位组建了项目经理部，于2015年6月20日进场进行施工准备，进场7天内，建设单位组织设计、监理等单位共同完成了图纸会审工作，相关方提出并签了意见，项目经理部进行了图纸交底工作。

内装修施工时，项目经理部发现建设单位提供的工程量清单中未包括一层公共区域地面面层子项目，铺占面积为1200m²。因招标工程量清单中没有类似子项目，于是项目经理按照市场价格重新组价，综合单价为1200m²，经现场专业监理工程师审核后上报建设单位。

2016年9月30日工程通过竣工验收，建设单位按照相关规定，提交了工程竣工验收备案表、工程竣工验收报告、人防及消防单位出具的验收文件，并获得规划、环保等部门出具的认可文件，在当地建设行政主管部门完成了相关备案工作。

问题：

1. 双方签订合同的行为是否违法？双方签订的哪份合同有效？施工单位遇到此类现象时，需要把握哪些关键点？

2. 工程图纸会审还应有哪些单位参加？项目经理部进行图纸交底工作的目的是什么？

3. 招标单位应对哪些招标工程量清单总体要求负责？除工程量清单漏项外，还有哪些情况允许调整招标工程量清单所列工程量？

4. 在本项目的竣工验收备案工作中，施工总承包单位还要向建设单位提交哪些文件？

参考答案：

1. 双方签订合同的行为违法。双方签订的合同A有效。

施工单位遇到此类问题时，应把握关于工期、质量、造价的约定是否符合招标、中标文件，还应把握工程进度拨款和竣工结算程序是否与招标、中标文件相悖。

2. 工程图纸会审还应有设计单位、施工单位参加。

项目经理部进行图纸交底工作的目的是：

1）明确存在重大质量风险源的关键部位或工序，提出风险控制要求或工作建议。

2）对参建方的疑问、说明，交底的目的在于使具体的作业者和管理者明确计划的意图和要求，把握质量标准及其实现的程序与方法。

3）在质量活动的实施过程中，要求严格执行计划的行动方案规范行为，把质量管理计划的各项规定和安排落实到具体的资源配置和作业技术活动中去。

3. 招标单位应对工程量清单的完整性和准确性负责。

除工程量清单漏项外，还有法律法规变化、项目特征不符，以及合同约定的工程变化幅度允许调整。

4. 施工总承包单位还应向建设单位提交以下文件：

1）工程竣工验收备案表。

2）工程竣工验收报告。

3）法律行政法规规定应当自规划环保等部门出具的认可文件或者准许使用文件。

4）法律规定应当自公安消防部门出具的对大型人员密集场所和其他特殊建设工程验收合格的证明文件。

5）人防部门出具的验收文件。

6）施工单位签署的工程质量保证书。

7）法规规章规定必须提供的其他文件。

住宅工程还应当提交住宅质量保证书和住宅使用说明书。

思　考　题

案例（一）

背景资料：某交通设施项目，根据项目特点及相关要求，招标人自行组织公开招标。招标过程中出现了以下事件：

事件1：招标人在具备招标前期准备后，首先在国家指定媒介上发布招标公告。招标公告内容如下：①招标人的名称和地址；②招标代理机构的名称和地址；③招标项目的内容、规模及标段的划分情况；④招标项目的实施地点和工期；⑤对招标文件收取的费用。

7月1日（星期一）发布资格预审公告。公告说明资格预审文件自7月2日起发售，资格预审文件停止发售时间为7月5日。

事件2：资格审查过程中，资格审查委员会发现某省路桥总公司提供的业绩证明材料部分是其下属第一工程有限公司业绩证明材料，且其下属的第一工程有限公司具有独立法人资格和相关资质。考虑到属于一个大单位，资格审查委员会认可了其下属公司业绩为其业绩。

事件3：投标邀请书向所有通过资格预审的申请单位发出，投标人在规定的时间内购买了招标文件。按照招标文件要求，投标人须在投标截止时间5日前递交投标保证金，因为项目较大，要求每个标段100万元投标担保金。

事件4：投标预备会上投标人提出质疑讯问，招标人整理完招标文件的澄清与修改后，在投标截止时间前15日打电话要求潜在投标人前来招标人所在地进行签收和领取。在规定的时间内，有两家投标人没有到招标人所在地进行领取，其中D投标人要求招标人在规定的时间内以传真方式发给其招标文件的澄清与修改，招标人及时传真给了该投标人澄清与修改的内容；B投标人则一直到开标前3日才来领取。开标后，D、B投标人分别进行了质疑与投诉，理由是招标人没有在投标前15日将招标文件的澄清与修改送达投标人，直接影响了其投标结果，要求有关行政监督部门宣布中标结果无效，并判定招标人依法重新招标。

事件5：各投标人在投标文件编制完毕后，投标文件递交时间截止时向招标单位提交投标文件的共有8家。在招标文件规定的时间进行开标，经招标人代表检查投标文件的密封情况后，由招标代理机构当众拆封，宣读投标人名称、投标价格、工期等内容，并由投标人代表对开标结果进行了签字确认。

事件6：评标委员会人数为5人，其中3人为工程技术专家，其余2人为招标人代表。

事件7：在评标过程中，G投标人发来书面更改函，对施工组织设计中存在的笔误进行了勘误，同时对其投标文件中超过招标文件计划工期的投标工期，调整为在招标文件约定计划工期基础上提前10日竣工。

事件8：经评审，各投标人综合得分的排序位于前三名的依次是：A、E、F。结果公布后，评标委员会某委员对此结果有异议，拒绝在评标报告上签字，但又不提出书面意见。

事件9：A、E、F共3家投标人分别为该项目第一、第二、第三中标候选人。招标人在退还各投标人投标保证金的同时，向A投标人发出了中标通知书，A投标人于当日确认收到此中标通知书。此后，A投标人提出以投标保证金抵充履约保证金后，招标人又与A投标人就合同价格进行了多次谈判，于是A投标人将价格在正式报价的基础上下浮了0.5%，最终双方于发出中标通知书之日后40天签订了书面合同。

问题：

指出招标过程中出现的不妥之处，并说明理由。

案例（二）

背景资料：某工程采用公开招标方式，有A、B、C、D、E、F共6家承包商参加投标，经资格预审，该6家承包商均满足业主要求。该工程采用两阶段评标法评标，评标委员会由7名委员组成，评标的具体规定如下：

1. 第一阶段评技术标

技术标共计40分，其中施工方案15分，总工期8分，工程质量6分，项目班子6分，企业信誉5分。

技术标各项内容的得分，为各评委评分去除一个最高分和一个最低分后的算术平均数。

技术标合计得分不满28分者，不再评其商务标。

表4-5为各评委对6家承包商施工方案评分的汇总表。

表4-6为各承包商总工期、工程质量、项目班子、企业信誉得分汇总表。

表 4-5　施工方案评分汇总表

投标单位＼评委	一	二	三	四	五	六	七
A	13.0	11.5	12.0	11.0	11.0	12.5	12.5
B	14.5	13.5	14.5	13.0	13.5	14.5	14.5
C	12.0	10.0	11.5	11.0	10.5	11.5	11.5
D	14.0	13.5	13.5	13.0	13.5	14.0	14.5
E	12.5	11.5	12.0	11.0	11.5	12.5	12.5
F	10.5	10.5	10.5	10.0	9.5	11.0	10.5

表 4-6　其他方面汇总表

投标单位	总工期	工程质量	项目班子	企业信誉
A	6.5	5.5	4.5	4.5
B	6.0	5.0	5.0	4.5
C	5.0	4.5	3.5	3.0
D	7.0	5.5	5.0	4.5
E	7.5	5.0	4.0	4.0
F	8.0	4.5	4.0	3.5

2. 第二阶段评商务标

商务标共计 60 分。以标底的 50% 与承包商报价算术平均数的 50% 之和为基准价，但最高（或最低）报价高于（或低于）次高（或次低）报价的 15% 者，在计算承包商报价算术平均数时不予考虑，且商务标得分为 15 分。

以基准价为满分（60 分），报价比基准价每减少 1%，扣 1 分，最多扣 10 分；报价比基准价每增加 1%，扣 2 分，扣分不保底。

表 4-7 为标底和各承包商报价汇总表。

表 4-7　标底和各承包商报价汇总表　（单位：万元）

投标单位	A	B	C	D	E	F	标底
报价	13656	11108	14303	13098	13241	14125	13790

3. 计算结果保留两位小数

问题：

1. 请按综合得分最高者中标的原则确定中标单位。

2. 若该工程款不编制标底，以各承包商报价的算术平均数作为基准价，其余评标规定不变，试按原定标原则确定中标单位。

案例（三）

背景资料：某省使用国有资金投资的某重点工程项目计划于 2015 年 9 月 8 日开工，招标人拟采用公开招标方式进行项目施工招标，并委托某具有招标代理和造价咨询资质的招标代理机构编制了招标文件，文件中接受联合体投标。招标过程中发生了以下事件：

事件 1：招标人规定 2015 年 1 月 20 日～25 日为招标文件发售时间，2 月 16 日下午 4 时为投标截止时间。投标有效期自投标文件发售时间算起总计 60 天。

事件 2：2 月 10 日招标人书面通知各投标人：删除该项目所有房间精装修的内容，代之以水泥砂浆地面、抹灰墙及抹灰顶棚，投标截止时间可顺延至 21 日。

事件 3：A、B 投标人组成了联合体，资格预审通过后，为提高中标概率，在编制投标文件时又邀请了

比A、B企业资质高一级的C企业共同组成联合体。

事件4：评标委员会于4月29日提出了书面评标报告：E、F企业分列综合得分第一名、第二名。4月30日招标人向F企业发出了中标通知书，5月2日F企业收到中标通知书，双方于6月1日按现行清单计价规范签订了单价合同，合同工期为300天，合同价为9000万元。合同约定：材料预付款于开工前7天支付合同价（不包括暂列金额）的20%，安全文明施工费在工期内按月随进度款平均支付。

问题：

1. 该项目必须编制招标控制价吗？招标控制价应根据哪些依据编制与复核？如投标人认为招标控制价编制过低，应在什么时间内向何机构提出投诉？

2. 指出事件1中的不妥之处，并说明理由。

3. 分析事件2中招标人的做法是否妥当，并说明理由。

4. 分析事件3中投标人的做法是否妥当，并说明理由。

5. 指出事件4中的不妥之处，并说明理由。

5

第五章

建设工程设计招标和材料设备采购招标投标

学习目标

知识目标：

1. 了解工程设计招标的特点与程序。
2. 了解材料和通用型设备采购招标文件的主要内容。
3. 了解大型工程设备采购招标的特点和评审内容。

能力目标：

1. 能够就工程设计招标管理提出合理建议。
2. 能够掌握工程设计招标的发包范围。
3. 能够知悉设计招标文件的主要内容。
4. 能够知悉设计招标的评标标准。
5. 能够明确材料设备采购招标中划分标包的原则。
6. 能够知悉评标程序中的评标价法和综合评估法。
7. 能够知悉大型工程设备采购评标中的详细评审要素。

知识脉络图

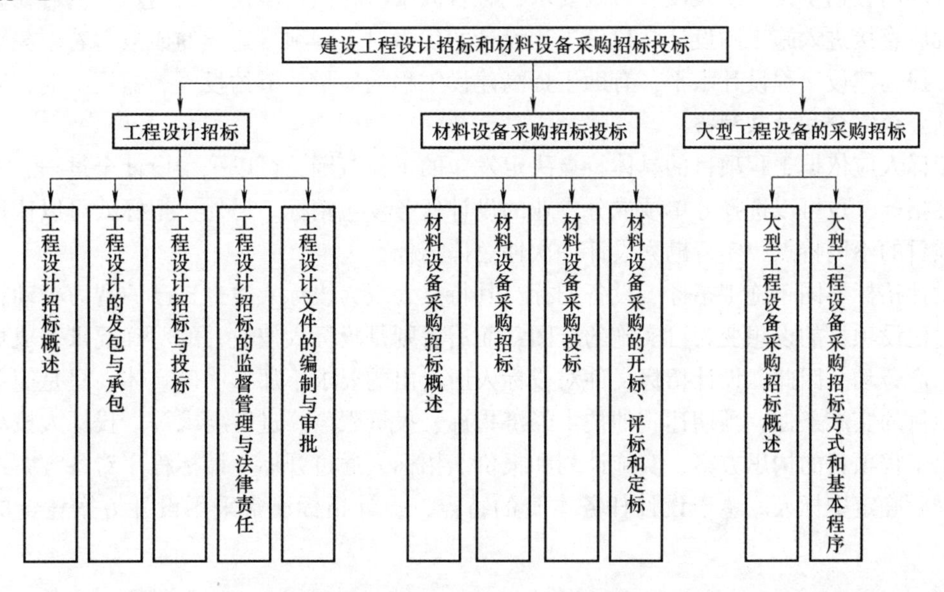

第一节 工程设计招标

案例引入

背景资料：某市污水处理厂为了进行技术改造，决定对污水处理设备的设计进行招标。由于该项目的特殊专业要求，招标人决定采用邀请招标的方式。随后向符合承包条件的A、B、C 3家潜在投标人发送了投标邀请。A、B、C 3家均接受了投标邀请，并在规定的时间地点领取了招标文件。招标文件对新型污水处理设备的设计要求、设计标准等基本内容都做了明确规定。招标人还根据项目要求的特殊性主持了答疑会。A、B、C 3位投标人均如期参加了答疑会。之后，A、B、C 3位投标人均在规定时间提交了投标文件。但A投标人在送出投标文件后发现，由于对招标文件的技术要求理解错误造成了报价估算有比较严重的失误，遂赶在投标截止时间前10分钟向招标人递交了一份书面声明，要求撤回已提交的投标文件。评标委员会专家按评标标准在B、C两位投标人之间评比，最终确定了B投标人为中标人。

问题：

（1）A投标人提出的撤回投标文件的申请是否合理？为什么？

（2）该工程设计的招标投标过程中是否有不符合《招标投标法》的做法？

一、工程设计招标概述

建设工程设计是指根据法律法规和建设工程的要求，对建设工程所需的技术、经济、资源、环境等条件进行综合分析、论证，编制建设工程设计文件的活动。建筑工程一般应分为方案设计、初步设计和施工图设计三个阶段；对于技术要求相对简单的民用建筑工程，当有关主管部门在初步设计阶段没有审查要求，且合同中没有做初步设计的约定时，可在方案设计审批后直接进入施工图设计。建设工程设计的优劣对工程项目建设的成败起着至关重要的作用，提高建设工程设计水平，有助于提高建设工程的质量、节约投资、缩短工期；同时又关系到公众安全和公共利益。

招标人应依据工程项目的具体特点决定发包的工作范围，可以采用设计全过程总发包的一次性招标，也可以选择分单项或分专业的设计任务发包招标。另外，招标人可以依据工程建设项目的不同特点，实行勘察设计一次性总体招标。

设计招标不同于施工招标、设备招标，其特点表现为投标人通过自己的智力劳动，将招标人对建设项目的设想变为可实施的蓝图；而后者则是投标人按设计的明确要求完成规定的物质生产劳动。因此，设计招标文件对投标人所提出的要求不那么明确具体，只是简单介绍工程项目的实施条件、预期达到的技术经济指标、投资限额、进度要求等。投标人按规定分别报出工程项目的构思方案、实施计划和报价。招标人通过开标、评标程序对各方案进行比较选择后确定中标人。鉴于设计任务本身的特点，设计招标通常采用设计方案竞选的方式招标。

（一）工程设计的一般要求

1. 依法设计原则

为加强对建设工程勘察设计活动的管理，保证建设工程勘察设计质量，我国规定了较为详尽的建设工程勘察设计法律法规制度，建设工程勘察、设计单位必须依法进行建设工程勘察、设计，严格执行工程建设强制性标准，并对建设工程勘察、设计的质量负责。

2. 科学设计原则

从事建设工程勘察设计活动，应遵循先勘察、后设计、再施工的原则。建设工程设计中所蕴含的科技含量，直接决定了建设工程建成后的市场竞争能力。国家鼓励在建设工程勘察、设计活动中采用先进技术、先进工艺、先进设备、新型材料和现代管理方法。

3. 市场准入原则

设计工作具有极强的专业性与技术性，为保障建设工程设计的质量，保护人民群众生命财产安全，促进国民经济稳健发展，我国对从事工程设计活动的单位实行资质管理制度，并对从事工程设计活动的专业技术人员实行执业资格注册管理制度。依照《建设工程勘察设计资质管理规定》，从事建设工程勘察、工程设计活动的企业，应当按照其拥有的注册资本、专业技术人员、技术装备和勘察设计业绩等条件申请资质，经审查合格，取得建设工程勘察、工程设计资质证书后，方可在资质许可的范围内从事建设工程勘察、工程设计活动。从事建设工程勘察、工程设计执业活动的个人，应当取得执业资格并经注册后方可从事相关执业活动。

（二）工程设计法律制度体系

建设工程设计法规，是调整建设工程设计活动中产生的各种社会关系的法律规范的总称。我国在制定设计法律法规时，通常将其与勘察规定在一起。《建设工程勘察设计管理条例》对建设工程设计的资质资格管理、发包与承包、设计文件的编制与实施、监督与管理、法律责任等做出了详细阐释。

其他建设工程设计法律制度有：《勘察设计注册工程师管理规定》《建设工程勘察设计资质管理规定》《工程设计资质标准》《注册建筑师条例实施细则》《房屋建筑和市政基础设施工程施工图设计文件审查管理办法》《工程建设项目勘察设计招标投标办法》《建筑工程设计文件编制深度规定》《建筑工程设计招标投标管理办法》等。

二、工程设计的发包与承包

（一）工程设计发包与承包的方式

建设工程设计发包与承包的方式包括直接发包和招标发包。

1. 工程设计直接发包的范围

根据《建筑工程设计招标投标管理办法》第四条规定，建筑工程设计招标范围和规模标准按照国家有关规定执行，有下列情形之一的，可以不进行招标：

1）采用不可替代的专利或者专有技术的。

2）对建筑艺术造型有特殊要求，并经有关主管部门批准的。

3）建设单位依法能够自行设计的。

4）建筑工程项目的改建、扩建或者技术改造，需要由原设计单位设计，否则将影响功能配套要求的。

5）国家规定的其他特殊情形。

2. 工程设计招标发包的范围

在上述范围之外的建筑工程设计招标应当依法进行公开招标或者邀请招标。建筑工程设计招标可以采用设计方案招标或者设计团队招标，招标人可以根据项目特点和实际需要进行选择。设计方案招标是指主要通过对投标人提交的设计方案进行评审确定中标人；设计团队招标是指主要通过对投标人拟派设计团队的综合能力进行评审确定中标人。

建筑工程采用公开招标的，招标人应当发布招标公告；采用邀请招标的，招标人应当向3个以上潜在投标人发出投标邀请书。招标公告或者投标邀请书应当载明招标人名称和地址、招标项目的基本要求、投标人的资质要求以及获取招标文件的办法等事项。

招标人一般应当将建筑工程的方案设计、初步设计和施工图设计一并招标。确需另行选择设计单位承担初步设计、施工图设计的，应当在招标公告或者投标邀请书中明确。我国鼓励建筑工程实行设计总承包。实行设计总承包的，按照合同约定或者经招标人同意，设计单位可以不通过招标方式将建筑工程非主体部分的设计进行分包。

（二）关于工程设计招标投标的一般规定

建设工程设计方案评标，应当以投标人的业绩、信誉和设计人员的能力以及勘察、设计方案的优劣为依据，进行综合评定。建设工程设计的招标人应当在评标委员会推荐的候选方案中确定中标方案。但是，建设工程设计的招标人认为评标委员会推荐的候选方案不能最大限度满足招标文件规定的要求的，应当依法重新招标。发包方可以将整个建设工程的设计发包给一个设计单位；也可以将建设工程的设计分别发包给几个设计单位。除建设工程主体部分的设计外，经发包方书面同意，承包方可以将建设工程其他部分的设计再分包给其他具有相应资质等级的建设工程设计单位。

发包方不得将建设工程设计业务发包给不具有相应设计资质等级的建设工程设计单位。建设工程设计单位不得将所承揽的建设工程设计转包。承包方必须在建设工程设计资质证书规定的资质等级和业务范围内承揽建设工程的设计业务。建设工程设计的发包方与承包方，应当执行国家规定的建设工程设计程序。建设工程设计的发包方与承包方应当签订建设工程设计合同。建设工程设计发包方与承包方应当执行国家有关建设工程设计费的管理规定。

（三）设计招标与其他招标在程序上的区别

1. 招标文件内容不同

设计招标文件中仅提出设计依据、工程项目应达到的技术指标、项目限定的工作范围、项目所在地的基本资料、要求完成的时间等内容。其他招标，如施工招标，则要有具体的工作量。

2. 对投标书的编制要求不同

投标人首先提出设计构思和初步方案，并论述该方案的优点和实施计划，在此基础上进一步提出报价。其他招标中，投标书则要按工程量清单，填报报价后算出总价。

3. 开标形式不同

设计招标开标时，由各投标人自己说明投标方案的基本构思和意图，以及其他实质性内容，而且不按报价高低排定次序。其他招标则由招标单位的主持人宣读投标书，并按报价高低排定标价次序。

4. 评标原则不同

设计招标评标时，不过分追求投标价的高低，评标委员会更关注于投标人所提供方案的技术先进性、所达到的技术指标、方案的合理性，来做出一个综合判断。而在其他招标中，投标价的高低是最重要的因素。

三、工程设计招标与投标

建设工程设计招标投标应当遵循公开、公平、公正和诚实信用的原则。

（一）工程设计招标

1. 工程设计强制招标的项目范围

建设工程设计分为可以不进行招标的项目和依法必须进行招标的项目（强制招标项目）两种类型。强制招标项目的招标投标活动违反法律和行政法规的规定，对中标结果造成实质性影响，且不能采取补救措施予以纠正的，招标、投标、中标无效，应当依法重新招标或者评标。

下列情形，除了依法获得有关部门批准可以不进行公开招标的，必须实行公开招标：

1）对于单项合同估算价在100万元人民币以上的设计服务的采购。

2）全部使用国有资金投资或者国有资金投资占控股或者主导地位的工程建设项目设计服务招标。

3）国务院发展和改革部门确定的国家重点项目和省、自治区、直辖市人民政府确定的地方重点项目。

《工程建设项目勘察设计招标投标办法》第十一条规定，依法必须进行公开招标的项目，在下列情况下可以进行邀请招标：

1）技术复杂、有特殊要求或者受自然环境限制，只有少量潜在投标人可供选择。

2）采用公开招标方式的费用占项目合同金额的比例过大。

招标人采用邀请招标方式的，应保证有三个以上具备承担招标项目勘察设计的能力，并具有相应资质的特定法人或者其他组织参加投标。

2. 工程设计的招标人

招标人是依照规定提出招标项目、进行招标的法人或者其他组织。招标项目是指采用招标方式进行采购的工程、货物或服务项目。建设工程设计的招标人即该项建设工程的投资人或建设单位。

鉴于招标采购的项目通常标的大、耗资多、影响范围广，招标人责任较大，为了切实保障招标投标各方的权益，法律未赋予自然人成为招标人的资格。不过，这并不意味着个人投资的项目不能采用招标的方式进行采购。个人投资的项目，可以成立项目公司作为招标人。

按照组织形式的不同，建设工程设计招标可分为自行招标和代理招标。招标人有权自行选择招标代理机构，委托其办理招标事宜。依法必须进行招标的项目，招标人自行办理招标事宜的，应当向有关行政监督部门备案。

3. 工程设计招标应当满足的条件

根据《工程建设项目勘察设计招标投标办法》第九条规定，依法必须进行勘察设计招标的工程建设项目，在招标时应当具备下列条件：

1）招标人已经依法成立。

2）按照国家有关规定需要履行项目审批、核准或者备案手续的，已经审批、核准或者备案。

3）勘察设计有相应资金或者资金来源已经落实。

4）所必需的勘察设计基础资料已经收集完成。

5）法律法规规定的其他条件。

4. 工程设计招标的程序

（1）工程设计招标阶段的划分　工程设计招标是招标人选择中标人并与其签订合同的过程，按招标人和投标人参与的程度，可将招标过程划分为招标准备阶段和招标阶段。其中，招标准备阶段包括：

1）工程报建。

2）确定招标组织形式。

3）选择招标方式。

4）办理招标审批手续。

5）编制与招标有关的各种文件等。

招标阶段包括：

1）发布公告、文件。

2）资格审查。

3）招标文件的发售。

4）组织投标人踏勘现场。

5）召开标前会议。

6）招标文件的澄清和修改。

7）招标的终止等。

（2）工程设计招标文件的主要内容　招标文件应当满足设计方案招标或者设计团队招标的不同需求，主要包括以下内容：

1）项目基本情况。

2）城乡规划和城市设计对项目的基本要求。

3）项目工程经济技术要求。

4）项目有关基础资料。

5）招标内容。

6）招标文件答疑、现场踏勘安排。

7）投标文件编制要求。

8）评标标准和方法。

9）投标文件送达地点和截止时间。

10）拟签订合同的主要条款。

11）设计费或者计费方法。

12）未中标方案补偿办法。

（3）关于是否接受联合体投标的说明　招标人应当在资格预审公告、招标公告或者投标邀请书中载明是否接受联合体投标。采用联合体形式投标的，联合体各方应当签订共同投标协议，明确约定相互之间的责任承担。

（4）招标文件的澄清或修改　招标人可以对已发出的招标文件进行必要的澄清或者修改。澄清或者修改的内容可能影响投标文件编制的，招标人应当在投标截止时间至少 15 日前，以书面形式通知所有获取招标文件的潜在投标人；不足 15 日的，招标人应当顺延提交投标文件的截止时间。

（5）对招标文件异议的提出　潜在投标人或者其他利害关系人对招标文件有异议的，

应当在投标截止时间10日前提出。招标人应当自收到异议之日起3日内做出答复；做出答复前，应当暂停招标投标活动。

招标人应当确定投标人编制投标文件所需要的合理时间，自招标文件开始发出之日起至投标人提交投标文件截止之日止，时限最短不少于20日。

（二）工程设计投标

1. 工程设计投标人

建设工程设计投标人是指响应建设工程设计招标、参加投标竞争的法人或者其他组织。投标人应当具有与招标项目相适应的工程设计资质。境外设计单位参加国内建筑工程设计投标的，按照国家有关规定执行。

投标人参加依法进行招标的项目的投标，不受地区或者部门的限制，任何单位和个人不得非法干涉。与招标人存在利害关系可能影响招标公正性的法人、其他组织或者个人，不得参加投标。单位负责人为同一人或者存在控股、管理关系的不同单位，不得参加同一标段投标或者未划分标段的同一招标项目投标。违反前述规定的，相关投标无效。投标人应当按照招标文件的要求编制投标文件。投标文件应当对招标文件提出的实质性要求和条件做出响应。

2. 工程设计投标管理

（1）设计投标准备　在正式投标前，设计投标人应做好大量的准备工作。这些工作主要是对投资项目宏观环境和微观环境的调查。对投资项目宏观环境的调查，包括对项目所在地的政治、法律、自然环境和市场情况的调查等；对投资项目微观环境的调查，包括对投资项目情况、业主情况和竞争对手情况的调查等。

（2）设计投标文件的编制　投标文件是指投标人根据招标人在招标文件中的要求并结合自身的情况而编制以提供给招标人的一系列文件。投标文件是衡量一个设计企业的资历、质量和技术水平、管理水平的综合文件，也是评标和决标的主要依据。投标人应当按照招标文件、建筑方案设计文件编制深度规定的要求编制投标文件；进行概念设计招标的，应当按照招标文件要求编制投标文件。投标文件应当由具有相应资格的注册建筑师签章，并加盖单位公章。

（3）投标文件的送达　投标人应当在招标文件要求提交投标文件的截止时间前，将投标文件送达投标地点。招标人收到投标文件后，应当向投标人出具标明签收人和签收时间的凭证，在开标前任何单位和个人不得开启投标文件。

未通过资格预审的申请人提交的投标文件，以及逾期送达或者不按照招标文件要求密封的投标文件，招标人应当拒收。招标人应当如实记载投标文件的送达时间和密封情况，并存档备查。

提交投标文件的投标人少于三个的，招标人应当依法重新招标。重新招标后投标人仍少于三个的，属于必须审批的工程建设项目，报经原审批部门批准后可以不再进行招标；其他工程建设项目，招标人可自行决定不再进行招标。

（4）投标文件的补充、修改或撤回　投标人在招标文件要求提交投标文件的截止时间前，可以补充、修改或撤回已提交的投标文件，并书面通知招标人。补充、修改的内容为投标文件的组成部分。投标人撤回已提交的投标文件，应当在投标截止时间前书面通知招标人。

（5）投标担保　投标担保是指在招标投标活动中，投标人随投标文件一同提交给招标

人的一定形式、一定金额的投标责任担保。其主要作用在于约束投标人审慎地参与投标活动。投标截止后投标人撤销投标文件的，招标人可以不退还投标保证金。

（三）工程设计评标

建设工程设计评标由评标委员会负责。评标委员会由招标人代表和有关专家组成。评标委员会人数为 5 人以上单数，其中技术和经济方面的专家不得少于成员总数的 2/3。建筑工程设计方案评标时，建筑专业专家不得少于技术和经济方面专家总数的 2/3。

评标专家一般从专家库随机抽取，对于技术复杂、专业性强或者国家有特殊要求的项目，招标人也可以直接邀请相应专业的中国科学院院士、中国工程院院士、全国工程勘察设计大师以及境外具有相应资历的专家参加评标。投标人或者与投标人有利害关系的人员不得参加评标委员会。国务院住房城乡建设主管部门，省、自治区、直辖市人民政府住房城乡建设主管部门应当加强建筑工程设计评标专家和专家库的管理。

建筑专业专家库应按建筑工程类别细化分类。评标委员会应按照招标文件确定的评标标准和方法，对投标文件进行评审。采用设计方案招标的，评标委员会应当在符合城乡规划、城市设计以及安全、绿色、节能、环保要求的前提下，重点对功能、技术、经济和美观等方面进行评审。采用设计团队招标的，评标委员会应当对投标人拟从事项目设计的人员构成、人员业绩、人员从业经历、项目解读、设计构思、投标人信用情况和业绩等方面进行评审。

有下列情形之一的，评标委员会应当否决其投标：

1）投标文件未按招标文件要求经投标人盖章和单位负责人签字。

2）投标联合体没有提交共同投标协议。

3）投标人不符合国家或者招标文件规定的资格条件。

4）同一投标人提交两个以上不同的投标文件或者投标报价，但招标文件要求提交备选投标的除外。

5）投标文件没有对招标文件的实质性要求和条件做出响应。

6）投标人有串通投标、弄虚作假、行贿等违法行为。

7）法律法规规定的其他应当否决投标的情形。

评标委员会应当在评标完成后，向招标人提出书面评标报告，推荐不超过 3 个中标候选人，并标明顺序。

（四）工程设计中标

招标人根据评标委员会的书面评标报告和推荐的中标候选人确定中标人。招标人也可以授权评标委员会直接确定中标人。招标人应当公示中标候选人。采用设计团队招标的，招标人应当公示中标候选人投标文件中所列主要人员、业绩等内容。采用设计方案招标的，招标人认为评标委员会推荐的候选方案不能最大限度满足招标文件规定的要求的，应当依法重新招标。

招标人应当在确定中标人后及时向中标人发出中标通知书，并同时将中标结果通知所有未中标人。招标人、中标人使用未中标方案的，应当征得提交方案的投标人同意并付给使用费。

招标人应当自确定中标人之日起 15 日内，向县级以上地方人民政府住房城乡建设主管部门提交招标投标情况的书面报告。县级以上地方人民政府住房城乡建设主管部门应当自收到招标投标情况的书面报告之日起 5 个工作日内，公开专家评审意见等信息，涉及国家秘密、商业秘密的除外。

招标人和中标人应当自中标通知书发出之日起30日内，按照招标文件和中标人的投标文件订立书面合同。

四、工程设计招标的监督管理与法律责任

住房城乡建设主管部门负责建设工程设计招标的监督管理。

招标人以不合理的条件限制或者排斥潜在投标人的，对潜在投标人实行歧视待遇的，强制要求投标人组成联合体共同投标的，或者限制投标人之间竞争的，由县级以上地方人民政府住房城乡建设主管部门责令改正，可以处1万元以上5万元以下的罚款。

招标人澄清、修改招标文件的时限，或者确定的提交投标文件的时限不符合《建筑工程设计招标投标管理办法》规定的，由县级以上地方人民政府住房城乡建设主管部门责令改正，可以处10万元以下的罚款。

招标人不按照规定组建评标委员会，或者评标委员会成员的确定违反《建筑工程设计招标投标管理办法》的，由县级以上地方人民政府住房城乡建设主管部门责令改正，可以处10万元以下的罚款，相应评审结论无效，依法重新进行评审。

招标人有下列情形之一的，由县级以上地方人民政府住房城乡建设主管部门责令改正，可以处中标项目金额10‰以下的罚款；给他人造成损失的，依法承担赔偿责任；对单位直接负责的主管人员和其他直接责任人员依法给予处分：

1）无正当理由未按《建筑工程设计招标投标管理办法》规定发出中标通知书。

2）不按照规定确定中标人。

3）中标通知书发出后无正当理由改变中标结果。

4）无正当理由未按《建筑工程设计招标投标管理办法》规定与中标人订立合同。

5）在订立合同时向中标人提出附加条件。

投标人以他人名义投标或者以其他方式弄虚作假，骗取中标的，中标无效；给招标人造成损失的，依法承担赔偿责任；构成犯罪的，依法追究刑事责任。投标人有上述所列行为尚未构成犯罪的，由县级以上地方人民政府住房城乡建设主管部门处中标项目金额5‰以上10‰以下的罚款，对单位直接负责的主管人员和其他直接责任人员处单位罚款数额5‰以上10‰以下的罚款；有违法所得的，并处没收违法所得；情节严重的，取消其1年至3年内参加依法必须进行招标的建筑工程设计招标的投标资格，并予以公告，直至由工商行政管理机关吊销营业执照。

评标委员会成员收受投标人的财物或者其他好处的，评标委员会成员或者参加评标的有关工作人员向他人透露对投标文件的评审和比较、中标候选人的推荐以及与评标有关的其他情况的，由县级以上地方人民政府住房城乡建设主管部门给予警告，没收收受的财物，并处3000元以上5万元以下的罚款。评标委员会成员有上述所列行为的，由有关主管部门通报批评并取消担任评标委员会成员的资格，不得再参加任何依法必须进行招标的建筑工程设计招标投标的评标；构成犯罪的，依法追究刑事责任。

评标委员会成员违反《建筑工程设计招标投标管理办法》规定，对应当否决的投标不提出否决意见的，由县级以上地方人民政府住房城乡建设主管部门责令改正；情节严重的，禁止其在一定期限内参加依法必须进行招标的建筑工程设计招标投标的评标；情节特别严重的，由有关主管部门取消其担任评标委员会成员的资格。

住房城乡建设主管部门或者有关职能部门的工作人员徇私舞弊、滥用职权或者玩忽职

守，构成犯罪的，依法追究刑事责任；不构成犯罪的，依法给予行政处分。

五、工程设计文件的编制与审批

（一）工程设计文件的编制依据、编制原则与编制要求

1. 建设工程勘察设计文件的编制依据

依照《建设工程勘察设计管理条例》第二十五条规定，编制建设工程勘察、设计文件，应当依据以下规定：

1）项目批准文件。

2）城乡规划。

3）工程建设强制性标准。

4）国家规定的建设工程勘察、设计深度要求。

铁路、交通、水利等专业建设工程，还应当以专业规划的要求为依据。

2. 建设工程设计文件的编制原则

建设工程设计文件的编制应遵循以下原则：

1）贯彻经济、社会发展规划，城乡规划和产业政策。

2）综合利用资源，满足环保要求。

3）遵守工程建设技术标准。

4）采用新技术、新工艺、新材料、新设备。

5）重视技术和经济效益的结合。

6）公共建筑和住宅要注意美观、适用和协调。

3. 建设工程设计文件的编制要求

编制方案设计文件应当满足编制初步设计文件和控制概算的需要；编制初步设计文件，应当满足编制施工招标文件、主要设备材料订货和编制施工图设计文件的需要；编制施工图设计文件，应当满足设备材料采购、非标准设备制作和施工的需要，并注明建设工程合理使用年限。

设计文件中选用的材料、构配件、设备，应当注明其规格、型号、性能等技术指标，其质量要求必须符合国家规定的标准。除有特殊要求的建筑材料、专用设备和工艺生产线等外，设计单位不得指定生产厂、供应商。建设工程设计文件中规定采用的新技术、新材料，可能影响建设工程质量和安全，又没有国家技术标准的，应当由国家认可的检测机构进行试验、论证，出具检测报告，并经国务院有关部门或者省、自治区、直辖市人民政府有关部门组织的建设工程技术专家委员会审定后，方可使用。

4. 建设工程的设计内容及深度要求

依照《建筑工程设计文件编制深度规定》，建筑工程一般应分为方案设计、初步设计和施工图设计三个阶段；对于技术要求相对简单的民用建筑工程，当有关主管部门在初步设计阶段没有审查要求，且合同中没有做初步设计的约定时，可在方案设计审批后直接进入施工图设计。

方案设计文件，应满足编制初步设计文件的需要，应满足方案审批或报批的需要。此规定仅适用于报批方案设计文件编制深度。对于投标方案设计文件的编制深度，应执行住房和城乡建设部颁发的相关规定。方案设计文件的具体深度要求详见《建筑工程设计文件编制深度规定》第2章。初步设计文件，应满足编制施工图设计文件的需要，应满足初步设计

审批的需要。初步设计文件的具体深度要求详见《建筑工程设计文件编制深度规定》第3章。施工图设计文件，应满足设备材料采购、非标准设备制作和施工的需要。对于将项目分别发包给几个设计单位或实施设计分包的情况，设计文件相互关联处的深度要求应满足各承包或分包单位设计的需要。施工图设计文件的具体深度要求详见《建筑工程设计文件编制深度规定》第4章。

设计方在设计中宜因地制宜正确选用国家、行业和地方建筑标准设计，并在设计文件的图纸目录或施工图设计说明中注明所应用图集的名称。重复利用其他工程的图纸时，应详细了解原图利用的条件和内容，并做必要的核算和修改，以满足新设计项目的需要。当设计合同对设计文件编制深度另有要求时，设计文件编制深度应同时满足《建筑工程设计文件编制深度规定》和设计合同的要求。

《建筑工程设计文件编制深度规定》对设计文件编制深度的要求具有通用性。当多个专业由一人完成时，应分专业出图，设计文件的深度应符合该规定的要求。设计单位在设计文件中选用的建筑材料、建筑构配件和设备，应当注明规格、性能等技术指标，其质量要求必须符合国家规定的标准。当建设单位另行委托相关单位承担项目专项设计（包括二次设计）时，主体建筑设计单位应提出专项设计的技术要求并对主体结构和整体安全负责。专项设计单位应依据《建筑工程设计文件编制深度规定》相关章节的要求以及主体建筑设计单位提出的技术要求进行专项设计并对设计内容负责。装配式建筑工程设计中宜在方案阶段进行"技术策划"，其深度应符合《建筑工程设计文件编制深度规定》相关章节的要求。预制构件生产之前应进行装配式建筑专项设计，包括预制混凝土构件加工详图设计。主体建筑设计单位应对预制构件深化设计进行会签，确保其荷载、连接以及对主体结构的影响均符合主体结构设计的要求。

（二）设计文件的修改

建设单位、施工单位、监理单位不得修改建设工程设计文件；确需修改建设工程设计文件的，应当由原建设工程设计单位修改。经原建设工程设计单位书面同意，建设单位也可以委托其他具有相应资质的建设工程设计单位修改。修改单位对修改的设计文件承担相应责任。

施工单位、监理单位发现建设工程设计文件不符合工程建设强制性标准、合同约定的质量要求的，应当报告建设单位，建设单位有权要求建设工程设计单位对建设工程勘察、设计文件进行补充、修改。建设工程设计文件内容需要做重大修改的，建设单位应当报经原审批机关批准后，方可修改。

（三）施工图设计文件的审查

1. 施工图设计文件审查的概念

根据《房屋建筑和市政基础设施工程施工图设计文件审查管理办法》规定，对中华人民共和国境内的房屋建筑工程、市政基础设施工程施工图设计文件实行审查和监督管理。国家实施施工图设计文件（含勘察文件）审查制度。

施工图审查是指施工图审查机构（以下简称审查机构）按照有关法律、法规，对施工图涉及公共利益、公众安全和工程建设强制性标准的内容进行的审查。施工图审查应当坚持先勘察、后审查的原则。施工图未经审查合格的，不得使用。从事房屋建筑工程、市政基础设施工程施工、监理等活动，以及实施对房屋建筑和市政基础设施工程质量安全监督管理，应当以审查合格的施工图为依据。

国务院住房城乡建设主管部门负责对全国的施工图审查工作实施指导、监督。县级以上地方人民政府住房城乡建设主管部门负责对本行政区域内的施工图审查工作实施监督管理。省、自治区、直辖市人民政府住房城乡建设主管部门应当按照《房屋建筑和市政基础设施工程施工图设计文件审查管理办法》规定的审查机构条件，结合本行政区域内的建设规模，确定相应数量的审查机构。具体办法由国务院住房城乡建设主管部门另行规定。施工图审查是审查机构根据国家的法律、法规、技术标准与规范，对施工图进行结构安全和强制性标准、规范执行情况等进行的独立审查。施工图审查是政府主管部门对建筑工程勘察设计质量监督管理的重要环节，是基本建设必不可少的程序，工程建设有关各方必须认真贯彻执行。

建设单位应当将施工图送审查机构审查，但审查机构不得与所审查项目的建设单位、勘察设计企业有隶属关系或者其他利害关系。送审管理的具体办法由省、自治区、直辖市人民政府住房城乡建设主管部门按照“公开、公平、公正”的原则规定。建设单位不得明示或者暗示审查机构违反法律法规和工程建设强制性标准进行施工图审查，不得压缩合理审查周期、压低合理审查费用。

2. 施工图审查的范围和内容

根据《房屋建筑和市政基础设施工程施工图设计文件审查管理办法》规定，对中华人民共和国境内的房屋建筑工程、市政基础设施工程实行施工图设计文件（含勘察文件）审查制度。勘察设计企业应当依法进行建设工程勘察、设计，严格执行工程建设强制性标准，并对建设工程勘察、设计的质量负责。按规定应当进行审查的施工图，未经审查合格的，住房城乡建设主管部门不得颁发施工许可证。

建设单位应当向审查机构提供下列资料并对所提供资料的真实性负责：

1）作为勘察、设计依据的政府有关部门的批准文件及附件。

2）全套施工图。

3）其他应当提交的材料。

审查机构应当对施工图审查下列内容：

1）是否符合工程建设强制性标准。

2）地基基础和主体结构的安全性。

3）是否符合民用建筑节能强制性标准，对执行绿色建筑标准的项目，还应当审查是否符合绿色建筑标准。

4）勘察设计企业和注册执业人员以及相关人员是否按规定在施工图上加盖相应的图章和签字。

5）法律、法规、规章规定必须审查的其他内容。

施工图审查原则上不超过下列时限：

1）大型房屋建筑工程、市政基础设施工程为 15 个工作日，中型及以下房屋建筑工程、市政基础设施工程为 10 个工作日。

2）工程勘察文件，甲级项目为 7 个工作日，乙级及以下项目为 5 个工作日。

以上时限不包括施工图修改时间和审查机构的复审时间。

审查机构对施工图进行审查后，应当根据下列情况分别做出处理：

1）审查合格的，审查机构应当向建设单位出具审查合格书，并在全套施工图上加盖审查专用章。审查合格书应当有各专业的审查人员签字，经法定代表人签发，并加盖审查机构公章。审查机构应当在出具审查合格书后 5 个工作日内，将审查情况报工程所在地县级以上地方人民政府住房城乡建设主管部门备案。

2）审查不合格的，审查机构应当将施工图退建设单位并出具审查意见告知书，说明不合格原因。同时，应当将审查意见告知书及审查中发现的建设单位、勘察设计企业和注册执业人员违反法律、法规和工程建设强制性标准的问题，报工程所在地县级以上地方人民政府住房城乡建设主管部门。施工图退建设单位后，建设单位应当要求原勘察设计企业进行修改，并将修改后的施工图送原审查机构复审。

3. 施工图审查机构

（1）施工图审查机构的性质　审查机构是专门从事施工图审查业务，不以营利为目的的独立法人。省、自治区、直辖市人民政府住房城乡建设主管部门应当将审查机构名录报国务院住房城乡建设主管部门备案，并向社会公布。

（2）施工图审查机构的业务范围　审查机构按承接业务范围分为两类，一类机构承接房屋建筑、市政基础设施工程施工图审查业务范围不受限制；二类机构可以承接中型及以下房屋建筑、市政基础设施工程的施工图审查。房屋建筑、市政基础设施工程的规模划分，按照国务院住房城乡建设主管部门的有关规定执行。

审查机构对施工图审查工作负责，承担审查责任。施工图经审查合格后，仍有违反法律、法规和工程建设强制性标准的问题，给建设单位造成损失的，审查机构依法承担相应的赔偿责任。

（3）施工图审查机构应具备的条件　根据《房屋建筑和市政基础设施工程施工图设计文件审查管理办法》规定，一类审查机构应当具备下列条件：

1）有健全的技术管理和质量保证体系。

2）审查人员应当有良好的职业道德；有15年以上所需专业勘察、设计工作经历；主持过不少于5项大型房屋建筑工程、市政基础设施工程相应专业的设计或者甲级工程勘察项目相应专业的勘察；已实行执业注册制度的专业，审查人员应当具有一级注册建筑师、一级注册结构工程师或者勘察设计注册工程师资格，并在本审查机构注册；未实行执业注册制度的专业，审查人员应当具有高级工程师职称；近5年内未因违反工程建设法律法规和强制性标准受到行政处罚。

3）在本审查机构专职工作的审查人员数量：从事房屋建筑工程施工图审查的，结构专业审查人员不少于7人，建筑专业不少于3人，电气、暖通、给排水、勘察等专业审查人员各不少于2人；从事市政基础设施工程施工图审查的，所需专业的审查人员不少于7人，其他必须配套的专业审查人员各不少于2人；专门从事勘察文件审查的，勘察专业审查人员不少于7人。承担超限高层建筑工程施工图审查的，还应当具有主持过超限高层建筑工程或者100米以上建筑工程结构专业设计的审查人员不少于3人。

4）60岁以上审查人员不超过该专业审查人员规定数的1/2。

5）注册资金不少于300万元。

二类审查机构应当具备下列条件：

1）有健全的技术管理和质量保证体系。

2）审查人员应当有良好的职业道德；有10年以上所需专业勘察、设计工作经历；主持过不少于5项中型以上房屋建筑工程、市政基础设施工程相应专业的设计或者乙级以上工程勘察项目相应专业的勘察；已实行执业注册制度的专业，审查人员应当具有一级注册建筑师、一级注册结构工程师或者勘察设计注册工程师资格，并在本审查机构注册；未实行执业

注册制度的专业，审查人员应当具有高级工程师职称；近5年内未因违反工程建设法律法规和强制性标准受到行政处罚。

3）在本审查机构专职工作的审查人员数量：从事房屋建筑工程施工图审查的，结构专业审查人员不少于3人，建筑、电气、暖通、给排水、勘察等专业审查人员各不少于2人；从事市政基础设施工程施工图审查的，所需专业的审查人员不少于4人，其他必须配套的专业审查人员各不少于2人；专门从事勘察文件审查的，勘察专业审查人员不少于4人。

4）60岁以上审查人员不超过该专业审查人员规定数的1/2。

5）注册资金不少于100万元。

案例分析

（1）A投标人撤回投标文件的行为合理。根据《招标投标法》第二十九条规定，投标人在招标文件要求提交投标文件的截止时间前，可以补充、修改或者撤回已提交的投标文件，并书面通知招标人。

（2）评标委员会不应在B、C之间确定中标人。根据《招标投标法》第二十八条规定，投标人少于三个时，招标人应当依照《招标投标法》重新组织招标。

第二节　材料设备采购招标投标

案例引入

背景资料：某国有企业对自有的办公楼进行装修，同时对展厅重新进行装饰。其中，装修工程购买物料和通用设备预算为300万元人民币，展厅装饰购买物料和通用设备预算为100万元人民币。

问题：上述材料设备的采购是否需要进行招标？

一、材料设备采购招标概述

（一）材料设备采购招标的概念

材料设备采购招标是指采购主体对所需要的工程设备、材料，通过招标的方式，设定包括商品质量、期限、价格为主的标的，邀请若干供货商通过投标报价进行竞争，采购主体从中选择优胜者，并与其达成交易协议，随后按合同实现标的的采购方式。

建设工程材料设备采购的范围包括建设工程中所需的大量建材、工具、用具、机械设备、电气设备等，大致包括：建筑钢材、水泥、预拌混凝土、沥青、墙体材料、建筑门窗、建筑陶瓷、建筑石材、给水排水管材、供气管材、用水器具、电线电缆及开关、苗木、路灯、交通设施、电梯、配电设备（含电缆）、防火消防设备、锅炉暖通及空调设备、给水排水设备、楼宇自动化设备等。

建设工程所需的材料设备采购合同按标的物的特点可分为买卖合同和承揽合同。采购大宗建筑材料或定型批量生产的中小型设备，需要订立买卖合同。由于标的物的规格、性能、主要技术参数均为通用指标，因此招标投标一般仅限于对投标人的商业信誉、报价和交货期限等方面的比较。而采购非批量生产的大型复杂机组设备、特殊用途的大型非标准部件则需要订立承揽合同。招标评选时，要对投标人的商业信誉、加工制造能力、报价、交货期限和方式、安装、调试、保修及操作人员培训等方面进行全面比较。

（二）材料设备采购强制招标的范围

工程建设项目材料设备采购凡符合《工程建设项目货物招标投标办法》《工程建设项目招标范围和规模标准规定》规定的范围和标准的，必须通过招标选择货物供应单位。任何单位和个人不得将依法必须进行招标的项目化整为零或者以其他任何方式规避招标。工程建设项目货物招标活动遵循公开、公平、公正和诚实信用的原则，并且不受地区或者部门的限制。

工程建设项目货物招标投标活动，依法由招标人负责。招标人是指依法提出招标项目、进行招标的法人或者其他组织。总承包中标人单独或者共同招标时，也为招标人。所以，建设工程材料设备的招标主体可以是业主（建设单位），也可以是承包商或分包商。

工程建设项目招标人对项目实行总承包招标时，未包括在总承包范围内的货物属于依法必须进行招标的项目范围且达到国家规定规模标准的，应当由工程建设项目招标人依法组织招标。工程建设项目实行总承包招标时，以暂估价形式包括在总承包范围内的货物属于依法必须进行招标的项目范围且达到国家规定规模标准的，应当依法组织招标。

（三）材料设备采购招标的条件

根据《工程建设项目货物招标投标办法》第八条规定，依法必须招标的工程建设项目，应当具备下列条件才能进行货物招标：

1）招标人已经依法成立。

2）按照国家有关规定应当履行项目审批、核准或者备案手续的，已经审批、核准或者备案。

3）有相应资金或者资金来源已经落实。

4）能够提出货物的使用与技术要求。

此外，依法必须进行招标的工程建设项目，按国家有关规定需要履行审批、核准手续的，招标人应当在报送的可行性研究报告、资金申请报告或者项目申请报告中将货物招标范围、招标方式（公开招标或邀请招标）、招标组织形式（自行招标或委托招标）等有关招标内容报项目审批、核准部门审批、核准。项目审批、核准部门应当将审批、核准的招标内容通报有关行政监督部门。

二、材料设备采购招标

（一）材料设备采购招标的方式

材料设备采购招标分为公开招标和邀请招标。采用公开招标方式的，招标人应当发布资格预审公告或者招标公告。依法必须进行材料设备采购招标的资格预审公告或者招标公告，应当在国家指定的报刊或者信息网络上发布。采用邀请招标方式的，招标人应当向 3 家以上具备货物供应能力、资信良好的特定的法人或者其他组织发出投标邀请书。

招标公告或者投标邀请书应当载明下列内容：

1）招标人的名称和地址。

2）招标货物的名称、数量、技术规格、资金来源。

3）交货的地点和时间。

4）获取招标文件或者资格预审文件的地点和时间。

5）对招标文件或者资格预审文件收取的费用。

6）提交资格预审申请书或者投标文件的地点和截止日期。

7）对投标人的资格要求。

根据《工程建设项目货物招标投标办法》第十一条规定，依法应当公开招标的项目，有下列情形之一的，可以邀请招标：

1）技术复杂、有特殊要求或者受自然环境限制，只有少量潜在投标人可供选择。

2）采用公开招标方式的费用占项目合同金额的比例过大。

3）涉及国家安全、国家秘密或者抢险救灾，适宜招标但不宜公开招标。

采用公开招标方式的费用占项目合同金额的比例过大的项目，如果属于按照国家有关规定需要履行项目审批、核准手续的依法必须进行招标的项目，由项目审批、核准部门认定；其他项目由招标人申请有关行政监督部门做出认定。

（二）发售招标文件或资格预审文件

招标人应当按照资格预审公告、招标公告或者投标邀请书规定的时间、地点发售招标文件或者资格预审文件。自招标文件或者资格预审文件发售之日起至停止发售之日止，最短不得少于5日。

招标人可以通过信息网络或者其他媒介发布招标文件，通过信息网络或者其他媒介发布的招标文件与书面招标文件具有同等法律效力，出现不一致时以书面招标文件为准，但国家另有规定的除外。

对招标文件或者资格预审文件的收费应当限于补偿印刷、邮寄的成本支出，不得以营利为目的。

除不可抗力原因外，招标文件或者资格预审文件发出后，不予退还；招标人在发布招标公告、发出投标邀请书后或者发出招标文件或资格预审文件后不得终止招标。招标人终止招标的，应当及时发布公告，或者以书面形式通知被邀请的或者已经获取资格预审文件、招标文件的潜在投标人。已经发售资格预审文件、招标文件或者已经收取投标保证金的，招标人应当及时退还所收取的资格预审文件、招标文件的费用，以及所收取的投标保证金及银行同期存款利息。

（三）对投标人进行资格审查

招标人可以根据招标货物的特点和需要，对潜在投标人或者投标人进行资格审查；国家对潜在投标人或者投标人的资格条件有规定的，依照其规定。资格审查分为资格预审和资格后审。

1. 资格预审

资格预审是指招标人出售招标文件或者发出投标邀请书前对潜在投标人进行的资格审查。资格预审一般适用于潜在投标人较多或者大型、技术复杂货物的招标。采取资格预审的，招标人应当发布资格预审公告。资格预审公告适用有关招标公告的规定。资格预审文件一般包括下列内容：资格预审公告；申请人须知；资格要求；其他业绩要求；资格审查标准和方法；资格预审结果的通知方式。

采取资格预审的，招标人应当在资格预审文件中详细规定资格审查的标准和方法。招标人在进行资格审查时，不得改变或补充载明的资格审查标准和方法或以没有载明的资格审查标准和方法对潜在投标人或者投标人进行资格审查。

经资格预审后，招标人应当向资格预审合格的潜在投标人发出资格预审合格通知书，告知获取招标文件的时间、地点和方法，并同时向资格预审不合格的潜在投标人告知资格预审结果。依法必须招标的项目通过资格预审的申请人不足 3 个的，招标人在分析招标失败的原因并采取相应措施后，应当重新招标。

2. 资格后审

资格后审是指在开标后对投标人进行的资格审查。资格后审一般在评标过程中的初步评审开始时进行。采取资格后审的，招标人应当在招标文件中详细规定资格审查的标准和方法。

通常情况下，对投标人资格的具体要求主要包括：具有独立订立合同的能力；在专业技术、设备设施、人员组织、业绩经验等方面具有设计、制造、质量控制、经营管理的相应资格和能力；具有完善的质量保证体系；业绩良好，要求具有设计、制造与招标设备（或材料）相同或相近设备（或材料）的供货业绩及运行经验，在安装调试运行中未发现重大设备质量问题或已有有效改进措施；有良好的银行信用和商业信誉。对资格后审不合格的投标人，评标委员会应当否决其投标。

（四）招标文件的内容

招标文件一般包括下列内容：招标公告或者投标邀请书；投标人须知；投标文件格式；技术规格、参数及其他要求；评标标准和方法；合同主要条款。招标人应当在招标文件中规定实质性要求和条件，说明不满足其中任何一项实质性要求和条件的投标将被拒绝，并用醒目的方式标明；没有标明的要求和条件在评标时不得作为实质性要求和条件。对于非实质性要求和条件，应规定允许偏差的最大范围、最高项数，以及对这些偏差进行调整的方法。

国家对招标货物的技术、标准、质量等有规定的，招标人应当按照其规定在招标文件中提出相应要求。招标文件应当明确规定评标时包含价格在内的所有评标因素，以及据此进行评估的方法。在评标过程中，不得改变招标文件中规定的评标标准、方法和中标条件。

对于潜在投标人在阅读招标文件中提出的疑问，招标人应当以书面形式、投标预备会方式或者通过电子网络解答，但需同时将解答以书面方式通知所有购买招标文件的潜在投标人。该解答的内容为招标文件的组成部分。除招标文件明确要求外，出席投标预备会不是强制性的，由潜在投标人自行决定，并自行承担由此可能产生的风险。

招标人应当确定投标人编制投标文件所需的合理时间。依法必须进行招标的货物，自招标文件开始发出之日起至投标人提交投标文件截止之日止，最短不得少于 20 日。

（五）划分标包

招标材料设备需要划分标包的，招标人应合理划分标包，确定各标包的交货期，并在招标文件中如实载明。投标的基本单位是一个合同包。投标人可以投一个或若干个合同包，但不能仅投一个合同包中的某一项或某几项。合同包应按照标的物预计金额的大小适当分标和分包，并应以到货时间满足施工进度计划为条件，综合考虑制造周期、运输、仓储能力等因素，既不能延误施工需要，也不应过早到货，以免支出过多保管费用及占用建设资金。

划分标包时，还应考虑市场价格浮动影响以及建设资金的到位计划和周转计划。招标人不得以不合理的标包限制或者排斥潜在投标人或者投标人。依法必须进行招标的项目的招标人不得利用标包划分规避招标。

（六）材料设备采购的分包

招标人允许中标人对非主体的材料设备进行分包的，应当在招标文件中载明。主要设备、材料或者供货合同的主要部分不得要求或者允许分包。除招标文件要求不得改变标准货物的供应商外，中标人经招标人同意改变标准货物的供应商的，不应视为转包和违法分包。

（七）投标保证金

招标人可以在招标文件中要求投标人以自己的名义提交投标保证金。投标保证金除现金外，可以是银行出具的银行保函、保兑支票、银行汇票或现金支票，也可以是招标人认可的其他合法担保形式。依法必须进行招标的项目的境内投标单位，以现金或者支票形式提交的投标保证金应当从其基本账户转出。

投标保证金不得超过项目估算价的2%，并最高不得超过80万元人民币。投标保证金有效期应当与投标有效期一致。投标人应当按照招标文件要求的方式和金额，在提交投标文件截止时间前将投标保证金提交给招标人或其委托的招标代理机构。

（八）投标有效期

招标文件应当规定一个适当的投标有效期，以保证招标人有足够的时间完成评标和与中标人签订合同。投标有效期从招标文件规定的提交投标文件截止之日起计算。

在原投标有效期结束前，出现特殊情况的，招标人可以书面形式要求所有投标人延长投标有效期。投标人同意延长的，不得要求或被允许修改其投标文件的实质性内容，但应当相应延长其投标保证金的有效期；投标人拒绝延长的，其投标失效，但投标人有权收回其投标保证金及银行同期存款利息。

依法必须进行招标的项目同意延长投标有效期的投标人少于3个的，招标人在分析招标失败的原因并采取相应措施后，应当重新招标。

（九）两阶段招标程序

根据《工程建设项目货物招标投标办法》第三十条规定，对无法精确拟定其技术规格的货物，招标人可以采用两阶段招标程序。

在第一阶段，招标人可以首先要求潜在投标人提交技术建议，详细阐明货物的技术规格、质量和其他特性。招标人可以与投标人就其建议的内容进行协商和讨论，达成统一的技术规格后编制招标文件。

在第二阶段，招标人应当向第一阶段提交了技术建议的投标人提供包含统一技术规格的正式招标文件，投标人根据正式招标文件的要求提交包括价格在内的最后投标文件。招标人要求投标人提交投标保证金的，应当在第二阶段提出。

三、材料设备采购投标

材料设备采购的投标人是响应招标、参加投标竞争的法人或者其他组织。法定代表人为同一个人的两个及两个以上法人，母公司、全资子公司及其控股公司，都不得在同一货物招标中同时投标。一个制造商对同一品牌同一型号的货物，仅能委托一个代理商参加投标。违反上述规定的，相关投标均无效。

1. 投标文件的内容

投标人应当按照招标文件的要求编制投标文件。投标文件应当对招标文件提出的实质性要求和条件做出响应。投标文件一般包括下列内容：

1）投标函。

2）投标一览表。

3）技术性能参数的详细描述。

4）商务和技术偏差表。

5）投标保证金。

6）有关资格证明文件。

7）招标文件要求的其他内容。

投标人根据招标文件载明的货物实际情况，拟在中标后将供货合同中的非主要部分进行分包的，应当在投标文件中载明。

2. 投标文件的提交

投标人应当在招标文件要求提交投标文件的截止时间前，将投标文件密封送达招标文件中规定的地点。招标人收到投标文件后，应当向投标人出具标明签收人和签收时间的凭证，在开标前任何单位和个人不得开启投标文件。在招标文件要求提交投标文件的截止时间后送达的投标文件，招标人应当拒收。

依法必须进行招标的项目，提交投标文件的投标人少于 3 个的，招标人在分析招标失败的原因并采取相应措施后，应当重新招标。重新招标后投标人仍少于 3 个，按国家有关规定需要履行审批、核准手续的依法必须进行招标的项目，报项目审批并核准部门审批并核准后可以不再进行招标。

投标人在招标文件要求提交投标文件的截止时间前，可以补充、修改、替代或者撤回已提交的投标文件，并书面通知招标人。补充、修改的内容为投标文件的组成部分。

在提交投标文件截止时间后，投标人不得撤销其投标文件，否则招标人可以不退还其投标保证金。招标人应妥善保管好已接收的投标文件、修改或撤回通知、备选投标方案等投标资料，并严格保密。

3. 投标联合体

两个以上法人或者其他组织可以组成一个联合体，以一个投标人的身份共同投标。联合体各方签订共同投标协议后，不得再以自己名义单独投标，也不得组成或参加其他联合体在同一项目中投标；否则相关投标均无效。联合体中标的，应当指定牵头人或代表，授权其代表所有联合体成员与招标人签订合同，负责整个合同实施阶段的协调工作。但是，需要向招标人提交由所有联合体成员法定代表人签署的授权委托书。

招标人接受联合体投标并进行资格预审的，联合体应当在提交资格预审申请文件前组成。资格预审后联合体增减、更换成员的，其投标无效。招标人不得强制资格预审合格的投标人组成联合体。

四、材料设备采购的开标、评标和定标

1. 开标的时间和地点

开标应当在招标文件确定的提交投标文件截止时间的同一时间公开进行。开标地点应当为招标文件中确定的地点。投标人或其授权代表有权出席开标会，也可以自主决定不参加开标会。投标人对开标有异议的，应当在开标现场提出，招标人应当当场做出答复，并制作记录。

2. 投标文件的拒收与否决

根据《建设工程项目货物招标投标办法》规定，投标文件有下列情形之一的，招标人

应当拒收：

1）逾期送达。

2）未按招标文件要求密封。

此外，有下列情形之一的，评标委员会应当否决其投标：

1）投标文件未经投标单位盖章和单位负责人签字。

2）投标联合体没有提交共同投标协议。

3）投标人不符合国家或者招标文件规定的资格条件。

4）同一投标人提交两个以上不同的投标文件或者投标报价，但招标文件要求提交备选投标的除外。

5）投标标价低于成本或者高于招标文件设定的最高投标限价。

6）投标文件没有对招标文件的实质性要求和条件做出响应。

7）投标人有串通投标、弄虚作假、行贿等违法行为。

依法必须招标的项目，经评标委员会评标后否决所有投标的，或者评标委员会否决一部分投标后，其他有效投标不足三个使得投标明显缺乏竞争，决定否决全部投标的，招标人在分析招标失败的原因并采取相应措施后，应当重新招标。

3. 投标文件内容的澄清

评标委员会可以书面方式要求投标人对投标文件中含义不明确、对同类问题表述不一致或者有明显文字和计算错误的内容做必要的澄清、说明或补正。评标委员会不得向投标人提出带有暗示性或诱导性的问题，或向其明确投标文件中的遗漏和错误。

投标文件不响应招标文件的实质性要求和条件的，评标委员会不得允许投标人通过修正或撤销其不符合要求的差异或保留，使之成为具有响应性的投标。

4. 评标

建设工程项目材料设备采购招标评标的特点是，不仅要看报价的高低，还要考虑招标人在货物运抵现场过程中可能要支付的其他费用，以及设备在评审预定的寿命期内可能投入的运营、管理费用的多少。材料设备采购评标，一般采用评标价法或综合评估法，也可以将二者结合使用。技术简单或技术规格、性能、制作工艺要求统一的材料设备，一般采用经评审的最低投标价法进行评标。技术复杂或技术规格、性能、制作工艺要求难以统一的材料设备，一般采用综合评估法进行评标。

（1）评标价法　以货币价格作为评价指标的评标价法，依据标的性质不同可分为以下几类比较方法：

1）最低投标价法。采购简单商品、半成品、原材料，以及其他性能、质量相同或容易进行比较的货物时，仅以报价和运输费作为比较要素，选择总价格中最低者中标。

2）综合评标法。以投标价为基础，将评审各要素按预定方法换算成相应价格，增加或减少到报价上形成评标价。采购机组、车辆等大型设备时，较多采用这种方法。投标价之外还需考虑的因素通常包括：

① 运输费用。招标人可能额外支付的运输费、保险费和其他费用，如运输超大件设备时需要对道路加宽、桥梁加固所需支出的费用等。换算为标价时，可按照运输部门（铁路、公路、水运）、保险公司，以及其他有关部门公布的取费标准，计算货物运抵最终目的地将要发生的费用。

② 交货期。评标时以招标文件的“供货一览表”中规定的交货时间为标准。投标书中

提出的交货期早于规定时间的，一般不给予评标优惠。因为施工还不需要时的提前到货，不仅不会使招标人获得提前收益，反而要增加仓储保管费和设备保养费。

③ 付款条件。投标人应按招标文件中规定的付款条件报价，对不符合规定的投标，可视为非响应性而予以拒绝。在大型设备采购招标中，如果投标人在投标致函内提出了“若采用不同的付款条件（如增加预付款或前期阶段支付款）可以降低报价”的供选择方案时，评标时也可予以考虑。当要求的条件在可接受范围内时，应将偏离要求给招标人增加的费用（资金利息等），按招标文件规定的贴现率换算成评标时的净现值，加到投标致函中提出的更改报价上后作为评标价。如果投标书中提出可以减少招标文件说明的预付款金额，则招标人因迟支付部分可以少支付的利息，也应以贴现方式从投标价内扣减此值。

④ 零配件和售后服务。零配件以设备运行两年内各类易损备件的获取途径和价格作为评标要素。售后服务一般包括安装监督、设备调试、提供备件、负责维修、人员培训等工作，评价提供这些服务的可能性和价格。评标时如何对待这两笔费用，视招标文件中的规定区别对待。当这些费用已要求投标人包括在报价之内，评标时不再重复考虑；若要求投标人在报价之外单独填报，则应将其加到投标价上。如果招标文件对此没做任何要求，评标时应按投标书附件中有投标人填报的备件名称、数量计算可能需购置的总价格，以及由投标人自己安排的售后服务价格加到投标价上去。

⑤ 设备性能、生产能力。投标设备应具有招标文件技术规范要求的生产效率。如果所提供设备的性能、生产能力等某些技术指标没有达到要求的基准参数，则每种参数比基准参数降低1%时，应以投标设备实际生产效率成本为基础计算，在投标价上增加若干金额。

将以上各项评审价格加到报价上去后，累计金额即为该标书的评标价。

3）以设备寿命周期成本为基础的评标价法。采购生产线、成套设备、车辆等运行期内各种费用较高的货物，评标时可预先确定一个统一的设备评审寿命期（短于实际寿命期），然后再根据投标书的实际情况在报价上加上该年限运行期间所发生的各项费用，再减去寿命期末设备的残值。计算各项费用和残值时，都应按招标文件规定的贴现率折算成净现值。

这种方法是在综合评标价的基础上，进一步加上一定运行期限内的费用作为评审价格。这些以贴现值计算的费用包括：估算寿命期内所需要的燃料消耗费；估算寿命期内所需备件及维修费用；估算寿命期残值。

（2）综合评估法　评标委员会按预先确定的评分标准，分别对各投标书的报价和各种服务进行评审计分。

1）评审计分内容。评审计分内容主要包括：投标价格；运输费、保险费和其他费用的合理性；投标书中所报的交货期限；偏离招标文件规定的付款条件影响；备件价格和售后服务；设备的性能、质量、生产能力；技术服务和培训；其他有关内容。

2）评审要素的分值分配。采用综合评估法的，应当按照招标文件规定的评标标准和方法，对投标文件提出的投标报价和材料设备的供应计划、运输、安装、维护等内容采取在总分100分范围内进行评分的方式进行评审和比较。评标委员会应当对投标人按得分高低排序并以此推荐合格的中标候选人。采用综合评估法的工程，招标人可根据工程实际情况设置评标分值，其中投标报价的分值一般不得低于70分。

综合评估法的优点是简便易行，评标考虑要素较为全面，可以将难以用金额表示的某些要素量化后加以比较。缺点是评标委员会委员各自给分，对评标人的水平和知识面要求高，否则主观随意性大。投标人提供的设备型号各异，难以合理确定不同技术性能的相关分值

差异。

符合招标文件要求且评标价最低或综合评分最高而被推荐为中标候选人的投标人，其所提交的备选投标方案方可予以考虑。评标委员会完成评标后，应向招标人提出书面评标报告。评标报告由评标委员会全体成员签字。

5. 定标

评标委员会在书面评标报告中推荐的中标候选人应当限定在 1 至 3 人，并标明排列顺序。招标人应当接受评标委员会推荐的中标候选人，不得在评标委员会推荐的中标候选人之外确定中标人。依法必须进行招标的项目，招标人应当自收到评标报告之日起 3 日内公示中标候选人，公示期不得少于 3 日。

国有资金占控股或者主导地位的依法必须进行招标的项目，招标人应当确定排名第一的中标候选人为中标人。排名第一的中标候选人放弃中标、因不可抗力提出不能履行合同、不按照招标文件要求提交履约保证金，或者被查实存在影响中标结果的违法行为等情形，不符合中标条件的，招标人可以按照评标委员会提出的中标候选人名单排序依次确定其他中标候选人为中标人。依次确定其他中标候选人与招标人预期差距较大，或者对招标人明显不利的，招标人可以重新招标。招标人可以授权评标委员会直接确定中标人。

中标通知书对招标人和中标人具有法律效力。中标通知书发出后，招标人改变中标结果的，或者中标人放弃中标项目的，应当依法承担法律责任。中标通知书由招标人发出，也可以委托其招标代理机构发出。招标人不得向中标人提出压低报价、增加配件或者售后服务量以及其他超出招标文件规定的违背中标人意愿的要求，以此作为发出中标通知书和签订合同的条件。

依法必须进行货物招标的项目，招标人应当自确定中标人之日起 15 日内，向有关行政监督部门提交招标投标情况的书面报告。书面报告至少应包括下列内容：

1）招标货物基本情况。

2）招标方式和发布招标公告或者资格预审公告的媒介。

3）招标文件中投标人须知、技术条款、评标标准和方法、合同主要条款等内容。

4）评标委员会的组成和评标报告。

5）中标结果。

6. 订立书面合同

招标人和中标人应当在投标有效期内并在自中标通知书发出之日起 30 日内，按照招标文件和中标人的投标文件订立书面合同。招标人和中标人不得再行订立背离合同实质性内容的其他协议。

招标文件要求中标人提交履约保证金或者其他形式履约担保的，中标人应当提交；拒绝提交的，视为放弃中标项目。招标人要求中标人提交履约保证金或者其他形式履约担保的，招标人应当同时向中标人提供货物款支付担保。履约保证金不得超过中标合同金额的 10%。招标人最迟应当在书面合同签订后 5 日内，向中标人和未中标的投标人一次性退还投标保证金及银行同期存款利息。

必须审批的工程建设项目，货物合同价格应当控制在批准的概算投资范围内；确需超出范围的，应当在中标合同签订前，报原项目审批部门审查同意。项目审批部门应当根据招标的实际情况，及时做出批准或者不予批准的决定；项目审批部门不予批准的，招标人应当自行平衡超出的概算。

案例分析

依照发改委《必须招标的工程项目规定》，各类工程建设项目的重要设备、材料等货物的采购，单项合同估算价在200万元人民币以上的均应通过招标订立合同。背景中设备材料费共计400万元，因此，该案中的材料设备采购属于强制招标的范围。

第三节　大型工程设备的采购招标

案例引入

背景资料：某大型机电设备采用国际公开招标方式进行招标，经备案同意的招标文件中规定采用最低评标价法评标。招标文件规定：投标文件中，一般条款或参数任何一项存在偏离，其评标价格将在其投标总价的基础上增加0.5%，偏离条款或参数累计超过10项，将导致废标。W功能是招标内容要求的设备配置功能，U功能不是招标内容要求的设备配置功能。若投标人提供的不是招标文件要求的功能、部件或服务，按其他有效标的投标人提供的该项功能、部件或服务的最高的投标价对其评标价格进行加价。其中，D投标人的投标文件规定：投标价格为98万美元。交货时间比规定交货时间提前10天。投标设备一般参数存在6项偏离，6项参数优于招标文件要求。投标价格含W功能和报价，也包括U功能，U功能报价为1万美元。

问题：

(1) D投标人交货时间提前，可否作为降低其评标价的依据？

(2) D投标人投标文件对招标文件的偏离应如何处理？

(3) D投标人的报价中包含了U功能报价1万美元，可否在计算其评标价时核减1万美元？

一、大型工程设备采购招标概述

建设工程项目中，采购大宗建筑材料或定型批量生产的中小型设备时，需要订立买卖合同。而采购非批量生产的大型复杂机组设备、特殊用途的大型非标准部件则因技术复杂、标的物价格高、型号问题等需要订立承揽合同。招标评选时，要对投标人的商业信誉、加工制造能力、报价、交货期限和方式、安装（安装指导）、调试、保修及操作人员培训等方面进行全面比较。中华人民共和国商务部机电和科技产业司2008年编制发布了《机电产品采购国际竞争性招标文件》，既适用于国际招标，也适用于国内招标。

（一）大型工程设备采购的招标范围

根据《招标投标法》第三条规定，在中华人民共和国境内进行下列工程建设项目包括项目的勘察、设计、施工、监理以及与工程建设有关的重要设备、材料等的采购，必须进行招标：

1）大型基础设施、公用事业等关系社会公共利益、公众安全的项目。

2）全部或者部分使用国有资金投资或者国家融资的项目。

3）使用国际组织或者外国政府贷款、援助资金的项目。

依照发改委《必须招标的工程项目规定》，与工程建设有关的重要设备、材料等货物的采购，单项合同估算价在200万元人民币以上的，必须进行招标。大型工程设备的采购应采用公开招标或邀请招标的方式，但也有例外。根据《招标投标法实施条例》第九条规定，除《招标投标法》第六十六条规定的（涉及国家安全、国家秘密、抢险救灾或者属于利用扶贫资金实行以工代赈、需要使用农民工等特殊情况，不适宜进行招标的项目、按照国家有关规定可以不进行招标）可以不进行招标的特殊情况外，有下列情形之一的，可以不进行招标：

1）需要采用不可替代的专利或者专有技术的。

2）采购人依法能够自行建设、生产或者提供的。

3）已通过招标方式选定的特许经营项目投资人依法能够自行建设、生产或者提供的。

4）需要向原中标人采购工程、货物或者服务，否则将影响施工或者功能配套要求的。

5）国家规定的其他特殊情形。

（二）大型工程设备采购招标的特点

1. 采购标的属于加工承揽

大型工程设备不同于定型生产的设备和材料，不仅没有统一的设备标准，而且由于设备庞大、生产成本较高，通常厂家在签订合同后才进行制造，中标人承包的责任包括生产、交货、安装（或安装指导）、保修的全过程，因此招标签订的合同属于加工承揽合同。

2. 对招标设备的技术要求允许投标人有一定的偏差

大型设备一般是由生产厂家自行设计、制造的，不存在定型批量生产的通常技术标准，各厂家对于相同规模、容量的设备设计均有自己的特点。虽然招标文件提出规模、形式、容量以及一些主要技术指标的要求，但是允许投标人的设备在满足条件的基础上，在某些技术指标上与要求存在一定的差异。不同于施工招标由招标人提供图纸，中标人按设计图施工即可。

3. 投标人可以是生产厂家或贸易公司

生产厂家作为大型设备的制造商，自然可以成为投标人。除去生产厂家之外，贸易公司也可以成为投标人，但应以贸易公司得到生产厂家的正式授权为前提条件。

4. 采购标的包括设备和伴随服务

机电设备招标的承包范围，除了交付约定的机组设备之外，还包括伴随服务。伴随服务一般包括：

1）实施所供货物的现场组装和试运行。如果设备的安装由施工承包商负责，则供货商须提供安装、试运行的监督和指导。

2）供货商应提供货物组装和维修所需的专用工具。

3）供货商应提供详细的操作和维护手册。

4）在双方商定的一定期限（保修期）内对所供货物实施运行或监督或维护或修理，但前提条件是该服务并不免除卖方在合同保证期间所承担的义务。

5）在卖方厂房和（或）在项目现场进行所供货物的组装、试运行、运行、维护和（或）修理。

6）对买方的运行、管理和维修人员进行培训。

如果招标文件未做另行规定，上述伴随服务的费用包括在卖方的投标报价中。

二、大型工程设备采购招标方式和基本程序

大型工程设备采购招标同施工招标类似，在法定范围内，实行公开招标和邀请招标。其与施工招标的区别主要在于评标方法不同。大型设备评标通常采用评标价法进行合格标书的量化比较，评标价最低者最好。评标价法的原理与经评审的最低投标价法一致，但量化为货币的要素较多，包括：与招标文件要求的交货期偏差；与交付货物一览表的偏差；付款条件的偏差；零部件和备品备件的费用；备件供应和售后服务设施所需费用；设备的性能和生产率；“投标资料表”技术规格中详细规定的其他评审要素。

（一）大型工程设备招标文件的主要内容

大型工程设备招标文件的主要内容包括以下几个方面：

1. 投标人须知

投标人须知包括：招标项目的说明；对投标人的要求；招标的货物和服务；招标文件的组成；招标投标程序；对投标文件的要求；评标的审查要素和评审比较的方法；合同授予等内容。

2. 合同条款

标准合同条款共有 37 条 86 款。

3. 合同格式

合同格式是招标人与中标人签署的具有法律效力的一页纸的标准格式文件，相当于施工合同中的协议书。

4. 附件

附件的内容是对投标人递交投标书时，由招标人规定提交相关文件的内容和格式要求。附件包括：标准的投标书；投标一览表；投标分项报价表；货物说明一览表；技术规格偏离表；商务条款偏离表；投标保函格式；法人代表授权书格式；资格证明文件的填报要求和格式；履约保函格式；预付款保函格式；信用证格式等。

5. 投标邀请

用于公开招标发给通过资格预审投标人的投标邀请书，或邀请招标的投标邀请书格式文件。

6. 投标资料表

针对本次招标的采购范围，规定投标文件应包括的主要内容，以及说明本次招标的评审要素。

7. 合同条款资料表

针对标准文本，提出本次招标项目的具体要求。

8. 货物需求一览表及技术规格

本次招标的全部货物及技术规程要求的详细说明。

大型工程设备招标文件与工程施工招标文件在内容方面的主要区别在于，前者必须包括投标资料表、合同条款资料表、货物需求一览表及技术规格。

（二）初步评审

初步评审属于对投标书的合格性审查，包括投标文件是否完整、总体编排是否有序、文件签署是否合格、投标人是否提交了投标保证金、有无计算上的错误。

1. 投标书对招标文件响应的偏离

(1) 投标书对招标文件的实质性偏差　投标书应对招标文件的要求做出实质性响应。那些实质上没有响应招标文件要求的投标文件将被拒绝。对招标文件关键条文的偏离、保留或反对，如关于投标保证金、适用的法律、税与关税等内容的偏离，将被认为是实质上的偏离。投标人不得通过修正或撤销不合要求的偏离或保留从而使其投标成为实质上响应的投标。

下列情况属于没有实质性响应招标文件：

1）未提交投标保证金，或金额不足、保函有效期不足，投标保证金形式或投标保函出证银行不符合招标文件要求。

2）超出经营范围投标。

3）资格证明文件不全。

4）投标文件无法人代表签字，或签字人无法人代表有效委托书。

5）业绩不满足招标文件要求。

6）投标保函的有效期不足。

7）不满足技术规格书中的主要参数和超出偏差范围。

(2) 投标书对招标文件的细微偏差　投标书对招标文件的细微偏差，不影响投标文件对招标文件做出实质性响应，可以接受。通过书面质疑由投标人确认后，作为投标文件的组成部分。

2. 报价审查

(1) 投标报价计算错误的修正　对于投标文件中报价计算错误的，按以下原则修正：

1）单价计算的结果与总价不一致，以单价为准。

2）文字表示的数值与用数字表示的不一致，以文字表示的数值为准。评标委员会改正后请投标人签字确认，作为投标书的有效组成部分。投标人不接受对其错误的更正，其投标将被拒绝。

(2) 转换为评标货币　国际招标时，投标人的报价可以选择任何一种货币。为了便于评标和比较，按开标当日中国银行卖出汇率，统一转换成投标须知规定的评标货币。

(三) 详细评审

详细评审的原则是按现场接受货物可能发生的总费用和在规定的设备运行期内可能发生的费用之和计算评标价。以评标价的高低比较投标书的优劣。在投标人报价的基础上，按照招标文件规定的评审要素进行价格量化后加到报价上，形成评标价。

1. 评审要素

(1) 货物到达施工现场的总费用　在计算货物到达施工现场的总费用时，需要考虑以下三种情况：施工现场交货（送货上门）；国内供货商报出厂价；国外供货商的报价。

1）施工现场交货。在施工现场交货的情形下，投标人的报价除了设备的制造费用外，还包括了运输、保险等费用。在评标时，以投标人的投标报价为评价基准值即可，不需要再计算其他费用。

2）国内供货商报出厂价。如果是国内供货商报出厂价，则在评标时除考虑其报价之外，还应考虑设备的运输费、保险费以及其他可能发生的费用。国内所发生的内陆运输费、保险费及其他伴随服务的费用，评标时按照铁路、公路、航运等交通部门，以及保险公司或其他有关机构发布的收费标准计算货物从出场地运抵“投标资料表”所指明的项目现场所发生的内陆运输费、保险费及其他伴随服务的费用。对于超大件货物，按照投标书提供的货物尺寸、转运重量计算可能发生的运输费用。

3）国外供货商的报价。如果是国外供货商的报价，评标时需要区分其报价采用的贸易术语项下的价格构成，在此基础上计算评标价。当其报价为 CIF 价格时，该价格包含了设备的原价、保险费和运输费。当其报价为 CIP 价格时，该价格包含了设备的原价和保险费，而不包含设备的运输费。当其报价为 FOB 价格时，该价格仅包含设备的原价和出口国内运输费，而不包含保险费、进口国内运输费；设备装上船舶之后的所有费用和风险均由招标方负责。当其报价为 EXW 价格时，该价格仅包含设备的原价，而不包含设备的出口国内运输费、保险费、进口国内运输费；设备在运输途中的其他所有费用和风险均由招标方负责。

（2）交货期　首先依据投标文件提供的投标人的年生产能力、近两年已承接的设备制造数量和生产计划，分析投标人提出的交货时间能否按期实现。

招标文件虽然要求了设备分期和全部交货的时间，但限于投标人的生产周期，实践中往往允许交货时间与招标文件要求的时间有一定的偏差。依据投标文件偏差表中提供的分期和全部交货的时间，评定是否可以接受。如果交货时间招标人不能接受，则视为非响应投标。

在可接受范围内的评定方法是，以招标文件的货物需求一览表规定的时间为基础，每超过基础时间一周，其评标价将在投标价的基础上增加报价的某一百分比（一般为 0.5%），形成评审价格。一般提前交货不考虑降低评标价，因为施工还不需要该设备时不会使招标人获得工程的提前收益，还会增加仓储管理费和设备保养费。

（3）付款条件的偏差　投标人应按照招标文件内合同条款所列的付款条件报价，评标时以此报价为基础。如果投标书对此有偏离但又属于招标人可以接受的，评标时应将偏离要求而给发包人增加或减少的费用（资金利息等）按招标文件中规定的贴现率换算成评标时的净现值，在评标价上增加或减少相应金额计入其评标价中。例如，合同条款中规定预付款为合同总价的 10%，投标人提出支付总价的 8% 即可，则应按招标文件规定的年利率计算出合同总价 2% 迟延付款后的利息，在评标价中减去这笔金额。

机电设备招标文件范本规定，投标人以优惠条件方式提出替代的付款计划，并说明采用该替代付款计划，投标价可以降低多少。招标人愿意接受的，可以考虑中标投标人的替代付款计划。

（4）零部件、备品备件　零部件以设备运行两年内各类易损备件的获取途径和价格作为评标要素，计算评标价要视招标文件的规定区别对待。已计入投标报价的零部件、备品备件，评标价不再做调整。单独报价的零部件、备品备件，评标价处理的方式如下：

1）按投标人在“投标资料表”中规定的周期内必需的备品备件的名称、数量、技术规格清单和所报单价来计算其总价，并计入评标价中。

2）招标人列出经常使用的零部件和备件清单，依据投标人在“投标资料表”中所规定的运行周期需要的数量、单价计算其总价，并计入评标价中。

3）招标文件未要求报价。评标委员会根据每一投标人提供的信息，以及招标人过去的经验或者其他购买人的经验来估算，按“投标资料表”中所规定的运行周期的零部件和备件费用，计入评标价。

（5）售后服务费用　根据“投标资料表”或招标文件其他地方的规定，计算招标人建立最起码的维修服务设施和零部件库房所需的费用，如果是单独报价，评标时应计入评标价。如果招标人的运行、管理、维修人员的培训费未要求计入报价时，也应估算相关费用金

额，计入评标价。

(6) 使用期内的运营费用和维护费用　招标设备都是投标人自行设计和制造，在总体的规模、容量满足招标文件要求的前提下，具体的细项指标会有一定差异，只是运营费用和维护费用不尽相同。关于此项费用，有以下两种评价方法：

1）依据投标人按照技术规格的规定，以所提供的货物保证达到性能和效率的运营费用和维护费用为基础给予评价。一般来说，高于标准的，不考虑降低评标价；低于标准性能或效率的，每低一个百分点，投标价格将增加“投标资料表”中规定的调整金额，计算设备在使用年限中的运行成本所额外增加的费用。

2）若所提供的货物与规定的要求有偏离，评标将以货物实际生产率的单位成本为基础，采用“投标资料表”或技术规格中规定的方法，调整评标价格。

(7) 设备的性能和生产率　投标人响应招标文件技术规格中的规定，说明所提供的货物保证达到的性能和效率。所提供的货物必须具备技术规格中相应条文所规定的最低生产率才能被认为是具有响应性。设备的性能和生产率高于标准的，不考虑降低评标价。如果所提供设备的性能、生产能力等某些技术指标的保证值没有达到技术规范要求的基准参数会增加运行成本，则每种参数比基准参数降低 1% 时，应以投标设备实际生产率的单位成本为基础，计算设备在使用年限中的运行成本所额外增加的费用，在评标价上增加若干金额。

2. 评标价的计算结果

针对每位投标人，将上述评标价调整值加到报价上，形成该投标人的评标价。然后将评标价由低到高排列，通常最低评标价的投标书最优。实践中，中标人不一定是报价最低者，因为要考虑交货、安装指导、运行、维护等设备全寿命期招标人花费的费用最小为原则，所以最低报价只是其中一个衡量因素。

（四）综合评分法

1. 综合评分法的概念

综合评分法是指在最大限度地满足招标文件实质性要求的前提下，按照招标文件中规定的各项因素进行综合评审后，以评标总得分最高的投标人作为中标候选供应商或者中标供应商的评标方法。综合评分的主要因素包括：价格、技术、财务状况、信誉、业绩、服务、对招标文件的响应程度，以及相应的比重或者权值等。上述因素应当在招标文件中事先规定。评标时，评标委员会各成员应当独立对每个有效投标人的标书进行评价、打分，然后汇总每个投标人每项评分因素的得分。

采用综合评分法的，货物项目的价格分值占总分值的比重（权值）为 30% 至 60%；服务项目的价格分值占总分值的比重（权值）为 10% 至 30%。执行统一价格标准的服务项目，其价格不列为评分因素。有特殊情况需要调整的，应当经同级人民政府财政部门批准。

采购人或其委托的采购代理机构对同类采购项目采用综合评分法的，原则上不得改变评审因素和评分标准；应当根据采购项目情况，在招标文件中明确合理设置各项评审因素及其分值，并明确具体评分标准。投标人的资格条件不得列为评分因素。加分或减分因素及评审标准应当在招标文件中载明。

2. 大型工程设备招标采用综合评分法时的计分内容

大型工程设备招标中，评审计分内容主要包括：

1）投标价格。

2）运输费、保险费和其他费用。

3）投标书中所报的交货期限。

4）偏离招标文件规定的付款条件。

5）备件价格和售后服务。

6）设备的性能、质量、生产能力。

7）技术服务和培训。

8）其他有关内容。

3. 综合评分法的优缺点

综合评分法的优点是简便易行，评标时考虑的因素比较全面，可以将难以用金额表示的各项要素量化后进行比较。但具体实施起来，评标办法和标准可能五花八门，很难统一与规范。由于各评标人独立给分，因此对评标人的水平要求较高，否则会导致主观随意性过大。加工订购时，由于设备型号各异，评分标准难以细化，往往难以合理确定不同技术性能的有关分值和每一性能应得的分数，有时甚至会忽视某一投标人设备的一些重要指标。若采用综合评分法评标，评分要素和各要素的分值分配均应在招标文件中加以说明。

案例分析

（1）在大型工程设备招标中，提前交货涉及管理费用的增减，因此不能作为降低评标价的依据。

（2）D投标人投标文件存在6项偏离，根据招标文件的规定，应该调高其评标价。即在D投标人的报价98万美元上需要增加（$98\times0.5\%\times6$）万美元＝2.94万美元。需要指出的是，D投标人的投标文件中虽然有6项参数优于招标文件要求，但不能抵消6项技术偏差。

（3）不能核减。因为招标文件明确规定U功能不是招标内容要求的设备配置功能。

常见问题解析

1. 工程设计招标的发包范围是什么？

【解析】工程设计招标一般分为初步设计招标和施工图设计招标。对计划复杂又缺乏经验的项目，必要时还应增加技术设计招标。为了保证设计指导思想的连贯，一般采用技术设计招标或施工图设计招标，不单独进行初步设计招标，而是由中标的设计单位承担初步设计任务。招标人应根据工程项目的特点决定发包的范围，可以采用设计全过程总发包的一次性招标，也可以选择分单项或分专业的设计任务发包招标。另外，招标人可以依据工程建设项目的不同特点，实行勘察设计一次性总体招标。

2. 建设工程通用设备招标中如何划分标包？

【解析】招标材料设备需要划分标包的，招标人应合理划分标包，确定各标包的交货期，并在招标文件中如实载明。投标的基本单位是一个合同包。投标人可以投一个或若干合同包，但不能仅投一个合同包中的某一项或某几项。合同包应按照标的物预计金额的大小适当分标和分包，并应以到货时间满足施工进度计划为条件，综合考虑制造周期、运输、仓储能力等因素，既不能延误施工需要，也不应过早到货，以免支出过多保管费用及占用建设资金。划分标包时，还应考虑市场价格浮动影响以及建设资金的到位计划和周转计划。招标人

不得以不合理的标包限制或者排斥潜在投标人或者投标人。依法必须进行招标的项目的招标人不得利用标包划分规避招标。

3. 大型工程设备招标投标中，如何处理投标书对招标文件的偏离?

【解析】对招标文件关键条文的偏离、保留或反对，如关于投标保证金、适用的法律、税与关税等内容的偏离，将被认为是实质上的偏离。投标人不得通过修正或撤销不合要求的偏离或保留从而使其投标成为实质上响应的投标。投标书对招标文件的细微偏差，不影响投标文件对招标文件做出实质性响应，可以接受。通过书面质疑由投标人确认后，作为投标文件的组成部分。

思 考 题

1. 工程设计招标与其他招标在程序上的区别是什么?
2. 建设工程通用设备采购的招标程序中，怎样对投标人进行资格审查?
3. 大型工程设备采购招标的特点是什么?
4. 材料设备采购评标的特点是什么?
5. 大型工程设备采购招标中，如何处理付款条件的偏差?

6

第六章

建设工程勘察设计合同管理

学习目标

知识目标：

1. 了解建设工程勘察设计合同示范文本合同条款的主要内容。

2. 熟悉建设工程勘察设计合同管理所涉及的主要法律、法规及有关建设工程勘察设计合同管理的条款。

3. 掌握本章涉及的法律、法规条款内容及应用。

能力目标：

1. 能够正确理解和使用建设工程勘察设计合同示范文本。

2. 能够正确订立建设工程勘察设计合同。

3. 能够运用相关法律、法规正确合理地分析处理建设工程勘察设计合同履行中的问题。

知识脉络图

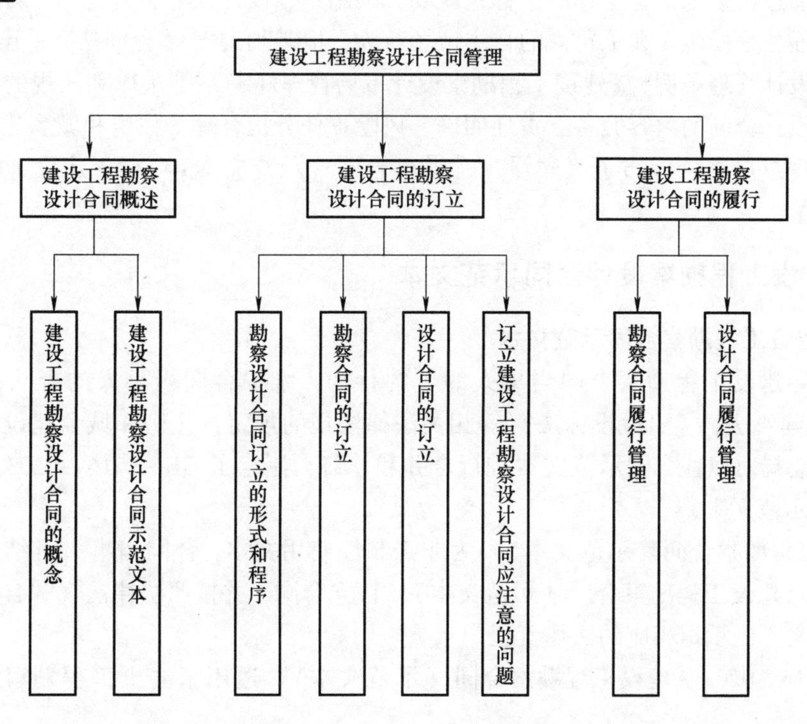

第一节 建设工程勘察设计合同概述

案例引入

背景资料：甲公司筹建一商业大厦，甲公司与乙勘察设计单位签订了一份勘察设计合同。

问题：

(1) 甲公司与乙勘察设计单位应依据怎样的合同文本洽商合同条款？

(2) 如果甲公司对勘察设计工作有特殊要求，如何在合同中约定？

一、建设工程勘察设计合同的概念

建设工程勘察合同是指发包人与勘察人就完成建设工程地理、地质状况的调查研究工作而达成的明确双方权利、义务的协议。建设工程设计合同是指设计人依据约定向发包人提供建设工程设计文件，发包人受领该成果并按约定支付酬金的合同。建设工程勘察设计合同通常是把勘察工作和设计工作视为一项工作（或对于建设单位而言，将勘察设计发包给一个单位一并完成）来对待时的一种习惯称谓，是委托方与承包方为完成一定的勘察设计任务，明确双方权利、义务关系的协议。委托方一般为项目业主（建设单位）或建设工程总承包单位，承包方为持有国家认可资质证书的勘察设计单位。为了保证工程项目的建设质量达到预期的投资目的，实施过程必须遵循项目建设的内在规律，即坚持“先勘察、后设计、再施工”的基本建设程序。

发包人通过招标方式与选择的中标人就委托的勘察、设计任务签订合同。订立合同委托勘察、设计任务是发包人和承包人的自主市场行为，但必须遵守《合同法》《建筑法》《建设工程勘察设计管理条例》《建设工程勘察设计市场管理规定》等法律和法规的要求。为了保证勘察、设计合同的内容完备、责任明确、风险责任分担合理，住房和城乡建设部、国家工商行政管理总局联合颁布了《建设工程勘察合同（示范文本)》和《建设工程设计合同(示范文本)》。

二、建设工程勘察设计合同示范文本

(一) 建设工程勘察合同示范文本

为了指导建设工程勘察合同当事人的签约行为，维护合同当事人的合法权益，依据《合同法》《建筑法》《招标投标法》等相关法律法规的规定，住房和城乡建设部、国家工商行政管理总局对以往合同示范文本进行合并和修订，制定了GF—2016—0203《建设工程勘察合同（示范文本)》。

《建设工程勘察合同（示范文本)》为非强制性使用文本，合同当事人可结合工程具体情况，根据《建设工程勘察合同（示范文本)》订立合同，并按照法律法规和合同约定履行相应的权利义务，承担相应的法律责任。

GF—2016—0203《建设工程勘察合同（示范文本)》适用于岩土工程勘察、岩土工程

设计、岩土工程物探/测试/检测/监测、水文地质勘察及工程测量等工程勘察活动，岩土工程设计也可使用 GF—2015—0210《建设工程设计合同示范文本（专业建设工程）》。

GF—2016—0203《建设工程勘察合同（示范文本）》由合同协议书、通用合同条款和专用合同条款三部分组成。

（1）合同协议书　合同协议书共计 12 条，主要包括工程概况、勘察范围和阶段、技术要求及工作量、合同工期、质量标准、合同价款、合同文件构成、承诺、词语定义、签订时间、签订地点、合同生效和合同份数等内容，集中约定了合同当事人基本的合同权利义务。

（2）通用合同条款　通用合同条款是合同当事人根据《合同法》《建筑法》《招标投标法》等相关法律法规的规定，就工程勘察的实施及相关事项对合同当事人的权利义务做出的原则性约定。

通用合同条款具体包括一般约定、发包人、勘察人、工期、成果资料、后期服务、合同价款与支付、变更与调整、知识产权、不可抗力、合同生效与终止、合同解除、责任与保险、违约、索赔、争议解决及补充条款等共计 17 条。上述条款安排既考虑了现行法律法规对工程建设的有关要求，也考虑了工程勘察管理的特殊需要。

（3）专用合同条款　专用合同条款是对通用合同条款原则性约定的细化、完善、补充、修改或另行约定的条款。合同当事人可以根据不同建设工程的特点及具体情况，通过双方的谈判、协商对相应的专用合同条款进行修改补充。在使用专用合同条款时，应注意以下事项：

1）专用合同条款编号应与相应的通用合同条款编号一致。

2）合同当事人可以通过对专用合同条款的修改，满足具体项目工程勘察的特殊要求，避免直接修改通用合同条款。

3）在专用合同条款中有横道线的地方，合同当事人可针对相应的通用合同条款进行细化、完善、补充、修改或另行约定；如无细化、完善、补充、修改或另行约定，则填写“无”或划“/”。

另外，还有附件 A“勘察任务书及技术要求”；附件 B“发包人向勘察人提交有关资料及文件一览表”；附件 C“进度计划”；附件 D“工作量和费用明细表”。

（二）建设工程设计合同示范文本

为了指导建设工程设计合同当事人的签约行为，维护合同当事人的合法权益，依据《合同法》《建筑法》《招标投标法》以及相关法律法规，住房和城乡建设部、国家工商行政管理总局对以往合同示范文本进行合并和修订，制定了 GF—2015—0209《建设工程设计合同示范文本（房屋建筑工程）》和 GF—2015—0210《建设工程设计合同示范文本（专业建设工程）》，供合同双方当事人参照使用，可用于方案设计招标投标、队伍比选等形式下的合同订立。《建设工程设计合同示范文本（房屋建筑工程）》适用于建设用地规划许可证范围内的建筑物构筑物设计、室外工程设计、民用建筑修建的地下工程设计及住宅小区、工厂厂前区、工厂生活区、小区规划设计及单体设计等，以及所包含的相关专业的设计内容（总平面布置、竖向设计、各类管网管线设计、景观设计、室内外环境设计及建筑装饰、道路、消防、智能、安保、通信、防雷、人防、供配电、照明、废水治理、空调设施、抗震加固等）等工程设计活动。房屋建筑工程以外的各行业建设工程统称为专业建设工程，具体包括煤炭、化工石化医药、石油天然气（海洋石油）、电力、冶金、军工、机械、核工业、电子通信、轻纺、建材、铁道、公路、水运、民航、市政、农林、水利、海洋等工程。《建设工程设计合同示范文本（专业建设工程）》适用于房屋建筑工程以外各行业建设工程

项目的主体工程和配套工程（含厂/矿区内的自备电站、道路、专用铁路、通信、各种管网管线和配套的建筑物等全部配套工程）以及与主体工程、配套工程相关的工艺、土木、建筑、环境保护、水土保持、消防、安全、卫生、节能、防雷、抗震、照明工程等工程设计活动。

上述两种示范文本均由合同协议书、通用合同条款和专用合同条款三部分组成。下面介绍 GF—2015—0209《建设工程设计合同示范文本（房屋建筑工程）》的组成。

（1）合同协议书　合同协议书集中约定了合同当事人基本的合同权利义务。内容包括：工程概况（包括工程名称、工程地点、规划占地面积、总建筑面积、建筑功能、投资估算等）；工程设计范围、阶段与服务内容（包括工程设计范围、工程设计阶段、工程设计服务内容等）；工程设计周期；合同价格形式与签约合同价；发包人代表与设计人项目负责人；合同文件构成；承诺；词语含义；签订地点；补充协议；合同生效；合同份数等内容。

（2）通用合同条款　通用合同条款是合同当事人根据《建筑法》《合同法》等法律法规的规定，就工程设计的实施及相关事项，对合同当事人的权利义务做出的原则性约定。

通用合同条款既考虑了现行法律法规对工程建设的有关要求，也考虑了工程设计管理的特殊需要。通用合同条款主要包括：一般约定、发包人、设计人、工程设计资料、工程设计要求、工程设计进度与周期、工程设计文件交付、工程设计文件审查、施工现场配合服务、合同价款与支付、工程设计变更与索赔、专业责任与保险、知识产权、违约责任、不可抗力、合同解除、争议解决等。

（3）专用合同条款　专用合同条款的作用、要求及注意事项与《建设工程勘察合同（示范文本）》相同。

附件包括：附件 1“工程设计范围、阶段与服务内容”；附件 2“发包人向设计人提交的有关资料及文件一览表”；附件 3“设计人向发包人交付的工程设计文件目录”；附件 4“设计人主要设计人员表”；附件 5“设计进度表”；附件 6“设计费明细及支付方式”；附件 7“设计变更计费依据和方法等”。

建设工程勘察设计合同及其管理的法律基础主要是国家或地方颁发的法律、法规。国家的主要法律、法规有：《合同法》《建筑法》《招标投标法》《建筑工程设计招标投标管理办法》《建设工程勘察设计管理条例》《建设工程质量管理条例》《工程建设项目勘察设计招标投标办法》《勘察设计注册工程师管理规定》《建设工程勘察设计资质管理规定》《工程设计资质标准》《注册建筑师条例实施细则》《建筑工程设计文件编制深度规定》《房屋建筑和市政基础设施工程施工图设计文件审查管理办法》。另外，各地建设行政主管部门根据国家的法律、法规也制定了当地相关的条例、规定和办法等。

案例分析

（1）商业大厦属于房屋建筑工程，甲公司与乙勘察设计单位应依据 GF—2016—0203《建设工程勘察合同（示范文本）》和 GF—2015—0209《建设工程设计合同示范文本（房屋建筑工程）》洽商合同条款。

（2）合同当事人可以通过对专用合同条款的修改，满足具体项目工程勘察设计的特殊要求。

第二节 建设工程勘察设计合同的订立

案例引入

背景资料：某房地产开发公司（以下简称开发公司）与某设计院（以下简称设计院）签订了一份建设工程设计合同，由设计院承接开发公司发包的关于某大楼建设的初步设计，设计费为20万元，设计期限为3个月。同时，双方还约定，由开发公司提供设计所需要的勘察报告等基础资料和提交时间。设计院按进度要求交付设计文件，如不能按时交付设计文件，则应当承担违约责任。合同签订后，开发公司向设计院交付定金4万元。但是在提供基础资料时缺少有关工程勘察报告。后经设计院多次催要，开发公司才于约定时间10天后交付全部资料，导致设计院加班加点仍未按时完成设计任务。在工程结算时，开发公司按延误规定罚款。设计院提出异议，遂产生纠纷。

问题：

（1）开发公司与设计院签订的是勘察设计合同吗？

（2）合同中开发公司完全履行合同义务了吗？是否有违约行为？

（3）设计院未按时完成设计任务的责任应由谁来承担？

一、勘察设计合同订立的形式和程序

建设单位将建设工程勘察设计任务通过招标和设计方案竞赛的方式确定勘察设计单位后，要遵循工程建设的基本建设程序与勘察设计单位签订勘察设计合同。根据《建设工程勘察设计管理条例》规定，建设工程勘察设计发包应依法招标发包或直接发包。对采用招标方式确定承包人的勘察设计合同，合同的订立程序可参考本书第三章中的施工招标投标程序。

（一）必须招标的项目

依照发改委《必须招标的工程项目规定》，勘察设计服务采购必须招标的项目是单项合同估算价在100万元人民币以上的项目。

（二）可以不招标的项目

根据《工程建设项目勘察设计招标投标办法》（2013）的规定，需要履行项目审批、核准手续的工程建设项目依法必须进行招标。但有下列情形之一的，经项目审批、核准部门审批、核准项目的勘察设计可以不进行招标：

1）涉及国家安全、国家秘密、抢险救灾或者属于利用扶贫资金实行以工代赈、需要使用农民工等特殊情况，不适宜进行招标。

2）主要工艺、技术采用不可替代的专利或者专有技术，或者其建筑艺术造型有特殊要求。

3）采购人依法能够自行勘察、设计。

4）已通过招标方式选定的特许经营项目投资人依法能够自行勘察、设计。

5）技术复杂或专业性强，能够满足条件的勘察设计单位少于三家，不能形成有效竞争。

6）已建成项目需要改、扩建或者技术改造，由其他单位进行设计影响项目功能配套性。

7）国家规定其他特殊情形。

（三）直接发包项目

企业投资、民营投资等项目的勘察设计任务可以实行招标发包，也可以直接发包。对于直接发包的勘察设计项目，可按照以下程序签订合同。

（1）发包人审查承包人的资质　委托方审查承包方是否属于合法的法人组织，有无有关的营业执照，有无与勘察设计项目相应的勘察设计证书；调查承包方勘察设计资历、工作质量、社会信誉、资信状况和履约能力等。

（2）承包人确认建设项目的批准文件　在接受委托前，承包人必须对委托人所委托勘察设计的工程项目各种批准文件进行确认，以确保合同的有效性。这些文件主要有项目行政主管部门批准的可行性研究报告（审批项目）、项目申请报告（核准项目）或备案申请报告（备案项目）等和城市规划行政主管部门批准的建设用地规划许可证。如果仅单独委托施工图设计任务，则应同时具备项目行政主管部门批准的初步设计文件。

（3）发包人提出勘察设计任务委托书　根据可行性研究报告或项目申请报告或备案申请报告，向承包人提出勘察设计要求，包括委托的勘察任务委托书、项目设计内容、设计范围、设计期限、设计质量和设计限制条件等。

（4）承包人申报勘察设计取费标准和勘察设计进度　承包人根据委托方提出的勘察设计要求和提供的勘察设计资料，研究并申报勘察设计方案、方法、进度、费用金额及付款方式等。

（5）双方当事人协商　勘察设计合同的当事人双方进行协商，就合同的各项条款取得一致意见，签订勘察设计合同。

二、勘察合同的订立

（一）勘察合同构成要素

1. 勘察合同主体

发包人和勘察人构成了合同的主体，他们在合同当中具有平等的法律地位。发包人和勘察人经协商一致签订勘察合同，在履行合同过程中双方都依法享有权利和义务。由于勘察合同是双方当事人协商一致后签订的，因此，无论发包人还是勘察人，未经双方的书面同意，均不能将所签订合同的议定权利和义务转让给第三人而单方面变更合同主体。

2. 建设工程勘察合同主体资格和资信以及履约能力审查

（1）资格审查　主要审查勘察人是否属于按法律规定成立的法人组织，有无法人章程和营业执照，承担的勘察设计任务是否在其证书批准范围之内。同时，还要审查签订合同的有关人员是否是法定代表人的委托代理人，以及代理人的活动是否在代理权限范围内等。

（2）资信审查　主要审查发包人的生产经营状况和银行信用情况等。

（3）履约能力审查　主要审查发包人建设资金的到位情况和支付能力。同时，通过审查勘察人的勘察许可证，了解其资质等级、业务范围，以此来确定勘察人的专业能力。

3. 建设工程勘察人资质管理

建设工程勘察合同当事人包括发包人和勘察人。发包人通常可能是工程建设项目的建设单位或者工程总承包单位。勘察工作是一项专业性很强的工作，勘察人资质是工程质量保障的基础。因此，国家对勘察合同的勘察人有严格的管理制度。

（1）勘察人必须具备的条件　勘察人必须具备的条件应包括：

1）法人资格。依据我国法律规定，作为承包人的勘察单位必须具备法人资格，任何其他组织和个人均不能成为承包人，这不仅是因为建设工程项目具有投资大、周期长、质量要求高、技术要求强、事关国计民生等特点，还因为勘察设计是工程建设的重中之重，影响整个工程建设的成败，因此一般的非法人组织和自然人是无法承担的。

2）营业执照。建设工程勘察合同的承包方须持有工商行政管理部门核发的企业法人营业执照，并且必须在其核准的经营范围内从事建设活动，超越其经营范围订立的建设工程勘察合同为无效合同。因为建设工程勘察业务需要专门的技术和设备，只有取得相应资质的企业才能经营。

3）资质证书。建设工程勘察合同的承包方必须持有建设行政主管部门颁发的工程勘察资质证书，而且应当在其资质等级许可的范围内承揽建设工程勘察业务。

（2）勘察人资质　关于建设工程勘察设计企业资质管理制度，我国法律、行政法规以及大量的规章均做了十分具体的规定。根据《建设工程勘察设计管理条例》和《建设工程勘察设计资质管理规定》，住房和城乡建设部颁布了《工程勘察资质标准》，建设工程勘察企业应当按照其资历和信誉、技术条件、技术装备及管理水平等条件申请资质，经审查合格，取得建设工程勘察资质证书后，方可在资质等级许可的范围内从事建设工程勘察活动。取得资质证书的建设工程勘察企业可以从事相应的建设工程勘察咨询和技术服务。

工程勘察资质分为工程勘察综合资质、工程勘察专业资质、工程勘察劳务资质。工程勘察综合资质只设甲级。岩土工程、岩土工程设计、岩土工程物探测试检测监测专业资质设甲、乙两个级别；岩土工程勘察、水文地质勘察、工程测量专业资质设甲、乙、丙三个级别。工程勘察劳务资质不分等级。取得工程勘察综合资质的企业，可以承担各类建设工程项目的岩土工程、水文地质勘察、工程测量业务（海洋工程勘察除外），其规模不受限制（岩土工程勘察丙级项目除外）。取得工程勘察专业资质甲级的企业，可以承担本专业资质范围内各类建设工程项目的工程勘察业务，其规模不受限制；专业资质乙级企业，可以承担本专业资质范围内各类建设工程项目乙级及以下规模的工程勘察业务；专业资质丙级企业，可以承担本专业资质范围内各类建设工程项目丙级规模的工程勘察业务。取得工程勘察劳务资质的企业，可以承担相应的工程钻探、凿井等工程勘察劳务业务。

4. 勘察合同客体

勘察合同客体是一种行为，即勘察人针对具体建设工程的勘察任务所进行的勘察活动。它是勘察合同当事人的权利和义务所指向的对象。在法律关系中，当事人之间的权利和义务总是围绕着勘察活动而展开。

5. 合同文件及优先解释顺序

合同文件应能相互解释，互为说明。除专用合同条款另有约定外，组成本合同的文件及优先解释顺序如下：

1）合同协议书。

2）专用合同条款及其附件。

3）通用合同条款。

4）中标通知书（如果有）。

5）投标文件及其附件（如果有）。

6）技术标准和要求。

7）图纸。

8）其他合同文件。

上述合同文件包括合同当事人就该合同文件所做出的补充和修改，属于同一类内容的文件，应以最新签署的为准。

（二）勘察合同的主要内容

依据GF—2016—0203《建设工程勘察合同（示范文本）》订立勘察合同时，双方通过协商，应根据工程项目的特点，在相应条款内明确以下方面的主要内容。

1. 发包人和勘察人的权利和义务

（1）发包人权利　包括：

1）发包人对勘察人的勘察工作有权依照合同约定实施监督，并对勘察成果予以验收。

2）发包人对勘察人无法胜任工程勘察工作的人员有权提出更换。

3）发包人拥有勘察人为其项目编制的所有文件资料的使用权，包括投标文件、成果资料和数据等。

（2）发包人义务　包括：

1）发包人应以书面形式向勘察人明确勘察任务及技术要求。

2）发包人应提供开展工程勘察工作所需要的图纸及技术资料，包括总平面图、地形图、已有水准点和坐标控制点等，若上述资料由勘察人负责收集时，发包人应承担相关费用。

3）发包人应提供工程勘察作业所需的批准及许可文件，包括立项批复、占用和挖掘道路许可等。

4）发包人应为勘察人提供具备条件的作业场地及进场通道（包括土地征用、障碍物清除、场地平整、提供水电接口和青苗赔偿等）并承担相关费用。

5）发包人应为勘察人提供作业场地内地下埋藏物（包括地下管线、地下构筑物等）的资料、图纸，没有资料、图纸的地区，发包人应委托专业机构查清地下埋藏物。若因发包人未提供上述资料、图纸，或提供的资料、图纸不实，致使勘察人在工程勘察工作过程中发生人身伤害或造成经济损失时，由发包人承担赔偿责任。

6）发包人应按照法律法规规定为勘察人安全生产提供条件并支付安全生产防护费用，发包人不得要求勘察人违反安全生产管理规定进行作业。

7）若勘察现场需要看守，特别是在有毒、有害等危险现场作业时，发包人应派人负责安全保卫工作；按国家有关规定，对从事危险作业的现场人员进行保健防护，并承担费用。发包人对安全文明施工有特殊要求时，应在专用合同条款中另行约定。

8）发包人应对勘察人满足质量标准的已完工作，按照合同约定及时支付相应的工程勘察合同价款及费用。

发包人应提供的勘察依据文件和资料具体可包括：

1）提供本工程批准文件（复印件），以及用地（附红线范围）、施工、勘察许可等批件（复印件）。

2）提供工程勘察任务委托书、技术要求和工作范围的地形图、建筑总平面布置图。

3）提供勘察工作范围已有的技术资料及工程所需的坐标与标高资料。

4）提供勘察工作范围地下已有埋藏物的资料（如电力、电信电缆、各种管道、人防设施、洞室等）及其具体位置分布图。

5）其他必要的相关资料。

发包人应及时向勘察人提供以上文件资料，并对其准确性、可靠性负责。如果发包人不能提供上述资料，一项或多项由勘察人收集时，订立合同时应予以明确，发包人需向勘察人支付相应费用。

（3）勘察人权利　包括：

1）勘察人在工程勘察期间，根据项目条件和技术标准、法律法规规定等方面的变化，有权向发包人提出增减合同工作量或修改技术方案的建议。

2）除建设工程主体部分的勘察外，根据合同约定或经发包人同意，勘察人可以将建设工程其他部分的勘察分包给其他具有相应资质等级的建设工程勘察单位。发包人对分包的特殊要求应在专用合同条款中另行约定。

3）勘察人对其编制的所有文件资料，包括投标文件、成果资料、数据和专利技术等拥有知识产权。

（4）勘察人义务　包括：

1）勘察人应按勘察任务书和技术要求并依据有关技术标准进行工程勘察工作。

2）勘察人应建立质量保证体系，按本合同约定的时间提交质量合格的成果资料，并对其质量负责。

3）勘察人在提交成果资料后，应为发包人继续提供后期服务。

4）勘察人在工程勘察期间遇到地下文物时，应及时向发包人和文物主管部门报告并妥善保护。

5）勘察人开展工程勘察活动时应遵守有关职业健康及安全生产方面的各项法律法规的规定，采取安全防护措施，确保人员、设备和设施的安全。

6）勘察人在燃气管道、热力管道、动力设备、输水管道、输电线路、临街交通要道及地下通道（地下隧道）附近等风险性较大的地点，以及在易燃易爆地段及放射、有毒环境中进行工程勘察作业时，应编制安全防护方案并制定应急预案。

7）勘察人应在勘察方案中列明环境保护的具体措施，并在合同履行期间采取合理措施保护作业现场环境。

2. 合同工期管理

（1）开工及延期开工管理　内容应包括：

1）勘察人应按合同约定的工期进行工程勘察工作，并接受发包人对工程勘察工作进度的监督、检查。

2）因发包人原因不能按照合同约定的日期开工，发包人应以书面形式通知勘察人，推迟开工日期并相应顺延工期。

（2）成果提交日期管理　勘察人应按照合同约定的日期或双方同意顺延的工期提交成果资料，具体可在专用合同条款中约定。

（3）发包人造成的工期延误管理　内容应包括：

1）因以下情形造成工期延误，勘察人有权要求发包人延长工期、增加合同价款和

(或) 补偿费用:

①发包人未能按合同约定提供图纸及开工条件。

②发包人未能按合同约定及时支付定金、预付款和 (或) 进度款。

③变更导致合同工作量增加。

④发包人增加合同工作内容。

⑤发包人改变工程勘察技术要求。

⑥发包人导致工期延误的其他情形。

2) 除专用合同条款对期限另有约定外, 勘察人在以上条款情形发生后 7 天内, 应就延误的工期以书面形式向发包人提出报告。发包人在收到报告后 7 天内予以确认; 逾期不予确认也不提出修改意见, 视为同意顺延工期。补偿费用的确认程序参照合同价款与调整相关规定执行。

(4) 勘察人造成的工期延误管理　勘察人因以下情形不能按照合同约定的日期或双方同意顺延的工期提交成果资料的, 勘察人承担违约责任:

1) 勘察人未按合同约定开工日期开展工作造成工期延误的。

2) 勘察人管理不善、组织不力造成工期延误的。

3) 因弥补勘察人自身原因导致的质量缺陷而造成工期延误的。

4) 因勘察人成果资料不合格返工造成工期延误的。

5) 勘察人导致工期延误的其他情形。

(5) 恶劣气候条件对工期影响规定　恶劣气候条件影响现场作业, 导致现场作业难以进行, 造成工期延误的, 勘察人有权要求发包人延长工期, 具体可参照发包人造成的工期延误条款处理。

3. 合同成果资料管理

(1) 成果质量管理　内容应包括:

1) 成果质量应符合相关技术标准和深度规定, 且满足合同约定的质量要求。

2) 双方对工程勘察成果质量有争议时, 由双方同意的第三方机构鉴定, 所需费用及因此造成的损失, 由责任方承担; 双方均有责任的, 由双方根据其责任分别承担。

(2) 成果份数管理　勘察人应向发包人提交成果资料四份, 发包人要求增加的份数, 在专用合同条款中另行约定, 发包人另行支付相应的费用。

(3) 成果交付管理　勘察人按照约定时间和地点向发包人交付成果资料, 发包人应出具书面签收单, 内容包括成果名称、成果组成、成果份数、提交和签收日期、提交人与接收人的亲笔签名等。

(4) 成果验收管理　勘察人向发包人提交成果资料后, 如需对勘察成果组织验收的, 发包人应及时组织验收。除专用合同条款对期限另有约定外, 发包人 14 天内无正当理由不予组织验收, 视为验收通过。

4. 后期服务管理

(1) 后续技术服务管理　勘察人应派专业技术人员为发包人提供后续技术服务, 发包人应为其提供必要的工作和生活条件, 后续技术服务的内容、费用和时限应由双方在专用合同条款中另行约定。

(2) 竣工验收管理　工程竣工验收时, 勘察人应按发包人要求参加竣工验收工作, 并提供竣工验收所需相关资料。

5. 合同价款与支付管理

（1）合同价款与调整管理　内容应包括：

1）依照法定程序进行招标工程的合同价款由发包人和勘察人依据中标价格载明在合同协议书中；非招标工程的合同价款由发包人和勘察人议定，并载明在合同协议书中。合同价款在合同协议书中约定后，除合同条款约定的合同价款调整因素外，任何一方不得擅自改变。

2）合同当事人可任选下列一种合同价款的形式，双方可在专用合同条款中约定：

① 总价合同。双方在专用合同条款中约定合同价款包含的风险范围和风险费用的计算方法，在约定的风险范围内合同价款不再调整。风险范围以外的合同价款调整因素和方法，应在专用合同条款中约定。

② 单价合同。合同价款根据工作量的变化而调整，合同单价在风险范围内一般不予调整，双方可在专用合同条款中约定合同单价调整因素和方法。

③ 其他合同价款形式。合同当事人可在专用合同条款中约定其他合同价格形式。

3）需调整合同价款时，合同一方应及时将调整原因、调整金额以书面形式通知对方，双方共同确认调整金额后作为追加或减少的合同价款，与进度款同期支付。除专用合同条款对期限另有约定外，一方在收到对方的通知后 7 天内不予确认也不提出修改意见，视为已经同意该项调整。合同当事人就调整事项不能达成一致的，则按照争议解决的约定处理。

（2）定金或预付款管理

1）实行定金或预付款的，双方应在专用合同条款中约定发包人向勘察人支付定金或预付款数额，支付时间应不迟于约定的开工日期前 7 天。发包人不按约定支付，勘察人向发包人发出要求支付的通知，发包人收到通知后仍不能按要求支付，勘察人可在发出通知后推迟开工日期，并由发包人承担违约责任。

2）定金或预付款在进度款中抵扣，抵扣办法可在专用合同条款中约定。

（3）进度款支付管理　内容应包括：

1）发包人应按照专用合同条款约定的进度款支付方式、支付条件和支付时间进行支付。

2）合同价款调整和变更合同价款调整确定的合同价款及其他条款中约定的追加或减少的合同价款，应与进度款同期调整支付。

3）发包人超过约定的支付时间不支付进度款，勘察人可向发包人发出要求付款的通知，发包人收到勘察人通知后仍不能按要求付款，可与勘察人协商签订延期付款协议，经勘察人同意后可延期支付。

4）发包人不按合同约定支付进度款，双方又未达成延期付款协议，勘察人可停止工程勘察作业和后期服务，由发包人承担违约责任。

（4）合同价款结算管理　除专用合同条款另有约定外，发包人应在勘察人提交成果资料后 28 天内，依据合同价款及相关调整和变更合同价款确定的约定进行最终合同价款确定，并予以全额支付。

6. 变更与调整管理

（1）变更范围与确认　内容应包括：

1）变更范围。本合同变更是指在合同签订日后发生的以下变更：

① 法律法规及技术标准的变化引起的变更。

② 规划方案或设计条件的变化引起的变更。

③ 不利物质条件引起的变更。

④ 发包人的要求变化引起的变更。

⑤ 因政府临时禁令引起的变更。

⑥ 其他专用合同条款中约定的变更。

2）变更确认。当引起变更的情形出现，除专用合同条款对期限另有约定外，勘察人应在7天内就调整后的技术方案以书面形式向发包人提出变更要求，发包人应在收到报告后7天内予以确认，逾期不予确认也不提出修改意见，视为同意变更。

（2）变更合同价款确定　内容应包括：

1）变更合同价款按下列方法进行：

① 合同中已有适用于变更工程的价格，按合同已有的价格变更合同价款。

② 合同中只有类似于变更工程的价格，可以参照类似价格变更合同价款。

③ 合同中没有适用或类似于变更工程的价格，由勘察人提出适当的变更价格，经发包人确认后执行。

2）除专用合同条款对期限另有约定外，一方应在双方确定变更事项后14天内向对方提出变更合同价款报告，否则视为该项变更不涉及合同价款的变更。

3）除专用合同条款对期限另有约定外，一方应在收到对方提交的变更合同价款报告之日起14天内予以确认。逾期无正当理由不予确认的，则视为该项变更合同价款报告已被确认。

4）一方不同意对方提出的合同价款变更，按争议解决的相关约定处理。

5）因勘察人自身原因导致的变更，勘察人无权要求追加合同价款。

7. 知识产权管理

1）除专用合同条款另有约定外，发包人提供给勘察人的图纸、发包人为实施工程自行编制或委托编制的反映发包人要求或其他类似性质的文件的著作权属于发包人，勘察人可以为实现本合同目的而复制、使用此类文件，但不能用于与本合同无关的其他事项。未经发包人书面同意，勘察人不得为了本合同以外的目的而复制、使用上述文件或将之提供给任何第三方。

2）除专用合同条款另有约定外，勘察人为实施工程所编制的成果文件的著作权属于勘察人，发包人可因本工程的需要而复制、使用此类文件，但不能擅自修改或用于与本合同无关的其他事项。未经勘察人书面同意，发包人不得为了本合同以外的目的而复制、使用上述文件或将之提供给任何第三方。

3）合同当事人保证在履行本合同过程中不侵犯对方及第三方的知识产权。勘察人在工程勘察时，因侵犯他人的专利权或其他知识产权所引起的责任，由勘察人承担；因发包人提供的基础资料导致侵权的，由发包人承担责任。

4）在不损害对方利益的情况下，合同当事人双方均有权在申报奖项、制作宣传印刷品及出版物时使用有关项目的文字和图片材料。

5）除专用合同条款另有约定外，勘察人在合同签订前和签订时已确定采用的专利、专有技术、技术秘密的使用费已包含在合同价款中。

8. 责任与保险管理

1）勘察人应运用一切合理的专业技术和经验，按照公认的职业标准尽其全部职责和谨慎、勤勉地履行其在本合同项下的责任和义务。

2）合同当事人可按照法律法规的要求在专用合同条款中约定履行本合同所需要的工程勘察责任保险，并使其于合同责任期内保持有效。

3）勘察人应依照法律法规的规定为勘察作业人员参加工伤保险、人身意外伤害险和其他保险。

三、设计合同的订立

建设工程设计是指根据建设工程的要求，对建设工程所需的技术、经济、资源、环境等条件进行综合分析、论证，编制建设工程设计文件。设计是基本建设的重要环节，在建设项目的选址和设计任务书已确定的情况下，建设项目是否能保证技术上先进和经济上合理，设计将起着决定作用。

建筑工程设计一般应分为方案设计、初步设计和施工图设计三个阶段；对于技术要求相对简单的民用建筑工程，当有关主管部门在初步设计阶段没有审查要求，且合同中没有做初步设计的约定时，可在方案设计审批后直接进入施工图设计。

（一）建设工程设计的发包方式

《建设工程勘察设计管理条例》中关于建设工程勘察设计发包与承包规定，建设工程设计发包应依法招标发包或直接发包，建设工程设计应当依照《招标投标法》的规定，实行招标发包。设计项目直接发包是指建设单位不通过招标方式，将建设工程设计业务直接发包给选定的建设工程设计单位。直接发包仅适合特殊工程项目和特定情况下建设工程设计业务的发包。下列建设工程的设计，经有关部门批准，可以直接发包：

1）采用特定的专利或者专有技术的。

2）建筑艺术造型有特殊要求的。

3）国务院规定的其他建设工程的设计。

发包人可以将整个建设工程的设计发包给一个设计单位，也可以将建设工程的设计分别发包给几个设计单位。除建设工程主体部分的设计外，经发包方书面同意，承包方可以将建设工程其他部分的设计再分包给其他具有相应资质等级的建设工程设计单位。建设工程设计单位不得将所承揽的建设工程设计业务转包。

（二）建设工程设计合同当事人

建设工程设计合同当事人包括发包人和设计人。发包人通常也是工程建设项目的业主（建设单位）或者项目管理部门（如工程总承包单位）；承包人则是设计人，设计人须为具有相应设计资质的企业法人。

工程设计资质分为工程设计综合资质、工程设计行业资质、工程设计专业资质和工程设计专项资质。工程设计综合资质只设甲级；工程设计行业资质、工程设计专业资质、工程设计专项资质设甲级、乙级。根据工程性质和技术特点，个别行业、专业、专项资质可以设丙级，建筑工程专业资质可以设丁级。

取得工程设计综合资质的企业，可以承接各行业、各等级的建设工程设计业务；取得工程设计行业资质的企业，可以承接相应行业相应等级的工程设计业务及本行业范围内同级别的相应专业、专项（设计施工一体化资质除外）工程设计业务；取得工程设计专业资质的企业，可以承接本专业相应等级的专业工程设计业务及同级别的相应专项工程设计业务（设计施工一体化资质除外）；取得工程设计专项资质的企业，可以承接本专项相应等级的

专项工程设计业务。

（三）合同文件的构成及优先顺序

组成合同的各项文件应互相解释，互为说明。除专用合同条款另有约定外，解释合同文件的优先顺序如下：

1）合同协议书。

2）专用合同条款及其附件。

3）通用合同条款。

4）中标通知书（如果有）。

5）投标函及其附录（如果有）。

6）发包人要求。

7）技术标准。

8）发包人提供的上一阶段图纸（如果有）。

9）其他合同文件。

上述各项合同文件包括合同当事人就该项合同文件所做出的补充和修改，属于同一类内容的文件，应以最新签署的为准。

在合同履行过程中形成的与合同有关的文件均构成合同文件组成部分，并根据其性质确定优先解释顺序。

（四）工程设计范围、阶段与服务内容

发包人与设计人可根据项目的具体情况，选择确定工程设计范围及不同设计阶段的服务内容。

1. 工程设计范围

规划土地内相关建筑物、构筑物的有关建筑、结构、给水排水、暖通空调、建筑电气、总图专业（不含住宅小区总图）的设计。

精装修设计、智能化专项设计、泛光立面照明设计、景观设计、娱乐工艺设计、声学设计、舞台机械设计、舞台灯光设计、厨房工艺设计、煤气设计、幕墙设计、气体灭火及其他特殊工艺设计等，另行约定。

2. 工程设计阶段划分

工程设计阶段划分为方案设计、初步设计、施工图设计及施工配合四个阶段。

3. 各设计阶段的服务内容

（1）方案设计阶段　内容应包括：

1）与发包人及发包人聘用的顾问充分沟通，深入研究项目基础资料，协助发包人提出本项目的发展规划和市场潜力。

2）完成总体规划和方案设计，提供满足深度的方案设计图，并制作符合政府部门要求的规划意见书与设计方案报批文件，协助发包人进行报批工作。

3）根据政府部门的审批意见在本合同约定的范围内对设计方案进行修改和必要的调整，以通过政府部门审查批准。

4）协调景观、交通、精装修等各专业顾问公司的工作，对其设计方案和技术经济指标进行审核，提供咨询意见。在保证与该项目总体方案设计相一致的情况下，接受经发包人确认的顾问公司的合理化建议并对方案进行调整。

5）配合发包人进行人防、消防、交通、绿化及市政管网等方面的咨询工作。

6）负责完成人防、消防等规划方案，协助发包人完成报批工作。

（2）初步设计阶段 内容应包括：

1）负责完成并制作建筑、结构、给水排水、暖通空调、电气、动力、室外管线综合等专业的初步设计文件，设计内容和深度应满足政府相关规定。

2）制作报政府相关部门进行初步设计审查的设计图，配合发包人进行交通、园林、人防、消防、供电、市政、气象等各部门的报审工作，提供相关的工程用量参数，并负责有关解释和修改。

（3）施工图设计阶段 内容应包括：

1）负责完成并制作总图、建筑、结构、机电、室外管线综合等全部专业的施工图设计文件。

2）对发包人的审核修改意见进行修改、完善，保证其设计意图的最终实现。

3）根据项目开发进度要求及时提供各阶段报审图纸，协助发包人进行报审工作，根据审查结果在本合同约定的范围内进行修改调整，直至审查通过，并最终向发包人提交正式的施工图设计文件。

4）协助发包人进行工程招标答疑。

（4）施工配合阶段 内容应包括：

1）负责工程设计交底，解答施工过程中施工承包人有关施工图的问题，项目负责人及各专业设计负责人，及时对施工中与设计有关的问题做出回应，保证设计满足施工要求。

2）根据发包人要求，及时参加与设计有关的专题会，现场解决技术问题。

3）协助发包人处理工程洽商和设计变更，负责有关设计修改，及时办理相关手续。

4）参与与设计人相关的必要的验收以及项目竣工验收工作，并及时办理相关手续。

5）提供产品选型、设备加工订货、建筑材料选择以及分包商考察等技术咨询工作。

6）应发包人要求协助审核各分包商的设计文件是否满足接口条件并签署意见，以保证其与总体设计协调一致，并满足工程要求。

（五）合同主要内容

依据GF—2015—0209《建设工程设计合同示范文本（房屋建筑工程）》订立设计合同时，双方通过协商，应根据工程项目的特点，在相应条款内明确以下方面的主要内容。

1. 发包人管理

（1）发包人一般义务 内容应包括：

1）发包人应遵守法律，并办理法律规定由其办理的许可、核准或备案，包括但不限于建设用地规划许可证、建设工程规划许可证、建设工程方案设计批准、施工图设计审查等许可、核准或备案。

发包人负责本项目各阶段设计文件向规划设计管理部门的送审报批工作，并负责将报批结果书面通知设计人。因发包人原因未能及时办理完毕前述许可、核准或备案手续，导致设计工作量增加和（或）设计周期延长时，由发包人承担由此增加的设计费用和（或）延长的设计周期。

2）发包人应当负责工程设计的所有外部关系（包括但不限于当地政府主管部门等）的协调，为设计人履行合同提供必要的外部条件。

3）发包人应按合同约定向设计人及时足额支付合同价款。

4）发包人应按合同约定及时接收设计人提交的工程设计文件。

5）专用合同条款约定的其他义务。

（2）发包人决定　内容应包括：

1）发包人在法律允许的范围内有权对设计人的设计工作、设计项目和（或）设计文件做出处理决定，设计人应按照发包人的决定执行，涉及设计周期和（或）设计费用等问题按合同条款“工程设计变更与索赔”的约定处理。

2）发包人应在专用合同条款约定的期限内对设计人书面提出的事项做出书面决定，如发包人不在确定时间内做出书面决定，设计人的设计周期相应延长。

（3）发包人代表　发包人应在专用合同条款中明确其负责工程设计的发包人代表的姓名、职务、联系方式及授权范围等事项。发包人代表在发包人的授权范围内，负责处理合同履行过程中与发包人有关的具体事宜。发包人代表在授权范围内的行为由发包人承担法律责任。发包人更换发包人代表的，应在专用合同条款约定的期限内提前书面通知设计人。

发包人代表不能按照合同约定履行其职责及义务，并导致合同无法继续正常履行的，设计人可以要求发包人撤换发包人代表。

（4）发包人提供工程设计资料及逾期责任　内容应包括：

1）发包人提供工程设计资料。发包人应当在工程设计前或专用合同条款约定的时间向设计人提供工程设计所必需的工程设计资料，并对所提供资料的真实性、准确性和完整性负责。发包人向设计人提交有关资料及文件一览表（见表6-1）。

表6-1　有关资料及文件一览表

序号	资料及文件名称	份数	提交日期	有关事宜
1	项目立项报告和审批文件	各1	方案开始3天前	
2	发包人要求，即设计任务书（含对建筑、结构、给水排水、暖通空调、建筑电气、总图等专业的具体要求）	1	方案开始3天前	
3	建筑红线图，建筑钉桩图	各1	方案开始3天前	
4	当地规划部门的规划意见书	1	方案开始3天前	
5	工程勘察报告	2	方案设计开始3天前提供初步勘察报告；初步设计开始3天前提供详细勘察报告	
6	各阶段主管部门的审批意见	1	下一个阶段设计开始3天前提供上一个阶段审批意见	
7	方案设计确认单（含初步设计开工令）	1	初步设计开始3天前	
8	工程所在地地形图（1/500）电子版及区域位置图	1	初步设计开始3天前	
9	初步设计确认单（含施工图开工令）	1	施工图设计开始3天前	
10	施工图审查合格意见书	1	施工图审查通过后5天内	
11	市政条件（包括给水排水、暖通、电力、道路、热力、通信等）	1	方案设计开始3天前	
12	其他设计资料	1	各设计阶段设计开始3天前	
13	竣工验收报告	1	工程竣工验收通过后5天内	

注：表中内容仅供参考，发包人和设计人应当根据项目具体情况详细列举。

按照法律规定确需在工程设计开始后方能提供的设计资料，发包人应及时地在相应工程

设计文件提交给发包人前的合理期限内提供，合理期限应以不影响设计人的正常设计为限。

2）发包人逾期提供资料的责任。发包人提交上述文件和资料超过约定期限的，超过约定期限15天以内，设计人按本合同约定的交付工程设计文件时间相应顺延；超过约定期限15天以外时，设计人有权重新确定提交工程设计文件的时间。工程设计资料逾期提供导致增加了设计工作量的，设计人可以要求发包人另行支付相应设计费用，并相应延长设计周期。

2. 设计人义务及人员管理

（1）设计人一般义务　内容应包括：

1）设计人应遵守法律和有关技术标准的强制性规定，完成合同约定范围内的房屋建筑工程方案设计、初步设计、施工图设计，提供符合技术标准及合同要求的工程设计文件，提供施工配合服务。

设计人应当按照专用合同条款约定配合发包人办理有关许可、核准或备案手续的，因设计人原因造成发包人未能及时办理许可、核准或备案手续，导致设计工作量增加和（或）设计周期延长时，由设计人自行承担由此增加的设计费用和（或）设计周期延长的责任。

2）设计人应当完成合同约定的工程设计其他服务。

3）专用合同条款约定的其他义务。

（2）设计项目负责人管理　内容应包括：

1）项目负责人应为合同当事人所确认的人选，并在专用合同条款中明确项目负责人的姓名、执业资格及等级、注册执业证书编号、联系方式及授权范围等事项，项目负责人经设计人授权后代表设计人负责履行合同。

2）设计人需要更换项目负责人的，应在专用合同条款约定的期限内提前书面通知发包人，并征得发包人书面同意。通知中应当载明继任项目负责人的注册执业资格、管理经验等资料，继任项目负责人继续履行合同约定的职责。未经发包人书面同意，设计人不得擅自更换项目负责人。设计人擅自更换项目负责人的，应按照专用合同条款的约定承担违约责任。对于设计人项目负责人确因患病、与设计人解除或终止劳动关系、工伤等原因更换项目负责人的，发包人无正当理由不得拒绝更换。

3）发包人有权书面通知设计人更换其认为不称职的项目负责人，通知中应当载明要求更换的理由。对于发包人有理由的更换要求，设计人应在收到书面更换通知后在专用合同条款约定的期限内进行更换，并将新任命的项目负责人的注册执业资格、管理经验等资料书面通知发包人。继任项目负责人继续履行合同约定的职责。设计人无正当理由拒绝更换项目负责人的，应按照专用合同条款的约定承担违约责任。

（3）设计人员管理　内容应包括：

1）除专用合同条款对期限另有约定外，设计人应在接到开始设计通知后7天内，向发包人提交设计人项目管理机构及人员安排的报告，其内容应包括建筑、结构、给水排水、暖通、电气等专业负责人名单及其岗位、注册执业资格等。

2）设计人委派到工程设计中的设计人员应相对稳定。设计过程中如有变动，设计人应及时向发包人提交工程设计人员变动情况的报告。设计人更换专业负责人时，应提前7天书面通知发包人，除专业负责人无法正常履职情形外，还应征得发包人书面同意。通知中应当载明继任人员的注册执业资格、执业经验等资料。

3）发包人对于设计人主要设计人员的资格或能力有异议的，设计人应提供资料证明被

质疑人员有能力完成其岗位工作或不存在发包人所质疑的情形。发包人要求撤换不能按照合同约定履行职责及义务的主要设计人员的，设计人认为发包人有理由的，应当撤换。设计人无正当理由拒绝撤换的，应按照专用合同条款的约定承担违约责任。

(4) 设计分包管理　内容应包括：

1) 设计分包的一般约定。设计人不得将其承包的全部工程设计转包给第三人，或将其承包的全部工程设计肢解后以分包的名义转包给第三人。设计人不得将工程主体结构、关键性工作及专用合同条款中禁止分包的工程设计分包给第三人，工程主体结构、关键性工作的范围由合同当事人按照法律规定在专用合同条款中予以明确。设计人不得进行违法分包。

2) 设计分包的确定。设计人应按专用合同条款的约定或经过发包人书面同意后进行分包，确定分包人。按照合同约定或经过发包人书面同意后进行分包的，设计人应确保分包人具有相应的资质和能力。工程设计分包不减轻或免除设计人的责任和义务，设计人和分包人就分包工程设计向发包人承担连带责任。

3) 设计分包管理。设计人应按照专用合同条款的约定向发包人提交分包人的主要工程设计人员名单、注册执业资格及执业经历等。

4) 分包工程设计费。内容应包括：

① 除下述第②条约定的情况或专用合同条款另有约定外，分包工程设计费由设计人与分包人结算，未经设计人同意，发包人不得向分包人支付分包工程设计费。

② 生效的法院判决书或仲裁裁决书要求发包人向分包人支付分包工程设计费的，发包人有权从应付设计人合同价款中扣除该部分费用。

5) 联合体设计管理。内容应包括：

① 联合体各方应共同与发包人签订合同协议书。联合体各方应为履行合同向发包人承担连带责任。

② 联合体协议，应当约定联合体各成员工作分工，经发包人确认后作为合同附件。在履行合同过程中，未经发包人同意，不得修改联合体协议。

③ 联合体牵头人负责与发包人联系，并接受指示，负责组织联合体各成员全面履行合同。

④ 发包人向联合体支付设计费用的方式在专用合同条款中约定。

3. 工程设计要求

(1) 对发包人的要求　内容应包括：

1) 发包人应当遵守法律和技术标准，不得以任何理由要求设计人违反法律和工程质量、安全标准进行工程设计，降低工程质量。

2) 发包人要求进行主要技术指标控制的，钢材用量、混凝土用量等主要技术指标控制值应当符合有关工程设计标准的要求，且应当在工程设计开始前书面向设计人提出，经发包人与设计人协商一致后以书面形式确定作为本合同附件。

3) 发包人应当严格遵守主要技术指标控制的前提条件，由于发包人的原因导致工程设计文件超出主要技术指标控制值的，发包人承担相应责任。

(2) 对设计人的要求　内容应包括：

1) 设计人应当按法律和技术标准的强制性规定及发包人要求进行工程设计。有关工程设计的特殊标准或要求由合同当事人在专用合同条款中约定。

设计人发现发包人提供的工程设计资料有问题的，设计人应当及时通知发包人并经发包人确认。

2）除合同另有约定外，设计人完成设计工作所应遵守的法律以及技术标准，均应视为在基准日期适用的版本。基准日期之后，前述版本发生重大变化，或者有新的法律以及技术标准实施的，设计人应就推荐性标准向发包人提出遵守新标准的建议，对强制性的规定或标准应当遵照执行。因发包人采纳设计人的建议或遵守基准日期后新的强制性的规定或标准，导致增加设计费用和（或）设计周期延长的，由发包人承担。

3）设计人应当根据建筑工程的使用功能和专业技术协调要求，合理确定基础类型、结构体系、结构布置、使用荷载及综合管线等。

4）设计人应当严格执行其双方书面确认的主要技术指标控制值，由于设计人的原因导致工程设计文件超出在专用合同条款中约定的主要技术指标控制值比例的，设计人应当承担相应的违约责任。

5）设计人在工程设计中选用的材料、设备，应当注明其规格、型号、性能等技术指标及适应性，满足质量、安全、节能、环保等要求。

（3）工程设计保证措施　内容应包括：

1）发包人的保证措施。发包人应按照法律规定及合同约定完成与工程设计有关的各项工作。

2）设计人的保证措施。设计人应做好工程设计的质量与技术管理工作，建立健全工程设计质量保证体系，加强工程设计全过程的质量控制，建立完整的设计文件的设计、复核、审核、会签和批准制度，明确各阶段的责任人。

（4）工程设计文件的要求

1）工程设计文件的编制应符合法律、技术标准的强制性规定及合同的要求。

2）工程设计依据应完整、准确、可靠，设计方案论证充分，计算成果可靠，并能够实施。

3）工程设计文件的深度应满足本合同相应设计阶段的规定要求，并符合国家和行业现行有效的相关规定。

4）工程设计文件必须保证工程质量和施工安全等方面的要求，按照有关法律法规规定在工程设计文件中提出保障施工作业人员安全和预防生产安全事故的措施建议。

5）应根据法律、技术标准要求，保证房屋建筑工程的合理使用寿命年限，并应在工程设计文件中注明相应的合理使用寿命年限。

（5）不合格工程设计文件的处理　内容应包括：

1）因设计人原因造成工程设计文件不合格的，发包人有权要求设计人采取补救措施，直至达到合同要求的质量标准，并按设计人违约责任的约定承担责任。

2）因发包人原因造成工程设计文件不合格的，设计人应当采取补救措施，直至达到合同要求的质量标准，由此增加的设计费用和（或）设计周期的延长由发包人承担。

4. 工程设计进度与周期管理

（1）工程设计进度计划

1）工程设计进度计划的编制。设计人应按照专用合同条款约定提交工程设计进度计划，工程设计进度计划的编制应当符合法律规定和一般工程设计实践惯例，工程设计进度计划经发包人批准后实施。工程设计进度计划是控制工程设计进度的依据，发包人有权按照工程设计进度计划中列明的关键性控制节点检查工程设计进度情况；工程设计进度计划中的设

计周期应由发包人与设计人协商确定，明确约定各阶段设计任务的完成时间区间，包括各阶段设计过程中设计人与发包人的交流时间，但不包括相关政府部门对设计成果的审批时间及发包人的审查时间。

2）工程设计进度计划的修订。工程设计进度计划不符合合同要求或与工程设计的实际进度不一致的，设计人应向发包人提交修订的工程设计进度计划，并附具有关措施和相关资料。除专用合同条款对期限另有约定外，发包人应在收到修订的工程设计进度计划后5天内完成审核和批准或提出修改意见，否则视为发包人同意设计人提交的修订的工程设计进度计划。

（2）工程设计开始　内容应包括：

1）发包人应按照法律规定获得工程设计所需的许可。发包人发出的开始设计通知应符合法律规定，一般应在计划开始设计日期7天前向设计人发出开始工程设计工作通知，工程设计周期自开始设计通知中载明的开始设计的日期起计算。

2）设计人应当在收到发包人提供的工程设计资料及专用合同条款约定的定金或预付款后，开始工程设计工作。

3）各设计阶段的开始时间均以设计人收到的发包人发出开始设计工作的书面通知书中载明的开始设计的日期起计算。

（3）工程设计进度延误　在合同履行过程中，因发包人原因导致工程设计进度延期的情形主要有：

1）发包人未能按合同约定提供工程设计资料或所提供的工程设计资料不符合合同约定或存在错误或疏漏的。

2）发包人未能按合同约定日期足额支付定金或预付款、进度款的。

3）发包人提出影响设计周期的设计变更要求的。

4）专用合同条款中约定的其他情形。

因发包人原因未按计划开始设计日期开始设计的，发包人应按实际开始设计日期顺延完成设计日期。

除专用合同条款对期限另有约定外，设计人应在发生上述情形后5天内向发包人发出要求延期的书面通知，在发生该情形后10天内提交要求延期的详细说明供发包人审查。除专用合同条款对期限另有约定外，发包人收到设计人要求延期的详细说明后，应在5天内进行审查并就是否延长设计周期及延期天数向设计人进行书面答复。

如果发包人在收到设计人提交要求延期的详细说明后，在约定的期限内未予答复，则视为设计人要求的延期已被发包人批准。如果设计人未能按本款约定的时间内发出要求延期的通知并提交详细资料，则发包人可拒绝做出任何延期的决定。

发包人上述工程设计进度延误情形导致增加了设计工作量的，发包人应当另行支付相应设计费用。

因设计人原因导致工程设计进度延误的，设计人应当按照设计人违约责任承担责任。设计人支付逾期完成工程设计违约金后，不免除设计人继续完成工程设计的义务。

（4）暂停设计　内容应包括：

1）发包人原因引起的暂停设计。因发包人原因引起暂停设计的，发包人应及时下达暂停设计指示。因发包人原因引起的暂停设计，发包人应承担由此增加的设计费用和（或）延长的设计周期。

2）设计人原因引起的暂停设计。因设计人原因引起的暂停设计，设计人应当尽快向发包人发出书面通知并按设计人违约责任承担责任，且设计人在收到发包人复工指示后15天内仍未复工的，视为设计人无法继续履行合同的情形，设计人应按合同解除的约定承担责任。

3）其他原因引起的暂停设计。当出现非设计人原因造成的暂停设计时，设计人应当尽快向发包人发出书面通知。

在上述情形下设计人的设计服务暂停，设计人的设计周期应当相应延长，复工应有发包人与设计人共同确认的合理期限。

当发生本项约定的情况，导致设计人增加设计工作量的，发包人应当另行支付相应设计费用。

4）暂停设计后的复工。暂停设计后，发包人和设计人应采取有效措施积极消除暂停设计的影响。当工程具备复工条件时，发包人向设计人发出复工通知，设计人应按照复工通知要求复工。

除设计人原因导致暂停设计外，设计人暂停设计后复工所增加的设计工作量，发包人应当另行支付相应设计费用。

（5）提前交付工程设计文件 内容应包括：

1）发包人要求设计人提前交付工程设计文件的，发包人应向设计人下达提前交付工程设计文件指示，设计人应向发包人提交提前交付工程设计文件建议书，提前交付工程设计文件建议书应包括实施的方案、缩短的时间、增加的合同价格等内容。发包人接受该提前交付工程设计文件建议书的，发包人和设计人协商采取加快工程设计进度的措施，并修订工程设计进度计划，由此增加的设计费用由发包人承担。设计人认为提前交付工程设计文件的指示无法执行的，应向发包人提出书面异议，发包人应在收到异议后7天内予以答复。任何情况下，发包人不得压缩合理设计周期。

2）发包人要求设计人提前交付工程设计文件，或设计人提出提前交付工程设计文件的建议能够给发包人带来效益的，合同当事人可以在专用合同条款中约定提前交付工程设计文件的奖励。

5. 工程设计文件交付

（1）工程设计文件交付的内容

1）工程设计图及设计说明。

2）发包人可以要求设计人提交专用合同条款约定的具体形式的电子版设计文件。

（2）工程设计文件的交付方式 设计人交付工程设计文件给发包人，发包人应当出具书面签收单，内容包括图纸名称、图纸内容、图纸形式、份数、提交和签收日期、提交人与接收人的亲笔签名。

（3）工程设计文件交付的时间和份数 工程设计文件交付的名称、时间和份数在专用合同条款附件中约定。

6. 工程设计文件审查

1）设计人的工程设计文件应报发包人审查同意。审查的范围和内容在发包人要求中约定。审查的具体标准应符合法律规定、技术标准要求和本合同约定。

除专用合同条款对期限另有约定外，自发包人收到设计人的工程设计文件以及设计人的通知之日起，发包人对设计人的工程设计文件审查期不超过15天。

发包人不同意工程设计文件的，应以书面形式通知设计人，并说明不符合合同要求的具体内容。设计人应根据发包人的书面说明，对工程设计文件进行修改后重新报送发包人审查，审查期重新起算。

合同约定的审查期满，发包人没有做出审查结论也没有提出异议的，视为设计人的工程设计文件已获发包人同意。

2）设计人的工程设计文件不需要政府有关部门审查或批准的，设计人应当严格按照经发包人审查同意的工程设计文件进行修改，如果发包人的修改意见超出或更改了发包人要求，发包人应当根据工程设计变更与索赔的约定，向设计人另行支付费用。

3）工程设计文件需政府有关部门审查或批准的，发包人应在审查同意设计人的工程设计文件后在专用合同条款约定的期限内，向政府有关部门报送工程设计文件，设计人应予以协助。

对于政府有关部门的审查意见，不需要修改发包人要求的，设计人需按该审查意见修改设计人的工程设计文件；需要修改发包人要求的，发包人应重新提出发包人要求，设计人应根据新提出的发包人要求修改设计人的工程设计文件，发包人应当根据工程设计变更与索赔的约定，向设计人另行支付费用。

4）发包人需要组织审查会议对工程设计文件进行审查的，审查会议的审查形式和时间安排，在专用合同条款中约定。发包人负责组织工程设计文件审查会议，并承担会议费用及发包人的上级单位、政府有关部门参加的审查会议的费用。

设计人按工程设计文件交付的约定向发包人提交工程设计文件，有义务参加发包人组织的设计审查会议，向审查者介绍、解答、解释其工程设计文件，并提供有关补充资料。

发包人有义务向设计人提供设计审查会议的批准文件和纪要。设计人有义务按照相关设计审查会议批准的文件和纪要，并依据合同约定及相关技术标准，对工程设计文件进行修改、补充和完善。

5）因设计人原因，未能按工程设计文件交付约定的时间向发包人提交工程设计文件，致使工程设计文件审查无法进行或无法按期进行，造成设计周期延长、窝工损失及发包人增加费用的，设计人应按设计人违约责任的约定承担责任。

因发包人原因，致使工程设计文件审查无法进行或无法按期进行，造成设计周期延长、窝工损失及设计人增加的费用，由发包人承担。

6）因设计人原因造成工程设计文件不合格致使工程设计文件审查无法通过的，发包人有权要求设计人采取补救措施，直至达到合同要求的质量标准，并按设计人违约责任的约定承担责任。

因发包人原因造成工程设计文件不合格致使工程设计文件审查无法通过的，由此增加的设计费用和（或）延长的设计周期由发包人承担。

7）工程设计文件的审查，不减轻或免除设计人依据法律应当承担的责任。

7. 施工现场配合服务

1）除专用合同条款另有约定外，发包人应为设计人派赴现场的工作人员提供工作、生活及交通等方面的便利条件。

2）设计人应当提供设计技术交底、解决施工中设计技术问题和竣工验收服务。如果发包人在专用合同条款约定的施工现场服务时限外仍要求设计人负责上述工作的，发包人应按所需工作量向设计人另行支付服务费用。

8. 合同价款与支付管理

（1）合同价款组成　发包人和设计人应当在专用合同条款附件中明确约定合同价款各组成部分的具体数额，主要包括：

1）工程设计基本服务费用。

2）工程设计其他服务费用。

3）在未签订合同前发包人已经同意或接受或已经使用的设计人为发包人所做的各项工作的相应费用等。

（2）合同价格形式　发包人和设计人应在合同协议书中选择下列一种合同价格形式：

1）单价合同。单价合同是指合同当事人约定以建筑面积（包括地上建筑面积和地下建筑面积）每平方米单价或实际投资总额的一定比例等进行合同价格计算、调整和确认的建设工程设计合同，在约定的范围内合同单价不做调整。合同当事人应在专用合同条款中约定单价包含的风险范围和风险费用的计算方法，并约定风险范围以外的合同价格的调整方法。

2）总价合同。总价合同是指合同当事人约定以发包人提供的上一阶段工程设计文件及有关条件进行合同价格计算、调整和确认的建设工程设计合同，在约定的范围内合同总价不做调整。合同当事人应在专用合同条款中约定总价包含的风险范围和风险费用的计算方法，并约定风险范围以外的合同价格的调整方法。

3）其他价格形式。合同当事人可在专用合同条款中约定其他合同价格形式。

（3）定金或预付款　内容应包括：

1）定金或预付款的比例。定金的比例不应超过合同总价款的20%。预付款的比例由发包人与设计人协商确定，一般不低于合同总价款的20%。

2）定金或预付款的支付。定金或预付款的支付按照专用合同条款约定执行，但最迟应在开始设计通知载明的开始设计日期前专用合同条款约定的期限内支付。

发包人逾期支付定金或预付款超过专用合同条款约定的期限的，设计人有权向发包人发出要求支付定金或预付款的催告通知，发包人收到通知后7天内仍未支付的，设计人有权不开始设计工作或暂停设计工作。

（4）进度款　内容应包括：

1）进度款支付。发包人应当按照专用合同条款附件中约定的付款条件及时向设计人支付进度款。

2）进度付款的修正。在对已付进度款进行汇总和复核中发现错误、遗漏或重复的，发包人和设计人均有权提出修正申请。经发包人和设计人同意的修正，应在下期进度付款中支付或扣除。

（5）合同价款的结算与支付　内容应包括：

1）对于采取固定总价形式的合同，发包人应当按照专用合同条款附件的约定及时支付尾款。

2）对于采取固定单价形式的合同，发包人与设计人应当按照专用合同条款附件约定的结算方式及时结清工程设计费，并将结清未支付的款项一次性支付给设计人。

3）对于采取其他价格形式的，也应按专用合同条款的约定及时结算和支付。

（6）支付账户　发包人应将合同价款支付至合同协议书中约定的设计人账户。

9. 专业责任与保险

1）设计人应运用一切合理的专业技术和经验知识，按照公认的职业标准尽其全部职责

和谨慎、勤勉地履行其在本合同项下的责任和义务。

2）除专用合同条款另有约定外，设计人应具有发包人认可的、履行本合同所需要的工程设计责任保险并使其于合同责任期内保持有效。

3）工程设计责任保险应承担由于设计人的疏忽或过失而引发的工程质量事故所造成的建设工程本身的物质损失以及第三者人身伤亡、财产损失或费用的赔偿责任。

10. 知识产权

1）除专用合同条款另有约定外，发包人提供给设计人的图纸、发包人为实施工程自行编制或委托编制的技术规格书以及反映发包人要求的或其他类似性质的文件的著作权属于发包人，设计人可以为实现合同目的而复制、使用此类文件，但不能用于与合同无关的其他事项。未经发包人书面同意，设计人不得为了合同以外的目的而复制、使用上述文件或将之提供给任何第三方。

2）除专用合同条款另有约定外，设计人为实施工程所编制的文件的著作权属于设计人，发包人可因实施工程的运行、调试、维修、改造等目的而复制、使用此类文件，但不能擅自修改或用于与合同无关的其他事项。未经设计人书面同意，发包人不得为了合同以外的目的而复制、使用上述文件或将之提供给任何第三方。

3）合同当事人保证在履行合同过程中不侵犯对方及第三方的知识产权。设计人在工程设计时，因侵犯他人的专利权或其他知识产权所引起的责任，由设计人承担；因发包人提供的工程设计资料导致侵权的，由发包人承担责任。

4）合同当事人双方均有权在不损害对方利益和保密约定的前提下，在自己宣传用的印刷品或其他出版物上，或申报奖项时等情形下公布有关项目的文字和图片材料。

5）除专用合同条款另有约定外，设计人在合同签订前和签订时已确定采用的专利、专有技术的使用费应包含在签约合同价中。

四、订立建设工程勘察设计合同应注意的问题

1）对大中型或技术复杂的建设工程勘察设计合同，当事人双方均承担着重大责任，签约双方应在合同中明确双方在合同履行过程中的协调与联络工作。双方除了要谨慎行事外，还需要进行密切的配合使合同得以顺利进行，而这种配合要贯穿整个履行过程。在这种活动中，双方要根据工作开展的不同阶段，相互提交不同内容的技术性资料、报告等文件。委托方要及时复核确认或提出修改意见，委托方还要根据承包方完成并提交的不同阶段的设计成果，进行必要的审核与汇签。

因此，双方在订立合同时，针对这一类技术性的协调与联络工作制定出具体的工作程序和应具备的内容，使这一类工作在合同履行过程中有章可循。同时，还要说明在进行这类工作过程中，双方对某些技术问题达成一致并做出决议时，只要不与合同主要条款的规定精神相违背，则应视为合同不可分割的组成部分，与合同具有同等效力。

2）委托设计前期工作而订立的合同不属于勘察设计合同。例如，编制可行性研究报告或进行环境评价报告编制工作等作为委托内容而订立的合同，严格地讲，应属于技术合同的范畴，要参照《合同法》的有关技术咨询的规定条款订立合同，但关于委托可行性研究报告的合同取费仍可按《工程设计收费标准》的有关规定执行。

3）对于合同中重复出现两次及两次以上的关键性技术术语和技术性专有名词的定义，要在合同书中加以明确。因为合同签约双方分属不同的部门，一方是建设单位，另一方是勘

察、设计部门，双方对某些具体的技术术语和技术性专用名词的概念在理解与认识上的深度不同，往往这些看起来细微的出入，造成了合同履行过程中的分歧，最终导致了纠纷。为了清除这些不令人注意而又容易引起纠纷的潜在诱发因素，只有将其定义写入合同，使双方在这些问题上事先达成一致认识。这一问题对大中型建设工程勘察设计合同尤为重要。

4）有关主设计方的问题。建设工程勘察设计合同订立时，往往会发生两个或两个以上的设计单位同时承包同一项工程设计的情况。如委托方与承包方没有采用订立总承包合同，再由总承包方与分包方订立分包合同的形式，那么在合同中一定要明确主设计方。主设计方的职责是应对工程项目的总体设计负责，平衡各承包方之间的设计工作，协调总体设计进度。

案例分析

(1) 我国行政机关在对勘察设计进行管理时，往往是作为一项制度进行管理的，但在实践中，勘察、设计往往是两个合同。该案中的合同就是这种情况，开发公司与设计院签订的是设计合同。

(2) 设计合同中的开发公司，提供包括勘察资料在内的设计基础资料，是发包人的义务。发包人（开发公司）应按时向设计人提交完整、详尽的资料和文件，这是设计人进行建设工程设计的前提和基础，也是发包人应尽的义务。发包人未按合同约定的时间提交资料，或提交资料有瑕疵的，应当承担违约责任。同时，设计人在发包人按约定提交基础资料前，有权拒绝发包人相应的履行要求。

(3)《合同法》规定："当事人互负债务，有先后履行顺序，先履行一方未履行的，后履行一方有权拒绝其履行要求；先履行一方履行债务不符合约定的，后履行一方有权拒绝其相应的履行要求。"该案中，开发公司未按约定提交勘察报告，是设计院不能按约定完成设计任务的直接原因，设计院提交设计文件的时间应当相应顺延，且因发包人未按照约定期限提供必需的设计工作条件，而造成设计人赶工，应按设计人实际消耗的工作量增付费用。因此，设计院还有权向开发公司索要赶工费用。

第三节　建设工程勘察设计合同的履行

案例引入

背景资料：甲公司与乙勘察设计单位签订了一份勘察设计合同，合同约定乙单位为甲公司筹建中的商业大厦进行勘察设计，按照国家颁布的收费标准支付勘察设计费；乙单位应按甲公司提出的设计标准、技术规范等勘察设计要求，进行测量和工程地质、水文地质等勘察设计工作，并在2016年5月1日前向甲公司提交勘察成果和设计文件。合同还约定了双方的违约责任、争议的解决方式。甲公司同时与丙建筑公司签订了建设工程承包合同，在合同中规定了开工日期。但是，不料后来乙单位迟迟不能提交出勘察设计文件。丙建筑公司按建设工程承包合同的约定做好了开工准备，如

期进驻施工场地。在甲公司的再三催促下，乙单位迟延36天提交勘察设计文件。此时丙公司已窝工18天。在施工期间，丙公司又发现设计图中的多处错误，不得不停工等候甲公司请乙单位对设计图进行修改。丙公司由于窝工、停工要求甲公司赔偿损失，否则不再继续施工。甲公司将乙单位起诉到法院，要求乙单位赔偿损失。

问题：

（1）合同履行中，致使甲公司的建设工期受到延误、造成丙公司窝工的责任应由谁承担？

（2）甲公司的诉求能否得到支持？

尽管勘察设计合同没有施工合同那么复杂，履行过程中也没有太多的变更，但并不意味着勘察设计项目就不需要合同管理。勘察设计合同的双方当事人都应重视合同管理工作，发包人如没有专业合同管理人员，可委托监理建立自己的合同管理专门机构，负责勘察设计合同的起草、协商和签订工作，同时在每个勘察设计项目中指定合同管理人员参加项目管理班子，专门负责勘察设计合同的实施控制和管理。

一、勘察合同履行管理

依据GF—2016—0203《建设工程勘察合同（示范文本）》，勘察合同成立后，合同双方当事人明确各自的权利义务及违约责任的内容，因此，双方都要按照诚实信用、全面履行的原则完成合同约定的各自义务。

（一）合同生效与终止

合同生效与终止应符合下列规定：

1）双方在合同协议书中约定合同生效方式。

2）发包人、勘察人履行合同全部义务，合同价款支付完毕，本合同即告终止。

3）合同的权利义务终止后，合同当事人应遵循诚实信用原则，履行通知、协助和保密等义务。

（二）不可抗力管理

1. 不可抗力的确认

不可抗力是指在订立合同时不可合理预见，在履行合同中不可避免且不能克服的自然灾害和社会突发事件，如地震、海啸、瘟疫、洪水、骚乱、戒严、暴动、战争和专用合同条款中约定的其他情形。

不可抗力发生后，发包人和勘察人应收集不可抗力发生及造成损失的证据。合同当事双方对是否属于不可抗力或其损失发生争议时，按争议解决的约定处理。

2. 不可抗力的通知

遇有不可抗力发生时，发包人和勘察人应立即通知对方，双方应共同采取措施减少损失。除专用合同条款对期限另有约定外，不可抗力持续发生，勘察人应每隔7天向发包人报告一次受害损失情况。

除专用合同条款对期限另有约定外，不可抗力结束后2天内，勘察人向发包人通报受害损失情况及预计清理和修复的费用；不可抗力结束后14天内，勘察人向发包人提交清理和修复费用的正式报告及有关资料。

3. 不可抗力后果的承担

因不可抗力发生的费用及延误的工期由双方按以下方法分别承担：

1）发包人和勘察人人员伤亡由合同当事人双方自行负责，并承担相应费用。

2）勘察人机械设备损坏及停工损失，由勘察人承担。

3）停工期间，勘察人应发包人要求留在作业场地的管理人员及保卫人员的费用由发包人承担。

4）作业场地发生的清理、修复费用由发包人承担。

5）延误的工期相应顺延。

因合同一方迟延履行合同后发生不可抗力的，不能免除迟延履行方的相应责任。

（三）合同解除管理

1. 发包人、勘察人可以解除合同的情形

1）因不可抗力致使合同无法履行。

2）发生未按定金或预付款或进度款支付约定按时支付合同价款的情况，停止作业超过28天，勘察人有权解除合同，由发包人承担违约责任。

3）勘察人将其承包的全部工程转包给他人或者肢解以后以分包的名义分别转包给他人，发包人有权解除合同，由勘察人承担违约责任。

4）发包人和勘察人协商一致可以解除合同的其他情形。

2. 解除合同程序

发包人或勘察人一方依据解除合同的情形约定要求解除合同的，应以书面形式向对方发出解除合同的通知，并在发出通知前不少于14天告知对方，通知到达对方时合同解除。对解除合同有争议的，按争议解决的约定处理。

因不可抗力致使合同无法履行时，发包人应按合同约定向勘察人支付已完工作量相对应比例的合同价款后解除合同。

合同解除后，勘察人应按发包人要求将自有设备和人员撤出作业场地，发包人应为勘察人撤出提供必要条件。

（四）违约管理

1. 发包人违约

（1）发包人违约情形　内容应包括：

1）合同生效后，发包人无故要求终止或解除合同。

2）发包人未按定金或预付款约定按时支付定金或预付款。

3）发包人未按进度款支付约定按时支付进度款。

4）发包人不履行合同义务或不按合同约定履行义务的其他情形。

（2）发包人违约责任　内容应包括：

1）合同生效后，发包人无故要求终止或解除合同，勘察人未开始勘察工作的，不退还发包人已付的定金或发包人按照专用合同条款约定向勘察人支付违约金；勘察人已开始勘察工作的，若完成计划工作量不足50%的，发包人应支付勘察人合同价款的50%；完成计划工作量超过50%的，发包人应支付勘察人合同价款的100%。

2）发包人发生其他违约情形时，发包人应承担由此增加的费用和工期延误损失，并给予勘察人合理赔偿。双方可在专用合同条款内约定发包人赔偿勘察人损失的计算方法或者发包人应支付违约金的数额或计算方法。

2. 勘察人违约

(1) 勘察人违约情形　内容应包括：

1）合同生效后，勘察人因自身原因要求终止或解除合同。

2）因勘察人原因不能按照合同约定的日期或合同当事人同意顺延的工期提交成果资料。

3）因勘察人原因造成成果资料质量达不到合同约定的质量标准。

4）勘察人不履行合同义务或未按约定履行合同义务的其他情形。

(2) 勘察人违约责任　内容应包括：

1）合同生效后，勘察人因自身原因要求终止或解除合同，勘察人应双倍返还发包人已支付的定金或勘察人按照专用合同条款约定向发包人支付违约金。

2）因勘察人原因造成工期延误的，应按专用合同条款约定向发包人支付违约金。

3）因勘察人原因造成成果资料质量达不到合同约定的质量标准，勘察人应负责无偿给予补充完善使其达到质量合格。因勘察人原因导致工程质量安全事故或其他事故时，勘察人除负责采取补救措施外，应通过所投工程勘察责任保险向发包人承担赔偿责任或根据直接经济损失程度按专用合同条款约定向发包人支付赔偿金。

4）勘察人发生其他违约情形时，勘察人应承担违约责任并赔偿因其违约给发包人造成的损失，双方可在专用合同条款内约定勘察人赔偿发包人损失的计算方法和赔偿金额。

(五) 索赔管理

1. 发包人索赔

勘察人未按合同约定履行义务或发生错误以及应由勘察人承担责任的其他情形，造成工期延误及发包人的经济损失，除专用合同条款另有约定外，发包人可按下列程序以书面形式向勘察人索赔：

1）违约事件发生后 7 天内，向勘察人发出索赔意向通知。

2）发出索赔意向通知后 14 天内，向勘察人提出经济损失的索赔报告及有关资料。

3）勘察人在收到发包人送交的索赔报告和有关资料或补充索赔理由、证据后，于 28 天内给予答复。

4）勘察人在收到发包人送交的索赔报告和有关资料后 28 天内未予答复或未对发包人做进一步要求，视为该项索赔已被认可。

5）当该违约事件持续进行时，发包人应阶段性向勘察人发出索赔意向，在违约事件终了后 21 天内，向勘察人送交索赔的有关资料和最终索赔报告。索赔答复程序与本款第 3)、4）项约定相同。

2. 勘察人索赔

发包人未按合同约定履行义务或发生错误以及应由发包人承担责任的其他情形，造成工期延误和（或）勘察人不能及时得到合同价款及勘察人的经济损失，除专用合同条款另有约定外，勘察人可按下列程序以书面形式向发包人索赔：

1）违约事件发生后 7 天内，勘察人可向发包人发出要求其采取有效措施纠正违约行为的通知；发包人收到通知 14 天内仍不履行合同义务，勘察人有权停止作业，并向发包人发出索赔意向通知。

2）发出索赔意向通知后 14 天内，向发包人提出延长工期和（或）补偿经济损失的索赔报告及有关资料。

3）发包人在收到勘察人送交的索赔报告和有关资料或补充索赔理由、证据后，于28天内给予答复。

4）发包人在收到勘察人送交的索赔报告和有关资料后28天内未予答复或未对勘察人做进一步要求，视为该项索赔已被认可。

5）当该索赔事件持续进行时，勘察人应阶段性向发包人发出索赔意向，在索赔事件终了后21天内，向发包人送交索赔的有关资料和最终索赔报告。索赔答复程序与本款第3）、4）项约定相同。

（六）争议解决管理

（1）和解　因本合同以及与本合同有关事项发生争议的，双方可以就争议自行和解。自行和解达成协议的，经签字并盖章后作为合同补充文件，双方均应遵照执行。

（2）调解　因本合同以及与本合同有关事项发生争议的，双方可以就争议请求行政主管部门、行业协会或其他第三方进行调解。调解达成协议的，经签字并盖章后作为合同补充文件，双方均应遵照执行。

（3）仲裁或诉讼　因本合同以及与本合同有关事项发生争议的，当事人不愿和解、调解或者和解、调解不成的，双方可以在专用合同条款内约定以下一种方式解决争议：

1）双方达成仲裁协议，向约定的仲裁委员会申请仲裁。

2）向有管辖权的人民法院起诉。

二、设计合同履行管理

设计合同成立后，合同双方当事人明确各自的权利义务及违约责任的内容，因此，双方都要按照诚实信用、全面履行的原则完成合同约定的各自义务。

依据GF—2015—0209《建设工程设计合同示范文本（房屋建筑工程）》订立设计合同时，双方通过协商，应根据工程项目的特点，在相应条款内明确双方合同履行的主要责任。

（一）合同履行违约责任管理

1. 发包人违约责任

1）合同生效后，发包人因非设计人原因要求终止或解除合同，设计人未开始设计工作的，不退还发包人已付的定金或发包人按照专用合同条款的约定向设计人支付违约金；已开始设计工作的，发包人应按照设计人已完成的实际工作量计算设计费，完成工作量不足一半时，按该阶段设计费的一半支付设计费；超过一半时，按该阶段设计费的全部支付设计费。

2）发包人未按专用合同条款约定的金额和期限向设计人支付设计费的，应按专用合同条款约定向设计人支付违约金。逾期超过15天时，设计人有权书面通知发包人中止设计工作。自中止设计工作之日起15天内发包人支付相应费用的，设计人应及时根据发包人要求恢复设计工作；自中止设计工作之日起超过15天后发包人支付相应费用的，设计人有权确定重新恢复设计工作的时间，且设计周期相应延长。

3）发包人的上级或设计审批部门对设计文件不进行审批或本合同工程停建、缓建，发包人应在事件发生之日起15天内按合同解除的约定向设计人结算并支付设计费。

4）发包人擅自将设计人的设计文件用于本工程以外的工程或交第三方使用时，应承担相应法律责任，并应赔偿设计人因此遭受的损失。

2. 设计人违约责任

1）合同生效后，设计人因自身原因要求终止或解除合同，设计人应按发包人已支付的

定金金额双倍返还给发包人或设计人按照专用合同条款约定向发包人支付违约金。

2）由于设计人原因，未按专用合同条款附件约定的时间交付工程设计文件的，应按专用合同条款的约定向发包人支付违约金，前述违约金经双方确认后可在发包人应付设计费中扣减。

3）设计人对工程设计文件出现的遗漏或错误负责补充或修改。由于设计人原因产生的设计问题造成工程质量事故或其他事故时，设计人除负责采取补救措施外，应当通过所投建设工程设计责任保险向发包人承担赔偿责任或者根据直接经济损失程度按专用合同条款约定向发包人支付赔偿金。

4）由于设计人原因，工程设计文件超出发包人与设计人书面约定的主要技术指标控制值比例的，设计人应当按照专用合同条款的约定承担违约责任。

5）设计人未经发包人同意擅自对工程设计进行分包的，发包人有权要求设计人解除未经发包人同意的设计分包合同，设计人应当按照专用合同条款的约定承担违约责任。

（二）合同履行工程设计变更与索赔管理

合同履行工程设计变更与索赔管理应包括以下内容：

1）发包人变更工程设计的内容、规模、功能、条件等，应当向设计人提供书面要求，设计人在不违反法律规定以及技术标准强制性规定的前提下应当按照发包人要求变更工程设计。

2）发包人变更工程设计的内容、规模、功能、条件或因提交的设计资料存在错误或做较大修改时，发包人应按设计人所耗工作量向设计人增付设计费，设计人可按本条约定和专用合同条款附件的约定，与发包人协商对合同价格和（或）完工时间做可共同接受的修改。

3）如果由于发包人要求更改而造成的项目复杂性的变更或性质的变更使得设计人的设计工作减少，发包人可按本条约定和专用合同条款附件的约定，与设计人协商对合同价格和（或）完工时间做可共同接受的修改。

4）基准日期后，与工程设计服务有关的法律、技术标准的强制性规定的颁布及修改，由此增加的设计费用和（或）延长的设计周期由发包人承担。

5）如果发生设计人认为有理由提出增加合同价款或延长设计周期的要求事项，除专用合同条款对期限另有约定外，设计人应于该事项发生后5天内书面通知发包人。除专用合同条款对期限另有约定外，在该事项发生后10天内，设计人应向发包人提供证明设计人要求的书面声明，其中包括设计人关于因该事项引起的合同价款和设计周期的变化的详细计算。除专用合同条款对期限另有约定外，发包人应在接到设计人书面声明后的5天内，予以书面答复。逾期未答复的，视为发包人同意设计人关于增加合同价款或延长设计周期的要求。

（三）合同履行不可抗力管理

1. 不可抗力的确认

不可抗力是指合同当事人在订立合同时不可预见，在合同履行过程中不可避免且不能克服的自然灾害和社会性突发事件，如地震、海啸、瘟疫、洪水、骚乱、戒严、暴动、战争和专用合同条款中约定的其他情形。

不可抗力发生后，发包人和设计人应收集证明不可抗力发生及不可抗力造成损失的证据，并及时认真统计所造成的损失。合同当事人对是否属于不可抗力或其损失发生争议时，按争议解决的约定处理。

2. 不可抗力的通知

合同一方当事人遇到不可抗力事件，使其履行合同义务受到阻碍时，应立即通知合同另一方当事人，书面说明不可抗力和受阻碍的详细情况，并在合理期限内提供必要的证明。

不可抗力持续发生的，合同一方当事人应及时向合同另一方当事人提交中间报告，说明不可抗力和履行合同受阻的情况，并于不可抗力事件结束后28天内提交最终报告及有关资料。

3. 不可抗力后果的承担

不可抗力引起的后果及造成的损失由合同当事人按照法律规定及合同约定各自承担。不可抗力发生前已完成的工程设计应当按照合同约定进行支付。

不可抗力发生后，合同当事人均应采取措施尽量避免和减少损失的扩大，任何一方当事人没有采取有效措施导致损失扩大的，应对扩大的损失承担责任。

因合同一方迟延履行合同义务，在迟延履行期间遭遇不可抗力的，不免除其违约责任。

（四）合同解除

合同解除应符合下列规定：

1）发包人与设计人协商一致，可以解除合同。

2）有下列情形之一的，合同当事人一方或双方可以解除合同：

① 设计人工程设计文件存在重大质量问题，经发包人催告后，在合理期限内修改后仍不能满足国家现行深度要求或不能达到合同约定的设计质量要求的，发包人可以解除合同。

② 发包人未按合同约定支付设计费用，经设计人催告后，在30天内仍未支付的，设计人可以解除合同。

③ 暂停设计期限已连续超过180天，专用合同条款另有约定的除外。

④ 因不可抗力致使合同无法履行。

⑤ 因一方违约致使合同无法实际履行或实际履行已无必要。

⑥ 因本工程项目条件发生重大变化，使合同无法继续履行。

3）任何一方因故需解除合同时，应提前30天书面通知对方，对合同中的遗留问题应取得一致意见并形成书面协议。

4）合同解除后，发包人除应按相关约定及专用合同条款约定期限内向设计人支付已完工作的设计费外，应当向设计人支付由于非设计人原因合同解除导致设计人增加的设计费用，违约一方应当承担相应的违约责任。

（五）争议解决

（1）和解　合同当事人可以就争议自行和解，自行和解达成协议的经双方签字并盖章后作为合同补充文件，双方均应遵照执行。

（2）调解　合同当事人可以就争议请求相关行政主管部门、行业协会或其他第三方进行调解，调解达成协议的，经双方签字并盖章后作为合同补充文件，双方均应遵照执行。

（3）争议评审　合同当事人在专用合同条款中约定采取争议评审方式解决争议以及评审规则，并按下列约定执行：

1）争议评审小组的确定。合同当事人可以共同选择一名或三名争议评审员，组成争议评审小组。除专用合同条款另有约定外，合同当事人应当自合同签订后28天内，或者争议发生后14天内，选定争议评审员。

选择一名争议评审员的，由合同当事人共同确定；选择三名争议评审员的，各自选定一名，第三名成员为首席争议评审员，由合同当事人共同确定或由合同当事人委托已选定的争

议评审员共同确定，或由专用合同条款约定的评审机构指定第三名首席争议评审员。

除专用合同条款另有约定外，评审所发生的费用由发包人和设计人各承担一半。

2）争议评审小组的决定。合同当事人可在任何时间将与合同有关的任何争议共同提请争议评审小组进行评审。争议评审小组应秉持客观、公正原则，充分听取合同当事人的意见，依据相关法律、技术标准及行业惯例等，自收到争议评审申请报告后14天内做出书面决定，并说明理由。合同当事人可以在专用合同条款中对本事项另行约定。

3）争议评审小组决定的效力。争议评审小组做出的书面决定经合同当事人签字确认后，对双方具有约束力，双方应遵照执行。

任何一方当事人不接受争议评审小组决定或不履行争议评审小组决定的，双方可选择采用其他争议解决方式。

（4）仲裁或诉讼　因合同及合同有关事项产生的争议，合同当事人可以在专用合同条款中约定以下一种方式解决争议：

1）向约定的仲裁委员会申请仲裁。

2）向有管辖权的人民法院起诉。

案例分析

（1）根据相关规定，勘察、设计的质量不符合要求或者未按照期限提交勘察、设计文件拖延工期，造成发包人损失的，勘察人、设计人应当继续完善勘察、设计，减收或者免收勘察、设计费并赔偿损失。该案中乙单位不仅没有按照合同的约定提交勘察设计文件，致使甲公司的建设工期受到延误，造成丙公司窝工，而且勘察设计的质量也不符合要求，致使承建单位丙公司因修改设计图而停工、窝工。乙单位的上述违约行为已给甲公司造成损失，应负赔偿甲公司损失的责任。

（2）甲公司的诉求应得到法院的支持。

常见问题解析

1. 勘察设计合同属于委托合同吗？

【解析】勘察设计合同不属于委托合同，属于承揽合同，属于诺成合同，合同当事人意思达成一致即可。

2. 委托任务范围内的设计变更应注意哪些问题？

【解析】为了维护设计文件的严肃性，经过批准的设计文件不应随意变更。发包人、施工承包人、监理人均不得修改建设工程勘察、设计文件。如果发包人根据工程的实际需要确需修改建设工程勘察、设计文件时，应当首先报经原审批机关批准，然后由原建设工程勘察、设计单位修改，经过修改的设计文件仍需按设计管理程序经有关部门审批后使用。

思　考　题

1. 订立勘察、设计合同时应约定哪些内容？
2. 设计合同发包人有哪些合同责任？
3. 设计工作内容的变更有哪些形式？
4. 设计合同履行过程中，哪些属于违约责任？

第七章 建设工程施工合同管理

7

学习目标

知识目标：

1. 了解建设工程施工合同管理的基本方法。
2. 熟悉招标投标与合同的关系。
3. 掌握建设工程施工合同及合同管理概念，掌握合同管理的目标、种类和特征。
4. 掌握合同的订立和履行管理及合同索赔。

能力目标：

1. 能够建立建设工程施工合同管理的目标。
2. 能够明确示范文本的组成及应用。
3. 能够设立合同管理机构、建立合同管理目标制度。
4. 能够订立施工合同，管理施工合同履行。
5. 能够进行合同索赔。

知识脉络图

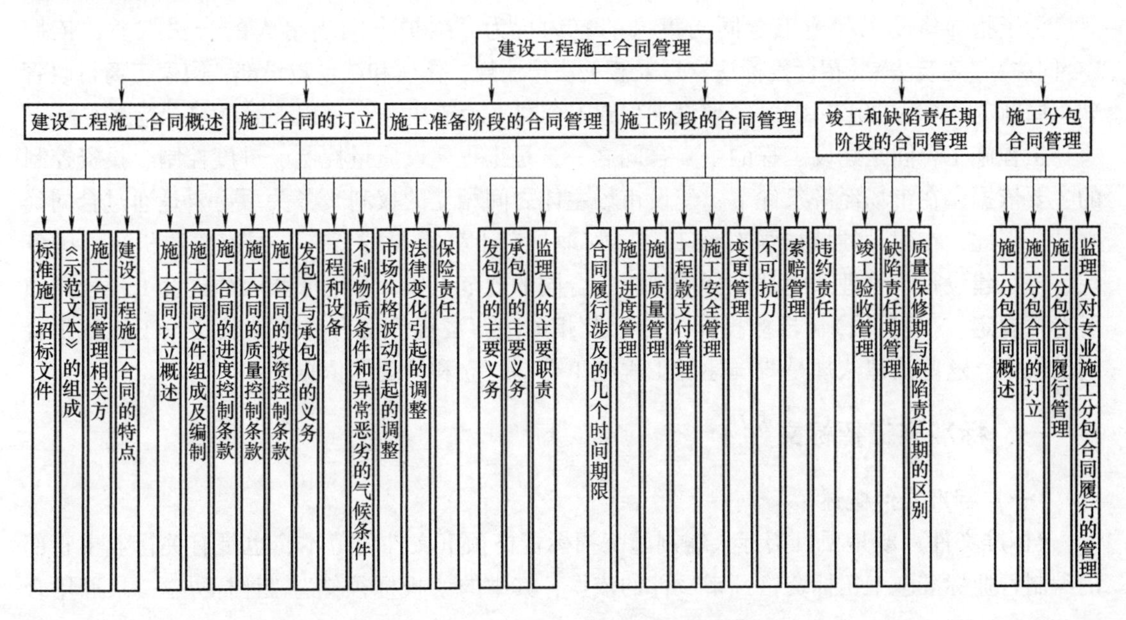

第一节 建设工程施工合同概述

案例引入

背景资料：A商场为了扩大营业范围，购得某市B集团一块建设用地，准备兴建分店，其通过招标投标的形式与C建筑工程公司签订了建设工程承包合同，建设期间因A商场的责任未能在规定时间内解决征地问题，使得工程窝工100天，在C与A的口头交涉下，A同意变更合同。

问题：

(1) A与C在该合同中的关系是什么？

(2) 该合同是属于什么类型的合同？

(3) 在口头交涉下，A同意变更合同是否有效？

工程施工合同是发包人（建设单位、业主或总承包单位）与承包人（施工单位）之间为完成商定的建设工程项目，确定双方权利和义务的协议。建设工程施工合同又称建筑安装承包合同，建筑是指对工程进行营造的行为，安装主要是指与工程有关的线路、管道、设备等设施的装配。依照施工合同，承包人应完成一定的建筑、安装工程任务，发包人应提供必要的施工条件并支付工程价款。目前，我国工程建设领域的招标文件编制及合同订立和履行，分别执行《标准施工招标文件》和《建设工程施工合同（示范文本）》。

为了规范施工招标资格预审文件、招标文件编制活动，提高资格预审文件、招标文件编制质量，促进招标投标活动的公开、公平和公正，国家发展和改革委员会、财政部、建设部、铁道部、交通部、信息产业部、水利部、民用航空总局、广播电影电视总局九部委联合编制了《标准施工招标资格预审文件》和《标准施工招标文件》（以下如无特别说明，统一简称为《标准文件》），自2008年5月1日起施行。

为了指导建设工程施工合同当事人的签约行为，维护合同当事人的合法权益，依据《合同法》《建筑法》《招标投标法》以及相关法律法规，住房和城乡建设部、国家工商行政管理总局制定了GF—2017—0201《建设工程施工合同（示范文本)》（以下简称《示范文本》）。

工程施工合同是建设工程的主要合同之一，是工程建设质量控制、进度控制、投资控制的主要依据。在市场经济条件下，建设市场主体之间相互的权利义务关系主要是通过合同确立的，因此，在建设领域加强对施工合同管理具有十分重要的意义。国家立法机关、国务院、国家建设行政管理部门都十分重视施工合同的规范工作，《合同法》对建设工程合同做了专章规定，《建筑法》《招标投标法》以及相关法律法规等也有许多涉及建设工程施工合同的规定，这些法律法规是我国建设工程施工合同订立和管理的依据。

一、标准施工招标文件

（一）标准文件概述

《标准文件》既是项目招标人编制施工招标资格预审文件的范本，也是有关行业主管部门编制行业标准施工招标资格预审文件的依据，其中的“投标须知”“评标办法”“通用合同条款”在行业标准施工招标文件和试点项目招标人编制的施工招标文件中必须不加修改地引用，其他内容供招标人参考。九部委在2012年又颁发了适用于工期在12个月之内的《简明标准施工招标文件》和《标准设计施工总承包招标文件》。依法必须进行招标的工程建设项目，工期不超过12个月、技术相对简单且设计和施工不是由同一承包人承担的小型项目，其施工招标文件应当根据《简明标准施工招标文件》编制；设计施工一体化的总承包项目，其招标文件应当根据《标准设计施工总承包招标文件》编制。

按照九部委联合颁布的“标准施工招标资格预审文件和标准施工招标文件试行规定”要求，各行业编制的标准施工合同应不加修改地引用“通用合同条款”，即标准施工合同和简明施工合同的通用合同条款广泛适用于各类建设工程。各行业编制的标准施工招标文件中的“专用合同条款”可结合施工项目的具体特点，对标准的“通用合同条款”进行补充、细化。除“通用合同条款”明确“专用合同条款”可做出不同约定外，补充和细化的内容不得与“通用合同条款”的规定相抵触，否则抵触内容无效。

（二）标准施工合同的组成

标准施工合同提供了通用合同条款、专用合同条款和签订合同时采用的合同附件格式。

1. 通用合同条款

标准施工合同的通用合同条款包括24条，标题分别为：一般约定；发包人义务；监理人；承包人；材料和工程设备；施工设备和临时设施；交通运输；测量放线；施工安全、治安保卫和环境保护；进度计划；开工和竣工；暂停施工；工程质量；试验和检验；变更；价格调整；计量与支付；竣工验收；缺陷责任与保修责任；保险；不可抗力；违约；索赔；争议的解决。共计131款。

2. 专用合同条款

由于通用合同条款的内容涵盖各类工程项目施工共性的合同责任和履行管理程序，各行业可以结合工程项目施工的行业特点编制标准施工合同文本在专用合同条款内体现，具体招标工程在编制合同时，应针对项目的特点、招标人的要求，在专用合同条款内针对通用合同条款涉及的内容进行补充、细化。

工程实践应用时，通用合同条款中适用于招标项目的条款不必在专用合同条款内重复，需要补充、细化的内容应与通用合同条款的序号一致，使得通用合同条款与专用合同条款中相同序号的条款内容共同构成对履行合同某一方面的完备约定。

为了便于行业主管部门或招标人编制招标文件和拟定合同，标准施工合同文本根据通用合同条款的规定，在专用合同条款中针对22条50款做出了应用的参考说明。

3. 合同附件格式

（1）合同协议书　合同协议书是发包人和承包人依据《合同法》《建筑法》及其他有关法律、法规，遵循平等、自愿和诚实信用原则就建筑工程施工中最基本、最重要的事项协商一致同时签字盖章的书面协议。因此，标准施工合同中规定了应用格式。它规定了合同当事人双方最主要的权利义务，规定了组成合同的文件及合同当事人对履行合同义务的承诺。“协议书”主要包括以下方面：工程概况（工程名称、工程地点、工程内容、群体工程应附承包人承揽工程项目一览表、工程立项批准文号、资金来源等）；合同承包范围；合同工期（开工日期、竣工日期、合同工期总日历天数）；质量标准；合同价款（分别用大小写表示）；组成合同的文件；本协议书中有关词语含义与通用合同条款中分别赋予的含义一致；承包人向发包人承诺按照合同约定进行施工、竣工并在质保期内承担工程质量保修责任；发

包人向承包人承诺按照合同约定的期限和支付方式支付合同价款及其他应当支付的款项；合同生效（合同订立时间地点、双方约定生效时间）。

（2）履约保函　标准施工合同要求履约担保采用保函的形式，给出的履约保函标准格式主要表现为以下两个方面的特点：

1）担保期限。担保期限自发包人和承包人签订合同之日起，至签发工程移交证书日止。没有采用国际招标工程或使用世界银行贷款建设工程的担保期限至缺陷责任期满为止的规定，即担保人对承包人保修期内履行合同义务的行为不承担担保责任。

2）担保方式。采用无条件担保方式，即持有履约保函的发包人认为承包人有严重违约情况时，即可凭保函向担保人要求予以赔偿，不需承包人确认。无条件担保有利于避免当出现承包人严重违约情况时，由于解决合同争议而影响后续工程的施工。标准履约担保格式中，担保人承诺"在本担保有效期内，因承包人违反合同约定的义务给你方造成经济损失时，我方在收到你方以书面形式提出的在担保金额内的赔偿要求后，在 7 天内无条件支付"。

（3）预付款担保　标准施工合同规定的预付款担保采用银行保函形式，主要特点为：

1）担保方式。担保方式也是采用无条件担保形式。

2）担保期限。担保期限自预付款支付给承包人起生效，至发包人签发的进度付款证书说明已完全扣清预付款止。

3）担保金额。担保金额尽管在预付款担保书内填写的数额与合同约定的预付款数额一致，但与履约担保不同，当发包人在工程进度款支付中已扣除部分预付款后，担保金额相应递减。保函格式中明确说明："本保函的担保金额，在任何时候不应超过预付款金额减去发包人按合同约定在向承包人签发的进度付款证书中扣除的金额"。即保持担保金额与剩余预付款的金额相等原则。

二、《示范文本》的组成

GF—2017—0201《建设工程施工合同（示范文本）》适用于房屋建筑工程、土木工程、线路管道和设备安装工程、装修工程等建设工程的施工承包发包活动，合同当事人可结合建设工程具体情况，根据《示范文本》订立合同，并按照法律法规规定和合同约定承担相应的法律责任及合同权利义务。《示范文本》为非强制性使用文本。《示范文本》由合同协议书、通用合同条款和专用合同条款三部分组成。

（一）合同协议书

《示范文本》合同协议书共计 13 条，主要包括：工程概况、合同工期、质量标准、签约合同价和合同价格形式、项目经理、合同文件构成、承诺以及合同生效条件等重要内容，集中约定了合同当事人基本的合同权利义务。

（二）通用合同条款

通用合同条款是文本的制定者根据大多数建设工程施工合同涉及的内容提前设定的，供合同当事人根据《建筑法》《合同法》等法律法规的规定，就工程建设的实施及相关事项，对合同当事人的权利义务进行协商做出的原则性规定。而有关当事人一旦使用该《示范文本》订立了合同，只要当事人没有通过专用合同条款或另行签订补充协议对该通用合同条款中某具体的条款进行修改，该通用合同条款中的具体条款就形成了当事人签订的建设工程施工合同内容的一部分。

通用合同条款共计20条，具体条款分别为：一般约定、发包人、承包人、监理人、工程质量、安全文明施工与环境保护、工期和进度、材料与设备、试验与检验、变更、价格调整、合同价格、计量与支付、验收和工程试车、竣工结算、缺陷责任与保修、违约、不可抗力、保险、索赔和争议解决。前述条款安排既考虑了现行法律法规对工程建设的有关要求，也考虑了建设工程施工管理的特殊需要。

（三）专用合同条款

专用合同条款是对通用合同条款原则性约定的细化、完善、补充、修改或另行约定的条款。合同当事人可以根据不同建设工程的特点及具体情况，通过双方的谈判、协商对相应的专用合同条款进行修改补充。在使用专用合同条款时，应注意以下事项：

1）专用合同条款的编号应与相应的通用合同条款的编号一致。

2）合同当事人可以通过对专用合同条款的修改，满足具体建设工程的特殊要求，避免直接修改通用合同条款。

3）在专用合同条款中有横道线的地方，合同当事人可针对相应的通用合同条款进行细化、完善、补充、修改或另行约定；如无细化、完善、补充、修改或另行约定，则填写“无”或划“/”。

附件包括：承包人承揽工程项目一览表、发包人供应材料设备一览表、工程质量保修书、主要建设工程文件目录、承包人用于本工程施工的机械设备表、承包人主要施工管理人员表、分包人主要施工管理人员表、履约担保格式、预付款担保格式、支付担保格式、暂估价一览表。

三、施工合同管理相关方

合同当事人包括发包人、承包人和监理人。

1）发包人。发包人是指在协议书中约定的与承包人签订合同协议书的当事人以及取得该当事人资格的合法继承人。可以是具备法人资格的国家机关、事业单位、国有企业、集体企业、私营企业、经济联合体和社会团体，也可以是依法登记的个人合伙企业、个体经营户或个人，即一切以协议、法院判决或其他合法完备手续取得发包人资格，承认全部合同条件，能够而且愿意履行合同规定义务的合同当事人。与发包人合并的单位、兼并发包人的单位、购买发包人合同和接受发包人出让的单位和人员，均可成为发包人，履行合同规定的义务，享有合同规定的权利。

2）承包人。承包人是指在协议书中约定、被发包人接受的具有工程施工承包主体资格的当事人以及取得该当事人资格的合法继承人。承包人必须具备有关部门核定的资质等级并持有经营执照等证明文件。《建筑法》规定：建筑施工企业按照其拥有的注册资本、专业技术人员、技术装备和已完成的建筑工程业绩等资质条件，划分为不同的资质等级，经资质审查合格，取得相应等级的资质证书后，方可在其资质等级许可的范围内承揽工程。

3）监理人。监理人是指受发包人委托，对合同履行实施管理的法人或其他组织。监理人不是施工合同的当事人，在施工合同的履行管理中不是“独立的第三方”，属于发包人一方的人员，但又不同于发包人的雇员，即不是一切行为均遵照发包人的指示，而是在授权范围内独立工作，以保障工程按期、按质、按量完成发包人的最大利益为管理目标，依据合同条款的约定，公平合理地处理合同履行过程中的有关管理事项。

四、建设工程施工合同的特点

1. 合同标的特殊性

施工合同的标的物是特定建筑产品，不同于其他一般商品。首先，建筑产品的固定性和施工生产的流动性是区别于其他商品的根本特点。建筑产品是不动产，其基础部分与大地相连，不能移动，这就决定了每个施工合同相互之间具有不可替代性，而施工队伍和施工机械必须围绕建筑产品不断移动。其次，由于建筑产品各有其特定的功能要求，其实物形态千差万别，种类庞杂，其外观、结构、使用目的、使用人都各不相同，这就要求每一个建筑产品都需单独设计和施工，即使重复利用标准设计或重复使用图纸，也应采取必要的修改设计才能施工，造成建筑产品的单体性和生产的单件性。再次，建筑产品体积庞大，消耗的人力、物力、财力多，一次性投资额大。所有这些特点，必须在施工合同中表现出来，使得施工合同在明确标的物时，需要将建筑产品的幢数、面积、层数或高度、结构特征、内外装饰标准和设备安装要求等一一规定清楚。

2. 合同内容的多样性和复杂性

施工合同实施过程中涉及的主体种类多，履行期限长，标的额大。涉及的法律关系，除承包人与发包人的合同关系外，还涉及与劳务人员的劳动关系、与保险公司的保险关系、与材料设备供应商的买卖关系、与运输企业的运输关系，以及与监理单位、分包人、保证单位的合同关系等。施工合同除了应具备合同的一般内容外，还应对安全施工、专利技术使用、地下障碍和文物发现、工程分包、不可抗力、工程设计变更、材料设备供应、运输和验收等内容做出规定。这些都决定了施工合同的内容具有多样性和复杂性的特点，要求合同条款必须具体明确和完整。

3. 合同履行期限的长期性

建设工程结构复杂、体积大、材料类型多、工作量大，使得工程生产周期都比较长。工程建设的施工应当在合同签订后开始，且需加上合同签订后到正式开工前的施工准备时间和工程全部竣工验收后、办理竣工结算及保修期间。在工程施工过程中，还可能因为不可抗力、工程变更、材料供应不及时、一方违约等原因而导致工期延误，因而施工合同的履行期限具有长期性，变更比较频繁，合同争议和纠纷也比较多。

4. 合同监督的严格性

由于施工合同的履行对国家经济发展、公民的工作与生活都有重大影响，因此，国家对施工合同的监督是十分严格的。具体表现在以下几个方面：

(1) 合同主体监督的严格性　建设工程施工合同主体一般是法人。发包人一般是经过批准进行工程项目建设的法人，必须有国家批准的建设项目，落实投资计划，并且应当具备相应的协调能力；承包人则必须具备法人资格，而且应当具备相应的从事施工的资质。无营业执照或无承包资质的单位不能作为建设工程施工合同的主体，资质等级低的单位不能越级承包建设工程。

(2) 合同订立监督的严格性　订立建设工程施工合同必须以国家批准的投资计划为前提，即使是国家投资以外的、以其他方式筹集的投资也要受到当年的贷款规模和批准限额的限制，纳入当年投资规模的平衡，并经过严格的审批程序。建设工程施工合同的订立还必须符合国家有关于建设程序的规定。考虑到建设工程的重要性和复杂性，在施工过程中经常会发生影响合同履行的各种纠纷，因此《合同法》要求，建设工程合同应当采用书面形式。

（3）合同履行监督的严格性　在施工合同的履行过程中，除了合同当事人应当对合同进行严格的管理外，合同的主管机构（工商行政管理部门）、建设主管部门、合同双方的上级主管部门、金融机构、解决合同争议的仲裁机关或人民法院，还有税务部门、审计部门及合同公证机关或鉴证机关等机构和部门，都要对施工合同的履行进行严格的监督。

案例分析

（1）A与C在合同中属于发包人与承包人的关系。

（2）该合同属于建设施工合同。

（3）建设工程合同应当采用书面形式，合同的签订、变更或解除，都必须采取书面形式，该口头变更合同无效。

第二节　施工合同的订立

案例引入

背景资料：甲乙两公司之间签订钢材购买合同，合同约定：乙公司向甲公司提供钢材，总价款500万元。甲公司预支价款200万元。在甲公司即将支付预付款前，得知乙公司经营不善，无法交付钢材，并有确切证据证明。于是，甲公司拒绝支付预付款，除非乙公司能提供一定的担保，乙公司拒绝提供担保。为此，双方发生纠纷并诉至法院。

问题：

（1）甲公司拒绝支付预付款是否合法？

（2）甲公司的行为若合法，其法律依据是什么？

施工合同的通用条款和专用条款尽管在招标投标阶段已作为招标文件的组成部分，但在合同订立过程中尚有许多问题需要明确或细化，以保证合同的权利和义务界定清晰。

一、施工合同订立概述

1. 施工合同订立应具备的条件

1）初步设计已经批准。

2）工程项目已经列入年度建设计划。

3）有足够满足施工需要的设计文件和有关技术资料。

4）建设资金和主要建筑材料设备来源已经落实。

5）对于招标工程，中标通知书已经下达。

2. 订立合同应遵循的原则

（1）平等原则　平等原则是指地位平等的合同当事人，在充分协商达成一致意思表示的前提下订立合同的原则。这一原则包括以下三方面内容：

1）合同当事人的法律地位一律平等。无论所有制性质，也无论单位大小和经济实力的

强弱，其地位都是平等的。

2）合同中的权利义务对等。当事人所取得财产、劳务或工作成果与其履行的义务大体相当；要求一方不得无偿占有另一方的财产，侵犯他人权益；要求禁止平调和无偿调拨。

3）合同当事人必须就合同条款充分协商，取得一致，合同才能成立。任何一方都不得凌驾于另一方之上，不得把自己的意志强加给另一方，更不得以强迫命令、胁迫等手段签订合同。

（2）自愿原则　自愿原则是指当事人依法享有自愿订立合同的权利，任何单位和个人不得非法干预。民事活动除法律强制性的规定外，由当事人自愿约定。具体包括：

1）订不订立合同自愿。

2）与谁订立合同自愿。

3）合同内容由当事人在不违法的情况下自愿约定。

4）当事人可以协议补充、变更有关内容。

5）双方也可以协议解除合同。

6）可以自由约定违约责任，在发生争议时，当事人可以自愿选择解决争议的方式。

（3）公平原则　公平原则是指当事人应当遵循公平原则确定各方的权利和义务。公平原则要求合同双方当事人之间的权利义务要公平合理，具体包括：

1）在订立合同时，要根据公平原则确定双方的权利和义务。

2）根据公平原则确定风险的合理分配。

3）根据公平原则确定违约责任。

（4）诚实信用原则　诚实信用原则是指当事人行使权利、履行义务应当遵循诚实信用原则。诚实信用原则要求当事人在订立合同的全过程中都要诚实、讲信用，不得有欺诈或其他违背诚实信用的行为。

（5）合法原则　合法原则是指当事人订立、履行合同，应当遵守法律、行政法规，尊重社会公德，不得扰乱社会经济秩序，损害社会公共利益。具体包括：

1）合同的内容要符合法律、行政法规规定的精神和原则。

2）合同的内容要符合社会上被普遍认可的道德行为准则。

3. 订立施工合同的程序

施工合同的订立同样包括要约和承诺两个阶段。其订立方式有直接发包和招标发包两种。对于必须进行招标发包的建设项目，工程建设的施工都应通过招标投标确定承包人。

中标通知书发出后，中标人应当与招标人及时签订合同。《招标投标法》规定：招标人和中标人应当自中标通知书发出之日起30日内，按照招标文件和中标人的投标文件订立书面合同。招标人和中标人不得再行订立背离合同实质性内容的其他协议。

二、施工合同文件组成及编制

（一）合同文件的组成及解释顺序

合同是指构成对发包人和承包人履行约定义务过程中，有约束力的全部文件体系的总称。在协议书和通用合同条款中规定，对合同当事人双方有约束力的合同文件，包括签订合同时已形成的文件和履行过程中构成对双方有约束力的文件两大部分。依照《建设工程施工合同（示范文本）》通用合同条款的规定，除专用合同条款另有约定外，解释合同文件的优先顺序如下：

1）合同协议书。

2）中标通知书。

3）投标函及投标函附录。

4）专用合同条款。专用合同条款是发包人与承包人根据法律、行政法规规定结合具体工程实际，经协商达成一致意见的条款，是对通用合同条款的具体化、补充或修改。

5）通用合同条款。通用合同条款是文本的制定者根据大多数建设工程施工合同涉及的内容提前设定的，供合同当事人根据《建筑法》《合同法》等法律法规的规定，就工程建设的实施及相关事项，对合同当事人的权利义务进行协商做出的原则性规定。而有关当事人一旦使用该《示范文本》订立了合同，只要当事人没有通过专用合同条款或另行签订补充协议对该通用合同条款中某具体的条款进行修改，该通用合同条款中的具体条款就形成了当事人签订的建设工程施工合同内容的一部分。

6）技术标准和要求。具体工程所使用的标准规范及有关技术文件应在专用合同条款中约定，并应符合下列规定：

① 适用的我国国家标准、规范的名称。

② 没有国家标准、规范但有行业标准、规范的，则约定适用行业标准、规范的名称。

③ 没有国家和行业标准规范的，则约定适用工程所在地的地方标准、规范的名称。发包人应按专用合同条款约定的时间，向承包人提供若干份约定的标准、规范。

④ 国内没有相关标准、规范的，由发包人按专用合同条款约定的时间向承包人提出施工技术要求，承包人按约定的时间和要求提出施工工艺，经发包人认可后执行。

⑤ 如果发包人要求使用国外标准、规范的，应负责提供中文译本，所发生的购买和翻译标准、规范或制定施工工艺的费用由发包人承担。

7）图纸。由发包人提供或由承包人提供并经发包人批准，满足承包人施工需要的所有图纸（包括配套说明和有关资料）。发包人应按专用合同条款约定的日期和套数向承包人提供图纸。承包人需要增加图纸套数的，发包人应代为复制，复制费用由承包人承担。发包人对工程有保密要求的，应在专用合同条款中提出，保密措施费用由发包人承担，承包人在约定保密期限内履行保密义务。承包人未经发包人同意，不得将本工程图纸转给第三人。工程质量保修期满后，除承包人存档需要的图纸外，应将全部图纸退还给发包人。承包人应在施工现场保留一套完整图纸，供工程师及有关人员进行工程检查时使用。

8）已标价的工程量清单。

9）工程报价单或预算书。

合同履行过程中，双方有关工程的洽商、变更等书面协议或文件视为本合同的组成部分。在不违反法律和行政法规的前提下，当事人可以通过协商变更合同的内容，这些变更的协议或文件均构成合同文件组成部分，并根据其性质确定优先解释顺序。

当合同文件内容模糊不清或不相一致时，在不影响工程正常进行的情况下，由发包人与承包人协商解决。双方也可以提请负责监理的工程师做出解释。双方协商不成或不同意负责监理的工程师的解释时，按有关争议的约定处理。

施工合同文件使用汉语言文字书写解释和说明。如专用合同条款约定使用两种以上（含两种）语言文字时，汉语应为解释和说明施工合同的标准语言文字。在少数民族地区，双方可以约定使用少数民族语言文字书写和解释、说明施工合同。

组成合同的各文件中出现含义或内容的矛盾时，如果专用合同条款没有另行的约定，以

上合同文件序号为优先解释的顺序。

（二）几个文件的含义

1. 中标通知书

中标通知书是招标人接受中标人的书面承诺文件，具体写明承包的施工标段、中标价、工期、工程质量标准和中标人的项目经理名称。中标价应是在评标过程中对报价的计算或书写错误进行修正后，作为该投标人评标的基准价格。项目经理的名称是中标人的投标文件中说明并已在评标时作为量化评审要素的人选，要求履行合同时必须到位。

2. 投标函及投标函附录

标准施工合同文件组成中的投标函，不同于 GF—2017—0201《建设工程施工合同（示范文本）》规定的投标书及其附件，投标函仅是投标人置于投标文件中的保证中标后与发包人签订合同、按照要求提供履约担保、按期完成施工任务的承诺文件。

投标函附录是投标函内承诺部分主要内容的细化，包括项目经理的人选、工期、缺陷责任期、分包的工程部位、公式法调价的基数和系数等的具体说明。因此，承包人的承诺文件作为合同组成部分，并非指整个投标文件。也就是说，投标文件中的部分内容在订立合同后允许进行修改或调整，如施工前应编制更为详尽的施工组织设计、进度计划等。

3. 其他合同文件

其他合同文件包括的范围较广，主要针对具体施工项目的行业特点、工程的实际情况、合同管理需要而明确的文件。签订合同协议书时，需要在专用合同条款中对其他合同文件的具体组成予以明确。

（三）施工合同文件的编制

合同文件是以招标文件为基础形成的，在编制招标文件时就应充分熟悉有关的法律文件，了解国家制定的项目建设有关法规与规定，如《合同法》《建筑法》《招标投标法》，以及项目管理有关规定、建筑工程质量管理规定、工程验收规定等。还要了解有关规范，如监理规范等。此外，在许多情况下，并不是所有大小问题的解决都有法律、法规可依，但是却有大家熟知和认可的惯例，这些惯例在编制合同文件解决具体问题时都是很有参考价值的。

施工合同文件应有一份可以依据的达到要求深度的设计文件和图纸，包括勘探资料。因为任何设计的缺陷连带的不仅是增加发包人的费用支出，而且还有工期与质量问题。合同编制者应深入研究任何设计可能存在的缺陷、现场条件可能出现的变化和可能发生的施工变更，并在合同条款编写时应用一定的技巧，将克服缺陷的工作交由承包人去做，从增加承包人的工作内容上去化解设计缺陷带给发包人的风险；明确、细致地规定应对任何变化的措施。实践证明，这样做比事先“糊涂”事后补救要容易得多，花费也会相应减少。

承包商的一般义务和责任是对工程进行施工、竣工和缺陷修补，而且应对所有现场作业和施工方法的正确性和安全性负全部责任。完成某项工程，不同施工单位可能有不同的做法，发包人的目的是取得一个好工程，不必强求施工单位一定要采用自己认定的施工工艺，只要能达到设计要求、符合相关的施工规范、满足验收标准，就应给施工单位自行选择具体施工工艺的权力。国外通行的做法是施工图（国外称为详细设计）由施工单位去完成，这是由于掌握具体施工工艺是施工单位的强项。

发包人在建设工程项目时，若委托的设计单位不仅提出了设计，而且还规定了具体、详细的施工工艺，施工单位就会直接采用设计单位提出的工艺，而不考虑设计工艺是否有任何

不足。按照其设计的工艺施工，当基础出现缺陷时，设计单位和施工单位相互推卸责任，双方争执不下，为发包人造成了困难，特别是为工程安全留下了隐患。因此，在合同编制时，仅应明确发包人的目的是取得一个符合设计的合格工程，而不宜具体指定为取得合格工程承包人必须采用什么施工方法。发包人可以对承包人的施工方法进行审查，但审查同意绝不免除承包人的责任，这是国际惯例。

使用合同范本是国际上通行的做法。世界银行明确要求，凡是使用世界银行贷款的项目，招标时必须使用其规定的合同范本。我国各行业大多也制定了自己的行业范本，如《建设工程施工合同（示范文本）》。这些范本吸收了国际的和我国的项目建设与管理经验，是字斟句酌编制出来的，对合同执行过程中遇到的问题都有明确的解决方式。范本已使合同双方的权利、义务、风险责任达到了总体平衡，采用这些范本可以简化合同文件的编制，可以避免自己编制合同时客观上易于较多地考虑发包人的利益而形成不平等合约，从而给承包人带来较大风险的弊端。任何此类弊端都可能导致承包人提高投标报价，最终给发包人带来更多的费用支出。

由于工程的多种多样性，施工中所遇问题的复杂性，合同范本中的商务条款分成了通用合同条款和专用合同条款。通用合同条款是针对所有工程普遍适用的，一般要求不得更改地全部采用。专用合同条款是针对具体工程的，是对通用合同条款中相应条款的修改或补充。发包人应依据其工程实际编制出专用合同条款，替代或修改通用合同条款中的相应条款，这是编制合同的重点。

编制专用合同条款时要在充分认识本项目特点的基础上，研究不同规定对项目建设工期、质量，对发包人、承包人经济利益的影响，从而恰当地做出约定。如关于预付款问题，发包人可以给，也可以不给，但其后果是不同的。如果不给予预付款，承包人在进场后需要垫支材料采购费，垫支是有费用成本的，其报价必然要因考虑这部分费用成本而提高；又如合同价款支付方式，苛刻的支付方式，必然导致承包人的高报价；再如价格调整问题，有的地方在实行工程量清单计价实施细则中规定，把涨价因素放入风险因素中考虑，这当然无可非议，但是对于某些施工期较长的项目（如三年或更多），就需要考虑这种规定的利弊。世界银行的惯例是施工期超过 18 个月，就应考虑物价变动而进行价格调整。我国的一般规定是超过 12 个月时实行价格调整。在长施工期内社会物价的涨落，不是一个有经验的承包商可以准确预见的，如果没有价格调整的规定，为应对这种风险，承包人理所当然地会在报价中考虑对策，发包人肯定要为此付出代价。在工程施工期限较长时对价格进行调整，合同双方都不吃亏。如果不讲条件、不管施工期长短，一律执行不进行价格调整的规定，当遇到物价下降时，发包人的支付将比实际需要更多；当物价上涨时，承包人将付出较大的成本，当这种成本大到一定程度时，承包人将有无法承受之虑，从而为降低工程质量留下隐患。一般来讲，我国的承包商承受风险的能力都不是很强，所以更应注意。

编制合同时还应注意，出现任何施工问题时皆为单一责任，即任何问题只有一个责任承担人，这对施工管理非常重要。例如，当发包人考虑实行自供材料时，必须同时考虑因此而必然带来的工程质量责任的交叉问题如何解决。因为一旦施工中出现工程质量问题，将会引起材料质量与施工质量的争议，这是项目管理者不希望遇到的事。

对于范本中通用合同条款、专用合同条款均未写明而在实际中又会遇到的事项，在编制专用合同条款时均应予以补充。如履约保证金的退还办法，预留金、暂定金的使用程序等。又如关于税金的计算问题，若在执行工程量清单计价有关文件中说明“其他项目费”是税

金计算的基数，则显然存在疏忽之处，因为“其他项目费”包括预留金和暂定金，这两种费用都界定为用于尚未确定发生的项目，既然尚未确定，也就是说不一定会发生，如果不发生，承包人当然不会缴税，而这部分价款却因为已纳入税金计算基数付给了承包人，这显然不合适。

应该特别说明的是，项目施工中所发生的一切都会涉及合同双方任一方的经济利益，因此合同编制者必须坚持公平、公正的原则，把任何问题的处理规定都看作是保护当事方合法权益的行为，不要将设计深度不够和建设条件不清的风险、不可预见和不能防范的风险甚至发包人的风险等推给承包人承担。任何不公平的规定，必然促使利益受到侵害的一方采取相应的对策和措施，以求补偿其损失。

由于合同条款是由发包人在招标文件中体现出来的，因此，发包人在合同条款的制定上处于主导、主动地位。承包人依据招标文件中合同条款写明的各种要求、限制或条件，提出自己的应对措施与相应的报价，处于被动地位。这使得某些发包人误以为合同条款可以由自己用“霸主”的气势去任意规定，这是不对的。建设项目是由承包人施工的，一旦中标签订了合同，承包人进入施工现场，在某种程度上会变为主动方，如果不能在合同中体现充分的公平，最终受害最大者将会是发包人自己。

总之，对于发包人来讲，付出合理的价格取得一个合格的工程，是其最大利益所在。对于承包人来讲，建设出一个合格的工程，取得合理的利润，是其最大利益所在。要取得这种双赢的结果，必须注意编制一份全面、正确、公平、公正的施工合同文件，作为项目管理的依据。

三、施工合同的进度控制条款

进度控制是施工合同管理的重要部分。施工合同的进度控制可以划分为施工准备阶段、施工阶段、竣工验收阶段的进度控制。

（一）施工准备阶段的进度控制

1. 工期的概念及合同工期的约定

工期是指在合同协议书中约定的承包人完成工程所需的期限，包括按照合同约定所做的期限变更。合同工期是施工的工程从开工起到完成专用合同条款约定的全部内容，工程达到竣工验收标准所经历的时间。承包发包双方必须在协议书中明确约定工期，包括开工日期和竣工日期。开工日期是指发包人在协议书中约定，承包人开始施工的绝对或相对日期。竣工日期是指发包人和承包人在协议书中约定，承包人完成承包范围内工程的绝对或相对的日期。招标发包的工程以投标截止日前28天的日期为基准日期，直接发包的工程以合同签订日前28天的日期为基准日期。

合同当事人应当在开工日期前做好一切准备工作，承包人则应当按约定的开工日期开工。对于群体工程，双方应在合同附件中具体约定不同单位工程的开工日期和竣工日期。对于大型、复杂工程项目，除了约定整个工程的开工日期、竣工日期和合同工期的总日历天数外，还应约定重要里程碑事件的开工日期与竣工日期，以确保工期总目标的顺利实现。

2. 进度计划

承包人应按照专用合同条款约定的日期，将施工组织设计和工程进度计划提交总监理工程师（以下简称“工程师”），工程师按专用合同条款约定的时间予以确认或提出修改意见，逾期不确认也不提出书面意见的，则视为已经同意。群体工程中单位工程分期进行施工的，承包人应按照发包人提供图纸及有关资料的时间，按单位工程编制进度计划，其具体内容在专用合同条款中约定，分别向工程师提交。

工程师对进度计划予以确认或提出修改意见，并不免除承包人施工组织设计和工程进度计划本身缺陷所应承担的责任。工程师对进度计划予以确认的主要目的，是为工程师对进度进行控制提供依据。

3. 其他准备工作

在开工前，合同双方还应该做好其他各项准备工作，如发包人应当按照专用合同条款的约定使施工场地具备施工条件、开通公共道路，承包人应当做好施工人员和设备的调配工作，按合同规定完成材料设备的采购等。

工程师需要做好水准点与坐标控制点的交验，按时提供标准、规范。为了能够按时向承包人提供设计图，工程师需要做好协调工作，组织图纸会审和设计交底等。

4. 开工

（1）开工准备　除专用合同条款另有约定外，承包人应按照施工组织设计约定的期限，向监理人提交工程开工报审表，经监理人报发包人批准后执行。开工报审表应详细说明按施工进度计划正常施工所需的施工道路、临时设施、材料、工程设备、施工设备、施工人员等落实情况以及工程的进度安排。

除专用合同条款另有约定外，合同当事人应按约定完成开工准备工作。

（2）开工通知　发包人应按照法律规定获得工程施工所需的许可。经发包人同意后，监理人发出的开工通知应符合法律规定。监理人应在计划开工日期7天前向承包人发出开工通知，工期自开工通知中载明的开工日期起计算。

除专用合同条款另有约定外，因发包人原因造成监理人未能在计划开工日期之日起90天内发出开工通知的，承包人有权提出价格调整要求，或者解除合同。发包人应当承担由此增加的费用和（或）延误的工期，并向承包人支付合理利润。

（二）施工阶段的进度控制

1. 工程师对进度计划的检查与监督

开工后，承包人必须按照工程师确认的进度计划组织施工，接受工程师对进度的检查、监督，检查、监督的依据一般是双方已经确认的月度进度计划。一般情况下，工程师每月检查一次承包人的进度计划执行情况，由承包人提交一份上月进度计划实际执行情况和本月施工计划。同时，工程师还应进行必要的现场实地检查。

工程实际进度与经确认的进度计划不符时，承包人应按工程师的要求提出改进措施，经工程师确认后执行。但是，对于因承包人自身原因导致实际进度与进度计划不符时，所有的后果都应由承包人自行承担，承包人无权就改进措施追加合同价款，工程师也不对改进措施的效果负责。如果采用改进措施后，经过一段时间工程实际进展赶上进度计划，则仍可按原进度计划执行。如果采用改进措施一段时间后，工程实际进展仍明显与进度计划不符，则工程师可以要求承包人修改原进度计划，并经工程师确认后执行。但是，这种确认并不是工程师对工程延期的批准，而仅仅是要求承包人在合理的状态下施工。因此，如果承包人按修改后的进度计划施工不能按期竣工的，承包人仍应承担相应的违约责任。工程师应当随时了解施工进度计划执行过程中所存在的问题，并帮助承包人予以解决，特别是承包人无力解决的内外关系协调问题。

2. 暂停施工

(1) 发包人原因引起的暂停施工　因发包人原因引起暂停施工的，监理人经发包人同意后，应及时下达暂停施工指示。情况紧急且监理人未及时下达暂停施工指示的，按照紧急情况下的暂停施工规定执行。

因发包人原因引起的暂停施工，发包人应承担由此增加的费用和（或）延误的工期，并支付承包人合理的利润。

(2) 承包人原因引起的暂停施工　因承包人原因引起的暂停施工，承包人应承担由此增加的费用和（或）延误的工期，且承包人在收到监理人复工指示后84天内仍未复工的，视为承包人违约的情形（承包人明确表示或者以其行为表明不履行合同主要义务的）。承包人应承担因其违约行为而增加的费用和（或）延误的工期。此外，合同当事人可在专用合同条款中另行约定承包人违约责任的承担方式和计算方法。

(3) 指示暂停施工　监理人认为有必要时，并经发包人批准后，可向承包人做出暂停施工的指示，承包人应按监理人指示暂停施工。

(4) 紧急情况下的暂停施工　因紧急情况需暂停施工，且监理人未及时下达暂停施工指示的，承包人可先暂停施工，并及时通知监理人。监理人应在接到通知后24小时内发出指示，逾期未发出指示，视为同意承包人暂停施工。监理人不同意承包人暂停施工的，应说明理由，承包人对监理人的答复有异议，按照争议解决约定处理。

(5) 暂停施工后的复工　暂停施工后，发包人和承包人应采取有效措施积极消除暂停施工的影响。在工程复工前，监理人会同发包人和承包人确定因暂停施工造成的损失，并确定工程复工条件。当工程具备复工条件时，监理人应经发包人批准后向承包人发出复工通知，承包人应按照复工通知要求复工。

承包人无故拖延和拒绝复工的，承包人承担由此增加的费用和（或）延误的工期；因发包人原因无法按时复工的，按照因发包人原因导致工期延误约定办理。

(6) 暂停施工持续56天以上　监理人发出暂停施工指示后56天内未向承包人发出复工通知，除该项停工属于承包人原因引起的暂停施工及不可抗力约定的情形外，承包人可向发包人提交书面通知，要求发包人在收到书面通知后28天内准许已暂停施工的部分或全部工程继续施工。发包人逾期不予批准的，则承包人可以通知发包人，将工程受影响的部分视为按取消合同中任何工作，但转由他人实施的工作除外的约定进行变更。

暂停施工持续84天以上不复工的，且不属于承包人原因引起的暂停施工及不可抗力约定的情形，并影响到整个工程以及合同目的实现的，承包人有权提出价格调整要求，或者解除合同。解除合同的，按照因发包人违约解除合同规定执行。

(7) 暂停施工期间的工程照管　暂停施工期间，承包人应负责妥善照管工程并提供安全保障，由此增加的费用由责任方承担。

(8) 暂停施工的措施　暂停施工期间，发包人和承包人均应采取必要的措施确保工程质量及安全，防止因暂停施工扩大损失。

3. 变更

(1) 变更的范围　除专用合同条款另有约定外，合同履行过程中发生以下情形的，应按照本条约定进行变更：

1）增加或减少合同中任何工作，或追加额外的工作。

2）取消合同中任何工作，但转由他人实施的工作除外。

3）改变合同中任何工作的质量标准或其他特性。

4）改变工程的基线、标高、位置和尺寸。

5）改变工程的时间安排或实施顺序。

（2）变更权　发包人和监理人均可以提出变更。变更指示均通过监理人发出，监理人发出变更指示前应征得发包人同意。承包人收到经发包人签认的变更指示后，方可实施变更。未经许可，承包人不得擅自对工程的任何部分进行变更。

涉及设计变更的，应由设计人提供变更后的图纸和说明。如变更超过原设计标准或批准的建设规模时，发包人应及时办理规划、设计变更等审批手续。

（3）变更程序　应按以下程序变更：

1）发包人提出变更。发包人提出变更的，应通过监理人向承包人发出变更指示，变更指示应说明计划变更的工程范围和变更的内容。

2）监理人提出变更建议。监理人提出变更建议的，需要向发包人以书面形式提出变更计划，说明计划变更工程范围和变更的内容、理由，以及实施该变更对合同价格和工期的影响。发包人同意变更的，由监理人向承包人发出变更指示。发包人不同意变更的，监理人无权擅自发出变更指示。

（4）变更执行　承包人收到监理人下达的变更指示后，认为不能执行，应立即提出不能执行该变更指示的理由。承包人认为可以执行变更的，应当书面说明实施该变更指示对合同价格和工期的影响，且合同当事人应当按照变更估价约定确定变更估价。

（5）变更引起的工期调整　因变更引起工期变化的，合同当事人均可要求调整合同工期，由合同当事人按照商定或确定的约定并参考工程所在地的工期定额标准确定增减工期天数。

4. 工期延误

（1）因发包人原因导致工期延误　在合同履行过程中，因下列情况导致工期延误和（或）费用增加的，由发包人承担由此延误的工期和（或）增加的费用，且发包人应支付承包人合理的利润：

1）发包人未能按合同约定提供图纸或所提供图纸不符合合同约定的。

2）发包人未能按合同约定提供施工现场、施工条件、基础资料、许可、批准等开工条件的。

3）发包人提供的测量基准点、基准线和水准点及其书面资料存在错误或疏漏的。

4）发包人未能在计划开工日期之日起 7 天内同意下达开工通知的。

5）发包人未能按合同约定日期支付工程预付款、进度款或竣工结算款的。

6）监理人未按合同约定发出指示、批准等文件的。

7）专用合同条款中约定的其他情形。

因发包人原因未按计划开工日期开工的，发包人应按实际开工日期顺延竣工日期，确保实际工期不低于合同约定的工期总日历天数。因发包人原因导致工期延误需要修订施工进度计划的，按照施工进度计划的修订执行。

（2）因承包人原因导致工期延误　因承包人原因造成工期延误的，可以在专用合同条款中约定逾期竣工违约金的计算方法和逾期竣工违约金的上限。承包人支付逾期竣工违约金后，不免除承包人继续完成工程及修补缺陷的义务。

工程师确认的工期顺延期限应当是事件造成的合理延误，由工程师根据发生事件的具体

情况和工期定额、合同等规定确认。经工程师确认的顺延工期应纳入合同总工期，如果承包人不同意工程师的确认结果，则可按合同约定的争议解决方式处理。

(三) 竣工验收阶段的进度控制

1. 分部分项工程验收

1）分部分项工程质量应符合国家有关工程施工验收规范、标准及合同约定，承包人应按照施工组织设计的要求完成分部分项工程施工。

2）除专用合同条款另有约定外，分部分项工程经承包人自检合格并具备验收条件的，承包人应提前48小时通知监理人进行验收。监理人不能按时进行验收的，应在验收前24小时向承包人提交书面延期要求，但延期不能超过48小时。监理人未按时进行验收，也未提出延期要求的，承包人有权自行验收，监理人应认可验收结果。分部分项工程未经验收的，不得进入下一道工序施工。

分部分项工程的验收资料应当作为竣工资料的组成部分。

2. 竣工验收

（1）竣工验收条件　工程具备以下条件的，承包人可以申请竣工验收：

1）除发包人同意的甩项工作和缺陷修补工作外，合同范围内的全部工程以及有关工作，包括合同要求的试验、试运行以及检验均已完成，并符合合同要求。

2）已按合同约定编制了甩项工作和缺陷修补工作清单以及相应的施工计划。

3）已按合同约定的内容和份数备齐竣工资料。

（2）竣工验收程序　除专用合同条款另有约定外，承包人申请竣工验收的，应当按照以下程序进行：

1）承包人向监理人报送竣工验收申请报告，监理人应在收到竣工验收申请报告后的14天内完成审查并报送发包人。监理人审查后认为尚不具备验收条件的，应通知承包人在竣工验收前承包人还需完成的工作内容，承包人应在完成监理人通知的全部工作内容后，再次提交竣工验收申请报告。

2）监理人审查后认为已具备竣工验收条件的，应将竣工验收申请报告提交发包人，发包人应在收到经监理人审核的竣工验收申请报告后的28天内审批完毕并组织监理人、承包人、设计人等相关单位完成竣工验收。

3）竣工验收合格的，发包人应在验收合格后的14天内向承包人签发工程接收证书。发包人无正当理由逾期不颁发工程接收证书的，自验收合格后第15天起视为已颁发工程接收证书。

4）竣工验收不合格的，监理人应按照验收意见发出指示，要求承包人对不合格工程返工、修复或采取其他补救措施，由此增加的费用和（或）延误的工期由承包人承担。承包人在完成不合格工程的返工、修复或采取其他补救措施后，应重新提交竣工验收申请报告，并按本项约定的程序重新进行验收。

5）工程未经验收或验收不合格，发包人擅自使用的，应在转移占有工程后的7天内向承包人颁发工程接收证书；发包人无正当理由逾期不颁发工程接收证书的，自转移占有工程后的第15天起视为已颁发工程接收证书。

除专用合同条款另有约定外，发包人不按照本项约定组织竣工验收、颁发工程接收证书的，每逾期一天，应以签约合同价为基数，按照中国人民银行发布的同期同类贷款基准利率支付违约金。

(3) 提前交付单位工程的验收

1) 发包人需要在工程竣工前使用单位工程的，或承包人提出提前交付已经竣工的单位工程且经发包人同意的，可进行单位工程验收，验收的程序按照竣工验收的约定进行。

验收合格后，由监理人向承包人出具经发包人签认的单位工程接收证书。已签发单位工程接收证书的单位工程由发包人负责照管。单位工程的验收成果和结论作为整体工程竣工验收申请报告的附件。

2) 发包人要求在工程竣工前交付单位工程，由此导致承包人费用增加和（或）工期延误的，由发包人承担由此增加的费用和（或）延误的工期，并支付承包人合理的利润。

(4) 施工期运行

1) 施工期运行是指合同工程尚未全部竣工，其中某项或某几项单位工程或工程设备安装已竣工，根据专用合同条款约定，需要投入施工期运行的，经发包人按提前交付单位工程的验收的约定验收合格，证明能确保安全后，才能在施工期投入运行。

2) 在施工期运行中发现工程或工程设备损坏或存在缺陷的，由承包人按缺陷责任期约定进行修复。

(5) 竣工退场

1) 清理现场。颁发工程接收证书后，承包人应按以下要求对施工现场进行清理：施工现场内残留的垃圾已全部清除出场；临时工程已拆除，场地已进行清理、平整或复原；按合同约定应撤离的人员、承包人施工设备和剩余的材料，包括废弃的施工设备和材料，已按计划撤离施工现场；施工现场周边及其附近道路、河道的施工堆积物，已全部清理；施工现场其他场地清理工作已全部完成。

施工现场的竣工退场费用由承包人承担。承包人应在专用合同条款约定的期限内完成竣工退场，逾期未完成的，发包人有权出售或另行处理承包人遗留的物品，由此支出的费用由承包人承担，发包人出售承包人遗留物品所得款项在扣除必要费用后应返还承包人。

2) 地表还原。承包人应按发包人要求恢复临时占地及清理场地，承包人未按发包人的要求恢复临时占地，或者场地清理未达到合同约定要求的，发包人有权委托其他人恢复或清理，所发生的费用由承包人承担。

3) 竣工日期。工程经竣工验收合格的，以承包人提交竣工验收申请报告之日为实际竣工日期，并在工程接收证书中载明；因发包人原因，未在监理人收到承包人提交的竣工验收申请报告 42 天内完成竣工验收，或完成竣工验收不予签发工程接收证书的，以提交竣工验收申请报告的日期为实际竣工日期；工程未经竣工验收，发包人擅自使用的，以转移占有工程之日为实际竣工日期。

4) 拒绝接收全部或部分工程。对于竣工验收不合格的工程，承包人完成整改后，应当重新进行竣工验收，经重新组织验收仍不合格的且无法采取措施补救的，则发包人可以拒绝接收不合格工程，因不合格工程导致其他工程不能正常使用的，承包人应采取措施确保相关工程的正常使用，由此增加的费用和（或）延误的工期由承包人承担。

5) 移交、接收全部与部分工程。除专用合同条款另有约定外，合同当事人应当在颁发工程接收证书后 7 天内完成工程的移交。

发包人无正当理由不接收工程的，发包人自应当接收工程之日起，承担工程照管、成品保护、保管等与工程有关的各项费用，合同当事人可以在专用合同条款中另行约定发包人逾

期接收工程的违约责任。

承包人无正当理由不移交工程的，承包人应承担工程照管、成品保护、保管等与工程有关的各项费用，合同当事人可以在专用合同条款中另行约定承包人无正当理由不移交工程的违约责任。

四、施工合同的质量控制条款

工程施工中的质量控制是合同履行中的重要环节。施工合同的质量控制涉及许多方面的因素，任何一个方面的缺陷和疏漏，都会使工程质量无法达到预期的标准。承包人应按照合同约定的标准规范、图纸、质量等级以及工程师发布的指令认真施工，并达到合同约定的质量等级。在施工过程中，承包人要随时接受工程师对材料、设备、中间部位、隐蔽工程、竣工工程等质量的检查、验收与监督。

（一）质量要求

1）工程质量标准必须符合现行国家有关工程施工质量验收规范和标准的要求。有关工程质量的特殊标准或要求由合同当事人在专用合同条款中约定。

2）因发包人原因造成工程质量未达到合同约定标准的，由发包人承担由此增加的费用和（或）延误的工期，并支付承包人合理的利润。

3）因承包人原因造成工程质量未达到合同约定标准的，发包人有权要求承包人返工直至工程质量达到合同约定的标准为止，并由承包人承担由此增加的费用和（或）延误的工期。

（二）质量保证措施

1. 发包人的质量管理

发包人应按照法律规定及合同约定完成与工程质量有关的各项工作。

2. 承包人的质量管理

承包人按照施工组织设计约定向发包人和监理人提交工程质量保证体系及措施文件，建立完善的质量检查制度，并提交相应的工程质量文件。对于发包人和监理人违反法律规定和合同约定的错误指示，承包人有权拒绝实施。

承包人应对施工人员进行质量教育和技术培训，定期考核施工人员的劳动技能，严格执行施工规范和操作规程。

承包人应按照法律规定和发包人的要求，对材料、工程设备以及工程的所有部位及其施工工艺进行全过程的质量检查和检验，并做详细记录，编制工程质量报表，报送监理人审查。此外，承包人还应按照法律规定和发包人的要求，进行施工现场取样试验、工程复核测量和设备性能检测，提供试验样品、提交试验报告和测量成果以及其他工作。

3. 监理人的质量检查和检验

监理人按照法律规定和发包人授权对工程的所有部位及其施工工艺、材料和工程设备进行检查和检验。承包人应为监理人的检查和检验提供方便，包括监理人到施工现场，或制造、加工地点，或合同约定的其他地方进行察看和查阅施工原始记录。监理人为此进行的检查和检验，不免除或减轻承包人按照合同约定应当承担的责任。

监理人的检查和检验不应影响施工正常进行。监理人的检查和检验影响施工正常进行的，且经检查检验不合格的，影响正常施工的费用由承包人承担，工期不予顺延；经检查检验合格的，由此增加的费用和（或）延误的工期由发包人承担。

（三）隐蔽工程检查

1. 承包人自检

承包人应当对工程隐蔽部位进行自检，并经自检确认是否具备覆盖条件。

2. 检查程序

除专用合同条款另有约定外，工程隐蔽部位经承包人自检确认具备覆盖条件的，承包人应在共同检查前48小时书面通知监理人检查，通知中应载明隐蔽检查的内容、时间和地点，并应附有自检记录和必要的检查资料。

监理人应按时到场并对隐蔽工程及其施工工艺、材料和工程设备进行检查。经监理人检查确认质量符合隐蔽要求，并在验收记录上签字后，承包人才能进行覆盖。经监理人检查质量不合格的，承包人应在监理人指示的时间内完成修复，并由监理人重新检查，由此增加的费用和（或）延误的工期由承包人承担。

除专用合同条款另有约定外，监理人不能按时进行检查的，应在检查前24小时向承包人提交书面延期要求，但延期不能超过48小时，由此导致工期延误的，工期应予以顺延。监理人未按时进行检查，也未提出延期要求的，视为隐蔽工程检查合格，承包人可自行完成覆盖工作，并做相应记录报送监理人，监理人应签字确认。监理人事后对检查记录有疑问的，可按重新检查的约定重新检查。

3. 重新检查

承包人覆盖工程隐蔽部位后，发包人或监理人对质量有疑问的，可要求承包人对已覆盖的部位进行钻孔探测或揭开重新检查，承包人应遵照执行，并在检查后重新覆盖恢复原状。经检查证明工程质量符合合同要求的，由发包人承担由此增加的费用和（或）延误的工期，并支付承包人合理的利润；经检查证明工程质量不符合合同要求的，由此增加的费用和（或）延误的工期由承包人承担。

4. 承包人私自覆盖

承包人未通知监理人到场检查，私自将工程隐蔽部位覆盖的，监理人有权指示承包人钻孔探测或揭开检查，无论工程隐蔽部位质量是否合格，由此增加的费用和（或）延误的工期均由承包人承担。

（四）不合格工程的处理

1）因承包人原因造成工程不合格的，发包人有权随时要求承包人采取补救措施，直至达到合同要求的质量标准，由此增加的费用和（或）延误的工期由承包人承担。无法补救的，按照拒绝接收全部或部分工程约定执行。

2）因发包人原因造成工程不合格的，由此增加的费用和（或）延误的工期由发包人承担，并支付承包人合理的利润。

（五）质量争议检测

合同当事人对工程质量有争议的，由双方协商确定的工程质量检测机构鉴定，由此产生的费用及因此造成的损失，由责任方承担。

合同当事人均有责任的，由双方根据其责任分别承担。合同当事人无法达成一致的，按照商定或确定约定执行。

（六）工程试车

1. 试车程序

工程需要试车的，除专用合同条款另有约定外，试车内容应与承包人承包范围相一致，

试车费用由承包人承担。工程试车应按以下程序进行：

1）具备单机无负荷试车条件，承包人组织试车，并在试车前48小时书面通知监理人，通知中应载明试车内容、时间、地点。承包人准备试车记录，发包人根据承包人要求为试车提供必要条件。试车合格的，监理人在试车记录上签字。监理人在试车合格后不在试车记录上签字，自试车结束满24小时后视为监理人已经认可试车记录，承包人可继续施工或办理竣工验收手续。

监理人不能按时参加试车，应在试车前24小时以书面形式向承包人提出延期要求，但延期不能超过48小时，由此导致工期延误的，工期应予以顺延。监理人未能在前述期限内提出延期要求，又不参加试车的，视为认可试车记录。

2）具备无负荷联动试车条件，发包人组织试车，并在试车前48小时以书面形式通知承包人。通知中应载明试车内容、时间、地点和对承包人的要求，承包人按要求做好准备工作。试车合格，合同当事人在试车记录上签字。承包人无正当理由不参加试车的，视为认可试车记录。

2. 试车中的责任

因设计原因导致试车达不到验收要求，发包人应要求设计人修改设计，承包人按修改后的设计重新安装。发包人承担修改设计、拆除及重新安装的全部费用，工期相应顺延。因承包人原因导致试车达不到验收要求，承包人按监理人要求重新安装和试车，并承担重新安装和试车的费用，工期不予顺延。

因工程设备制造原因导致试车达不到验收要求的，由采购该工程设备的合同当事人负责重新购置或修理，承包人负责拆除和重新安装，由此增加的修理、重新购置、拆除及重新安装的费用及延误的工期由采购该工程设备的合同当事人承担。

3. 投料试车

如需进行投料试车的，发包人应在工程竣工验收后组织投料试车。发包人要求在工程竣工验收前进行或需要承包人配合时，应征得承包人同意，并在专用合同条款中约定有关事项。

投料试车合格的，费用由发包人承担；因承包人原因造成投料试车不合格的，承包人应按照发包人要求进行整改，由此产生的整改费用由承包人承担；非因承包人原因导致投料试车不合格的，如发包人要求承包人进行整改的，由此产生的费用由发包人承担。

（七）缺陷责任与保修

1. 工程保修的原则

在工程移交发包人后，因承包人原因产生的质量缺陷，承包人应承担质量缺陷责任和保修义务。缺陷责任期届满，承包人仍应按合同约定的工程各部位保修年限承担保修义务。

2. 缺陷责任期

1）缺陷责任期从工程通过竣工验收之日起计算，合同当事人应在专用合同条款约定缺陷责任期的具体期限，但该期限最长不超过24个月。

单位工程先于全部工程进行验收，经验收合格并交付使用的，该单位工程缺陷责任期自单位工程验收合格之日起计算。因承包人原因导致工程无法按合同约定期限进行竣工验收的，缺陷责任期从实际通过竣工验收之日起计算。因发包人原因导致工程无法按合同约定期限进行竣工验收的，在承包人提交竣工验收报告90天后，工程自动进入缺陷责任期；发包人未经竣工验收擅自使用工程的，缺陷责任期自转移占有工程之日起开始计算。

2）缺陷责任期内，由承包人原因造成的缺陷，承包人应负责维修，并承担鉴定及维修费用。如承包人不维修也不承担费用，发包人可按合同约定从保证金或银行保函中扣除，费用超出保证金额的，发包人可按合同约定向承包人进行索赔。承包人维修并承担相应费用后，不免除对工程的损失赔偿责任。发包人有权要求承包人延长缺陷责任期，并应在原缺陷责任期届满前发出延长通知。但缺陷责任期（含延长部分）最长不能超过 24 个月。

由他人原因造成的缺陷，发包人负责组织维修，承包人不承担费用，且发包人不得从保证金中扣除费用。

3）任何一项缺陷或损坏修复后，经检查证明其影响了工程或工程设备的使用性能，承包人应重新进行合同约定的试验和试运行，试验和试运行的全部费用应由责任方承担。

4）除专用合同条款另有约定外，承包人应于缺陷责任期届满后 7 天内向发包人发出缺陷责任期届满通知，发包人应在收到缺陷责任期满通知后 14 天内核实承包人是否履行缺陷修复义务，承包人未能履行缺陷修复义务的，发包人有权扣除相应金额的维修费用。发包人应在收到缺陷责任期届满通知后 14 天内，向承包人颁发缺陷责任期终止证书。

3. 保修

（1）保修责任　工程保修期从工程竣工验收合格之日起计算，具体分部分项工程的保修期由合同当事人在专用合同条款中约定，但不得低于法定最低保修年限。在工程保修期内，承包人应当根据有关法律规定以及合同约定承担保修责任。

发包人未经竣工验收擅自使用工程的，保修期自转移占有工程之日起计算。

（2）修复通知　在保修期内，发包人在使用过程中，发现已接收的工程存在缺陷或损坏的，应书面通知承包人予以修复，但情况紧急必须立即修复缺陷或损坏的，发包人可以口头通知承包人并在口头通知后 48 小时内书面确认，承包人应在专用合同条款约定的合理期限内到达工程现场并修复缺陷或损坏。

（3）未能修复　因承包人原因造成工程的缺陷或损坏，承包人拒绝维修或未能在合理期限内修复缺陷或损坏，且经发包人书面催告后仍未修复的，发包人有权自行修复或委托第三方修复，所需费用由承包人承担。但修复范围超出缺陷或损坏范围的，超出范围部分的修复费用由发包人承担。

（4）承包人出入权　在保修期内，为了修复缺陷或损坏，承包人有权出入工程现场，除情况紧急必须立即修复缺陷或损坏外，承包人应提前 24 小时通知发包人进场修复的时间。承包人进入工程现场前应获得发包人同意，且不应影响发包人正常的生产经营，并应遵守发包人有关保安和保密等规定。

五、施工合同的投资控制条款

（一）施工合同价格形式

施工合同价款是指发包人、承包人在协议书中约定，发包人用于支付承包人按照合同约定完成承包范围内全部工程并承担质量保修责任的款项。招标工程的合同价款由发包人与承包人依据中标通知书中的中标价格在协议书中约定。非招标工程的合同价款由发包人与承包人依据工程预算书在协议内书面约定。合同价款在协议书中约定后，任何一方不得擅自改变。发包人和承包人应在合同协议书中选择下列一种合同价格形式。

1. 单价合同

单价合同是指合同当事人约定以工程量清单及其综合单价进行合同价格计算、调整和确

认的建设工程施工合同，在约定的范围内合同单价不做调整。合同当事人应在专用合同条款中约定综合单价包含的风险范围和风险费用的计算方法，并约定风险范围以外的合同价格的调整方法，其中，因市场价格波动引起的调整按市场价格波动引起的调整约定执行。

2. 总价合同

总价合同是指合同当事人约定以施工图、已标价工程量清单或预算书及有关条件进行合同价格计算、调整和确认的建设工程施工合同，在约定的范围内合同总价不做调整。合同当事人应在专用合同条款中约定总价包含的风险范围和风险费用的计算方法，并约定风险范围以外的合同价格的调整方法，其中，因市场价格波动引起的调整按市场价格波动引起的调整、因法律变化引起的调整约定执行。

3. 其他价格形式合同

合同当事人可在专用合同条款中约定其他价格形式合同。

（二）工程预付款

预付款是指工程开工前发包人预先支付给承包人用来进行工程准备的一笔款项。实行工程预付款的，双方应当在专用合同条款内约定发包人向承包人预付工程款项的时间和数额，开工后按约定的时间和比例逐次扣回。

1. 预付款的支付

预付款的支付按照专用合同条款约定执行，但最迟应在开工通知载明的开工日期7天前支付。预付款应当用于材料、工程设备、施工设备的采购及修建临时工程、组织施工队伍进场等。

除专用合同条款另有约定外，预付款在进度付款中同比例扣回。在颁发工程接收证书前，提前解除合同的，尚未扣完的预付款应与合同价款一并结算。

发包人逾期支付预付款超过7天的，承包人有权向发包人发出要求预付的催告通知，发包人收到通知后7天内仍未支付的，承包人有权暂停施工，并按发包人违约的情形执行。

2. 预付款担保

发包人要求承包人提供预付款担保的，承包人应在发包人支付预付款7天前提供预付款担保，专用合同条款另有约定除外。预付款担保可采用银行保函、担保公司担保等形式，具体由合同当事人在专用合同条款中约定。在预付款完全扣回之前，承包人应保证预付款担保持续有效。

发包人在工程款中逐期扣回预付款后，预付款担保额度应相应减少，但剩余的预付款担保金额不得低于未被扣回的预付款金额。

（三）工程进度款

1. 工程量的计量

（1）计量原则　工程量计量按照合同约定的工程量计算规则、图纸及变更指示等进行计量。工程量计算规则应以相关的国家标准、行业标准等为依据，由合同当事人在专用合同条款中约定。

（2）计量周期　除专用合同条款另有约定外，工程量的计量按月进行。

（3）单价合同的计量　除专用合同条款另有约定外，单价合同的计量按照以下约定执行：

1）承包人应于每月25日向监理人报送上月20日至当月19日已完成的工程量报告，并附具进度付款申请单、已完成工程量报表和有关资料。

2）监理人应在收到承包人提交的工程量报告后7天内完成对承包人提交的工程量报表的审核并报送发包人，以确定当月实际完成的工程量。监理人对工程量有异议的，有权要求承包人进行共同复核或抽样复测。承包人应协助监理人进行复核或抽样复测，并按监理人要求提供补充计量资料。承包人未按监理人要求参加复核或抽样复测的，监理人复核或修正的工程量视为承包人实际完成的工程量。

3）监理人未在收到承包人提交的工程量报表后的7天内完成审核的，承包人报送的工程量报告中的工程量视为承包人实际完成的工程量，据此计算工程价款。

（4）总价合同的计量　除专用合同条款另有约定外，按月计量支付的总价合同，按照以下约定执行：

1）承包人应于每月25日向监理人报送上月20日至当月19日已完成的工程量报告，并附具进度付款申请单、已完成工程量报表和有关资料。

2）监理人应在收到承包人提交的工程量报告后7天内完成对承包人提交的工程量报表的审核并报送发包人，以确定当月实际完成的工程量。监理人对工程量有异议的，有权要求承包人进行共同复核或抽样复测。承包人应协助监理人进行复核或抽样复测，并按监理人要求提供补充计量资料。承包人未按监理人要求参加复核或抽样复测的，监理人审核或修正的工程量视为承包人实际完成的工程量。

3）监理人未在收到承包人提交的工程量报表后的7天内完成复核的，承包人提交的工程量报告中的工程量视为承包人实际完成的工程量。

总价合同采用支付分解表计量支付的，可以按照总价合同的计量约定进行计量，但合同价款按照支付分解表进行支付。

（5）其他价格形式合同的计量　合同当事人可在专用合同条款中约定其他价格形式合同的计量方式和程序。

2. 工程进度款支付方式

（1）按月结算　这是国内外常见的一种工程款支付方式，一般在每个月末，承包人提交已完成的工程量报告，经工程师审查确认，签发月度付款证书后，由发包人按合同约定的时间支付工程款。

（2）按形象进度分段结算　这是国内一种常见的工程支付方式，实际上是按工程形象进度分段结算。当承包人完成合同约定的工程形象进度时，承包人提出已完工程量报告，经工程师审查确认，签发付款证书后，由发包人按合同约定的时间付款。如专用合同条款中可约定：当承包人完成基础工程施工时，发包人支付合同价款的15%，完成主体结构工程施工时，支付合同价款的40%，完成装饰施工工程时，支付合同价款的10%，工程竣工验收通过后，支付合同价款的5%，竣工结算审核通过后支付合同价款的25%，其余5%作为工程保证金，在保修期满后返还给承包人。

（3）竣工后一次性结算　当工程项目工期较短或合同价格较低时，可以采取工程价款每月月中预支，竣工后一次性结算的方法。

（4）其他结算方式　结算双方可在专用合同条款中约定采用并经开户银行同意的其他结算方法。

3. 工程进度款审核和支付

1）除专用合同条款另有约定外，监理人应在收到承包人进度付款申请单以及相关资料后7天内完成审查并报送发包人，发包人应在收到后7天内完成审批并签发进度款支付证

书。发包人逾期未完成审批且未提出异议的，视为已签发进度款支付证书。

发包人和监理人对承包人的进度付款申请单有异议的，有权要求承包人修正和提供补充资料，承包人应提交修正后的进度付款申请单。监理人应在收到承包人修正后的进度付款申请单及相关资料后7天内完成审查并报送发包人，发包人应在收到监理人报送的进度付款申请单及相关资料后7天内，向承包人签发无异议部分的临时进度款支付证书。存在争议的部分，按照争议解决的约定处理。

2）除专用合同条款另有约定外，发包人应在进度款支付证书或临时进度款支付证书签发后14天内完成支付，发包人逾期支付进度款的，应按照中国人民银行发布的同期同类贷款基准利率支付违约金。

3）发包人签发进度款支付证书或临时进度款支付证书，不表明发包人已同意、批准或接受了承包人完成的相应部分的工作。

4. 进度付款的修正

在对已签发的进度款支付证书进行阶段汇总和复核中发现错误、遗漏或重复的，发包人和承包人均有权提出修正申请。经发包人和承包人同意的修正，应在下期进度付款中支付或扣除。

（四）变更估价

1. 变更估计原则

除专用合同条款另有约定外，变更估价按照以下约定处理：

1）已标价工程量清单或预算书有相同项目的，按照相同项目单价认定。

2）已标价工程量清单或预算书中无相同项目，但有类似项目的，参照类似项目的单价认定。

3）变更导致实际完成的变更工程量与已标价工程量清单或预算书中列明的该项目工程量的变化幅度超过15%的，或已标价工程量清单或预算书中无相同项目及类似项目单价的，按照合理的成本与利润构成的原则，由合同当事人按照商定或确定条款确定变更工作的单价。

2. 变更估价程序

承包人应在收到变更指示后14天内，向监理人提交变更估价申请。监理人应在收到承包人提交的变更估价申请后7天内审查完毕并报送发包人，监理人对变更估价申请有异议，通知承包人修改后重新提交。发包人应在承包人提交变更估价申请后14天内审批完毕。发包人逾期未完成审批或未提出异议的，视为认可承包人提交的变更估价申请。

因变更引起的价格调整应计入最近一期的进度款中支付。

（五）施工中涉及的其他费用

1. 安全施工

1）承包人应遵循工程建设安全生产有关管理规定，严格按安全标准组织施工，并随时接受行业安全检查人员依法实施监督检查，采取必要的安全防护措施，消除事故隐患，由于承包人安全措施不力造成事故的责任和因此发生的费用，由承包人承担。

2）发包人应对其在施工场地的工作人员进行安全教育，并对他们的安全负责。发包人不得要求承包人违反安全管理的规定进行施工。因发包人原因导致安全事故，由发包人承担相应的责任以及发生的费用。

3）承包人在动力设备、输电线路、地下管道、密封防震车间、易燃易爆地段及临街交通要道附近施工时，施工开始前应向工程师提出安全防护措施，经工程师认可后实施，由发包人承担安全防护措施费用。

4）实施爆破作业，在放射性、毒害性环境中施工（含储存、运输、使用）及使用毒害性、腐蚀性物品施工时，承包人应在施工前14天以书面形式通知工程师，并提出相应的安全防护措施，经公司确认后实施，由发包人承担安全防护措施费用。

5）发生重大伤亡及其他安全事故，承包人应按有关规定立即上报有关部门并通知工程师，同时按政府有关部门要求处理，由事故责任方承担发生的费用。双方对事故责任有争议时，应按政府有关部门的认定处理。

2. 专利技术及特殊工艺

发包人要求使用专利技术或特殊工艺，应负责办理相应的申报手续，承担申报、实验、使用等费用。承包人应按发包人要求使用，并负责实验等有关工作。承包人提出使用专利技术或特殊工艺，应取得工程师认可，承包人负责办理申报手续并承担有关费用。擅自使用专利技术侵犯他人专利权的责任者依法承担相应责任。

3. 化石、文物

在施工现场发掘的所有文物、古迹以及具有地质研究或考古价值的其他遗迹、化石、钱币或物品属于国家所有。一旦发现上述文物，承包人应采取合理有效的保护措施，防止任何人员移动或损坏上述物品，并立即报告有关政府行政管理部门，同时通知监理人。

发包人、监理人和承包人应按有关政府行政管理部门要求采取妥善的保护措施，由此增加的费用和（或）延误的工期由发包人承担。

承包人发现文物后不及时报告或隐瞒不报，致使文物丢失或损坏的，应赔偿损失，并承担相应的法律责任。

（六）竣工结算

1. 竣工结算申请

除专用合同条款另有约定外，承包人应在工程竣工验收合格后28天内向发包人和监理人提交竣工结算申请单，并提交完整的结算资料，有关竣工结算申请单的资料清单和份数等要求由合同当事人在专用合同条款中约定。

除专用合同条款另有约定外，竣工结算申请单应包括以下内容：

1）竣工结算合同价格。

2）发包人已支付承包人的款项。

3）应扣留的质量保证金。已缴纳履约保证金的或提供其他工程质量担保方式的除外。

4）发包人应支付承包人的合同价款。

2. 竣工结算审核

1）除专用合同条款另有约定外，监理人应在收到竣工结算申请单后14天内完成核查并报送发包人。发包人应在收到监理人提交的经审核的竣工结算申请单后14天内完成审批，并由监理人向承包人签发经发包人签认的竣工付款证书。监理人或发包人对竣工结算申请单有异议的，有权要求承包人进行修正和提供补充资料，承包人应提交修正后的竣工结算申请单。

发包人在收到承包人提交竣工结算申请单后28天内未完成审批且未提出异议的，视为发包人认可承包人提交的竣工结算申请单，并自发包人收到承包人提交的竣工结算申请单后第29天起视为已签发竣工付款证书。

2）除专用合同条款另有约定外，发包人应在签发竣工付款证书后的 14 天内，完成对承包人的竣工付款。发包人逾期支付的，按照中国人民银行发布的同期同类贷款基准利率支付违约金；逾期支付超过 56 天的，按照中国人民银行发布的同期同类贷款基准利率的两倍支付违约金。

3）承包人对发包人签认的竣工付款证书有异议的，对于有异议部分应在收到发包人签认的竣工付款证书后 7 天内提出异议，并由合同当事人按照专用合同条款约定的方式和程序进行复核，或按照争议解决约定处理。对于无异议部分，发包人应签发临时竣工付款证书，并在 14 天内完成付款。承包人逾期未提出异议的，视为认可发包人的审批结果。

3. 甩项竣工协议

发包人要求甩项竣工的，合同当事人应签订甩项竣工协议。在甩项竣工协议中应明确，合同当事人按照竣工结算申请及竣工结算审核的约定，对已完合格工程进行结算，并支付相应合同价款。

4. 最终结清

（1）最终结清申请单

1）除专用合同条款另有约定外，承包人应在缺陷责任期终止证书颁发后 7 天内，按专用合同条款约定的份数向发包人提交最终结清申请单，并提供相关证明材料。

除专用合同条款另有约定外，最终结清申请单应列明质量保证金、应扣除的质量保证金、缺陷责任期内发生的增减费用。

2）发包人对最终结清申请单内容有异议的，有权要求承包人进行修正和提供补充资料，承包人应向发包人提交修正后的最终结清申请单。

（2）最终结清证书和支付

1）除专用合同条款另有约定外，发包人应在收到承包人提交的最终结清申请单后 14 天内完成审批并向承包人颁发最终结清证书。发包人逾期未完成审批，又未提出修改意见的，视为发包人同意承包人提交的最终结清申请单，且自发包人收到承包人提交的最终结清申请单后 15 天起视为已颁发最终结清证书。

2）除专用合同条款另有约定外，发包人应在颁发最终结清证书后 7 天内完成支付。发包人逾期支付的，按照中国人民银行发布的同期同类贷款基准利率支付违约金；逾期支付超过 56 天的，按照中国人民银行发布的同期同类贷款基准利率的两倍支付违约金。

3）承包人对发包人颁发的最终结清证书有异议的，按争议解决的约定办理。

（七）质量保证金

经合同当事人协商一致扣留质量保证金的，应在专用合同条款中予以明确。在工程项目竣工前，承包人已经提供履约担保的，发包人不得同时预留工程质量保证金。

1. 承包人提供质量保证金的方式

承包人提供质量保证金有以下三种方式：

1）质量保证金保函。

2）相应比例的工程款。

3）双方约定的其他方式。

除专用合同条款另有约定外，质量保证金原则上采用上述第 1）种方式。

2. 质量保证金的扣留

质量保证金的扣留有以下三种方式：

1）在支付工程进度款时逐次扣留，在此情形下，质量保证金的计算基数不包括预付款的支付、扣回以及价格调整的金额。

2）工程竣工结算时一次性扣留质量保证金。

3）双方约定的其他扣留方式。

除专用合同条款另有约定外，质量保证金的扣留原则上采用上述第1）种方式。

发包人累计扣留的质量保证金不得超过工程价款结算总额的3%，如承包人在发包人签发竣工付款证书后28天内提交质量保证金保函，发包人应同时退还扣留的作为质量保证金的工程价款；保函金额不得超过工程价款结算总额的3%。

发包人在退还质量保证金的同时按照中国人民银行发布的同期同类贷款基准利率支付利息。

3. 质量保证金的退还

缺陷责任期内，承包人认真履行合同约定的责任，到期后，承包人可向发包人申请返还保证金。

发包人在接到承包人返还保证金申请后，应于14天内会同承包人按照合同约定的内容进行核实。如无异议，发包人应当按照约定将保证金返还给承包人。对返还期限没有约定或者约定不明确的，发包人应当在核实后14天内将保证金返还承包人，逾期未返还的，依法承担违约责任。发包人在接到承包人返还保证金申请后14天内不予答复，经催告后14天内仍不予答复，视同认可承包人的返还保证金申请。

发包人和承包人对保证金预留、返还以及工程维修质量、费用有争议的，按本合同约定的争议和纠纷解决程序处理。

4. 修复费用

保修期内，修复的费用按照以下约定处理：

1）保修期内，因承包人原因造成工程的缺陷、损坏，承包人应负责修复，并承担修复的费用以及因工程的缺陷、损坏造成的人身伤害和财产损失。

2）保修期内，因发包人使用不当造成工程的缺陷、损坏，可以委托承包人修复，但发包人应承担修复的费用，并支付承包人合理利润。

3）因其他原因造成工程的缺陷、损坏，可以委托承包人修复，发包人应承担修复的费用，并支付承包人合理的利润，因工程的缺陷、损坏造成的人身伤害和财产损失由责任方承担。

六、发包人与承包人的义务

（一）发包人的义务

1. 提供施工现场、施工条件和基础资料

除专用合同条款另有约定外，发包人应最迟于开工日期7天前向承包人移交施工现场。除专用合同条款另有约定外，发包人应负责提供施工所需要的条件，包括：

1）将施工用水、电力、通信线路等施工所必需的条件接至施工现场内。

2）保证向承包人提供正常施工所需要的进入施工现场的交通条件。

3）协调处理施工现场周围地下管线和邻近建筑物、构筑物、古树名木的保护工作，并承担相关费用。

4）按照专用合同条款约定应提供的其他设施和条件。

发包人应当在移交施工现场前向承包人提供施工现场及工程施工所必需的毗邻区域内供水、排水、供电、供气、供热、通信、广播电视等地下管线资料，气象和水文观测资料，地质勘察资料，相邻建筑物、构筑物和地下工程等有关基础资料，并对所提供资料的真实性、准确性和完整性负责。

按照法律规定确需在开工后方能提供的基础资料，发包人应尽其努力及时地在相应工程施工前的合理期限内提供，合理期限应以不影响承包人的正常施工为限。

因发包人原因未能按合同约定及时向承包人提供施工现场、施工条件、基础资料的，由发包人承担由此增加的费用和（或）延误的工期。

2. 资金来源证明及支付担保

除专用合同条款另有约定外，发包人应在收到承包人要求提供资金来源证明的书面通知后28天内，向承包人提供能够按照合同约定支付合同价款的相应资金来源证明。

除专用合同条款另有约定外，发包人要求承包人提供履约担保的，发包人应当向承包人提供支付担保。支付担保可以采用银行保函或担保公司担保等形式，具体由合同当事人在专用合同条款中约定。

3. 支付合同价款

发包人应按合同约定向承包人及时支付合同价款。

4. 组织竣工验收

发包人应按合同约定及时组织竣工验收。

5. 现场统一管理协议

发包人应与承包人、由发包人直接发包的专业工程的承包人签订施工现场统一管理协议，明确各方的权利义务。施工现场统一管理协议作为专用合同条款的附件。

6. 应履行的其他义务

（二）承包人的义务

承包人在履行合同过程中应遵守法律和工程建设标准规范，并履行以下义务：

1）办理法律规定应由承包人办理的许可和批准，并将办理结果书面报送发包人留存。

2）按法律规定和合同约定完成工程，并在保修期内承担保修义务。

3）按法律规定和合同约定采取施工安全和环境保护措施，办理工伤保险，确保工程及人员、材料、设备和设施的安全。

4）按合同约定的工作内容和施工进度要求，编制施工组织设计和施工措施计划，并对所有施工作业和施工方法的完备性和安全可靠性负责。

5）在进行合同约定的各项工作时，不得侵害发包人与他人使用公用道路、水源、市政管网等公共设施的权利，避免对邻近的公共设施产生干扰。承包人占用或使用他人的施工场地，影响他人作业或生活的，应承担相应责任。

6）按环境保护约定负责施工场地及其周边环境与生态的保护工作。

7）按安全文明施工约定采取施工安全措施，确保工程及其人员、材料、设备和设施的安全，防止因工程施工造成的人身伤害和财产损失。

8）将发包人按合同约定支付的各项价款专用于合同工程，且应及时支付其雇用人员工资，并及时向分包人支付合同价款。

9）按法律规定和合同约定编制竣工资料，完成竣工资料立卷及归档，并按专用合同条款约定的竣工资料的套数、内容、时间等要求移交发包人。

10）应履行的其他义务。

承包人未能履行上述各项义务，造成发包人损失的，赔偿发包人有关损失。

（三）图纸、材料和工程设备

1. 发包人提供图纸

建设工程施工应当按照图纸进行，施工合同管理中的图纸是指由发包人提供或者由承包人提供经工程师批准、满足承包人施工需要的所有图纸（包括配套说明和有关资料）。在我国目前的建设工程管理体制中，施工中所需图纸主要由发包人提供（发包人通过设计合同委托设计单位设计）。在对图纸的管理中，发包人应当完成以下工作：

1）发包人应当按照专用合同条款约定的日期和套数向承包人提供图纸。

2）承包人如果需要增加图纸套数，发包人应当代为复制。发包人代为复制意味着发包人应当为图纸的正确性负责。

3）如果对图纸有保密要求的，应当承担保密措施费用。

对于发包人提供的图纸，承包人应当完成以下工作：

1）在施工现场保留一套完整图纸，供工程师及其有关人员进行工程检查时使用。

2）如果专用合同条款对图纸提出保密要求的，承包人应当在约定的保密期限内承担保密义务。

3）承包人如需要增加图纸套数，复制费用由承包人承担。

使用国外或者境外图纸的，不能满足施工需要时，双方在专用合同条款内约定复制、重新绘制、翻译、购买标准图纸等责任及费用承担。

工程师在对图纸进行管理时，重点是按照合同约定按时向承包人提供图纸，同时，根据图纸检查承包人的工程施工。

2. 发包人提供的材料和工程设备

1）实行发包人供应材料设备的，双方应当约定发包人供应材料设备一览表，作为合同附件。一览表包括发包人供应材料设备的品种、规格、型号、数量、单价、质量等级、提供地点和时间。

2）发包人按照一览表预定的内容提供材料设备并向承包人提供产品合格证明，对其质量负责。发包人在所提供材料设备到货前 24 小时以书面形式通知承包人，由承包人派人与发包人共同清点。

3）发包人供应的材料设备，承包人派人参加清点后由承包人妥善保管，由发包人支付相应的保管费用。因承包人原因发生丢失损坏，由承包人负责赔偿。发包人未通知承包人清点，承包人不负责材料设备的保管，丢失损坏由发包人负责。

4）发包人供应的材料设备与一览表不符时，发包人承担有关责任。发包人应承担责任的具体内容，双方应根据下列情况在专用合同条款内约定：

① 材料设备单价与一览表不符，由发包人承担所有差价。

② 材料设备的品种、规格、型号、质量等级与一览表不符，承包人可拒绝接受保管，由发包人运出施工场地并重新采购。

③ 发包人供应的材料规格、型号与一览表不符，经发包人同意，承包人可代为调剂串换，由发包人承担相应费用。

④ 到货地点与一览表不符，由发包人负责运至一览表指定地点。

⑤ 到货时间早于一览表约定的供应时间，由发包人承担因此发生的保管费用；到货时

间迟于一览表约定的供应时间，发包人赔偿由此造成的承包人损失，造成工期延误的相应顺延工期。

⑥ 供应数量少于一览表约定的数量时，由发包人补齐；多余一览表约定的数量时，发包人负责将多出的部分运出施工场地。

5）发包人供应的材料设备使用前，由承包人负责检验或试验，不合格的不得使用，检验或试验费用由发包人承担。

6）发包人供应材料设备的结算方法，双方在专用合同条款内约定。

3. 承包人负责设计图纸

在有些情况下，如果承包人具有设计资质和能力，且拥有专利权的施工技术，就可以由其完成部分施工图的设计或由其委托设计分包人完成。在合同约定的时间内，承包人要将按规定的审查程序批准的设计文件提交工程师审核，这些设计文件，包括部分由承包人负责设计的图纸要经过工程师签认后方可使用。但是工程师对承包人设计的认可不能解除承包人的设计责任。

4. 承包人提供的材料和工程设备

除专用合同条款另有约定外，承包人提供的材料和工程设备均由承包人负责采购、运输和保管。承包人应对其采购的材料和工程设备负责。

承包人应按专用合同条款的约定，将各项材料和工程设备的供货人及品种、规格、数量和供应时间等报送监理人审批。承包人应向监理人提交其负责提供的材料和工程设备的质量证明文件，并满足合同约定的质量标准。

对承包人提供的材料和工程设备，承包人应会同监理人进行检验和交货验收，查验材料合格证明和产品合格证书，并按合同约定和监理人指示，进行材料的抽样检查和工程设备的检验测试，检验和测试结果应提交监理人，所需费用由承包人承担。

七、工程和设备

工程是指永久工程和（或）临时工程。永久工程是指按合同约定建造并移交给发包人的工程，包括工程设备。临时工程是指为完成合同约定的永久工程所修建的各类临时性工程，不包括施工设备。

工程设备是指构成或计划构成永久工程部分的机电设备、金属结构设备、仪器装置。施工设备是指为完成合同约定的各项工作所需的设备、器具和其他物品，不包括临时工程和材料。

八、不利物质条件和异常恶劣的气候条件

（一）不利物质条件

不利物质条件是指有经验的承包人在施工现场遇到的不可预见的自然物质条件、非自然的物质障碍和污染物，包括地表以下物质条件和水文条件以及专用合同条款约定的其他情形，但不包括气候条件。

承包人遇到不利物质条件时，应采取克服不利物质条件的合理措施继续施工，并及时通知发包人和监理人。通知应载明不利物质条件的内容以及承包人认为不可预见的理由。监理人经发包人同意后应当及时发出指示，指示构成变更的，按变更约定执行。承包人因采取合理措施而增加的费用和（或）延误的工期由发包人承担。

（二）异常恶劣的气候条件

异常恶劣的气候条件是指在施工过程中遇到的，有经验的承包人在签订合同时不可预见的，对合同履行造成实质性影响的，但尚未构成不可抗力事件的恶劣气候条件。合同当事人可以在专用合同条款中约定异常恶劣的气候条件的具体情形。

承包人应采取克服异常恶劣的气候条件的合理措施继续施工，并及时通知发包人和监理人。监理人经发包人同意后应当及时发出指示，指示构成变更的，按变更约定办理。承包人因采取合理措施而增加的费用和（或）延误的工期由发包人承担。

九、市场价格波动引起的调整

除专用合同条款另有约定外，市场价格波动超过合同当事人约定的范围，合同价格应当调整。合同当事人可以在专用合同条款中约定选择以下一种方式对合同价格进行调整：

（一）第一种方式：采用价格指数进行价格调整

1）价格调整公式。因人工、材料和设备等价格波动影响合同价格时，根据专用合同条款中约定的数据，按以下公式计算差额并调整合同价格：

$$\Delta P = P_0\left[A + \left(B_1 \times \frac{F_{t1}}{F_{01}} + B_2 \times \frac{B_{t2}}{F_{02}} + B_3 \times \frac{F_{t3}}{F_{03}} + \cdots + B_n \times \frac{F_{tn}}{F_{0n}}\right) - 1\right]$$

式中 ΔP——需调整的价格差额；

P_0——约定的付款证书中承包人应得到的已完成工程量的金额，此项金额应不包括价格调整、不计质量保证金的扣留和支付、预付款的支付和扣回，约定的变更及其他金额已按现行价格计价的，也不计在内；

A——定值权重（即不调整部分的权重）；

B_1、B_2、B_3、…、B_n——各可调整因子的变值权重（即可调整部分的权重），为各可调整因子在签约合同价中所占的比例；

F_{t1}、F_{t2}、F_{t3}、…、F_{tn}——各可调整因子的现行价格指数，指约定的付款证书相关周期最后一天的前42天的各可调整因子的价格指数；

F_{01}、F_{02}、F_{03}、…、F_{0n}——各可调整因子的基本价格指数，指基准日期的各可调整因子的价格指数。

以上价格调整公式中的各可调整因子、定值和变值权重，以及基本价格指数及其来源在投标函附录价格指数和权重表中约定，非招标订立的合同，由合同当事人在专用合同条款中约定。价格指数应首先采用工程造价管理机构发布的价格指数，无前述价格指数时，可采用工程造价管理机构发布的价格代替。

2）暂时确定调整差额。在计算调整差额时无现行价格指数的，合同当事人同意暂用前次价格指数计算。实际价格指数有调整的，合同当事人进行相应调整。

3）权重的调整。因变更导致合同约定的权重不合理时，按照商定或确定的约定执行。

4）因承包人原因工期延误后的价格调整。因承包人原因未按期竣工的，对合同约定的竣工日期后继续施工的工程，在使用价格调整公式时，应采用计划竣工日期与实际竣工日期的两个价格指数中较低的一个作为现行价格指数。

（二）第二种方式：采用造价信息进行价格调整

合同履行期间，因人工、材料、工程设备和机械台班价格波动影响合同价格时，人工、

机械使用费按照国家或省、自治区、直辖市建设行政管理部门、行业建设管理部门或其授权的工程造价管理机构发布的人工、机械使用费系数进行调整；需要进行价格调整的材料，其单价和采购数量应由发包人审批，发包人确认需调整的材料单价及数量，作为调整合同价格的依据。

1）人工单价发生变化且符合省级或行业建设主管部门发布的人工费调整规定，合同当事人应按省级或行业建设主管部门或其授权的工程造价管理机构发布的人工费等文件调整合同价格，但承包人对人工费或人工单价的报价高于发布价格的除外。

2）材料、工程设备价格变化的价款调整按照发包人提供的基准价格，按以下风险范围规定执行：

① 承包人在已标价工程量清单或预算书中载明材料单价低于基准价格的，除专用合同条款另有约定外，合同履行期间材料单价涨幅以基准价格为基础超过5%时，或材料单价跌幅以在已标价工程量清单或预算书中载明材料单价为基础超过5%时，其超过部分据实调整。

② 承包人在已标价工程量清单或预算书中载明材料单价高于基准价格的，除专用合同条款另有约定外，合同履行期间材料单价跌幅以基准价格为基础超过5%时，或材料单价涨幅以在已标价工程量清单或预算书中载明材料单价为基础超过5%时，其超过部分据实调整。

③ 承包人在已标价工程量清单或预算书中载明材料单价等于基准价格的，除专用合同条款另有约定外，合同履行期间材料单价涨跌幅以基准价格为基础超过±5%时，其超过部分据实调整。

④ 承包人应在采购材料前将采购数量和新的材料单价报发包人核对，发包人确认用于工程时，发包人应确认采购材料的数量和单价。发包人在收到承包人报送的确认资料后5天内不予答复的视为认可，作为调整合同价格的依据。未经发包人事先核对，承包人自行采购材料的，发包人有权不予调整合同价格。发包人同意的，可以调整合同价格。

前述基准价格是指由发包人在招标文件或专用合同条款中给定的材料、工程设备的价格，该价格原则上应当按照省级或行业建设主管部门或其授权的工程造价管理机构发布的信息价编制。

3）施工机械台班单价或施工机械使用费发生变化超过省级或行业建设主管部门或其授权的工程造价管理机构规定的范围时，按规定调整合同价格。

（三）第三种方式：专用合同条款约定的其他方式

十、法律变化引起的调整

基准日期后，法律变化导致承包人在合同履行过程中所需要的费用发生除市场价格波动引起的调整约定以外的增加时，由发包人承担由此增加的费用；减少时，应从合同价格中予以扣减。基准日期后，因法律变化造成工期延误时，工期应予以顺延。

因法律变化引起的合同价格和工期调整，合同当事人无法达成一致的，由总监理工程师按商定或确定的约定处理。

因承包人原因造成工期延误，在工期延误期间出现法律变化的，由此增加的费用和（或）延误的工期由承包人承担。

十一、保险责任

（一）工程保险和第三者责任保险

1. 办理保险的责任

标准施工合同和示范文本对工程保险投保人的规定并不一致，标准合同规定投保人是承包人，而示范文本要求发包人投保，但就最终费用承担方而言，二者并无根本区别，都是由发包人承担，只是具体操作人不同而已。

（1）承包人办理保险　标准施工合同和简明施工合同的通用合同条款中考虑到承包人是工程施工的最直接责任人，因此均规定由承包人负责投保建筑工程一切险、安装工程一切险和第三者责任保险，并承担办理保险的费用。具体的投保内容、保险金额、保险费率、保险期限等有关内容在专用合同条款中约定。

承包人应在专用合同条款约定的期限内向发包人提交各项保险生效的证据和保险单本，保险单必须与专用合同条款约定的条件一致。承包人需要变动保险合同条款时，应事先征得发包人同意，并通知监理人。保险人做出保险责任变动的，承包人应在收到保险人通知后立即通知发包人和监理人。承包人应与保险人保持联系，使保险人能够随时了解工程实施中的变动，并确保按保险合同条款要求持续保险。

（2）发包人办理保险　示范文本通用合同条款约定，除专用合同条款另有约定外，发包人应投保建筑工程一切险或安装工程一切险和第三者责任险；发包人委托承包人投保的，因投保产生的保险费和其他相关费用由发包人承担。

无论是由承包人还是发包人办理工程险和第三者责任保险，均必须以发包人和承包人的共同名义投保，以保障双方在发生保险范围内的损失时，可从保险公司获得赔偿。

无论是由承包人还是发包人办理工程险和第三者责任保险，最终的保险费用都是由发包人承担的，由发包人办理时，其费用由自身承担，而由承包人办理时，其费用则要加入到合同价款中，最终还是要由发包人买单，因此，就费用而言并无根本区别，实际工作中主要考虑一旦发生保险责任事件，由谁办理能更好地获得保险理赔，从而减少风险事件造成的损失。

2. 保险金不足的补偿

如果投保工程一切险的保险金额少于工程实际价值，工程受到保险事件的损害时，不能从保险公司获得实际损失的全额赔偿，则损失赔偿的不足部分按合同相应条款的约定，由该事件的风险责任方负责补偿。某些大型工程项目经常因工程投资额巨大，为了减少保险费的支出，采用不足额投保方式，即以建筑安装工程费的60%～70%作为投保的保险金额，因此受到保险范围内的损害后，保险公司按实际损失的相应百分比予以赔偿。

标准施工合同要求在专用合同条款中具体约定保险金不足以赔偿损失时，承包人和发包人应承担的责任。如永久工程损失的差额由发包人补偿，临时工程、施工设备等损失由承包人负责。

3. 未按约定投保的补偿

如果负有投保义务的一方当事人未按合同约定办理保险，或未能使保险持续有效，另一方当事人可代为办理，所需费用由对方当事人承担。

当负有投保义务的一方当事人未按合同约定办理某项保险，导致受益人未能得到保险人的赔偿，原应从该项保险得到的保险赔偿应由负有投保义务的一方当事人支付。

（二）工伤事故保险和人身意外伤害保险

《建筑法》规定，工伤保险属于强制性保险，人身意外伤害保险属于鼓励性保险。示范文本约定，发包人应依照法律规定参加工伤保险，并为在施工现场的全部员工办理工伤保险，缴纳工伤保险费，并要求监理人及由发包人为履行合同聘请的第三方依法参加工伤保险。发包人和承包人可以为其施工现场的全部人员办理意外伤害保险并支付保险费，包括其员工及为履行合同聘请的第三方的人员，具体事项由合同当事人在专用合同条款中约定。

（三）其他保险

1. 承包人的施工设备保险

承包人应以自己的名义投保施工设备保险，作为工程一切险的附加保险，因为此项保险内容发包人没有投保。

2. 进场材料和工程设备保险

由当事人双方具体约定，在专用合同条款内写明。通常情况下，应是谁采购的材料和工程设备，由谁办理相应的保险。

案例分析

(1) 甲公司拒绝支付预付款是合法的。

(2)《合同法》第六十八条规定："应当先履行债务的当事人，有确切证据证明对方有下列情形之一的，可以中止履行：(一) 经营状况严重恶化；(二) 转移财产、抽逃资金，以逃避债务；(三) 丧失商业信誉；(四) 有丧失或者可能丧失履行债务能力的其他情形。"该案中，甲公司作为先为给付的一方当事人，在对方于缔约后财产状况明显恶化，且未提供适当担保，可能危及其债权实现时，可以中止履行合同，保护权益不受损害。在发生纠纷时，法院应支持甲公司的主张。

第三节 施工准备阶段的合同管理

案例引入

背景资料：某高速公路项目，承包商为了避免今后可能支付延误赔偿金的风险，要求将路基的完工时间延期 6 周。承包商的理由如下：①特别严重的降雨；②现场劳务不足；③业主在原工地现场之外的另一地方追加了一项额外工作；④无法遇见的恶劣土质条件，使路基施工难度加大；⑤施工场地使用权提供延期；⑥工程款不到位。

问题：

(1) 监理工程师认为以上哪些原因引起的工程延期是非承包商承担风险的延期，可批准工程延期？

(2) 哪些是业主的责任？监理工程师该如何处理？

一、发包人的主要义务

为了保障承包人按约定的时间顺利开工，发包人应按合同约定的责任完成满足开工条件的准备工作。

（一）提供施工场地

1. 施工现场

发包人应及时完成施工场地的征用、移民、拆迁工作，按专用合同条款约定的时间和范围向承包人提供施工场地。施工场地包括永久工程用地和施工的临时占地，施工场地的移交可以一次完成，也可以分次移交，以不影响单位工程的开工为原则。

2. 地下管线和地下设施的相关资料

发包人应按专用合同条款约定及时向承包人提供施工场地范围内地下管线和地下设施等有关资料。地下管线包括供水、排水、供电、供气、供热、通信、广播电视等的埋设位置，以及地下水文、地质等资料。发包人应保证资料的真实、准确、完整，但不对承包人据此判断、推论错误导致编制施工方案的后果承担责任。

3. 现场外的道路通行权

发包人应根据合同工程的施工需要，负责办理取得出入施工场地的专用和临时道路的通行权，以及取得为工程建设所需修建场外设施的权利，并承担有关费用。

（二）组织设计交底

发包人应根据合同进度计划，组织设计单位向承包人和监理人对提供的施工图和设计文件进行交底，以便承包人编制施工方案和施工组织设计。

（三）约定开工时间

考虑到不同行业和项目的差异，标准施工合同的通用条款中没有将开工时间作为合同条款，具体工程项目可根据实际情况在合同协议书或专用合同条款中约定。

二、承包人的主要义务

（一）现场查勘

承包人在投标阶段仅依据招标文件中提供的资料和较概略的图纸编制了供评标的施工组织设计或施工方案。签订合同协议书后，承包人应对施工场地和周围环境进行查勘，核对发包人提供的有关资料，并进一步收集相关的地质、水文、气象条件、交通条件、风俗习惯以及其他与完成合同工作有关的当地资料，以便编制施工组织设计和专项施工方案。在全部合同施工过程中，应视为承包人已充分估计了应承担的责任和风险，不得再以不了解现场情况为理由而推脱合同责任。

对现场查勘中发现的实际情况与发包人所提供资料有重大差异之处，应及时通知监理人，由其做出相应的指示或说明，以便明确合同责任。

（二）编制施工实施计划

1. 施工组织设计

承包人应按合同约定的工作内容和施工进度要求，编制施工组织设计和施工进度计划，并对所有施工作业和施工方法的完备性、安全性、可靠性负责。按照《建设工程安全生产管理条例》规定，在施工组织设计中应针对深基坑工程、地下暗挖工程、高大模板工程、高空作业工程、深水作业工程、大爆破工程的施工编制专项施工方案。对于超过一定规模的危险性较大的分部分项工程的专项施工，还需经 5 人以上专家论证方案的安全性和可靠性。

施工组织设计完成后，按专用合同条款的约定，将施工进度计划和施工方案说明报送监

理人审批。

2. 质量管理体系

承包人应在施工场地设置专门的质量检查机构，配备专职质量检查人员，建立完善的质量检查制度。在合同约定的期限内，提交工程质量保证措施文件，包括质量检查机构的组织和岗位责任、质检人员的组成、质量检查程序和实施细则等，报送监理人审批。

3. 环境保护措施计划

承包人在施工过程中，应遵守有关环境保护的法律和法规，履行合同约定的环境保护义务，按合同约定的环保工作内容编制施工环保措施计划，报送监理人审批。

(三) 施工现场内的交通道路和临时工程

承包人应负责修建、维修、养护和管理施工所需的临时道路，以及为开始施工所需的临时工程和必要的设施，以满足开工条件。

(四) 施工控制网

承包人依据监理人提供的测量基准点、基准线和水准点及其书面资料，根据国家测绘基准、测绘系统和工程测量技术规范以及合同中对工程精度的要求，测设施工控制网，并将施工控制网点的资料报送监理人审批。

承包人在施工过程中负责管理施工控制网点，对丢失或损坏的施工控制网点应及时修复，并在工程竣工后将施工控制网点移交发包人。

(五) 提出开工申请

承包人的施工前期准备工作满足开工条件后，向监理人提交工程开工报审表。开工报审表应详细说明按合同进度计划正常施工所需的施工道路、临时设施、材料设备、施工人员等施工组织措施的落实情况以及工程的进度安排。

三、监理人的主要职责

(一) 审查承包人的实施方案

1. 审查的内容

监理人对承包人报送的施工组织设计、质量管理体系、环境保护措施计划进行认真的审查，批准或要求承包人对不满足合同要求的部分进行修改。

2. 审查进度计划

监理人对承包人施工组织设计中的进度计划进行审查，不仅要看施工阶段的时间安排是否满足合同要求，更应评审拟采用的施工组织、技术措施能否保证计划的实现。监理人审查后，应在专用合同条款约定的期限内，批复或提出修改意见，否则该进度计划视为已得到批准。经监理人批准的施工进度计划称为“合同进度计划”。监理人为了便于工程进度管理，可以要求承包人在合同进度计划的基础上编制并提交分阶段和分项的进度计划，特别是合同进度计划关键线路上的单位工程或分部工程的详细施工计划。

3. 合同进度计划

合同进度计划是控制合同工程进度的依据，对承包人、发包人和监理人均有约束力，不仅要求承包人按计划施工，还要求发包人的材料供应、图纸发放等不应造成施工延误，以及监理人应按照计划进行协调管理。合同进度计划的另一重要作用是，施工进度受到非承包人责任原因的干扰后，判定是否应给承包人顺延合同工期的主要依据。

(二) 开工通知

1. 发出开工通知的条件

当发包人的开工前期工作已完成且临近约定的开工日期时，应委托监理人按专用合同条款约定的时间向承包人发出开工通知。如果约定的开工日期已届至但发包人应完成的开工配合义务尚未完成（如现场移交延误），由于监理人不能按时发出开工通知，则要顺延合同工期并赔偿承包人的相应损失。

如果发包人开工前的配合工作已完成且约定的开工日期已届至，但承包人的开工准备还不满足开工条件，监理人仍应按时发出开工的指示，合同工期不予顺延。

2. 发出开工通知的时间

监理人征得发包人同意后，应在开工日期7天前向承包人发出开工通知，合同工期自开工通知中载明的开工日起计算。

案例分析

(1) 上述原因中，①、③、④、⑤、⑥引起的延误是非承包商承担风险的延误，可批准延长工期。

(2) 上述原因中，③、⑤、⑥属于业主的责任，监理工程师对这些问题进行处理时，对③可要求业主适当增加工程款或者适当延长工期；对⑤可要求业主按场地使用权提供延期时间顺延工期；对⑥可要求业主按合同规定准时拨付工程款。

第四节 施工阶段的合同管理

案例引入

背景资料：某高速公路项目施工合同采用GF—2013—0201《建设工程施工合同（示范文本)》，业主委托监理单位进行施工阶段监理。该工程在施工过程中，陆续发生了以下索赔事件（索赔工期和费用数据均符合实际)：

(1) 施工期间，承包方发现施工图有误，需设计单位修改，由于图纸修改造成停工20天。承包方提出工期延期20天与费用补偿2万元的要求。

(2) 施工期间因下雨，为保证路基工程填筑质量，总监理工程师下达了暂时停工令，共停工10天，其中连续4天出现低于工程所在地雨期平均降雨量的雨天气候和连续6天出现50年一遇特大暴雨。承包方提出工期延期10天与费用补偿2万元的要求。

(3) 施工过程中，现场周围居民称承包方施工噪声对他们造成干扰，阻止承包方的混凝土浇筑工作。承包方提出工期延期5天与费用补偿1万元的要求。

问题：针对承包方提出的上述索赔要求，监理工程师应如何签署意见?

一、合同履行涉及的几个时间期限

(一) 群体工程工期

对于群体工程，双方应在合同附件中具体约定不同单位工程的开工日期和竣工日期。对

于大型、复杂的工程项目，除了约定整个工程的开工日期、竣工日期和合同工期的总日历天数外，还应约定重要里程碑事件的开工日期与竣工日期，以确保工期总目标的顺利完成。

（二）施工期

承包人施工期从监理人发出的开工通知中写明的开工日起计算，至工程接收证书中写明的实际竣工日止。以此期限与合同工期比较，判定是提前竣工还是延误竣工。延误竣工承包人承担拖期赔偿责任，提前竣工是否应获得奖励需视专用合同条款中是否有约定。

（三）缺陷责任期

缺陷责任期从工程通过竣工验收之日起计算，合同当事人应在专用合同条款中约定缺陷责任期的具体期限，但该期限最长不超过 24 个月。

单位工程先于全部工程进行验收，经验收合格并交付使用的，该单位工程缺陷责任期自单位工程验收合格之日起计算。因承包人原因导致工程无法按合同约定期限进行竣工验收的，缺陷责任期从实际通过竣工验收之日起计算。因发包人原因导致工程无法按合同约定期限进行竣工验收的，在承包人提交竣工验收报告 90 天后，工程自动进入缺陷责任期；发包人未经竣工验收擅自使用工程的，缺陷责任期自转移占有工程之日起开始计算。

由于承包人拥有施工技术、设备和施工经验，缺陷责任期内工程运行期间出现的工程缺陷，承包人应负责修复，直到检验合格为止。修复费用以缺陷原因的责任划分，经查验属于发包人原因造成的缺陷，承包人修复后可获得查验、修复的费用及合理利润。如果承包人不能在合理时间内修复缺陷，发包人可以自行修复或委托其他人修复，修复费用由缺陷原因的责任方承担。

承包人责任原因产生的较大缺陷或损坏，致使工程不能按原定目标使用，经修复后需要再行检验或试验时，发包人有权要求延长该部分工程或设备的缺陷责任期。影响工程正常运行的有缺陷工程或部位，在修复检验合格日前已经过的时间归于无效，重新计算缺陷责任期，但包括延长时间在内的缺陷责任期最长时间不得超过 2 年。

（四）保修期

保修期自实际竣工日起计算，发包人和承包人按照有关法律、法规的规定，在专用合同条款内约定工程质量保修范围、期限和责任。对于提前验收的单位工程起算时间相应提前。承包人对保修期内出现的不属于其责任原因的工程缺陷，不承担修复义务。

二、施工进度管理

建设工程施工进度管理应按经审批的工程进度计划，采用适当的方法定期跟踪、检查工程实际进度状况，与计划进度对照、比较找出二者之间的偏差，并对产生偏差的各种因素及影响工程目标的程度进行分析与评估，以及组织、指导、协调、监督监理单位、承包商及相关单位，及时采取有效措施调整工程进度计划，使工程进度在计划执行中不断循环往复，直至按设定的工期目标（项目竣工），即按合同约定的工期如期完成，或在保证工程质量和不增加工程造价的条件下提前完成。

施工进度与质量、投资关系是相互联系的。在项目实施中，进度与投资的关系是加快进度往往要增加投资，采取各种赶工措施使工程建设项目及早竣工，尽快发挥工程建设投资的经济效益。而进度与质量的关系是加快进度，因人、机械超强工作造成工人疲劳、机械维修、材料供应紧张、施工条件的改变，可能会影响到工程质量。适度均衡的加快施工进度，可以在计划工期内得到合理的提前，可以保证施工质量。严格控制质量，可以避免返工，进

度则会加快；反之则会因返工造成工期延后，施工成本增加。投资与质量的关系是质量好要增加施工成本，但严格控制质量，可以避免返工，提高了承包商的施工效益，减少建设项目的经常性维护费用，延长工程使用年限，反而降低了投资成本，提高了建设单位的投资效益。

施工进度控制的任务是针对建设项目的进度目标进行工期计算，是施工单位根据工程建设项目的规模、工程量与工程复杂程度，建设单位对工期和项目投产时间的要求，资金到位计划和实现的可能性，主要进场计划，国家颁布的《建筑安装工程工期定额》，工程地质、水文地质、建设地区气候等因素，进行科学分析后，设计出的工程建设项目的最佳工期。合同工期确定后，工程施工进度控制的任务，就是根据进度目标确定实施方案，在施工过程中进行控制和调整，以实现进度控制的目标，具体地讲，进度控制的任务是进行进度规划、进度控制和进度协调。要完成好这个任务，应做好以下三项工作：

第一，编制工程建设项目总进度目标和总计划。进度计划的编制，涉及建设工程投资、设备材料供应、施工场地布置、主要施工机械、劳动组合、各附属设施的施工、各施工安装单位的配合及建设项目投产的时间要求。对这些综合因素要全面考虑、科学组织、合理安排、统筹兼顾，才能有一个很好的进度规划。

第二，要对进度进行控制，必须对建设项目进展的全过程，对计划进度与实际进度进行比较。在施工工程的实际进度与计划进度发生偏离时，无论是进度加快还是进度滞后都会对施工组织设计产生影响，都会给施工工序带来问题，都要及时采取有效措施加以调整，对偏离控制目标的要找出原因，坚决纠正。

第三，进度协调的任务是对整个建设项目中各土建、安装等施工单位、总承包单位、分包单位之间的进度进行搭接，在时间、空间交叉上进行协调。这些都是相互联系、相互制约的因素，对工程建设项目的实际进度都有着直接的影响，如果对这些单项工程之间的施工关系不加以必要的协调，将会造成工程施工秩序混乱，不能按期完成建设工程。

施工进度计划是施工进度控制的依据。因此，编制施工进度计划以提高进度控制的质量成为进度控制的关键问题。由于施工进度计划分为施工总进度计划和单位工程施工进度计划两类，故其编制应分别对待。

工程进度目标按期实现的前提是要有一个科学合理的进度计划。工程项目建设进度受诸多因素影响，这就要求工程项目管理人员在事先对影响进度的各种因素进行全面调查研究，预测、评估这些因素对工程建设进度产生的影响，并编制可行的进度计划。然而在执行进度计划的过程中，不可避免地会出现影响进度按计划执行的其他因素，使工程项目进度难以按预定计划执行。这就需要工程管理者在执行进度计划过程中，运用动态控制原理，不断进行检查，将实际情况与进度计划进行对比，找出计划产生偏差的原因，特别是找出主要原因后，采取纠偏措施。措施的确定有两个前提，一是通过采取措施可以维持原进度计划，使之正常实施；二是采取措施后仍不能按原进度计划执行，要对原进度计划进行调整或修正后，再按新的进度计划执行。

工程进度控制管理不应仅局限于考虑施工本身的因素，还应对其他相关环节和相关部门因素给予足够的重视。如施工图设计、工程变更、营销策划、开发手续、协作单位等。只有通过对整个项目计划系统的综合有效控制，才能保证工期目标的实现。

（一）合同进度计划的动态管理

为了保证实际施工过程中承包人能够按计划施工，监理人通过协调保障承包人的施工不

受到外部或其他承包人的干扰，对已确定的施工计划要进行动态管理。

无论何种原因造成工程的实际进度与合同进度计划不符，包括实际进度超前或滞后于计划进度，均应修订合同进度计划，以使进度计划具有实际的管理和控制作用。当工程的实际进度与合同进度计划不符时，承包人可以在专用合同条款约定的期限内向监理人提交修订合同进度计划的申请报告，并附有关措施和相关资料，报监理人审批；监理人也可以直接向承包人做出修订合同进度计划的指示，承包人应按该指示修订合同进度计划，报监理人审批。监理人应在专用合同条款约定的期限内予以批复。如果修订的合同进度计划对竣工时间有较大影响或需要补偿额超过监理人独立确定的范围时，在批复前应取得发包人同意。

（二）可以顺延合同工期的情况

1. 发包人原因延长合同工期

由于发包人原因导致的延误，承包人有权获得工期顺延和（或）费用加利润补偿的情况包括：

1）增加合同工作内容。

2）改变合同中任何一项工作的质量要求或其他特性。

3）发包人迟延提供材料、工程设备或变更交货地点。

4）因发包人原因导致的暂停施工。

5）提供图纸延误。

6）未按合同约定及时支付预付款、进度款。

7）发包人造成工期延误的其他原因。

2. 异常恶劣的气候条件

出现专用合同条款约定的异常恶劣气候条件导致工期延误，承包人有权要求发包人延长工期。监理人处理气候条件对施工进度造成不利影响的事件时，应注意以下两条基本原则：

1）正确区分气候条件对施工进度影响的责任。判明因气候条件对施工进度产生影响的持续期间内，属于异常恶劣气候条件的有多少天。如土方填筑工程的施工中，因连续降雨导致停工 15 天，其中 6 天的降雨强度超过专用合同条款约定的标准构成延长合同工期的条件，而其余 9 天的停工或施工效率降低的损失，属于承包人应承担的不利气候条件风险。

2）异常恶劣气候条件导致的停工是进度计划中的关键工作，则承包人有权获得合同工期的顺延。如果被迫暂停施工的工作不在关键线路上且总时差多于停工天数，仍然不必顺延合同工期，但对施工成本的增加可以获得补偿。

（三）承包人原因的延误

未能按合同进度计划完成工作时，承包人应采取措施加快进度，并承担加快进度所增加的费用。由于承包人原因造成工期延误，承包人应支付逾期竣工违约金。

订立合同时，应在专用合同条款内约定逾期竣工违约金的计算方法和逾期违约金的最高限额。专用合同条款说明中建议，违约金计算方法约定的日拖期赔偿额，可采用每天为多少钱或每天为签约合同价的千分之几。根据 GB 50500—2018《建设工程工程量清单计价规范》的相关规定，合同工程发生误期的，除合同另有约定外，误期赔偿费的最高限额为合同价款的 5%。承包人赔偿后，也不能免除承包人按照合同约定应承担的任何责任和应履行的任何义务。

（四）暂停施工

1. 暂停施工的责任

施工过程中发生被迫暂停施工的原因，可能属于发包人责任，也可能属于承包人责任。

承包人责任引起的暂停施工，增加的费用和工期由承包人承担；发包人责任引起的暂停施工，承包人有权要求发包人延长工期和（或）增加费用，并支付合理利润。

（1）承包人责任引起的暂停施工　由承包人责任引起的暂停施工主要包括以下方面：

1）承包人违约引起的暂停施工。

2）由于承包人原因为工程合理施工和安全保障所必需的暂停施工。

3）承包人擅自暂停施工。

4）承包人其他原因引起的暂停施工。

5）专用合同条款约定由承包人承担的其他暂停施工。

（2）发包人责任引起的暂停施工　发包人承担合同履行的风险较大，造成暂停施工的原因可能来自于未能履行合同的行为责任，也可能源于自身无法控制但应承担风险的责任。大体可以分为以下几类原因致使施工暂停：

1）发包人未履行合同规定的义务。此类原因较为复杂，包括自身未能尽到管理责任，如发包人采购的材料未能按时到货致使停工待料等；也可能源于第三者责任原因，如施工过程中出现设计缺陷导致停工等待变更的图纸等。

2）不可抗力的停工损失属于发包人应承担的风险，如施工期间发生地震、泥石流等自然灾害导致暂停施工。

3）协调管理原因。同时在现场的两个承包人发生施工干扰，监理人从整体协调考虑，指示某一承包人暂停施工。

4）行政管理部门的指令。某些特殊情况下可能执行政府行政管理部门的指示，暂停一段时间的施工。如2008年北京奥运会期间，为了环境保护的需要，某些在建工程按照政府文件要求暂停施工。

2. 暂停施工程序

（1）停工　监理人根据施工现场的实际情况，认为必要时可向承包人发出暂停施工的指示，承包人应按监理人指示暂停施工。

无论由于何种原因引起的暂停施工，监理人都应与发包人和承包人协商，采取有效措施积极消除暂停施工的影响。暂停施工期间由承包人负责妥善保护工程并提供安全保障。

（2）复工　当工程具备复工条件时，监理人应立即向承包人发出复工通知，承包人收到复工通知后，应在指示的期限内复工。承包人无故拖延和拒绝复工，由此增加的费用和工期延误由承包人承担。

因发包人原因无法按时复工时，承包人有权要求延长工期和（或）增加费用，以及合理利润。

3. 紧急情况下的暂停施工

由于发包人的原因发生暂停施工的紧急情况，且监理人未及时下达暂停施工指示，承包人可先暂停施工并及时向监理人提出暂停施工的书面请求。监理人应在接到书面请求后的24小时内予以答复，逾期未答复视为同意承包人的暂停施工请求。

（五）发包人要求提前竣工

如果发包人根据实际情况向承包人提出提前竣工要求，由于涉及合同约定的变更，应与承包人通过协商达成提前竣工协议作为合同文件的组成部分。协议的内容应包括：承包人修订进度计划及为保证工程质量和安全采取的赶工措施；发包人应提供的条件；所需追加的合同价款；提前竣工给发包人带来效益应给承包人的奖励等。专用合同条款使用说明中建议，

奖励金额可为发包人实际效益的20%。

三、施工质量管理

(一) 质量责任

因承包人原因造成工程质量达不到合同约定验收标准，监理人有权要求承包人返工直至符合合同要求为止，由此造成的费用增加和（或）工期延误由承包人承担。

因发包人原因造成工程质量达不到合同约定验收标准，发包人应承担由于承包人返工造成的费用增加和（或）工期延误，并支付承包人合理利润。

(二) 承包人的管理

1. 项目部的人员管理

(1) 质量检查制度　承包人应在施工场地设置专门的质量检查机构，配备专职质量检查人员，建立完善的质量检查制度。

(2) 规范施工作业的操作程序　承包人应加强对施工人员的质量教育和技术培训，定期考核施工人员的劳动技能，严格执行规范和操作规程。

(3) 撤换不称职的人员　当监理人要求撤换不能胜任本职工作、行为不端或玩忽职守的承包人项目经理和其他人员时，承包人应予以撤换。

2. 质量检查

(1) 材料和设备的检验　承包人应对使用的材料和设备进行进场检验和使用前的检验，不允许使用不合格的材料和有缺陷的设备。

承包人应按合同约定进行材料、工程设备和工程的试验和检验，并为监理人对材料、工程设备和工程的质量检查提供必要的试验资料和原始记录。按合同约定由监理人与承包人共同进行试验和检验的，承包人负责提供必要的试验资料和原始记录。

(2) 施工部位的检查　承包人应对施工工艺进行全过程的质量检查和检验，认真执行自检、互检和工序交叉检验制度，尤其要做好工程隐蔽前的质量检查。

承包人自检确认的工程隐蔽部位具备覆盖条件后，通知监理人在约定期限内检查，承包人的通知应附有自检记录和必要的检查资料。经监理人检查确认质量符合隐蔽要求，并在检查记录上签字后，承包人才能进行覆盖。监理人检查确认质量不合格的，承包人应在监理人指示的时间内修整或返工后，由监理人重新检查。

承包人未通知监理人到场检查，私自将工程隐蔽部位覆盖，监理人有权指示承包人钻孔探测或揭开检查，由此增加的费用和（或）工期延误由承包人承担。

(3) 现场工艺试验　承包人应按合同约定或监理人指示进行现场工艺试验。对于大型的现场工艺试验，监理人认为必要时，应由承包人根据监理人提出的工艺试验要求，编制工艺试验措施计划，报送监理人审批。

(三) 监理人的质量检查和试验

1. 与承包人的共同检验和试验

监理人应与承包人共同进行材料、设备的试验和工程隐蔽前的检验。收到承包人共同检验的通知后，监理人既未发出变更检验时间的通知，又未按时参加，承包人为了不延误施工可以单独进行检查和试验，将记录送交监理人后可继续施工。此次检查或试验视为监理人在场情况下进行，监理人应签字确认。

2. 监理人指示的检验和试验

(1) 材料、设备和工程的重新检验和试验　监理人对承包人的试验和检验结果有疑问，或为了查清承包人试验和检验成果的可靠性要求承包人重新试验和检验时，由监理人与承包人共同进行。重新试验和检验的结果证明该项材料、工程设备或工程的质量不符合合同要求，由此增加的费用和（或）工期延误由承包人承担；重新试验和检验结果证明符合合同要求，由发包人承担由此增加的费用和（或）工期延误，并支付承包人合理利润。

(2) 隐蔽工程的重新检验　监理人对已覆盖的隐蔽工程部位质量有疑问时，可要求承包人对已覆盖的部位进行钻孔探测或揭开重新检验，承包人应遵照执行，并在检验后重新覆盖恢复原状。经检验证明工程质量符合合同要求，由发包人承担由此增加的费用和（或）工期延误，并支付承包人合理利润；经检验证明工程质量不符合合同要求，由此增加的费用和（或）工期延误由承包人承担。

(四) 对发包人提供的材料和工程设备管理

承包人应根据合同进度计划的安排，向监理人报送要求发包人交货的日期计划。发包人应按照监理人与合同双方当事人商定的交货日期，向承包人提交材料和工程设备，并在到货7天前通知承包人。承包人会同监理人在约定的时间内，在交货地点共同进行验收。发包人提供的材料和工程设备验收后，由承包人负责接收、保管和施工现场内的二次搬运所发生的费用。

发包人要求承包人提前接货的物资，承包人不得拒绝，但发包人应承担承包人由此增加的保管费用。发包人提供的材料和工程设备的规格、数量或质量不符合合同要求，或由于发包人原因发生交货日期延误及交货地点变更等情况时，发包人应承担由此增加的费用和（或）工期延误，并向承包人支付合理利润。

(五) 对承包人施工设备的管理

承包人使用的施工设备不能满足合同进度计划或质量要求时，监理人有权要求承包人增加或更换施工设备，增加的费用和工期延误由承包人承担。

承包人的施工设备和临时设施应专用于合同工程，未经监理人同意，不得将施工设备和临时设施中的任何部分运出施工场地或挪作他用。对目前闲置的施工设备或后期不再使用的施工设备，经监理人根据合同进度计划审核同意后，承包人方可将其撤离施工现场。

(六) 质量管理五要素

影响施工质量的因素有很多，主要因素可从人、材料和工程设备、施工机械、方法及环境，五大方面加以分析。

1. 人的因素

在施工质量管理中，人的因素起决定性的作用。所以，施工质量管理应以控制人的因素为基本出发点。

2. 材料和工程设备的因素

材料是指构成工程实体的各类材料，如钢筋、混凝土、水泥、砖等材料。材料质量是工程质量的基础，材料质量不符合要求，工程质量就不可能达到标准。所以，加强对材料的质量控制是保证工程质量的重要基础。

工程设备是指组成工程实体的工艺设备和各类机具，如各类生产设备、装置和辅助配套的电梯、泵机，以及通风空调、消防、环保设备等，它们是工程项目的重要组成部分，其质量的优劣直接影响到工程使用功能的发挥。

3. 施工机械的因素

施工机械设备包括各类施工机械和各类施工器具，如塔式起重机、施工电梯、钢筋切断机、瓦刀等。

4. 方法的因素

施工方法包括施工技术方案、施工工艺、工法和施工技术措施等。从某种程度上说，技术工艺水平的高低决定了施工质量的优劣。

5. 环境的因素

(1) 施工现场自然环境因素　主要是指工程地质、水文、气象条件和周边建筑、地下障碍物以及其他不可抗力等对施工质量的影响因素。例如，在地下水位高的地区，若在雨期进行基坑开挖，遇到连续降雨或排水困难，就会引起基坑塌方或地基受水浸泡影响承载力等；在寒冷地区冬期施工措施不当，工程会因受到冻融而影响质量；在基层未干燥或大风天进行卷材屋面防水层的施工，就会导致粘贴不牢及空鼓等质量问题。

(2) 施工质量管理环境因素　主要是指施工单位质量管理体系、质量管理制度和各参建施工单位之间的协调等因素。根据承包发包的合同结构，理顺管理关系，建立统一的现场施工组织系统和质量管理的综合运行机制，确保工程项目质量保证体系处于良好的状态，创造良好的质量管理环境和氛围，是施工顺利进行、提高施工质量的保证。

(3) 施工作业环境因素　主要是指施工现场平面和空间环境条件，各种能源介质供应，施工照明、通风、安全防护设施，施工场地给水排水，以及交通运输和道路条件等因素。这些条件是否良好，直接影响到施工能否顺利进行，以及施工质量能否得到保证。

四、工程款支付管理

(一) 支付管理的几个概念

1. 签约合同价和合同价格

(1) 签约合同价　签约合同价是指签订合同时合同协议书中写明的，包括了暂估价、暂列金额的合同总金额，即中标价。

(2) 合同价格　合同价格是指承包人按合同约定完成了包括缺陷责任期内的全部承包工作后，发包人应付给承包人的金额。合同价格即承包人完成施工、竣工、保修全部义务后的工程结算总价，包括履行合同过程中按合同约定进行的变更、价款调整、通过索赔应予补偿的金额。

二者的区别表现为：签约合同价是写在协议书和中标通知书内的固定数额，作为结算价款的基数；而合同价格是承包人最终完成全部施工和保修义务后应得的全部合同价款，包括施工过程中按照合同相关条款的约定，在签约合同价基础上应给承包人补偿或扣减的费用之和。因此，只有在最终结算时，合同价格的具体金额才可以确定。

2. 签订合同时签约合同价内尚不确定的款项

(1) 暂估价　暂估价是指发包人在工程量清单中给出的，用于支付必然发生但暂时不能确定价格的材料、设备以及专业工程的金额。该笔款项属于签约合同价的组成部分，合同履行阶段一定发生，但招标阶段由于局部设计深度不够、质量标准尚未最终确定、投标时市场价格差异较大等原因，要求承包人按暂估价格报价部分，合同履行阶段再最终确定该部分的合同价格金额。

暂估价内的工程材料、设备或专业工程施工，属于依法必须招标的项目，施工过程中由

发包人和承包人以招标的方式选择供应商或分包人，按招标的中标价确定未达到必须招标的规模或标准时，材料和设备由承包人负责提供，经监理人确认相应的金额，专业工程施工的价格由监理人进行估价确定。与工程量清单中所列暂估价的金额差以及相应的税金等其他费用列入合同价格。

（2）暂列金额　暂列金额是指已标价工程量清单中所列的一笔款项，用于在签订协议书时尚未确定或不可预见变更的施工及其所需材料、工程设备、服务等的金额，包括以计日工方式支付的款项。

上述两笔款项均属于包括在签约合同价内的金额，二者的区别表现为：暂估价是在招标投标阶段暂时不能合理确定价格，但合同履行阶段必然发生，发包人一定予以支付的款项；暂列金额则是指招标投标阶段已经确定价格，监理人在合同履行阶段根据工程实际情况指示承包人完成相关工作后给予支付的款项。签约合同价内约定的暂列金额可能全部使用或部分使用，因此承包人不一定能够全部获得支付。

3. 费用和利润

费用是指履行合同所发生的或将要发生的不计利润的所有合理开支，包括管理费和应分摊的其他费用。

合同条款中费用涉及以下两个方面：一是施工阶段处理变更或索赔时，确定应给承包人补偿的款额；二是按照合同责任应由承包人承担的开支。通用合同条款中很多涉及应给予承包人补偿的事件，分别明确调整价款的内容为“增加的费用”或“增加的费用及合理利润”。导致承包人增加开支的事件若属于发包人也无法合理预见和克服的情况，应补偿费用但不计利润；若属于发包人应予以控制而未做好的情况，如因图纸资料错误导致的施工放线返工，则应补偿费用和合理利润。

利润可以通过工程量清单单价分析表中相关子项标明的利润或拆分报价单费用组成确定，也可以在专用合同条款内具体约定利润占费用的百分比。

4. 质量保证金

质量保证金是指将承包人的部分应得款扣留在发包人手中，用于因施工原因修复缺陷工程的开支项目。发包人和承包人需在专用合同条款内约定以下两个值：一是每次支付工程进度款时应扣质量保证金的比例；二是质量保证金总额，可以采用某一金额或签约合同价的某一百分比。在工程项目竣工前，承包人已经提供履约担保的，发包人不得同时预留工程质量保证金。

质量保证金从第一次支付工程进度款时开始起扣，从承包人本期应获得的工程进度付款中，扣除预付款的支付、扣回以及因物价浮动对合同价格的调整三项金额后的款额为基数，按专用合同条款约定的比例扣留本期的质量保证金。累计扣留达到约定的总额为止，发包人累计扣留的质量保证金不得超过工程价款结算总额的3%。

质量保证金用于约束承包人在施工阶段、竣工阶段和缺陷责任期内的质量行为，承包人在各阶段都必须按照合同要求对施工的质量和数量承担约定的责任。

缺陷责任期内，承包人认真履行合同约定的责任，到期后，承包人可向发包人申请返还保证金。

发包人在接到承包人返还保证金申请后，应于14天内会同承包人按照合同约定的内容进行核实。如无异议，发包人应当按照约定将保证金返还给承包人。对返还期限没有约定或者约定不明确的，发包人应当在核实后14天内将保证金返还承包人，逾期未返还的，依法

承担违约责任。发包人在接到承包人返还保证金申请后 14 天内不予答复，经催告后 14 天内仍不予答复，视同认可承包人的返还保证金申请。

发包人和承包人对保证金预留、返还以及工程维修质量、费用有争议的，按合同约定的争议和纠纷解决程序处理。

（二）外部原因引起的合同价格调整

1. 物价浮动的变化

施工工期 12 个月以上的工程，应考虑市场价格浮动对合同价格的影响，由发包人和承包人分担市场价格变化的风险。公式法调价仅适用于工程量清单中单价支付部分。在调价公式的应用中，有以下几个基本原则：

1）在每次支付工程进度款计算调整差额时，如果得不到现行价格指数，可暂用上一次价格指数计算，并在以后的付款中再按实际价格指数进行调整。

2）由于变更导致合同中调价公式约定的权重变得不合理时，由监理人与承包人和发包人协商后进行调整。

3）因非承包人原因导致工期顺延，原定竣工日后的支付过程中，调价公式继续有效。

4）因承包人原因未在约定的工期内竣工，后续支付时应采用原约定竣工日与实际支付日的两个价格指数中，较低的一个作为支付计算的价格指数。

5）人工、机械使用费按照国家或省、自治区、直辖市建设行政管理部门、行业建设管理部门或其授权的工程造价管理机构发布的人工成本信息、机械台班单价或机械使用费系数进行调整；需要调整价格的材料，以监理人复核后确认的材料单价及数量，作为调整工程合同价格差额的依据。

2. 法律法规的变化

基准日后，因法律、法规变化导致承包人的施工费用发生增减变化时，监理人根据法律及国家或省、自治区、直辖市有关部门的规定，采用商定或确定的方式对合同价款进行调整。

（三）工程量计量

已完成合格工程量计量的数据，是工程进度款支付的依据。工程量清单或报价单内承包工作的内容，既包括单价支付的项目，也可能有总价支付部分，如设备安装工程的施工。单价支付与总价支付的项目在计量和付款中有较大区别。一般而言，单价子目已完成工程量按月计量；总价子目的计量周期按批准承包人的支付分解报告确定。

1. 单价子目的计量

对已完成的工程进行计量后，承包人向监理人提交进度付款申请单、已完成工程量报表和有关计量资料。监理人应在收到承包人提交的工程量报表后的 7 天内进行复核，监理人未在约定时间内复核，承包人提交的工程量报表中的工程量视为承包人实际完成的工程量，据此计算工程价款。

监理人对数量有异议或监理人认为有必要时，可要求承包人进行共同复核和抽样复测。承包人应协助监理人进行复核，并按监理人要求提供补充计量资料。承包人未按监理人要求参加复核，监理人单方复核或修正的工程量作为承包人实际完成的工程量。

2. 总价子目的计量

总价子目的计量和支付应以总价为基础，不考虑市场价格浮动的调整。承包人实际完成的工程量，是进行工程目标管理和控制进度支付的依据。

承包人在合同约定的每个计量周期内，对已完成的工程进行计量，并向监理人提交进度付款申请单、专用合同条款约定的合同总价支付分解表所表示的阶段性或分项计量的支持性资料，以及所达到工程形象进度或分阶段完成的工程量和有关计量资料。监理人对承包人提交的资料进行复核，有异议时可要求承包人进行共同复核和抽样复测。除变更外，总价子目表中标明的工程量是用于结算的工程量，通常不进行现场计量，只进行图纸计量。

（四）工程进度款的支付

1. 进度付款申请单

承包人应在每个付款周期末，按监理人批准的格式和专用合同条款约定的份数，向监理人提交进度付款申请单，并附相应的支持性证明文件。进度付款申请单的内容包括：

1）截至本次付款周期末已实施工程的价款。

2）变更金额。

3）索赔金额。

4）本次应支付的预付款和扣减的返还预付款。

5）本次扣减的质量保证金。

6）根据合同应增加和扣减的其他金额。

2. 进度付款证书

监理人在收到承包人进度付款申请单以及相应的支持性证明文件后的14天内完成核查，提出发包人到期应支付给承包人的金额以及相应的支持性材料。经发包人审查同意后，由监理人向承包人出具经发包人签认的进度付款证书。

监理人有权扣发承包人未能按照合同要求履行任何工作或义务的相应金额，如扣除质量不合格部分的工程款等。

监理人出具的进度付款证书，不应视为监理人已同意、批准或接受了承包人完成的该部分工作，在对以往历次已签发的进度付款证书进行汇总和复核中发现错、漏或重复的，监理人有权予以修正，承包人也有权提出修正申请。经双方复核同意的修正，应在本次进度付款中支付或扣除。

3. 进度款的支付

除专用合同条款另有约定外，发包人应在进度款支付证书或临时进度款支付证书签发后14天内完成支付，发包人逾期支付进度款的，应按照中国人民银行发布的同期同类贷款基准利率支付违约金。

五、施工安全管理

（一）安全管理概述

1. 安全的概念

安全是指生产过程中处于避免人身伤害、设备损坏及其他不可接受的损害风险的状态。不可接受的损害风险通常是指：超出法律、法规规章的要求；超出了方针、目标和企业规定的其他要求；超出了人们普遍接受的要求。因此，安全与否要对照风险接受程度来判定，是一个相对概念。

2. 安全生产的原则和方针

（1）安全生产的原则　安全生产的原则是为了加强安全生产工作，防止和减少生产安全事故，保障人民群众生命和财产安全，促进经济社会持续健康发展。

(2) 安全生产的方针　安全生产工作应当以人为本，坚持安全发展，坚持安全第一、预防为主、综合治理的方针，强化和落实生产经营单位的主体责任，建立生产经营单位负责、职工参与、政府监管、行业自律和社会监督的机制。

(3) 安全管理的目标　安全管理的目标是减少和消除生产过程中的事故，保障人员健康安全和财产免受损失。可归纳为：减少或消除人的不安全行为的目标；减少或消除设备、材料的不安全状态的目标；改善生产环境和保护自然环境的目标。安全管理的具体目标包括：

1）伤亡事故控制目标。杜绝死亡，避免重伤，一般事故应有控制指标。

2）安全达标目标。根据工程特点，按部位制定安全达标的具体目标。

3）文明施工目标。根据作业条件的要求，制定文明施工的具体方案和实现文明工地的目标。

(4) 施工现场安全管理的基本要求　内容应包括：

1）必须取得安全行政主管部门颁发的“安全生产许可证”后才可开工。

2）总承包单位和每一个分包单位都应持有“施工企业安全资格审查认可证”。

3）各类人员必须具备相应的执业资格才能上岗。

4）特殊工种作业人员必须持有特种作业操作证，并严格按规定定期进行复查。

5）对查出的安全隐患要做到“五定”，即定整改责任人、定整改措施、定整改完成时间、定整改完成人、定整改验收人。

6）必须打好安全生产“六关”，即措施关、交底关、教育关、防护关、检查关、改进关。

7）施工现场安全措施齐全，并符合国家及地方有关规定。

8）施工机械（特别是现场安设的起重设备等）必须经安全检查合格后方可使用。

(二) 施工合同安全管理

施工合同安全管理涉及工程建设的各方。

1. 建设行政主管部门的安全管理

建设行政主管部门的安全管理，主要是安全措施审查和安全生产监督管理。

(1) 安全措施审查　建设行政主管部门在审核发放“施工许可证”时，应对建设工程是否有安全措施进行审查，对没有安全施工措施的，不得颁发“施工许可证”。审查安全施工措施的目的是为了保障施工过程中人身和财产安全，有利于维护市场秩序，通过事前控制，避免不具备条件的建设工程盲目开工，从而减少质量和安全事故的发生。

建设行政主管部门审核发放“施工许可证”时，所审查的建设工程项目的安全施工措施主要包括施工组织设计中的安全防护和环境污染防护措施、专项安全技术方案等。对不符合安全施工要求的，从法律上规定不允许开工。

(2) 安全生产监督管理　首先，建设行政主管部门要求被检查单位提供有关建设工程安全生产的文件和资料，审核和检查这些文件资料是否符合安全生产的有关规定。同时，通过进入被检查单位施工现场进行实地检查，依据有关法律法规和工程建设强制性标准，对施工现场的环境、从业人员、建筑设备和材料等方面进行综合考察，可及时发现事故隐患和不安全行为，实现对施工现场安全状况的有效监督。对在检查中发现的施工单位施工现场及其有关人员的违反安全生产规定的行为，如违章指挥、违章作业等，要立即指出并责令其及时纠正；对于安全生产中的违法行为，有权根据《安全生产法》《建筑法》及《建设工程安全

生产管理条例》等有关规定对其进行处罚。

2. 建设单位的安全管理

建设单位不得对勘察、设计、施工、监理等单位提出不符合建设工程安全生产法律法规和强制性标准规定的要求，不得随意压缩合同约定的工期。

建设单位在编制工程概算时，应当确定建设工程安全作业环境及安全施工措施所需费用，并在招标文件及合同中写明。

建设单位不得明示或者暗示施工单位购买、租赁、使用不符合安全施工要求的安全防护工具、机械设备、施工机具及配件、消防设施和材料。

3. 施工单位的安全管理

施工单位的施工组织设计中应当编制安全技术措施和施工现场临时用电方案，对危险性较大的分部分项工程编制专项施工方案，附具安全验算结果（对超过一定规模的危险性较大的分部分项工程还要经过专家论证并完成规定的审批程序）并作为投标文件或施工合同的一部分。在施工过程中，施工单位必须严格按照施工组织设计、安全技术措施（方案）进行施工，以保证各项安全措施得到有效实施，预防和减少安全生产事故的发生。

施工单位应当依据施工合同及建设工程安全生产的相关要求设立安全生产管理机构，并配备专职安全生产管理人员。专职安全生产管理人员在企业中专门负责安全生产管理，对安全生产进行现场监督检查，督促施工组织者和作业人员时刻警惕安全生产，认真执行落实安全技术措施，搞好安全施工现场和安全防护，按照安全技术规程作业，对发现的安全隐患，及时向项目负责人和安全生产管理机构报告，使安全隐患得到及时整改，防止安全生产事故的发生。

施工项目的负责人应当由取得相关执业资格的人员担任，并按要求接受安全管理与安全技术教育培训，具备一定的安全生产知识和管理能力，对建设工程项目的施工安全负责。项目负责人通过以下方面工作来实现对建设工程项目的安全管理：在组织、指挥施工生产过程中认真执行安全生产的方针政策、法律、法规和相关制度；按照安全技术标准和规程要求落实各项安全防护措施；确保安全生产费用有效使用；建立施工项目部的安全生产责任制、组织对施工现场的安全生产，并落实隐患整改措施；在施工现场进行安全宣传，组织对施工现场的职工进行安全生产教育；发生安全事故后，按照国家有关法律、法规的规定，及时、如实地报告安全生产事故，及时组织救援工作，防止事故扩大和蔓延，同时应保护事故现场，积极配合事故的调查处理工作。

4. 监理单位的安全管理

监理单位和监理工程师应当按照法律、法规和工程建设强制性标准实施监理，并对建设工程安全生产承担监理责任。监理工程师要审查施工组织设计中的安全技术措施或专项实施方案是否符合工程建设强制性标准。

监理工程师对施工组织设计中的安全技术措施的审核一般包括以下内容：

1）安全管理、质量管理和安全保证体系的组织机构，包括项目经理、工长、安全管理人员、特种作业人员配备的人员数量及安全资格培训持证上岗情况。

2）施工安全生产责任制、安全管理规章制度、安全操作规程的制定情况。

3）起重机械设备、施工机具和电气设备等设置是否符合规范要求。

4）基坑支护、模板、脚手架工程、起重机械设备和整体提升脚手架拆装等专项方案是否符合规范要求。

5）事故应急救援预案的制定情况。

6）冬期、雨期等季节性施工方案的制定情况。

7）施工总平面图是否合理，办公、宿舍、食堂等临时设施的设置以及施工现场场地、道路、排污、排水、防火措施是否符合有关安全技术标准规范和文明施工的要求。

监理单位在实施监理过程中发现存在安全事故隐患的，应当要求施工单位整改；情况严重的，应当要求施工单位暂时停止施工，并及时报告建设单位。施工单位拒绝整改或不停止施工的，监理单位应及时向有关主管部门报告。

（三）安全施工

1. 安全施工与检查

（1）承包人的施工安全责任　承包人应遵循工程建设安全生产有关管理规定，严格按安全标准组织施工，并随时接受行业安全检查人员依法实施的监督检查，采取必要的安全防护措施，消除事故隐患。由于承包人安全措施不力造成事故的责任和因此发生的费用由承包人承担。

承包人应按合同约定的安全工作内容，编制施工安全措施计划报送监理人审批，按监理人的指示制定应对灾害的应急预案，报送监理人审批。承包人还应按预案做好安全检查，配置必要的救助物资和器材，切实保护好有关人员的人身和财产安全。

施工过程中负责施工作业安全管理，特别应加强易燃易爆材料、火工器材、有毒与腐蚀性材料和其他危险品的管理，加强爆破作业和地下工程施工等危险作业的管理。严格按照国家安全标准制定施工安全操作规程，配备必要的安全生产和劳动保护设施，加强对承包人人员的安全教育，并发放安全工作手册和劳动保护用具。合同约定的安全作业环境及安全施工措施所需费用已包括在相关工作的合同价格中；因采取合同未约定的安全作业环境及安全施工措施增加的费用，由监理人按商定或确定方式予以补偿。

承包人对其履行合同所雇用的全部人员，包括分包人人员的工伤事故承担责任，但由于发包人原因造成承包人人员的工伤事故应由发包人承担责任。由于承包人原因在施工场地内及其毗邻地带造成的第三者人员伤亡和财产损失，由承包人负责赔偿。

（2）发包人的施工安全责任　发包人应对其施工场地的工作人员进行安全教育，并对他们的安全负责，发包人不得要求承包人违反安全管理规定进行施工，因发包人原因导致的安全事故，由发包人承担相应责任。发包人应按合同约定履行安全管理职责，授权监理人按合同约定的安全工作内容监督、检查承包人安全工作的实施，组织承包人和有关单位进行安全检查。发包人应对其现场机构全部人员的工伤事故承担责任，但由于承包人原因造成发包人人员工伤的，应由承包人承担责任。

发包人应负责赔偿工程或工程的任何部分对土地的占用所造成的第三者财产损失，以及由于发包人原因在施工场地及其毗邻地带造成的第三者人身伤亡和财产损失。

2. 安全防护

承包人在动力设备、输电线路、地下管道、密封防震车间、易燃易爆地段及临街交通要道附近施工时，施工开始前应向工程师提出安全防护措施，经工程师认可后实施，由发包人承担安全防护措施费用。

实施爆破作业，在放射性、毒害性环境中施工（含储存、运输、使用）及使用有害性、腐蚀性物品施工时，承包人应在施工14天前以书面形式通知工程师，并提出相应的安全防护措施，经工程师认可后实施，由发包人承担安全防护措施费用。

3. 事故处理

发生重大伤亡及其他安全事故，承包人应按有关规定立即上报有关部门并通知工程师，同时按政府有关部门要求处理，由事故责任方承担发生的费用。发包人、承包人对事故责任有争议时，应按政府有关部门的认定处理。

(1) 建设工程项目安全事故处理“四不放过”原则

1) 事故原因不清楚不放过。为避免事故再次发生，必须首先准确定性，查明事故原因，才能针对不同的危险源采取相应的纠正措施。查清事故原因是安全事故处理的前提。

2) 事故责任者和员工没有受到教育不放过。事故发生后，无论是人的不安全行为、物的不安全状态还是环境的不安全因素所导致的，都是安全管理问题，事故原因分析清楚并采取相应的措施后，应及时反馈；对事故责任者和员工进行教育和培训，从中吸取教训，提高安全意识，改进安全管理。

3) 事故责任者没有处理不放过。安全事故造成人员伤亡和财产损失，除非是由于科学技术条件所限、不可预见的自然条件或不可抗力引发的事故，事故责任者都应承担相应的责任，严重的甚至要受到法律的制裁。在处理事故责任者时必须慎重，既要提高员工对职业健康安全的责任心，又要鼓励员工尽早发现安全隐患、尽早报告安全事故，以利于及时查清原因，快速采取适当措施，避免事故的扩大，减少事故的损失。

4) 没有制定防范措施不放过。及时采取相应的防范措施，避免类似事故重演，才是事故处理的目的。应在查清事故原因的基础上，举一反三，查找安全管理方面存在的其他风险，改进职业健康安全管理体系。

(2) 建设工程项目安全事故处理程序

1) 迅速抢救伤员并保护事故现场。事故发生后，现场人员应及时向上级报告，并有组织、有指挥地抢救伤员和排除险情。应采取一切可能的措施，防止人为或自然因素的破坏，尽可能保持事故结束时的原状，以便于调查事故原因。

2) 组织调查组。单位领导接到事故报告后，应迅速赶赴现场组织抢救，并迅速组织展开调查。轻伤、重伤事故调查组，由企业负责人或其指定人员组织生产、技术、安全等部门及工会组成。伤亡事故调查组，由其主管部门会同企业所在地的行政安全部门、公安部门、工会组成。重大死亡事故调查组，按照企业的隶属关系，由省、自治区、直辖市企业主管部门或国务院有关部门会同同级行政安全管理部门、公安部门、监察部门、工会组成。死亡和重大死亡事故调查组应邀请人民检察院参与，还可邀请有关专业技术人员参加。与死亡事故有直接利害关系的人员不得参加调查组。

3) 现场勘查。事故发生后，调查组应迅速到现场进行及时、全面、准确和客观的勘查，包括现场笔录、现场拍照和现场绘图。

4) 分析事故原因。通过认真、客观、全面、细致、准确的调查和分析，查明事故经过，按受伤部位、受伤性质、起因物、致害物、伤害方法、不安全状态和不安全行为等，查清事故原因，包括人、物、生产管理和技术管理等方面的原因。通过对事故的直接原因和间接原因进行分析，确定事故的直接责任者、间接责任者和主要责任者。

5) 制定预防措施。根据对事故原因的分析，制定防止类似事故再次发生的预防措施，根据事故后果和事故责任者应负的责任提出处理意见。

6) 写成调查报告。调查组应着重把事故发生的经过、原因、责任分析、处理意见以及本次事故的教训和改进工作的建议等写成报告，经调查组全体人员签字后报批。

7）事故的审查和结案。事故调查报告经有关机关审核后方可结案，做出处理结论，并根据情节的轻重和损失大小，对事故责任人进行处理。保存事故调查和处理的文件记录。

六、变更管理

合同变更是指合同成立以后和履行完毕以前由双方当事人依法对合同的内容所进行的修改。工程变更一般是指在工程施工过程中，根据合同约定对施工的程序、工程的内容、数量、质量要求及标准等做出的变更。

施工过程中出现的变更包括监理人指示的变更和承包人申请的变更两类。监理人可按通用合同条款约定的变更程序向承包人做出变更指示，承包人应遵照执行。没有监理人的变更指示，承包人不得擅自变更。

(一) 变更的范围和内容

1）取消合同中任何一项工作，但被取消的工作不能转由发包人或其他人实施。

2）改变合同中任何一项工作的质量或其他特性。

3）改变合同工程的基线、标高、位置或尺寸。

4）改变合同中任何一项工作的施工时间或改变已批准的施工工艺或顺序。

5）为完成工程需要追加的额外工作。

(二) 监理人指示变更

监理人根据工程施工的实际需要或发包人要求实施的变更，可以进一步划分为直接指示的变更和通过与承包人协商后确定的变更两种情况。

1. 直接指示的变更

直接指示的变更属于必须实施的变更，如按照发包人的要求提高质量标准、设计错误需要进行的设计修改、协调施工中的交叉干扰等情况。此时不需征求承包人意见，监理人经过发包人同意后发出变更指示要求承包人完成变更工作。

2. 与承包人协商后确定的变更

此类情况属于可能发生的变更，与承包人协商后再确定是否实施变更，如增加承包范围外的某项新增工作或改变合同文件中的要求等。监理人指示变更的基本程序为：

1）监理人首先向承包人发出变更意向书，说明变更的具体内容、完成变更的时间要求等，并附必要的图纸和相关资料。

2）承包人收到监理人的变更意向书后，如果同意实施变更，则向监理人提出书面变更建议。建议书的内容包括提交包括拟实施变更工作的计划、措施、竣工时间等内容的实施方案以及费用和（或）工期要求。若承包人收到监理人的变更意向书后认为难以实施此项变更，也应立即通知监理人，说明原因并附详细依据，如不具备实施变更项目的施工资质、无相应的施工机具等原因或其他理由。

3）监理人审查承包人的建议书。承包人根据变更意向书要求提交的变更实施方案可行并经发包人同意后，发出变更指示。如果承包人不同意变更，监理人与承包人和发包人协商后确定撤销、改变或不改变变更意向书。

(三) 监理人对工程变更管理中的一些注意事项

工程监理规范对工程变更的定义为，在工程项目实施过程中，按照合同约定的程序对部分或全部材料、工艺、功能、构造、尺寸、技术指标、工程数量及施工方法等方面做出的改变。工程变更通常在工程承包合同执行过程中发生，是不可预见、事先无法约定的，需要监理工程师在施工现场决策，要求及时、准确地确定，否则，再合理的变更也会阻碍工程进展。大多数工程变更会涉及费用和工期，若处理不当，会造成资金浪费，影响工程质量，埋下索赔隐患，甚至使业主对其工程投资失去控制或承包商的利益受到损害，监理的形象也会受到影响。

1）任何工程变更都会引起工程费用的变更。某一工程局部或工程材料变更单项虽少，但也可能使工程费用大幅度增加，甚至使工程费用失控，总投资突破工程概算。如变更结构物的回填料，虽然单项费用变化不大，但全部工程构造物数量很多；又如沥青混合料中天然砂改用机制砂和沥青改用改性沥青等，这些单项材料虽然差价不多，但工程量很大，单项累计费用总额就会很大。

2）工程变更可能使工程进度受到影响，无法按预定工期完工。

3）防止非指令性变更发生。如在没有监理工程师向承包人下达变更指令的情况下，而业主某些人员提出变更工程标准、技术规范、修正设计差错，以及某些监理人员提出超出合同规定提高工程质量和工程材料质量控制标准等，造成实质上的工程变更，从而引起工程费用的增加，此种变更带有随意性，缺乏根据，应予以避免。

（四）承包人申请变更

承包人提出的变更可能涉及建议变更和要求变更两类。

1. 承包人建议的变更

承包人对发包人提供的图纸、技术要求以及其他方面，提出了可能降低合同价格、缩短工期或者提高工程经济效益的合理化建议，均应以书面形式提交监理人。合理化建议书的内容应包括建议工作的详细说明、进度计划和效益以及与其他工作的协调等，并附必要的设计文件。

监理人与发包人协商是否采纳承包人提出的建议。建议被采纳并构成变更的，监理人向承包人发出变更指示。

承包人提出的合理化建议使发包人获得了降低工程造价、缩短工期、提高工程运行效益等实际利益，应按专用合同条款中的约定给予奖励。

2. 承包人要求的变更

承包人收到监理人按合同约定发出的图纸和文件，经检查认为其中存在属于变更范围的情形，如提高了工程质量标准、增加工作内容、工程的位置或尺寸发生变化等，可向监理人提出书面变更建议。变更建议应阐明要求变更的依据，并附必要的图纸和说明。

监理人收到承包人的书面建议后，应与发包人共同研究，确认存在变更的，应在收到承包人书面建议后的 14 天内做出变更指示。经研究后不同意作为变更的，由监理人书面答复承包人。

七、不可抗力

不可抗力是指合同当事人在订立合同时不可预见，在工程实施过程中不可避免且不能克服的自然灾害和社会性突发事件，如地震、海啸、瘟疫、水灾、骚乱、戒严、暴动、战争和专用合同条款中约定的其他情形。

（一）不可抗力事件的确认

不可抗力事件发生后，发包人和承包人应及时认真统计所造成的损失，收集不可抗力造成的损失的证据。合同双方对是否属于不可抗力或其损失的意见不一致时，由监理人与双方

当事人商定或确定。发生争议时，按争议处理的约定办理。

（二）不可抗力事件的通知

合同一方当事人遇到不可抗力事件，使其履行合同义务受到阻碍时，应立即通知合同另一方当事人和监理人，书面说明不可抗力和受阻碍的详细情况，并提供必要的证明。

如不可抗力持续发生，合同一方当事人应及时向合同另一方当事人和监理人提交中间报告，说明不可抗力和履行合同受阻的情况，并于不可抗力事件结束后28天内提交最终报告及有关资料。

（三）不可抗力后果及其处理

1. 不可抗力造成损害的责任

除专用合同条款另有约定外，不可抗力导致的人员伤亡、财产损失、费用增加和（或）工期延误等后果，由合同双方按以下原则承担：

1）永久工程包括运至施工场地的材料和工程设备的损害，以及因工程损害造成的第三者人员伤亡和财产损失由发包人承担。

2）承包人设备的损坏由承包人承担。

3）发包人和承包人各自承担其人员伤亡和其他财产损失及相关费用。

4）承包人的停工损失由承包人承担，但停工期间应监理人要求照管工程和清理、修复工程的金额由发包人承担。

5）不能按期竣工的，应合理延长工期，承包人不需支付逾期竣工违约金。发包人要求赶工的，承包人应采取赶工措施，赶工费用由发包人承担。

2. 延迟履行期间发生的不可抗力

合同一方当事人延迟履行，在延迟履行期间发生不可抗力的，不可免除其责任。

3. 避免和减少不可抗力损失

不可抗力发生后，发包人和承包人均应采取措施尽量避免和减少损失的扩大，任何一方没有采取有效措施导致损失扩大的，应对扩大的损失承担责任。

4. 因不可抗力解除合同

合同一方当事人因不可抗力不能履行合同的，应当及时通知对方解除合同。合同解除后，承包人应按约定撤离施工场地。已经订货的材料设备由订货方负责退货或解除订货合同，不能退还货款和因退货、解除订货合同时发生的费用，由发包人承担，因未及时退货造成的损失由责任方承担。合同结束后的付款，参照合同约定的“解除合同后的付款”要求，由监理人与双方当事人商定或确定。

八、索赔管理

建设工程索赔通常是指在工程合同履行过程中，合同当事人一方因非自身因素或对方不履行或未能履行合同而受到经济损失或权利损害时，通过一定的合法程序向对方提出经济或时间补偿要求。索赔是一种正当的权利要求，它是业主方、监理工程师和承包方之间的一项正常的、大量发生而且普遍存在的合同管理业务，是一种以法律和合同为依据的、合理的行为。

在工程建设的各个阶段都有可能发生索赔，但施工阶段索赔发生较多。在实际工程中，对承包商而言，索赔的范围更为广泛。一般只要不是承包商自身的责任（包括行为责任和风险责任）造成工期延长和成本增加，承包商就可以索赔。而业主的索赔，一般而言，主

要体现在承包商未能在合同约定的工期内完成合格产品的情形下。下面主要介绍承包商如何索赔。

（一）索赔的分类

1. 按所签订的合同主体类型分类

（1）总承包合同索赔　即承包商和业主之间的索赔。

（2）分包合同索赔　即总承包商和分包商之间的索赔。

（3）联营承包合同索赔　即联营成员之间的索赔。

（4）劳务合同索赔　即承包商与劳务供应商之间的索赔。

（5）其他合同索赔　如承包商与材料设备供应商之间的索赔。

2. 按索赔目的分类

（1）工期索赔　由于非承包商责任的原因导致施工进度延误，要求批准顺延合同工期的索赔，称为工期索赔。工期索赔形式上是对权利的要求，以避免在原定合同竣工日不能完工时，被业主追究延期违约责任。一旦获得批准合同工期顺延后，承包商不仅免除了承担延期违约赔偿的风险，还可能因提前完工得到奖励。

（2）费用索赔　费用索赔的目的是要得到经济补偿。当施工的客观条件发生变化导致承包商增加开支时，承包商对超出计划成本的附加开支要求给予补偿，以挽回不应由他承担的经济损失。这种索赔就属于费用索赔。

3. 按索赔处理方式分类

（1）单项索赔　单项索赔是针对某一干扰事件提出的，在影响原合同正常运行的干扰事件发生时或者发生后，由于合同管理人员及时处理，并在合同规定的索赔有效期内向业主或监理工程师提交索赔要求和索赔报告。

（2）综合索赔　综合索赔又称一揽子索赔，一般在工程竣工前和工程移交前，承包商将工程实施过程中因各种原因未能及时解决的单项索赔集中起来进行综合分析考虑，提出一份综合报告，由合同双方在工程交付前后进行最终谈判，以一揽子方案解决索赔问题。由于在一揽子索赔中许多干扰事件交织在一起，影响因素比较复杂而且相互交叉，责任分析和索赔值计算都很困难，索赔涉及的金额往往又很大，双方都不愿意或不容易做出让步，使索赔的谈判和处理都很困难。因此，综合索赔的成功率比单项索赔要低得多。

（二）承包商索赔成立条件

依据合同条件内涉及索赔原因的各条款内容，可以归纳出监理工程师判定承包商索赔成立的条件为：

1）与合同相对照，事件已造成了施工单位成本的额外支出，或直接工期损失。

2）造成费用增加或工期损失的原因，按合同约定不属于施工单位应承担的行为责任或风险责任。

3）施工单位按合同规定的程序，提交了索赔意向通知和索赔报告。

上述索赔成立的条件没有先后主次之分，应当同时具备。只有监理工程师认定索赔成立后，才按一定程序处理。

（三）索赔程序

索赔程序是指从索赔事件产生到最终处理全过程所包括的工作内容和工作步骤。由于索赔工作实质上是承包商和业主在分担工程风险方面的重新分配过程，涉及双方的系列经济利益，因而是一项繁琐和耗费时间与精力的过程。因此，合同双方必须严格按照合同规定办

事，按合同规定的索赔程序工作，才能获得成功的索赔。具体工程的索赔工作程序，应根据双方签订的施工合同产生。

1. *承包人的索赔*

根据合同约定，承包人认为有权得到追加付款和（或）延长工期的，应按以下程序向发包人提出索赔：

1）承包人应在知道或应当知道索赔事件发生后 28 天内，向监理人递交索赔意向通知书，并说明发生索赔事件的事由；承包人未在前述 28 天内发出索赔意向通知书的，丧失要求追加付款和（或）延长工期的权利。

2）承包人应在发出索赔意向通知书后 28 天内，向监理人正式递交索赔报告；索赔报告应详细说明索赔理由以及要求追加的付款金额和（或）延长的工期，并附必要的记录和证明材料。

3）索赔事件具有持续影响的，承包人应按合理时间间隔继续递交延续索赔通知，说明持续影响的实际情况和记录，列出累计的追加付款金额和（或）工期延长天数。

4）在索赔事件影响结束后的 28 天内，承包人应向监理人递交最终索赔报告，说明最终要求索赔的追加付款金额和（或）延长的工期，并附必要的记录和证明材料。

对承包人索赔的处理如下：

1）监理人应在收到索赔报告后的 14 天内完成审查并报送发包人。监理人对索赔报告存在异议的，有权要求承包人提交全部原始记录副本。

2）发包人应在监理人收到索赔报告或有关索赔的进一步证明材料后的 28 天内，由监理人向承包人出具经发包人签认的索赔处理结果。发包人逾期答复的，则视为认可承包人的索赔要求。

3）承包人接受索赔处理结果的，索赔款项在当期进度款中进行支付；承包人不接受索赔处理结果的，按照争议解决约定处理。

2. *发包人的索赔*

根据合同约定，发包人认为有权得到赔付金额和（或）延长缺陷责任期的，监理人应向承包人发出通知并附有详细的证明。

发包人应在知道或应当知道索赔事件发生后的 28 天内通过监理人向承包人提出索赔意向通知书，发包人未在前述 28 天内发出索赔意向通知书的，丧失要求赔付金额和（或）延长缺陷责任期的权利。发包人应在发出索赔意向通知书后的 28 天内，通过监理人向承包人正式递交索赔报告。

对发包人索赔的处理如下：

1）承包人收到发包人提交的索赔报告后，应及时审查索赔报告的内容，查验发包人证明材料。

2）承包人应在收到索赔报告或有关索赔的进一步证明材料后 28 天内，将索赔处理结果答复发包人。如果承包人未在上述期限内做出答复的，则视为对发包人索赔要求的认可。

3）承包人接受索赔处理结果的，发包人可从应支付给承包人的合同价款中扣除赔付的金额或延长缺陷责任期；发包人不接受索赔处理结果的，按争议解决约定处理。

（四）索赔报告

索赔报告是承包人向业主索赔的正式书面材料，也是业主审议承包人索赔请求的主要依据。调解人和仲裁人也是通过索赔报告了解和分析合同实施情况和承包商的索赔权利要求，评价它的合理性，并据此做出决议。所以，索赔报告的内容、结构及表达方式对索赔的解决有重大的影响，索赔报告应充满说服力，合情合理，有根有据，逻辑性强，能说服工程师、业主、调解人和仲裁人，同时它又应是有法律效力的正规文件。索赔报告如果撰写不当，会使承包商失去在索赔事件中的有利地位和条件，使正当的索赔要求得不到应有的妥善解决。

1. 索赔报告的基本内容构成

索赔报告的具体内容，应根据索赔事件的性质和特点而有所不同。但从报告的必要内容与文字结构方面而论，一个完整的索赔报告应包括以下四个部分。

（1）索赔事件总论　总论部分的阐述要求简明扼要，说明问题。它一般包括序言、索赔事项概述、具体索赔要求、索赔报告编写及审核人员名单。文中首先应概要地叙述索赔事件的发生日期与过程，承包商为该索赔事件所付出的努力和附加开支，以及承包商的具体索赔要求。在总论部分末尾，附上索赔报告编写组主要成员及审核人员的名单，注明有关人员的职称、职务及施工经验，以表示该索赔报告的严肃性及权威性。

（2）索赔根据　索赔根据主要是说明自己具有的索赔权利，这是索赔能否成立的关键。该部分的内容主要来自该工程的合同文件，并参照有关法律规定。承包商的索赔要求有合同文件的支持，应直接引用合同中的相应条款。强调这些是为了使索赔理由更充足，使业主和仲裁人在感情上易于接受承包商的索赔要求，从而获得相应的经济补偿或工期延长。

在结构上，按照索赔事件发生、发展、处理和最终解决的过程编写，并明确全文引用有关的合同条款，使业主和监理工程师能历史地、逻辑地了解索赔事件的始末，并充分认识该项索赔的合理性和合法性。

（3）索赔费用及工期计算　索赔计算的目的，是以具体的计算方法和计算过程，说明自己应得经济补偿的款额或延长的工期。如果说索赔根据部分的任务是解决索赔能否成立问题，则计算部分的任务就是决定应得到多少索赔款额和工期，前者是定性的，后者是定量的。

在款额计算部分，承包商必须阐明下列问题：

1）索赔款的要求总额。

2）各项索赔款的计算，如额外开支的人工费、材料费、管理费和所损失的利润。

3）指明各项开支的计算依据及证据资料。承包商首先，应注意采用合适的计价方法，至于采用哪一种计价方法，应根据索赔事件的特点及自己所掌握的证据资料等因素来确定。其次，应注意每项开支款的合理性，并指出相应的证据资料的名称及编号。切忌采用笼统的计价方法和不实的开支款额。

（4）索赔证据　索赔证据包括该索赔事件所涉及的一切证据资料，以及对这些证据的说明。证据是索赔报告的重要组成部分，没有翔实可靠的证据，索赔是不可能成功的。索赔证据的范围很广，它可能包括工程项目施工过程中所涉及的有关政治、经济、技术、财务等资料。

在引用证据时，要注意该证据的效力或可信程度。为此，对重要的证据资料最好附以文字证明或确认件。例如，对一个重要的电话内容，仅附上自己的记录本是不够的，最好附上经过双方签字确认的电话记录；或附上发给对方要求确认该电话记录的函件，即使对方未给复函，亦可说明责任在对方，因为对方未复函确认或修改，按惯例应理解为他已默认。

2. 编写索赔报告的基本要求

索赔报告是具有法律效力的正规书面文件，对于重大的索赔，最好在律师或索赔专家的指导下进行。编写索赔报告的一般要求有以下几个方面。

(1) 索赔事件应是真实的　这是整个索赔的基本要求，关系到承包商的信誉和索赔的成败，必须保证。如果承包商提出不实的、不合情理、缺乏根据的索赔要求，工程师会立即拒绝，而且会影响对承包商的信任和以后的索赔。索赔报告中所提出的干扰事件必须有可靠得力的证据来证明，这些证据应附于索赔报告之后；对索赔事件的叙述，必须明确、肯定，不含任何的估计和猜测，也不可用估计和猜测式的语言，如“可能、大概、也许”等，这会使索赔要求显得苍白无力。

(2) 责任分析应清楚、准确、有根据　索赔报告应仔细分析事件的责任，明确指出索赔所依据的合同条款或法律条文，且说明承包商的索赔是完全按照合同规定程序进行的。一般索赔报告中所针对的干扰事件都是由对方责任引起的，应将责任全部推给对方；不可用含混的字眼和自我批评式的语言，否则会丧失自己在索赔中的有利地位；并应特别强调干扰事件的不可预见性和突然性，即使一个有经验的承包商对它也不可能有预见和准备，对它的发生承包商无法制止，也不可能影响。

(3) 充分论证事件造成承包商的实际损失　索赔的原则是赔偿由事件引起的承包商所遭受的实际损失，所以索赔报告中应强调由于事件影响与实际损失之间的直接因果关系，报告中还应说明承包商在干扰事件发生后已立即将情况通知了工程师，听取并执行了工程师的处理指令，或承包商为了避免、减轻事件的影响和损失已尽了最大的努力，采用了能够采用的措施，在报告中详细叙述所采取的措施以及效果。

(4) 索赔计算必须合理、正确　要采用合理的计算方法和数据，正确计算出应取得的经济补偿款额或工期延长数额。计算中应力求避免漏项或重复计算，不出现计算上的错误。

索赔报告文字要精炼、条理要清楚、语气要中肯，必须做到简洁明了、结论明确、富有逻辑性；索赔报告的逻辑性，主要在于将索赔要求（工期延长、费用增加）与干扰事件的责任、合同条款及影响连成一条完整的链。同时在论述事件的责任及索赔根据时，所用词语要肯定，忌用强硬或命令的口气。

(五) 索赔计算

索赔值的计算是十分复杂的，需要进行一系列的干扰事件影响的分析以及工期计算和费用计算。在索赔内容的计算中，都可以归纳为工期索赔计算和费用索赔计算。

1. 工期索赔

(1) 工期索赔的目的　在工程施工中，常常会发生一些未能预见的干扰事件使施工不能顺利进行，使预定的施工计划受到干扰，结果造成工期延长。

工期延长对合同双方都会造成损失：业主因工程不能及时交付使用、投入生产，不能按计划实现投资目的，失去盈利机会，并增加各种管理费的开支；承包商因工期延长增加支付现场工人工资、机械闲置费用、工地管理费、其他附加费用支出等，最终还可能要支付合同规定的误期违约金。所以，承包商进行工期索赔的目的通常有以下两个：

1) 免去或推卸自己对已经产生的工期延长的合同责任，使自己不支付或尽可能少支付工期延长的违约金。

2) 进行因工期延长而造成的费用损失的索赔。

(2) 工期延误的一般处理原则　工期延误的影响因素大致可以归纳为以下两大类：第

一类是合同双方均无过错的原因或因素而引起的延误，主要指不可抗力事件和恶劣气候条件等；第二类是由于业主或工程师原因造成的延误。

一般来说，根据工程惯例对于第一类原因造成的工程延误，承包商只能要求延长工期，很难或不能要求业主赔偿损失；而对于第二类原因，假如业主的延误已影响了关键线路上的工作，承包商既可要求延长工期，又可要求相应的费用赔偿；如果业主的延误仅影响非关键线路上的工作，且延误后的工作仍属于非关键线路，而承包商能证明因此引起的损失或额外开支，则承包商不能要求延长工期，但完全有可能要求费用赔偿。

(3) 工期索赔的依据与合同规定　在工程实践中，承包商提出工期索赔的依据主要有：合同约定的工程总进度计划；合同双方共同认可的详细进度计划（如网络图、横道图）；合同双方共同认可的进度实施计划；施工日志、气象资料；业主或工程师的变更指令；影响工期的干扰事件；其他有关工期的资料等。

(4) 工期拖延的原因及其与相关费用索赔的关系　合同工期确定后，不管有没有做过工期和成本的优化，在施工过程中，当干扰事件影响了工程的关键线路活动，或造成整个工程的停工、拖延时，必然会引起总工期的拖延。而这种工期拖延都会造成承包商成本的增加。这个成本的增加能否获得业主相应的补偿，由具体情况确定。

(5) 工期索赔的分析与计算方法

1) 分析的依据。工期索赔的依据主要有：合同规定的总工期计划；合同签订后由承包商提交的并经过工程师同意的详细进度计划；合同双方共同认可的对工期的修改文件，如认可信、会谈纪要、来往信件等；业主、工程师和承包商共同商定的月进度计划及其调整计划；受干扰后实际工程进度，如施工日记、工程进度表、进度报告等。

承包商在每个月月底以及在干扰事件发生时都应分析对比上述资料，以发现工期拖延及拖延原因，提出有说服力的索赔要求。

2) 分析的基本思路。干扰事件对工期的影响，即工期索赔值可通过原网络计划与可能状态的网络计划对比得到，而分析的重点是两种状态的关键线路。

分析的基本思路为：假设工程施工一直按原网络计划确定的施工顺序和工期进行，现发生了一个或一些干扰事件，使网络中的某个或某些活动受到干扰，如延长持续时间，或活动之间逻辑关系变化，或增加新的活动。将这些影响代入原网络计划中，重新进行网络分析，得到一个新工期。则新工期与原工期之差即为干扰事件对总工期的影响，即工期索赔值。通常，如果受干扰的活动在关键线路上，则该活动的持续时间的延长即为总工期的延长值。如果该活动在非关键线路上，受干扰后仍在非关键线路上，则这个干扰事件对工期无影响。故不能提出工期索赔。

这种考虑干扰后的网络计划又作为新的实施计划，如果有新的干扰事件发生，则在此基础上可进行新一轮分析，提出新的工期索赔。这样，在工程实施过程中进度计划是动态的，不断地被调整，而干扰事件引起的工期索赔也可以随之同步进行。

3) 分析的步骤。从上述讨论可见，工期索赔值的分析有以下两个主要步骤：

① 确定干扰事件对工程活动的影响。即由于干扰事件发生，使与之相关的工程活动产生变化。

② 由于工程活动的变化，对总工期产生影响。这可以通过新的网络分析得到，总工期所受到的影响即为干扰事件的工期索赔值。

4) 干扰事件对工程活动的影响分析。在进行网络分析前，必须确定干扰事件对工程活

动的影响。这是很复杂的，因为实际情况千变万化，干扰事件也是千奇百怪，主要包括：工程拖延的影响。工程变更的影响、工程中断的影响等。

5）工期索赔的计算。主要有网络分析法和比例分析法两种。

① 网络分析法。承包商提出工期索赔，必须确定干扰事件对工期的影响值，即工期索赔值。

网络分析法是利用进度计划的网络图分析其关键线路。如果延误的工作为关键工作，则延误的时间为索赔的工期；如果延误的工作为非关键工作，当该工作由于延误超过其总时差而成为关键工作时，可以索赔延误时间与总时差的差值；若该工作延误后仍为非关键工作，则不存在工期索赔问题。可以看出，网络分析要求承包商切实使用网络技术进行进度控制，才能依据网络计划提出工期索赔。按照网络分析得出的工期索赔值是科学合理的，容易得到认可。网络分析应用步骤如下：

第一步，确定目标。确定目标是指决定将网络计划技术应用于哪一个工程项目，并提出对工程项目和有关技术经济指标的具体要求。如在工期方面、成本费用方面要达到什么要求。依据企业现有的管理基础，掌握各方面的信息和情况，利用网络计划技术为实现工程项目，寻求最合适的方案。

第二步，分解工程项目，列出作业明细表。一个工程项目是由许多作业组成的，在绘制网络图前就要将工程项目分解成各项作业。作业项目划分的粗细程度视工程内容及不同单位要求而定，通常情况下，作业所包含的内容多，范围大多可分得粗些，反之细些。作业项目分得细，网络图的节点和箭线就多。对于上层领导机关，网络图可绘制得粗些，主要是通观全局、分析矛盾、掌握关键、协调工作、进行决策；对于基层单位，网络图就可绘制得细些，以便具体组织和指导工作。

在工程项目分解成作业的基础上，还要进行作业分析，以便明确先行作业（紧前作业）、平行作业和后续作业（紧后作业）。即在该作业开始前，哪些作业必须先期完成，哪些作业可以同时平行地进行，哪些作业必须后期完成，或者在该作业进行的过程中，哪些作业可以与之平行交叉地进行。

在划分作业项目后，便可计算和确定作业时间。一般采用单点估计或三点估计法，然后一并填入明细表中。

第三步，绘制网络图，进行节点编号。根据作业时间明细表，可绘制网络图。网络图的绘制方法有顺推法和逆推法。所谓顺推法，即从始点时间开始，根据每项作业的直接紧后作业，按顺序依次绘制出各项作业的箭线，直至终点事件为止。所谓逆推法，即从终点事件开始，根据每项作业的紧前作业，沿逆箭头前进方向逐一绘制出各项作业的箭线，直至始点事件为止。

同一项任务，用上述两种方法画出的网络图是相同的。一般习惯于按反工艺顺序安排计划的企业，如机器制造企业，采用逆推法较方便；而建筑安装等企业，则大多采用顺推法。按照各项作业之间的关系绘制网络图后，要进行节点的编号。

第四步，计算网络时间，确定关键路线。根据网络图和各项活动的作业时间，就可以计算出全部网络时间和时差，并确定关键线路。具体计算网络时间并不太难，但比较烦琐。在实际工作中影响计划的因素有很多，要耗费很多的人力和时间。因此，只有采用电子计算机才能对计划进行局部或全部调整，这也是为推广应用网络计划技术提出了新内容和新要求。

第五步，进行网络计划方案的优化。找出关键路径，也就初步确定了完成整个计划任务所需要的工期。这个总工期是否符合合同或计划规定的时间要求，是否与计划期的劳动力、物资供应、成本费用等计划指标相适应，需要进一步综合平衡，通过优化，择取最优方案。然后正式绘制网络图，编制各种进度表，以及工程预算等各种计划文件。

第六步，网络计划的贯彻执行。编制网络计划仅仅是计划工作的开始。计划工作不仅要正确地编制计划，更重要的是组织计划的实施。网络计划的贯彻执行，要发动群众讨论计划，加强生产管理工作，采取切实有效的措施，保证计划任务的完成。在应用电子计算机的情况下，可以利用计算机对网络计划的执行进行监督、控制和调整，只要将网络计划及执行情况输入计算机，它就能自动运算、调整，并输出结果，以指导生产。

网络分析是一种科学、合理的计算方法，它是通过分析干扰事件发生前后网络计划的差异而计算工期索赔值的，通常可适用于各种干扰事件引起的工期索赔。相关案例分析见本书第八章。

② 比例分析法。在实际工程中，干扰事件常常仅影响某些单项工程、单位工程或分部分项工程的工期，要分析它们对总工期的影响，可以采用更为简单的比例分析法。常见的比例分析法有：以合同价所占比例计算；按单项工程工期拖延的平均值计算等。

2. 费用索赔

费用索赔是指承包商在非自身因素影响下而遭受经济损失时向业主提出补偿其额外费用损失的要求。因此，费用索赔应是承包商根据合同条款的有关规定，向业主索取的合同价款以外的费用。索赔费用不应被视为承包商的额外收入，也不应被视为业主的不必要的开支。实际上，索赔费用的存在是由于建立合同时还无法确定的某些应由业主承担的风险因素导致的结果。承包商的投标价中一般不考虑应由业主承担的风险对报价的影响，因此，一旦这类风险发生并影响承包商的工程成本时，承包商提出费用索赔是一种正常现象和合情合理的行为。

（1）费用索赔的原因　引起费用索赔的原因是由于合同环境发生变化使承包商遭受了额外的经济损失。归纳起来，费用索赔产生的常见原因主要有：业主违约索赔；工程变更索赔；业主拖延支付工程款或预付款；工程加速；业主或工程师责任造成的可补偿费用的延误；工程中断或终止；工程量增加；业主指定分包商违约；合同缺陷；国家政策及法律、法令变更等。

（2）费用索赔的费用构成　承包商可索赔的费用一般可包括以下几个方面：人工费、设备费、材料费、保函手续费、贷款利息、保险费、利润和管理费。

（3）费用索赔的计算原则　费用索赔是整个合同索赔的重点和最终目标。工期索赔在很大程度上也是为了费用索赔。在承包工程中，干扰事件对成本和费用影响的定量分析和计算是极为困难和复杂的。目前，还没有大家统一认可的、通用的计算方法。而选用不同的计算方法，对索赔值影响很大。承包商所选择的计算方法必须符合大家所公认的基本原则，能够为业主、工程师、调解人或仲裁人所接受，才可能索赔成功。如果计算方法不合理，使费用索赔值计算明显过高，会使整个索赔报告和索赔要求被否定。费用索赔有以下几个计算原则：

1）实际损失原则。费用索赔都以赔（补）偿实际损失为原则。在费用索赔计算中，它体现在以下几个方面：

① 实际损失，即为干扰事件对承包商工程成本和费用的实际影响。这个实际影响即可作为费用索赔值。按照索赔原则，承包商不能因为索赔事件而受到额外的收益或损失，索赔

对业主不具有任何惩罚性质。实际损失包括直接损失和间接损失。直接损失，即承包商财产的直接减少，在实际工程中，常常表现为成本的增加和实际费用的超支；间接损失，即可能获得的利益的减少，例如由于业主拖欠工程款，使承包商失去这笔款的存款利息收入。

② 所有干扰事件引起的实际损失及这些损失的计算，都应有详细的具体的证明。在索赔报告中必须出具这些证据；没有证据，索赔要求是不能成立的。

实际损失及这些损失的计算证据通常有：各种费用支出的账单，工资表（工资单），现场用工、用料、用机的证明，财务报表，工程成本核算资料，甚至还包括承包商同期企业经营和成本核算资料等。监理工程师或业主代表在审核承包商索赔要求时，常常要求承包商提供这些证据，并全面审查这些证据。

③ 当干扰事件属于对方的违约行为时，如果合同中有违约金条款，则应按照《合同法》原则，先用违约金抵充实际损失，不足的部分再赔偿。

2）合同原则。费用索赔计算方法应符合合同的规定。赔偿实际损失原则，并不能理解为必须赔偿承包商的全部实际费用超支和成本的增加。在实际工程中，许多承包商常常以自己的实际生产值、实际生产效率、工资水平和费用开支水平计算索赔值，以为这即为赔偿实际损失原则。这是一种误解。这样常常会过高地计算了索赔值，而使整个索赔报告被对方否定。在索赔值的计算中还必须考虑以下几个方面：

① 扣除承包商自己责任造成的损失，即由于承包商自己管理不善、组织失误等原因造成的损失由承包商自己负责。

② 符合合同规定的赔（补）偿条件，扣除承包商应承担的风险。任何工程承包合同都有承包商应承担的风险条款。对风险范围内的损失由承包商自己承担。如某合同规定，“合同价格是固定的，承包商不得以任何理由增加合同价格，如市场价格上涨、货币价格浮动、生活费用提高、工资标准提高、调整税法等”。在此范围内的损失是不能提出索赔的。此外，超过索赔有效期提出的索赔要求无效。

③ 合同规定的计算基础。合同是索赔的依据，也是索赔值计算的依据。合同中的人工费单价、材料费单价、机械费单价、各种费用的取值标准和各分部分项工程合同单价都是索赔值的计算基础。当然，有时按合同规定可以对它们进行调整，例如由于社会福利费增加造成人工工资基数提高，而合同规定可以调整，则可以提高人工费单价。

④ 有些合同对索赔值的计算规定了计算方法、计算采用的公式、计算过程等。这些必须按合同的规定执行。

3）合理性原则。合理性原则体现在以下几个方面：

① 符合规定的或通用的会计核算原则。索赔值的计算是在成本计划和成本核算基础上，通过计划和实际成本对比进行的。实际成本的核算必须与计划成本（报价成本）的核算有一致性，而且符合通用的会计核算原则，如采用正确的成本项目的划分方法、各成本项目的核算方法、工地管理费和总部管理费的分摊方法等。

② 符合工程惯例，即采用能为业主、调解人、仲裁人所认可的，在工程中常用的计算方法。例如在我国，必须符合工程概算预算的规定；在国际工程中，应符合大家一致认可的典型的案例所采用的计算方法。

4）有利原则。如果选用不利的计算方法，会使索赔值计算过低，使自己的实际损失得不到应有的补偿，或失去可能获得的利益。通常索赔值中应包括以下几方面因素：

① 承包商所受的实际损失。它是索赔的实际期望值，也是最低目标。如果最后承包商

通过索赔从业主处获得的实际补偿低于这个值，则导致亏本。有时承包商还希望通过索赔弥补自己其他方面的损失，如报价低、报价失误、合同规定风险范围内的损失、施工中管理失误造成的损失等。

② 对方的反索赔。在承包商提出索赔后，对方常常采取各种措施反索赔，以抵消或降低承包商的索赔值。例如在索赔报告中寻找薄弱环节，以否定其索赔要求；抓住承包商工程中的失误或问题，向承包商提出罚款、扣款或其他索赔，以平衡承包商提出的索赔。

业主的管理人员（工程师或业主代表）需要反索赔的业绩和成就感，会积极地进行反索赔。

③ 最终解决中的让步。对于重大的索赔，特别对于重大的一揽子索赔，在最后解决中，承包商常常必须做出让步，即在索赔值上打折扣，以争取对方对索赔的认可，争取索赔的早日解决。

这几个因素常常使得索赔报告中的费用赔偿要求与最终解决，即双方达成一致的实际赔偿值相差甚远。承包商在索赔值的计算中应考虑这几个因素，留有余地。所以，索赔要求应大于实际损失值。这样最终解决才会有利于承包商。但这又应有理由，不能为对方轻易察觉。

（4）常见的费用索赔内容

1）不利的自然条件及人为障碍，如地质条件变化（发包方提供的资料不准确）以及地下埋藏物的出现（发包方提供的图纸未标示）。在合同价格上增加额外的费用（一般不包括利润）。

2）工程变更引起增减合同原定的工程量，取消或增加项目，更改某个项目性质或种类，改变质量标准，更改标高、位置、尺寸等，实施必要的附加工作，改变施工顺序或时间。应在合同价格上增加相应的所需费用，一般包括利润。

3）非自身原因工期延长或工程延误引起的费用增加或经济损失，由于业主延误（提供图纸、场地、资料不准确、指令暂停、拖延支付）及其他非承包方原因延长工期引起的费用增加。这类引发的费用索赔通常要计入延误引起的人工、机械闲置费及管理费，不计入利润。

4）发包方提供数据错误引起放线错误等。分为以下两种情况：

① 若工程已实施，需按工程师要求补救、整改时，计入增加的额外费用，计入利润。

② 若导致停工造成损失，只计入停工损失（窝工、闲置等），不计入利润。

5）发现地下文物等若交承包方执行处理，三方（业主、承包方、文物管理部门）协商费用，可计入利润。若不交承包方执行处理，补偿窝工损失，不计入利润。计入延期造成的管理费。

6）非承包方原因的工程中断，如业主或工程师的过失造成或意外风险所致。中断要以工程师指令为依据，只计算中断期间实际发生的费用，不计入利润。

7）为其他承包商提供服务，如提供临时工程、设备；承包商负责维修、保养道路，提供各方使用。提供的服务应当是工程师要求的计费时，可计入利润。

8）工程师指令进行合同外的检验，如重新检验。若检验合格，全部费用由发包方补偿，只计算实际发生的费用，不计入利润；若检验不合格，则承包方承担相应费用，不予补偿。

3. 费用索赔的计算方法

（1）总费用法和修正的总费用法　总费用法又称总成本法，就是计算出该项工程的总

费用，再从这个已实际开支的总费用中减去投标报价时的成本费用，即为要求补偿的索赔费用额。总费用法并不十分科学，但仍被经常采用，原因是对于某些索赔事件，难以精确地确定它们导致的各项费用增加额。

一般认为，在具备以下条件时采用总费用法是合理的：

1）已开支的实际总费用经过审核，认为是比较合理的。

2）承包商的原始报价是比较合理的。

3）费用的增加是由于对方原因造成的，其中没有承包商管理不善的责任。

4）由于该项索赔事件的性质以及现场记录的不足，难以采用更精确的计算方法。

修正总费用法是指对难以用实际总费用进行审核的，可以考虑是否能计算出与索赔事件有关的单项工程的实际总费用和该单项工程的投标报价。若可行，可按其单项工程的实际总费用与投标报价的差值来计算其索赔的金额。

（2）分项法　分项法是指将索赔的损失费用分项进行计算，其内容如下：

1）人工费索赔。人工费索赔一般有：合同外额外工作人员费；非承包方原因的工效降低（增加人工费）；法定增长（工资上涨）；非承包方原因延误导致窝工；指令加班。调节费用可能是：基本工资、工资性津贴、加班费、奖金、窝工费、降效费等。计费标准可能是：工日费（由于完成合同外的额外工作时的计费）；窝工费（由于工期延误导致的窝工，按日计算）；由于工效降低增加的人工费（工程延误期人员移作他用导致工效降低）。

对于额外雇用劳务人员和加班工作，用投标时的人工单价乘以工时数即可，对于人员闲置费用，一般折算为人工单价的60%左右；工资上涨是指由于工程变更，使承包商的大量人力资源的使用从前期推到后期，而后期工资水平上调，因此应得到相应的补偿。有时工程师指令进行计日工，则人工费按计日工表中的人工单价计算。

对于劳动生产率降低导致的人工费索赔，一般可用以下方法计算：

① 实际成本和预算成本比较法。这种方法是对受干扰影响工作的实际成本与合同中的预算成本进行比较，索赔其差额。这种方法需要有正确合理的估价体系和详细的施工记录。如某工程的现场混凝土模板制作，原计划20000m^2，估计人工工时为20000小时，直接人工成本为32000元。因业主未及时提供现场施工的场地占有权，使承包商被迫在雨期进行该项工作，实际人工工时为24000小时，人工成本为38400元，使承包商造成生产率降低的损失为6400元。这种索赔，只要预算成本和实际成本计算合理，成本的增加确属于业主的原因，其索赔成功的把握是很大的。

② 正常施工期与受影响期比较法。这种方法是在承包商的正常施工受到干扰、生产率下降时，通过比较正常条件下的生产率和干扰状态下的生产率，得出生产率降低值，以此为基础进行索赔。

例如，某工程吊装浇筑混凝土，前5天工作正常，第6天起业主架设临时电线，共有6天时间使起重机不能在正常角度下工作，导致吊运混凝土的工程量减少。承包商有未受干扰时正常施工记录和受干扰时施工记录，分别见表7-1和表7-2。

表7-1　未受干扰时正常施工记录　（单位：m^3/h）

时间/天	1	2	3	4	5	平 均 值
平均劳动生产率	7	6	6.5	8	6	6.7

表 7-2　受干扰时施工记录　（单位：m^3/h）

时间（天）	1	2	3	4	5	6	平 均 值
平均劳动生产率	5	5	4	4.5	6	4	4.75

【解析】通过以上施工记录比较，劳动生产率降低值为：$(6.7-4.75)m^3/h=1.95m^3/h$

索赔费用的计算公式为：

索赔费用＝计划台班×(劳动生产率降低值/预期劳动生产率)×台班单价

2）材料费索赔。材料费索赔包括材料消耗量增加和材料单位成本增加两个方面。追加额外工作、变更工程性质、改变施工方法等，都可能造成材料用量的增加或使用不同的材料。材料单位成本增加的原因包括材料价格上涨、手续费增加、运输费用增加（如运距加长、二次倒运等）、仓储保管费增加等。因实际用量大于计划用量而增加费用；客观原因材料大幅度涨价导致费用增加；非承包方原因造成延误，导致超期存储或物价上涨造成的损失，按合同规定或实际增加费用考虑。

材料费索赔需要提供准确的数据和充分的证据。

3）机械费索赔。机械费索赔包括增加台班数量、机械闲置或工作效率降低、台班费率上涨等费用。

台班费率按照有关定额和标准手册取值。对于工作效率降低，应参考劳动生产率降低的人工索赔的计算方法。台班量的计算数据来自机械使用记录。对于租赁的机械，取费标准按租赁合同计算。

对于机械闲置费，有以下两种计算方法：一是按公布的行业标准租赁费率进行折减计算；二是按定额标准的计算方法，一般建议将其中的不变费用和可变费用分别扣除一定的百分比进行计算。

对于工程师指令进行计日工作的，按计日工作表中的费率计算。完成额外工作所增加的费用台班费；非承包商原因而降低工效台班费乘以降效系数；业主原因导致停工、窝工。

如为租赁机械，按台班租金＋每台机分摊的调出调入费用考虑；如为自有机械，按台班折旧费考虑。

4）分包的索赔。列入总承包索赔中。

5）企业管理费索赔。企业管理费索赔按照投标报价中的管理费费率计算。

6）融资成本、利润与机会利润损失的索赔。融资成本又称资金成本，即取得和使用资金所付出的代价，其中最主要的是支出资金供应者的利息。由于承包商只有在索赔事件处理完结后一段时间内才能得到其索赔的金额，所以承包商往往需从银行贷款或以自有资金垫付，这就产生了融资成本问题，主要表现在额外贷款利息的支付和自有资金的机会利润损失，在以下情况中，可以索赔利息：

① 业主推迟支付工程款的保留金，这种金额的利息通常以合同约定的利率计算。

② 承包商借款或动用自有资金弥补合法索赔事项所引起的现金流量缺口，在这种情况下，可以参照有关金融机构的利率标准，或者拟定把这些资金用于其他工程承包项目可得到的收益来计算索赔金额，后者实际上是机会利润损失的计算。

利润是完成一定工程量的报酬，因此在工程量的增加时可索赔利润。

机会利润损失是由于工程延期导致工程合同终止而使承包商失去承揽其他工程的机会而造成的损失，我国工程建设项目一般不能索赔机会利润损失。

7）利息计取的条件。在下列情形中可计取利息：因拖期支付；因工程变更或业主延误而增加投资的利息支付；拖付索赔款计取利息；错误扣款。利率可以按当时银行贷款的利率、当时银行透支的利率、合同协议的利率。

（六）索赔争议的解决

合同争议通常具体表现为：合同当事人双方对合同规定的义务和权利理解不一致，最终导致对合同的履行或不履行的后果和责任的分担产生争议。如对合同索赔要求存在重大分歧，双方不能达成一致；业主否定工程变更，拒绝承包商额外支付要求。或者是双方对合同的有效性产生争议。合同争议和索赔基本上是同时产生的，合同争议最常见的形式是索赔处理争议。索赔的解决程序直接影响着合同争议的解决程序。在工程合同中，如果不涉及赔偿问题，则任何争议就没有意义了。

1. 承包商的索赔处理态度

索赔管理不仅是工程项目管理的一部分，而且是承包商经营管理的一部分。如何看待和对待索赔，实际上是一个经营战略问题，是承包商对利益和关系、利益和信誉的权衡。不能积极有效地进行索赔，承包商会蒙受经济损失；进行索赔，或多或少地会影响合同双方的合作关系；而索赔过多过滥，会损害承包商的信誉，影响承包商的长远利益。

2. 索赔争议的解决程序

承包商提出索赔，将索赔报告交业主委托的工程师。经工程师检查、审核索赔报告，再交业主审查。如果业主和工程师不提出疑问或反驳意见，也不要求补充或核实证明材料和数据，表示认可，则索赔成功。而如果业主不认可，全部地或部分地否定索赔报告，不承认承包商的索赔要求，则产生了索赔争议。在实际工程中，直接地、全部地认可索赔要求的情况是极少的。所以，绝大多数索赔都会产生争议，特别当干扰事件原因比较复杂、索赔额比较大的时候。

3. 索赔争议的解决方式

索赔争议的解决方式主要有和解、调解、仲裁和诉讼四种。

（1）和解　和解是指在合同发生争议后，合同当事人在自愿互谅的基础上，依照法律、法规的规定和合同的约定，自行协商解决合同争议。和解是解决合同争议最常见的一种最简便、最有效、最经济的方法。所以，发生合同争议后，应当提倡双方当事人进行广泛的、深入的协商，争取通过和解方式解决争议。

（2）调解　调解是指在合同发生争议后，在第三人的参加与主持下，通过查明事实，分清是非，说服劝导，向争议的双方当事人提出解决方案，促使双方在互谅互让的基础上自愿达成协议从而解决争议的活动。调解的方式有：行政调解；法院调解或仲裁调解；人民（民间）调解；争议（端）评审（DAB）。争议评审是指争议双方通过事前的协商，选定独立公正的第三人对其争议做出决定，并约定双方都愿意接受该决定的约束的一种解决争议的程序。

（3）仲裁　当争议双方不能通过协商和调解达成一致时，可按合同仲裁条款的规定采用仲裁方式解决。仲裁作为正规的法律程序，其结果对双方都有约束力。在仲裁中可以对工程师所做的所有指令、决定，签发的证书等进行重新审议。

在我国，仲裁实行一裁终局制度。裁决做出后，当事人就同一争议再申请仲裁，或向人民法院起诉，则不再予以受理。申请和受理仲裁的前提是，当事人之间要有仲裁协议。它可以是在合同中订立的仲裁条款，或以其他形式在争议发生前后达成的请求仲裁的书面协议。

（4）诉讼　诉讼是指合同当事人按照民事诉讼程序向法院对一定的人提出权益主张并要求法院予以解决和保护的请求。诉讼有以下三个基本特征：第一，提出诉讼请求的一方，是自己的权益受到侵犯和他人发生争议，任何一方当事人都有权起诉，而无须征得对方当事人的同意；第二，当事人向法院提起诉讼，适用民事诉讼程序解决，诉讼应当遵循地域管辖、级别管辖和专属管辖的原则，在不违反级别管辖和专属管辖原则的前提下，可以依法选择管辖法院；第三，请求的目的是为了使法院通过审判，保护受到侵犯和发生争议的权益。

（5）仲裁与诉讼的区别

1）启动的前提不同。要启动仲裁程序，首先，必须要双方达成将纠纷提交仲裁的一致的意思表示，这可以通过专门的仲裁协议也可以通过合同中的仲裁条款表现出来。达成一致意思表示的时间可以是在纠纷发生前、纠纷中，也可以在纠纷发生之后。其次，双方还必须一致选定具体的仲裁机构。只有满足上述条件，仲裁机构才予受理。

对于诉讼而言，只要一方认为自己的合法权益受到侵害，即可以向法院提起诉讼，而无须征得对方同意。由此，诉讼的条件要宽泛得多。

2）受案范围不同。仲裁机构一般只受理民商、经济类案件（婚姻、收养、监护、抚养、继承纠纷不在此列），不受理刑事、行政案件。而对上述案件，当事人均可诉讼有门。

3）管辖的规定不同。仲裁机构之间不存在上下级之间的隶属关系，仲裁不实行级别管辖和地域管辖。一般情况下，当事人可以在全国范围内任意选择裁决水平高、信誉好的仲裁机构，而不论纠纷发生在何地、争议的标的有多大。

人民法院分为四级，上级法院对下级法院具有监督、指导的职能，诉讼实行级别管辖和地域管辖。根据当事人之间发生争议的具体情况来确定由哪一级法院及由哪个地区的法院管辖。无管辖权的法院不得随意受理案件，当事人也不得随意选择。

4）选择裁判员的权利不同。在仲裁中，当事人约定由三名仲裁员组成仲裁庭的，应当各自选定或者各自委托仲裁委员会主任指定一名仲裁员，第三名仲裁员由当事人共同选定或者共同委托仲裁委员会主任指定仲裁员。

5）开庭的公开程度不同。仲裁一般不公开进行，但当事人可协议公开，但涉及国家秘密的除外。人民法院审理，一般应当公开进行，但涉及国家秘密、个人隐私或法律另有规定的，不公开审理。离婚案件、涉及商业秘密的案件，当事人申请不公开审理的，可以不公开审理。

6）终局的程序不同。仲裁实行一裁终局制，仲裁庭开庭后做出的裁决是最终的裁决，立即生效。但劳动争议仲裁是个例外，当事人不服仲裁裁决的，还可以向法院提起诉讼。

7）强制权力的不同。仲裁机构对于干扰仲裁活动的当事人，无权行使强制措施。人民法院则可以对干扰诉讼活动的当事人采取拘传、训诫、责令退出法庭、罚款、拘留的强制措施。当事人拒不履行仲裁机构做出的裁决时，仲裁机构无权强制执行，只能由一方当事人持裁决书申请人民法院执行。人民法院做出的生效判决，当事人拒不履行义务时，人民法院可以自行决定或者依当事人的申请，采取强制执行的措施。

九、违约责任

（一）承包人的违约

1. *承包人违约的情况*

1）私自将合同的全部或部分权利转让给其他人，将合同的全部或部分转移给其他人。

2）未经监理人批准，私自将已按合同约定进入施工场地的施工设备、临时设施或材料撤离施工场地。

3）使用不合格材料或工程设备，工程质量达不到标准要求，又拒绝清除不合格工程。

4）未能按合同进度计划及时完成合同约定的工作，已造成或预期造成工期延误。

5）缺陷责任期内未对工程接收证书所列缺陷清单的内容或缺陷责任期内发生的缺陷进行修复，又拒绝按监理人指示再进行修补。

6）承包人无法继续履行或明确表示不履行或实质上已停止履行合同。

7）承包人不按合同约定履行义务的其他情况。

2. 承包人违约的处理

发生承包人不履行或无力履行合同义务的情况时，发包人可通知承包人立即解除合同。

对于承包人违反合同规定的情况，监理人应向承包人发出整改通知，要求其在指定的期限内改正。承包人应承担其违约所引起的费用增加和（或）工期延误。监理人发出整改通知28天后，承包人仍不纠正违约行为，发包人可向承包人发出解除合同通知。

3. 因承包人违约解除合同

（1）发包人进驻施工现场　合同解除后，发包人可派员进驻施工场地，另行组织人员或委托其他承包人施工。发包人因继续完成该工程的需要，有权扣留使用承包人在现场的材料、设备和临时设施。这种扣留不是没收，只是为了后续工程能够尽快顺利开始。发包人的扣留行为不可免除承包人应承担的违约责任，也不影响发包人根据合同约定享有的索赔权利。

（2）合同解除后的结算　应符合下列规定：

1）监理人与当事人双方协商承包人实际完成工作的价值，以及承包人已提供的材料、施工设备、工程设备和临时工程等的价值。达不成一致，由监理人单独确定。

2）合同解除后，发包人应暂停对承包人的一切付款。查清各项付款和已扣款金额，包括承包人应支付的违约金。

3）发包人应按合同的约定向承包人索赔由于解除合同给发包人造成的损失。

4）合同双方确认上述往来款项后，发包人出具最终结清付款证书，结清全部合同款项。

5）发包人和承包人未能就解除合同后的结清达成一致，按合同约定解决争议的方法处理。

（3）承包人已签订其他合同的转让　因承包人违约解除合同，发包人有权要求承包人将其为实施合同而签订的材料和设备的订货合同或任何服务协议转让给发包人，并在解除合同后的14天内，依法办理转让手续。

（二）发包人的违约

1. 发包人违约的情况

1）发包人未能按合同约定支付预付款或合同价款，或拖延、拒绝批准付款申请和支付凭证，导致付款延误。

2）因发包人原因造成停工的持续时间超过56天以上。

3）监理人无正当理由没有在约定期限内发出复工指示，导致承包人无法复工。

4）发包人无法继续履行或明确表示不履行或实质上已停止履行合同。

5）发包人不按合同约定履行义务的其他情况。

2. 发包人违约的处理

（1）承包人有权暂停施工　除了发包人不履行合同义务或无力履行合同义务的情况外，承包人向发包人发出通知，要求发包人采取有效措施纠正违约行为。发包人收到承包人通知后的28天内仍不履行合同义务，承包人有权暂停施工，并通知监理人，发包人应承担由此增加的费用和（或）工期延误，并支付承包人合理利润。

承包人暂停施工28天后，发包人仍不纠正违约行为，承包人可向发包人发出解除合同通知。但承包人的这一行为不可免除发包人承担的违约责任，也不影响承包人根据合同约定享有的索赔权利。

（2）违约解除合同　属于发包人不履行或无力履行义务的情况，承包人可书面通知发包人解除合同。

3. 因发包人违约解除合同

（1）解除合同后的结算　发包人应在解除合同后28天内向承包人支付下列金额：

1）合同解除日以前所完成工作的价款。

2）承包人为该工程施工订购并已付款的材料、工程设备和其他物品的金额。发包人付款后，该材料、工程设备和其他物品归发包人所有。

3）承包人为完成工程所发生的，而发包人未支付的金额。

4）承包人撤离施工场地以及遣散承包人人员的赔偿金额。

5）由于解除合同应赔偿的承包人损失。

6）按合同约定在合同解除日前应支付给承包人的其他金额。

发包人应按本项约定支付上述金额并退还质量保证金和履约担保，但有权要求承包人支付应偿还给发包人的各项金额。

（2）承包人撤离施工现场　因发包人违约而解除合同后，承包人应尽快完成施工现场的清理工作，妥善做好已竣工工程和已购材料、设备的保护和移交工作，按发包人要求将承包人设备和人员撤出施工现场。

案例分析

（1）图纸修改属于设计变更的范畴，按照合同规定属于发包人的责任，故应给予费用和工期补偿。

（2）按照合同风险划分原则，因气候问题导致的风险应由承包人承担，而异常恶劣的气候条件风险应由发包人承担。背景资料中，低于雨期平均降雨量造成的4天停工属于气候问题导致的风险，应由承包人承担，故不应签证给予费用补偿和工期补偿。连续6天出现50年一遇特大暴雨造成的停工是有经验的承包人在签订合同时不可预见的，属于异常恶劣的气候条件，按照合同规定，在异常恶劣的条件下因采取合理措施而增加的费用和（或）延误的工期由发包人承担，故费用2万元分两种情形，发生在6天停工期内因采取合理措施而增加的费用，应给予补偿，而发生在4天期内的和6天停工期内不属于采取合理措施而增加的费用，不予补偿，同时应给予工期补偿6天。

（3）承包方施工噪声造成的损失属于承包方自身的责任，故不应给予费用和工期补偿。

第五节　竣工和缺陷责任期阶段的合同管理

案例引入

某工程项目是根据GF—2017—0201《建设工程施工合同（示范文本）》签订的合同，合同约定，缺陷通知期为1年，A单位工程为分部移交工程，A单位工程竣工移交后的运行期间，因施工质量问题出现重大缺陷，承包人修复后，工程师要求延长该部分缺陷通知期3个月，但大家就A单位工程缺陷通知期的终止时间产生了不一致的看法，有的人说应该是A单位工程竣工后1年，有的则反映应该是全部工程竣工后1年3个月等，为此众说纷纭。请说说你的看法。

一、竣工验收管理

（一）单位工程验收

1. 单位工程验收的情况

合同工程全部完工前应进行单位工程验收和移交，可能涉及以下三种情况：一是专用合同条款内约定了某些单位工程分部移交；二是发包人在全部工程竣工前希望使用已经竣工的单位工程，提出单位工程提前移交的要求，以便获得部分工程的运行收益；三是承包人从后续施工管理的角度出发而提出单位工程提前验收的建议，并经发包人同意。

2. 单位工程验收后的管理

验收合格后，由监理人向承包人出具经发包人签认的单位工程验收证书。单位工程的验收成果和结论作为全部工程竣工验收申请报告的附件。移交后的单位工程由发包人负责照管。

除了合同约定的单位工程分部移交的情况外，如果发包人在全部工程竣工前，使用已接收的单位工程运行影响了承包人的后续施工，发包人应承担由此增加的费用和（或）工期延误，并支付承包人合理利润。

（二）施工期运行

施工期运行是指合同工程尚未全部竣工，其中某项或某几项单位工程已竣工或工程设备安装完毕，需要投入施工期的运行时，须经检验合格能确保安全后，才能在施工期投入运行。

除了专用合同条款约定由发包人负责试运行的情况外，承包人应负责提供试运行所需的人员、器材和必要的条件，并承担全部试运行费用。施工期运行中发现工程或工程设备损坏或存在缺陷时，由承包人进行修复，并按照缺陷原因由责任方承担相应的费用。

（三）合同工程的竣工验收

1. 承包人提交竣工验收申请报告

当工程具备以下条件时，承包人可向监理人报送竣工验收申请报告：

1）除监理人同意列入缺陷责任期内完成的尾工（甩项）工程和缺陷修补工作外，承包人的施工已完成合同范围内的全部单位工程以及有关工作，包括合同要求的试验、试运行以

及检验和验收均已完成，并符合合同要求。

2）已按合同约定的内容和份数备齐了符合要求的竣工资料。

3）已按监理人的要求编制了在缺陷责任期内完成的尾工（甩项）工程和缺陷修补工作清单以及相应施工计划。

4）监理人要求在竣工验收前应完成的其他工作。

5）监理人要求提交的竣工验收资料清单。

2. 监理人审查竣工验收申请报告

监理人审查竣工验收申请报告的各项内容，认为工程尚不具备竣工验收条件时，应在收到竣工验收申请报告后的28天内通知承包人，指出在颁发接收证书前承包人还需进行的工作内容。承包人完成监理人通知的全部工作内容后，应再次提交竣工验收申请报告，直至监理人同意为止。

监理人审查后认为已具备竣工验收条件，应在收到竣工验收申请报告后的28天内提请发包人进行工程验收。

3. 竣工验收

1）竣工验收合格，监理人应在收到竣工验收申请报告后的56天内，向承包人出具经发包人签认的工程接收证书。以承包人提交竣工验收申请报告的日期为实际竣工日期，并在工程接收证书中写明。实际竣工日用以计算施工期限，与合同工期对照判定承包人是提前竣工还是延误竣工。

2）竣工验收基本合格但提出了需要整修和完善要求时，监理人应指示承包人限期修好，并缓发工程接收证书。经监理人复查整修和完善工作达到了要求，再签发工程接收证书，竣工日仍为承包人提交竣工验收申请报告的日期。

3）竣工验收不合格，监理人应按照验收意见发出指示，要求承包人对不合格工程认真返工重做或进行补救处理，并承担由此产生的费用。承包人在完成不合格工程的返工重做或补救工作后，应重新提交竣工验收申请报告。重新验收如果合格，则工程接收证书中注明的实际竣工日，应为承包人重新提交竣工验收申请报告的日期。

4. 延误进行竣工验收

发包人在收到承包人竣工验收申请报告的56天后未进行验收，视为验收合格。实际竣工日期以提交竣工验收申请报告的日期为准，但发包人由于不可抗力不能进行验收的情况除外。

（四）竣工结算

1. 承包人提交竣工付款申请单

工程进度款的分期支付是阶段性的临时支付，因此在工程接收证书颁发后，承包人应按专用合同条款约定的份数和期限向监理人提交竣工付款申请单，并提供相关证明材料。竣工付款申请单应说明竣工结算的合同总价、发包人已支付承包人的工程价款、应扣留的质量保证金、应支付的竣工付款金额。

2. 监理人审查

竣工结算的合同价格，应为通过单价乘以实际完成工程量的单价子目款、采用固定价格的各子目包干价、依据合同条款进行调整（如变更、索赔、物价浮动调整等）构成的最终合同结算价。

监理人对竣工付款申请单如果有异议，有权要求承包人进行修正和提供补充资料。监理

人和承包人协商后，由承包人向监理人提交修正后的竣工付款申请单。

3. 签发竣工付款证书

监理人在收到承包人提交的竣工付款申请单后的 14 天内完成核查，将核定的合同价格和结算尾款金额提交发包人审核并抄送承包人。发包人应在收到后 14 天内审核完毕，由监理人向承包人出具经发包人签认的竣工付款证书。

监理人未在约定时间内核查，又未提出具体意见的，视为承包人提交的竣工付款申请单已经监理人核查同意。

发包人未在约定时间内审核又未提出具体意见，监理人提出发包人到期应支付给承包人的结算尾款视为已经发包人同意。

4. 支付

发包人应在监理人出具竣工付款证书后的 14 天内，将应支付款支付给承包人。发包人不按期支付，还应加付逾期付款的违约金。如果承包人对发包人签认的竣工付款证书有异议，发包人可出具竣工付款申请单中承包人已同意部分的临时付款证书，存在争议的部分，按合同约定的争议条款处理。

(五) 竣工清场

1. 承包人的清场义务

工程接收证书颁发后，承包人应对施工场地进行清理，直至监理人检验合格为止。

1）施工场地内残留的垃圾已全部清除出场。

2）临时工程已拆除，场地已按合同要求进行清理、平整或复原。

3）按合同约定应撤离的承包人设备和剩余的材料，包括废弃的施工设备和材料，已按计划撤离施工场地。

4）工程建筑物周边及其附近道路、河道的施工堆积物，已按监理人指示全部清理。

5）监理人指示的其他场地清理工作已全部完成。

2. 承包人未按规定完成的责任

承包人未按监理人的要求恢复临时占地，或者场地清理未达到合同约定，发包人有权委托其他人恢复或清理，所发生的金额从拟支付给承包人的款项中扣除。

(六) 勘察、设计、施工、监理单位和建设工程质量监督机构在竣工验收阶段的职责

1. 勘察单位

勘察单位对本单位出具的勘察成果文件及施工过程中本单位签署意见的文件资料进行自查，确认其符合国家规范、标准和工程建设强制性标准条文的要求。勘察单位企业法人代表(或委托代理人)、总工程师或技术负责人及项目负责人参加验收。

勘察单位对勘察文件及施工过程中由勘察单位参加签署的资料进行检查，确认勘察符合国家规范、标准的要求，施工单位的工程质量达到设计要求，并已经提出质量自查报告，按验收内容签署验收意见与结论。

2. 设计单位

设计单位对本单位出具的设计文件及施工过程中本单位签署的文件资料进行自查，确认其符合国家规范、标准和工程建设强制性标准条文的要求。设计单位法人代表（或委托代理人)、总工程师或技术负责人及该项目的设计负责人参加验收。

设计单位对设计文件及施工过程中由设计单位参加签署的更改原设计中的资料进行检查，确认设计符合国家规范、标准的要求，施工单位的工程质量达到设计要求，并已经提出工程质量自查报告，按验收内容签署验收意见与结论。

3. 施工单位的自查自评验收

（1）施工单位对项目工程竣工标准的自查　施工单位项目经理部应依据有关法律、法规、工程建设强制性标准、设计文件及施工合同要求，对工程质量进行全面检查，确认是否已完成工程设计和合同约定的各项内容，是否达到竣工标准；对存在的问题，应及时整改。如有甩项工程，应提请建设单位办理合法手续。

（2）施工单位对单位工程施工质量文件进行检查确认　施工单位在工程完工后，对工程质量文件进行全面检查，确认符合法律、法规和工程建设强制性标准规定，符合设计文件及合同要求。施工单位总工程师应按有关规定在施工单位的质量验收文件和检测、试验资料上签字认可。

（3）施工单位对工程项目质量的自评验收　施工单位在项目经理部自评合格的基础上，由总工程师组织本企业质量技术部门负责人对单位工程质量进行检查评定，如符合合格标准，则向建设单位和监理单位提交工程验收报告，施工单位工程质量竣工报告填写时必须认真写明质量验收自评意见。

（4）积极配合建设单位做好单位工程竣工验收　建设单位收到施工单位提交的工程质量竣工报告后，应由项目负责人组织设计、施工（含分包单位）、监理等单位（项目）负责人进行单位工程验收。单位工程有分包单位施工时，分包单位对所承包的工程项目应按《建筑工程施工质量验收统一标准》规定的程序检查评定，总承包单位应派人参加。分包工程完成后，应将有关工程资料交总承包单位汇总。

4. 监理单位

监理单位应协助建设单位审查竣工验收条件，总监理工程师组织专业监理工程师，依据有关工程建设的法律、法规、强制性标准、设计文件及施工合同，对承包单位报送的竣工资料进行审查，并对工程实体质量进行检查，确认是否已完成工程设计和合同约定的各项内容，达到竣工验收标准；对存在的问题，应及时要求承包单位整改，整改完毕后总监理工程师签署工程竣工报验单。监理单位竣工验收阶段的主要职责是：

1）对施工单位的施工质量文件进行检查、确认。

2）对勘察、设计单位的设计变更单、联系单等文件进行检查、确认。

3）对工程项目质量合格等级的核定。

4）协助建设单位查阅工程项目全过程竣工档案资料。

5）配合建设单位确认工程量、工程质量。

6）对于建设行政主管部门和质量监督部门要求整改的问题，要求相关责任单位整改。

7）协助建设单位完成竣工验收工作。

5. 建设工程质量监督机构

1）建设工程质量监督机构应对建设单位组织的竣工验收实施监督。

2）确认单位工程的质量竣工验收合格。单位工程的质量竣工验收合格必须同时满足以下条件。

① 各分部（子分部）工程的质量均应验收合格。

② 质量控制资料和文件应完整。

③ 所含分部工程中有关安全、节能、环境保护和主要使用功能的检验资料应完整。

④ 主要使用功能项目的抽查结果应符合相关专业质量验收规范的规定。

⑤ 观感质量验收符合要求。

二、缺陷责任期管理

(一) 缺陷责任

缺陷责任期从工程通过竣工验收之日起计算。工程移交发包人运行后，缺陷责任期内出现的工程质量缺陷可能是承包人的施工质量原因，也可能属于非承包人应负责的原因导致。应由监理人与发包人和承包人共同查明原因，分清责任。对于工程主要部位承包人责任的缺陷工程修复后，缺陷责任期相应延长。

任何一项缺陷或损坏修复后，经检查证明其影响了工程或工程设备的使用性能，承包人应重新进行合同约定的试验和试运行，试验和试运行的全部费用应由责任方承担。

(二) 监理人颁发缺陷责任终止证书

缺陷责任期满，包括延长的期限终止后 14 天内，由监理人向承包人出具经发包人签认的缺陷责任期终止证书，并退还剩余的质量保证金。颁发缺陷责任期终止证书，意味着承包人已按合同约定完成了施工、竣工和缺陷修复责任的义务。

(三) 最终结清

缺陷责任期终止证书签发后，发包人与承包人进行合同付款的最终结清。结清的内容涉及质量保证金的返还、缺陷责任期内修复非承包人缺陷责任的工作、缺陷责任期内涉及的索赔等。

三、质量保修期与缺陷责任期的区别

缺陷责任期是指承包人按照合同约定承担缺陷修复义务，且发包人预留质量保证金的期限，从工程通过竣工验收之日起计算。

单位工程先于全部工程进行验收，经验收合格并交付使用的，该单位工程缺陷责任期自单位工程验收合格之日起计算。因承包人原因导致工程无法按合同约定期限进行竣工验收的，缺陷责任期从实际通过竣工验收之日起计算。因发包人原因导致工程无法按合同约定期限进行竣工验收的，在承包人提交竣工验收报告 90 天后，工程自动进入缺陷责任期；发包人未经竣工验收擅自使用工程的，缺陷责任期自转移占有工程之日起开始计算。

缺陷责任期内，由承包人原因造成的缺陷，承包人应负责维修，并承担鉴定及维修费用。如承包人不维修也不承担费用，发包人可按合同约定从保证金或银行保函中扣除，费用超出保证金额的，发包人可按合同约定向承包人进行索赔。承包人维修并承担相应费用后，不免除对工程的损失赔偿责任。发包人有权要求承包人延长缺陷责任期，并应在原缺陷责任期届满前发出延长通知。但缺陷责任期（含延长部分）最长不能超过 24 个月。

由他人原因造成的缺陷，发包人负责组织维修，承包人不承担费用，且发包人不得从保证金中扣除费用。

缺陷责任期与质量保修期的相同之处在于，它们都是承包人在工程竣工合格以后的一段时间内，对工程质量缺陷承担修复义务的期限。质量保修期与缺陷责任期的主要区别如下：

1）质量保修期是法定的，缺陷责任期是约定的。缺陷责任期的期限完全由当事人自主约定，由发包承包双方在 6 个月、12 个月和 24 个月三者之间自由选择确定，最长不超过 24 个月，我国相关标准、范本等一般要求采用 1 年为缺陷责任期。而工程项目主要部位的保修期限主要由法律直接规定，属于法定保修期限。当事人约定的保修期限不得低于法定保修期限，否则约定无效，仍然应当按照法定保修期限执行。《建设工程质量管理条例》规定，在正常使用条件下，建设工程的最低保修期限为：

① 基础设施工程、房屋建筑的地基基础工程和主体结构工程，为设计文件规定的该工程的合理使用年限。

② 屋面防水工程、有防水要求的卫生间、房间和外墙面的防渗漏，为5年。

③ 供热与供冷系统，为2个供暖期、供冷期。

④ 电气管线、给水排水管道、设备安装和装修工程，为2年。

⑤ 其他项目的保修期限由发包方与承包方约定。

2）质量保修期一般要大于缺陷责任期，特别是对于大型工程。

3）质量保修期对应的是保修责任，缺陷责任期对应的是缺陷责任。保修责任主要通过保修、维修来体现；缺陷责任主要通过扣除预留的质量保证金来体现。因此，缺陷责任期内可以预留质量保证金，到期后返还或者双方通过合同约定质量保证金的返还期限；而质量保修期内则不存在预留质量保证金的问题。

从法律意义上来说，保修责任属于合同责任，缺陷责任属于违约责任。承担了缺陷责任并不能免除保修责任，同时，承担缺陷责任也可能同时承担保修责任。

案例分析

该案涉及缺陷责任期管理问题。由于承包人原因造成某项缺陷或损坏，使某项工程或工程设备不能按原定目标使用而需要再次审查、检验和修复时，发包人有权要求承包人相应延长缺陷责任期，但最长不超过2年。在本案中约定为1年，则A单位工程缺陷通知期的终止时间为A单位工程竣工后1年3个月。

第六节　施工分包合同管理

案例引入

背景资料：某水利工程施工项目，建设单位选定A公司为中标单位。双方在施工合同中约定，A公司将设备安装、配套工程和桩基工程的施工分别分包给B、C、D三家专业公司。业主负责采购设备。该工程在合同履行过程中发生了下述事件：

事件1：桩基工程施工完毕，已按国家有关规定和合同约定做了检测验收。监理工程师对其中5号桩的混凝土质量有怀疑，建议建设单位采用钻孔取样方法进一步检验。D公司不配合，总监理工程师要求A公司给予配合，A公司以桩基为D公司施工为由拒绝。

事件2：C公司在配套工程设备安装过程中发现附属工程设备材料库中部分配件丢失，要求建设单位重新采购供货。

问题：

（1）事件1中，A公司的做法是否妥当？为什么？

（2）事件2中，C公司的要求是否合理？为什么？

一、施工分包合同概述

工程项目建设过程中，承包人会将承包范围内的部分工作采用分包形式交由其他企业完成，如设计分包、施工分包、材料设备供应的供货分包等。分包工程的施工，既是承包范围内必须完成的工作，又是分包合同约定的工作内容，涉及两个同时实施的合同，履行的管理更为复杂。

（一）施工的专业分包与劳务分包

1. 施工分包合同示范文本

承包人与发包人订立承包合同后，基于某些专业性强的工程施工自己的施工能力受到限制进行施工专业分包，或考虑减少本项目投入的人力资源以节省施工成本而进行施工劳务分包。原建设部和国家工商行政管理局联合颁布了 GF—2003—0213《建设工程施工专业分包合同（示范文本）》和 GF—2003—0214《建设工程施工劳务分包合同（示范文本）》。

施工专业分包合同由协议书、通用合同条款和专用合同条款三部分组成。由于施工劳务分包合同相对简单，仅为一个标准化的合同文件，对具体工程的分包约定采用填空的方式明确即可。

2. 施工专业分包与施工劳务分包的主要区别

施工专业分包由分包人独立承担分包工程的实施风险，用自己的技术、设备、人力资源完成承包的工作；施工劳务分包的分包人主要提供劳动力资源，使用常用（或简单）的自有施工机具完成承包人委托的简单施工任务。二者的主要差异表现为以下几个方面条款的规定。

（1）分包人的收入　施工专业分包规定为分包合同价格，即分包人独立完成约定的施工任务后，有权获得的包括施工成本、管理成本、利润等全部收入；而施工劳务分包规定为劳务报酬，即配合承包人完成全部施工任务后应获得的劳务酬金。

（2）保险责任　施工专业分包合同规定，分包人必须为从事危险作业的职工办理意外伤害保险（此处需要说明的是，这一规定执行的是未经修改前的《建筑法》规定，按照经修改后的《建筑法》规定，施工企业办理工伤保险是法定的，而办理意外伤害保险是鼓励性的），并为施工场地内自有人员生命财产和施工机械设备办理保险，支付保险费用；而施工劳务分包合同则规定，劳务分包人不需单独办理保险，其保险应获得的权益包括在发包人或承包人投保的工程险和第三者责任险中，分包人也不需支付保险费用。

（3）施工组织　施工专业分包合同规定，分包人应编制专业工程的施工组织设计和进度计划，报承包人批准后执行。承包人负责整个施工场地的管理工作，协调分包人与施工现场承包人的人员和其他分包人施工的交叉配合，确保分包人按照经批准的施工组织设计进行施工。

施工劳务分包合同规定，分包人不需编制单独的施工组织设计，而是根据承包人编制的施工组织设计和总进度计划的要求施工。劳务分包人在每月底提交下月施工计划和劳动力安排计划，经承包人批准后严格实施。

（4）分包人对施工质量承担责任的期限　施工专业分包工程通过竣工验收后，分包人对分包工程仍需承担质量缺陷的修复责任，缺陷责任期和保修期的期限按照施工总承包合同的约定执行。

施工劳务分包合同规定，全部工程竣工验收合格后，劳务分包人对其施工的工程质量不再承担责任，承包人承担缺陷责任期和保修期内的修复缺陷责任。

由于施工劳务分包的分包人不独立承担风险，施工纳入承包人的组织管理之中，合同履行管理相对简单，因此，以下仅针对施工专业分包加以讨论。

（二）分包工程施工的管理职责

1. 发包人对施工专业分包的管理

发包人不是分包合同的当事人，对分包合同权利义务如何约定也不参与意见，与分包人没有任何合同关系。但作为工程项目的投资方和施工合同的当事人，他对分包合同的管理主要表现为对分包工程的批准。接受承包人投标书内说明的某工程部分准备分包，即同意此部分工程由分包人完成。如果承包人在施工过程中欲将某部分的施工任务分包，仍需经过发包人的同意。

2. 监理人对施工专业分包的管理

监理人接受发包人委托，仅对发包人与第三者订立合同的履行负责监督、协调和管理，因此对分包人在现场的施工不承担协调管理义务。然而，分包工程仍属于施工总承包合同的一部分，仍需履行监督义务，包括对分包人的资质进行审查；对分包人使用的材料、施工工艺、工程质量进行监督；确认完成的工程量等。

3. 承包人对施工专业分包的管理

承包人作为两个合同的当事人，不仅对发包人承担整个合同工程按预期目标实现的义务，而且对分包工程的实施负有全面管理责任。承包人派驻施工现场的项目经理对分包人的施工进行监督、管理和协调，承担如同主合同履行过程中监理人的职责，包括审查分包工程进度计划、分包人的质量保证体系、对分包人的施工工艺和工程质量进行监督等。

二、施工分包合同的订立

按照GF—2003—0213《建设工程施工专业分包合同（示范文本）》中专用合同条款的规定，订立分包合同时需要明确的内容主要包括以下几个方面。

（一）分包工程的范围和时间要求

通过招标选择的分包人，其工作内容、范围和工期要求已在招标投标过程中确定；若是直接选择的分包人，以上内容则需明确写明。对于分包工程拖期违约应承担赔偿责任的计算方式和最高限额，也应在专用合同条款中约定。

（二）分包工程施工应满足施工总承包合同的要求

为了能让分包人合理预见分包工程施工中应承担的风险，以及保证分包工程的施工能够满足总承包合同的要求，承包人应让分包人充分了解总承包合同中除了合同价格以外的各项规定，使分包人履行并承担与分包工程有关的承包人的所有义务与责任。分包人提出要求时，承包人应向分包人提供一份总承包合同（有关承包工程的价格内容除外）的副本或复印件。

无论是承包人通过招标选择的分包人，还是直接选定分包人签订的合同均属于当事人之间的市场行为，因此分包合同的承包价款不是简单地从总承包合同中切割。施工专业分包合同中明确规定，分包合同价款与总承包合同相应部分价款无任何连带关系，因此总承包合同中涉及分包工程的价款无须让分包人了解。

（三）承包人为分包工程施工提供的协助条件

1. 提供施工图

分包工程的图纸来源于发包人委托的设计单位，可以一次性发放或分阶段发放，因此承包人应依据主合同的约定，在分包合同专用条款内列明向分包人提供图纸的日期和套数，以及分包人参加发包人组织图纸会审的时间。

专业工程施工经常涉及使用新工艺、新设备、新材料、新技术，可能出现分包工程的图纸不能完全满足施工需要的情况。如果承包人按照总承包合同的要求，委托分包人在其设计资质等级和业务允许的范围内，在原工程图纸的基础上进行施工图深化设计时，设计的范围及发生的费用，应在专用合同条款中约定。

2. 施工现场的移交

在专用合同条款内约定承包人向分包人提供施工场地应具备的条件、施工场地的范围和提供时间。

3. 提供分包人使用的临时设施和施工机械

为了节省施工总成本，允许分包人使用承包人为本工程实施而建立的临时设施和某些施工机械设备，如混凝土拌和站、提升装置或重型机械等。分包人使用这些临时设施和工程机械，有些是免费使用，有些需要付费使用，因此在专用合同条款内需约定承包人为分包工程的实施提供的机械设备和设施，以及费用的承担。

三、施工分包合同履行管理

（一）承包人协调管理的指令

承包人负责整个施工场地的管理工作，协调分包人与同一施工场地的其他分包人及自己施工可能产生的交叉干扰，确保分包人按照批准的施工组织设计进行施工。

1. 承包人的指令

由于承包人与分包人同时在施工现场进行施工，因此承包人的协调管理工作主要通过发布一系列指示来实现。承包人随时可以向分包人发出分包工程范围内的有关工作指令。

2. 发包人或监理人的指令

发包人或监理人就分包工程施工的有关指令和决定应发送给承包人。承包人接到监理人就分包工程发布的指令后，将其要求列入自己的管理工作范围，并及时以书面确认的形式转发给分包人，令其遵照执行。

为了准确地区分合同责任，分包合同通用条款内明确规定，分包人应执行经承包人确认和转发的发包人和监理人就分包范围内有关工作的所有指令，但不得直接接受发包人和监理人的指令。当分包人接到监理人的指令后不能立即执行，需得到承包人同意才可实施。合同内做出此项规定的目的：一是分包工程现场施工的协调管理由承包人负责，如果同一时间分包人分别接到监理人和承包人发出的两个有冲突的施工指令，则会造成现场管理的混乱；二是监理人的指令可能需要承包人对总承包工程的施工与分包工程的施工进行协调后才能有序进行；三是分包人只与承包人存在合同关系，执行未经承包人确认的指令而导致施工成本增加和工期延误情况时，无权向承包人提出补偿要求。

（二）计量与支付

1. 工程量计量

无论监理人参与或不参与分包工程的工程量计量，承包人均需在每一计量周期通知分包

人共同对分包工程量进行计量。分包人收到通知后不参加计量，承包人的计量结果有效，作为分包工程价款支付的依据；承包人不按约定时间通知分包人，致使分包人未能参加计量，计量结果无效，分包人提交的工程量报告中开列的工程量应作为分包人获得工程进度款的依据。

2. 分包合同工程进度款的支付

承包人依据计量确认的分包工程量，乘以总承包合同相应的单价计算的金额，纳入支付申请书内。获得发包人支付的工程进度款后，再按分包合同约定单价计算的款额支付给分包人。

（三）变更管理

分包工程的变更可能来源于监理人通知并经承包人确认的指令，也可能是承包人根据施工现场实际情况自主发出的指令。变更的范围和确定变更价款的原则与总承包合同规定相同。

分包人应在工程变更确定后 11 天内向承包人提出变更分包工程价款的报告，经承包人确认后调整合同价款；若分包人在双方确定变更后 11 天内未向承包人提出变更分包工程价款的报告，视为该项变更不涉及合同价款的调整。

（四）分包工程的竣工管理

1. 竣工验收

（1）发包人组织验收　分包工程具备竣工验收条件后，分包人向承包人提供完整的竣工资料及竣工验收报告。双方约定由分包人提供竣工图的，应在专用合同条款内约定提交日期和份数。

承包人应在收到分包人提供的竣工验收报告之日起 3 日内通知发包人进行验收，分包人应配合承包人进行验收。发包人未能按照总承包合同及时组织验收时，承包人应按照总承包合同规定的发包人验收的期限及程序自行组织验收，并视为分包工程竣工验收通过。

（2）承包人验收　根据总承包合同无须由发包人验收的部分，承包人应按照总承包合同约定的程序自行验收。

（3）分包工程竣工日期的确定　分包工程竣工日期为分包人提供竣工验收报告之日。需要修复的，为提供修复后竣工报告之日。

2. 分包工程的竣工结算及移交

（1）分包工程的竣工结算　分包工程竣工验收报告经承包人认可后 14 天内，分包人向承包人递交分包工程竣工结算报告及完整的结算资料。承包人收到分包人递交的分包工程竣工结算报告及结算资料后 28 天内进行核实，给予确认或者提出明确的修改意见。承包人确认竣工结算报告后 7 天内向分包人支付分包工程竣工结算价款。

（2）分包工程的移交　分包人收到竣工结算价款之日起 7 天内，将竣工工程交付承包人。总体工程竣工验收后，再由承包人移交给发包人。

（五）索赔管理

分包合同履行过程中，当分包人认为自己的合法权益受到损害时，无论事件起因于发包人或监理人的责任，还是承包人应承担的义务，他都只能向承包人提出索赔要求，并保持影响事件发生后的现场同期记录。

四、监理人对专业施工分包合同履行的管理

鉴于分包工程的施工涉及两个合同，监理人只需依据总承包合同的约定进行监督和

管理。

（一）对分包工程施工的确认

监理人在复核分包工程已取得发包人同意的基础上，负责对分包人承担相应工程施工要求的资质、经验和能力进行审查，确认是否批准承包人选择的分包人。为了整体工程的施工协调，指示分包人进场开始分包工程施工的时间。

（二）施工工艺和质量

由于专业工程施工往往对施工技术有专门的要求，监理人审查承包人的施工组织设计时，应特别关注分包人拟采用的施工工艺和保障措施是否切实可行。涉及危险性较大工程部位的施工方法更应进行严格审查，以保证专业工程的施工达到合同规定的质量要求。

监理人在对分包工程进行旁站、巡视过程中，发现分包人忽视质量的行为和存在安全隐患的情况，应及时书面通知承包人，要求其监督分包人纠正。

总承包合同规定为分部移交的专业工程施工完毕，监理人应会同承包人和分包人进行工程预验收，并参加发包人组织的工程验收。

（三）进度管理

虽然由承包人负责分包工程施工的协调管理，对分包工程施工进度进行监督，但如果分包工程的施工影响到发包人订立的其他合同的履行时，监理人需对承包人发出相关指令进行相应的协调。如分包工程施工与合同进度计划偏离较大而干扰了同时在现场的其他承包人的施工，分包工程施工进度过慢影响到后续设备安装工程按计划实施等情况。

（四）支付管理

监理人按照总承包合同的规定对分包工程计量时，应要求承包人通知分包人进行共同计量。审查承包人的工程进度款时，要核对分包工程的合格工程量与计量结果是否一致。

对于分包人按照监理人的指示在分包工程使用计日工时，也应依据总承包合同对计日工的规定，每天检查设备、人员的投入和产出情况。

（五）变更管理

监理人对分包工程的变更指示应发给承包人，由其协调和监督分包人执行。分包工程施工的变更完成后，按照总承包合同的规定对变更进行估价。

（六）索赔管理

监理人不应受理分包人直接提交的索赔报告，分包人的索赔应通过承包人的索赔来完成。

监理人审查承包人提交的分包工程索赔报告时，按照总承包合同的约定区分合同责任。有些情况下，分包人受到的损失既有发包人应承担的风险或责任，又有承包人协调管理不利的影响，监理人应合理区分责任的比例，以便确定工期顺延的天数和补偿金额。对于分包人因非自身原因受到损失时，可能对承包人的施工也产生了不利影响情况，监理人同样应在合理判定责任归属的基础上，按照实际情况做出索赔处理决定。

案例分析

（1）A公司的做法不妥。因A公司与D公司是总承包与分包关系，A公司对D公司的施工质量问题承担连带责任，故A公司有责任配合监理工程师的检验要求。

（2）C公司的要求不合理。C公司不应直接向建设单位提出采购要求，而应由A公司提出。建设单位供应的材料设备经清点移交，配件丢失责任在承包方。

常见问题解析

1. 建设工程施工合同目标管理的范围是什么?

【解析】建设工程施工合同目标管理的范围一般包括：施工合同中确定的全部工程内容和范围；施工合同以外，经建设方同意施工的附属工程、增加项目。

2. 分包工程的竣工结算应注意哪些事项?

【解析】分包工程竣工验收报告经承包人认可后14天内，分包人向承包人递交分包工程竣工结算报告及完整的结算资料。承包人收到分包人递交的分包工程竣工结算报告及结算资料后28天内进行核实，给予确认或者提出明确的修改意见。承包人确认竣工结算报告后7天内向分包人支付分包工程竣工结算价款。

3. 专业工程施工经常涉及使用新工艺、新设备、新材料、新技术，如出现分包工程的图纸不能完全满足施工需要的情况，应如何处理?

【解析】如果承包人按照总承包合同的要求，委托分包人在其设计资质等级和业务允许的范围内，在原工程图纸的基础上进行施工图深化设计时，设计的范围及发生的费用，应在专用合同条款中约定。

4. 质量保修期与缺陷责任期的区别是什么?

【解析】缺陷责任期是指承包人按照合同约定承担缺陷修复义务，且发包人预留质量保证金的期限，自工程实际竣工日期起计算。缺陷责任期与工程保修期的相同之处在于，它们都是承包人在工程竣工合格以后的一段时间内，对工程质量缺陷承担修复义务的期限。质量保修期与缺陷责任期的主要区别是：质量保修期是法定的，缺陷责任期是约定的。保修责任主要通过保修、维修来体现；缺陷责任主要通过扣除预留的质量保证金来体现。因此，缺陷责任期内可以预留质量保证金，到期后返还或者双方通过合同约定质量保证金的返还期限；而质量保修期内则不存在预留质量保证金的问题。从法律意义上来说，保修责任属于合同责任，缺陷责任属于违约责任。承担了缺陷责任并不能免除保修责任，同时，承担缺陷责任也可能同时承担保修责任。

思 考 题

1. 监理人在合同履行管理中的作用表现在哪些方面?
2. 施工合同包括哪些文件?
3. 订立施工合同时应明确哪些内容?
4. 施工过程中发生哪些情况可以给承包人顺延合同工期?
5. 施工合同中对计量和支付分别做了哪些规定?
6. 监理人如何处理变更的有关问题?
7. 缺陷责任期和质量保修期有何区别?

第八章

施工合同管理与索赔案例分析

学习目标

知识目标：

1. 掌握注册监理工程师施工合同管理与索赔相关知识。
2. 掌握注册造价工程师施工合同管理与索赔相关知识。
3. 掌握注册建造师施工合同管理与索赔相关知识。

能力目标：

1. 能进行注册监理工程师施工合同管理与索赔案例分析。
2. 能进行注册造价工程师施工合同管理与索赔案例分析。
3. 能进行注册建造师施工合同管理与索赔案例分析。

知识脉络图

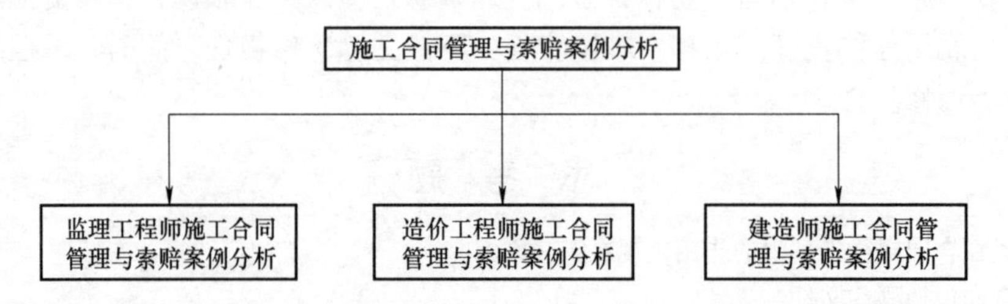

第一节　监理工程师施工合同管理与索赔案例分析

案例（一）

背景资料：某工程实施过程中发生以下事件：

事件1：施工单位完成下列施工准备工作后即向项目监理机构申请开工：①现场质量、安全生产管理体系已建立；②管理及施工人员已到位；③施工机具已具备使用条件；④主要工程材料已落实；⑤水、电、通信等已满足开工要求。项目监理机构认为上述开工条件不够完备。

事件2：项目监理机构审查了施工单位报送的试验室资料，内容包括：试验室资质等级，试验人员资格证书。

事件3：项目监理机构审查施工单位报送的施工组织设计后认为：①安全技术措施符合

工程建设强制性标准；②资金、劳动力、材料、设备等资源供应计划满足工程施工需要；③施工总平面布置科学合理。同时要求施工单位补充完善相关内容。

事件4：施工过程中，建设单位采购的一批材料运抵现场，施工单位组织清点和检验并向项目监理机构报送材料合格证后即开始用于工程。项目监理机构随即发出《监理通知单》，要求施工单位停止该批材料的使用，并补报质量证明文件。

事件5：施工单位按照合同约定将钢结构屋架吊装工程分包给具有相应资质和业绩的专业施工单位。分包单位将由其项目经理签字认可的专项施工方案直接报送项目监理机构，专业监理工程师审核后批准了该专项施工方案。

问题：

1. 针对事件1，施工单位申请开工还应具备哪些条件？
2. 针对事件2，项目监理机构对试验室的审查还应包括哪些内容？
3. 针对事件3，项目监理机构对施工组织设计的审查还应包括哪些内容？
4. 针对事件4，施工单位还应补报哪些质量证明文件？
5. 分别指出事件5中分包单位和专业监理工程师做法的不妥之处，并写出正确做法。

参考答案：

1. 施工单位申请开工还应具备的条件包括：①设计交底和图纸会审已完成；②施工组织设计已经由总监理工程师签认；③进场道路已满足开工要求。

2. 项目监理机构对试验室的审查还应包括：①试验室的试验范围；②法定计量部门对试验设备出具的计量检定证明；③试验室管理制度。

3. 项目监理机构对施工组织设计的审查还应包括：①编审程序应符合相关规定；②施工进度、施工方案及工程质量保证措施应符合施工合同要求。

4. 施工单位还应补报的质量证明文件包括：①质量检验报告；②性能检测报告；③施工单位的质量抽检报告等。

5. 分析如下：

1）分包单位的不妥之处：分包单位将由其项目经理签字认可的专项施工方案直接报送项目监理机构。

正确做法：分包单位的专项施工方案应由分包单位技术负责人签字后，交给总承包单位，经总承包单位技术负责人审查、签字后，提交项目监理机构审核。

2）专业监理工程师的不妥之处：专业监理工程师审核后批准了分包单位经项目经理签字的专项施工方案。

正确做法：在总监理工程师的组织下，专业监理工程师应审查总承包单位报送的专项施工方案，并将审查意见提交给总监理工程师。

案例（二）

背景资料：某工程施工过程中发生以下事件：

事件1：项目监理机构收到施工单位报送的施工控制测量成果报验表后，安排监理员检查、复核报验表所附的测量人员资格证书、施工平面控制网和临时水准点的测量成果，并签署意见。

事件2：施工单位在编制搭设高度为28m的脚手架工程专项施工方案的同时，项目经理即安排施工人员开始搭设脚手架，并兼任施工现场安全生产管理人员，总监理工程师发现后立即向施工单位签发了监理通知单要求整改。

事件3：在脚手架拆除过程中，发生坍塌事故，造成施工人员3人死亡、5人重伤、7人轻伤。事故发生后，总监理工程师立即签发工程暂停令，并在2小时后向监理单位负责人报告了事故情况。

事件4：由建设单位负责采购的一批钢筋进场后，施工单位发现其规格型号与合同约定不符，项目监理机构按程序对这批钢筋进行了处置。

问题：

1. 指出事件1中的不妥之处，并说明理由。项目监理机构对施工控制测量成果的检查、复核还应包括哪些内容？

2. 指出事件2中施工单位做法的不妥之处，并写出正确做法。

3. 指出事件2中总监理工程师做法的不妥之处，并写出正确做法。

4. 按照《生产安全事故报告和调查处理条例》，确定事件3中的事故等级。指出总监理工程师做法的不妥之处，并写出正确做法。

5. 事件4中，项目监理机构应如何处置该批钢筋？

参考答案：

1. 事件1中，项目监理机构的不妥之处为：安排监理员检查、复核并签署监理意见。

正确做法：安排专业监理工程师检查、复核并签署监理意见。

项目监理机构对施工控制测量成果的检查、复核内容还应包括：测量设备的检定证书，高程控制网和控制桩的保护措施。

2. 事件2中，施工单位的不妥之处有：

1）专项施工方案编制的同时就开始搭建脚手架。

正确做法：编制专项施工方案后，附具安全验算结果，经施工单位技术负责人、总监理工程师签字后才可安排搭建脚手架。

2）项目经理兼任施工现场安全生产管理人员。

正确做法：应安排专职安全生产管理人员。

3. 事件2中，总监理工程师的不妥之处为：向施工单位签发监理通知单。

正确做法：报建设单位同意后，签发工程暂停令。

4. 事件3中，事故等级属于较大事故。

总监理工程师的不妥之处为：在事故发生2小时后向监理单位负责人报告。

正确做法：应在事故发生后立即向监理单位负责人报告。

5. 事件4中，项目监理机构应采用以下方式处置该批钢筋：报告建设单位，经建设单位同意后与施工单位协商，能够用于本工程的，按程序办理相关手续；不能用于本工程的，要求限期清出现场。

案例（三）

背景资料：某施行监理的工程，建设单位与总承包单位按《建设工程施工合同（示范文本)》签订了施工合同，总承包单位按合同约定将一专业工程分包。施工过程中发生下列事件：

事件1：工程开工前，总监理工程师在熟悉设计文件时发现部分设计图有误，即向建设单位进行了口头汇报。建设单位要求总监理工程师组织召开设计交底会，并向设计单位指出设计图中的错误，在会后整理会议纪要。

在工程定位放线期间，总监理工程师指派专业监理工程师审查《分包单位资格报审表》

及相关资料，安排监理员到现场复验总承包单位报送的原始基准点、基准线和测量控制点。

事件2：由建设单位负责采购的一批材料，因规格、型号与合同约定不符，施工单位不予接收保管，建设单位要求项目监理机构协调处理。

事件3：专业监理工程师现场巡视时发现，总承包单位在某隐蔽工程施工时，未通知项目监理机构即进行隐蔽。

事件4：工程完工后，总承包单位在自查自评的基础上填写了工程竣工报验单，连同全部竣工资料报送项目监理机构，申请竣工验收。总监理工程师认为施工过程均按要求进行了验收，便签署了竣工报验单，并向建设单位提交了竣工验收报告和质量评估报告，建设单位收到该报告后，即将工程投入使用。

问题：

1. 分别指出事件1中建设单位、总监理工程师的不妥之处，并写出正确做法。

2. 事件1中，专业监理工程师在审查分包单位的资格时，应审查哪些内容？

3. 针对事件2，项目监理机构应如何协调处理？

4. 针对事件3，写出总承包单位的正确做法。

5. 分别指出事件4中总监理工程师、建设单位的不妥之处，并写出正确做法。

参考答案：

1. 分析如下：

1）建设单位的不妥之处为：要求总监理工程师组织召开设计交底会和整理会议纪要。

正确做法：设计交底会应由建设单位组织召开，会议纪要应由设计单位负责整理。

2）总监理工程师的不妥之处为：口头汇报；派监理员复验。

正确做法：应书面汇报；派专业监理工程师复验。

2. 专业监理工程师在审查分包单位的资格时，应审查：①营业执照、资质等级证书；②业绩；③拟分包工程的内容和范围；④专职管理人员和特种作业人员的资格证、上岗证。

3. 协调施工单位保管该批材料，若经设计单位确认可以使用，则该批材料可用于本工程；若不能使用，应要求退货。

4. 在隐蔽前48小时，以书面形式通知项目监理机构验收，验收合格方可隐蔽。若项目监理机构未能在验收前24小时之内书面提出延期要求，且不进行验收，总承包单位可自行验收。

5. 分析如下：

1）总监理工程师的不妥之处为：直接签署工程竣工报验单，并向建设单位提交竣工验收报告和质量评估报告。

正确做法：应在收到工程竣工申请后，组织专业监理工程师全面检查竣工资料及各专业工程的质量，验收合格后，签署工程竣工报验单，并向建设单位提交质量评估报告。

2）建设单位的不妥之处为：将未经验收的工程投入使用。

正确做法：应在收到工程竣工验收报告后，组织勘察、设计、施工、监理等单位进行工程验收，验收合格后方可使用。

案例（四）

背景资料：某城市建设项目，建设单位委托监理单位承担施工阶段的监理任务，并通过公开招标选定甲施工单位作为施工总承包单位。工程实施过程中发生了下列事件：

事件1：桩基工程开始后，专业监理工程师发现，甲施工单位未经建设单位同意将桩基

工程分包给乙施工单位，为此，项目监理机构要求暂停桩基施工。征得建设单位同意分包后，甲施工单位将乙施工单位的相关材料报项目监理机构审查，经审查，乙施工单位的资质条件符合要求，可进行桩基施工。

事件2：桩基施工过程中，出现断桩事故。经调查分析，此次断桩事故是因为乙施工单位抢进度，擅自改变施工方案引起的。对此，原设计单位提供的事故处理方案为：断桩清除，原位重新施工。乙施工单位按处理方案实施。

事件3：为进一步加强施工过程质量控制，总监理工程师代表指派专业监理工程师对原监理实施细则中的质量控制措施进行修改，修改后的监理实施细则经总监理工程师代表审查批准后实施。

事件4：工程进入竣工验收阶段，建设单位发文要求监理单位和甲施工单位各自邀请城建档案管理部门进行工程档案的验收并直接办理档案移交事宜，同时要求监理单位对施工单位的工程档案质量进行检查。甲施工单位收到建设单位发文后，将该文转发给乙施工单位。

事件5：项目监理机构在检查甲施工单位的工程档案时发现，缺少乙施工单位的工程档案，甲施工单位的解释是：按建设单位要求，乙施工单位自行办理工程档案的验收及移交。在检查乙施工单位的工程档案时发现，缺少断桩处理的相关资料，乙施工单位的解释是：断桩清除后原位重新施工，不需列入这部分资料。

问题：

1. 事件1中，项目监理机构对乙施工单位资质审查的程序和内容是什么？

2. 项目监理机构应如何处理事件2中的断桩事故？

3. 分析事件3中总监理工程师代表的做法是否正确，并说明理由。

4. 指出事件4中建设单位做法的不妥之处，并写出正确做法。

5. 分别说明事件5中甲施工单位和乙施工单位解释的不妥之处。对甲施工单位和乙施工单位工程档案中存在的问题，项目监理机构应如何处理？

参考答案：

1. 分析如下：

1）审查甲施工单位报送的分包单位资格报审表，符合有关规定后，由总监理工程师予以签认。

2）对乙施工单位资格审核以下内容：营业执照、企业资质等级证书；公司业绩；乙施工单位承担的桩基工程范围；专职管理人员和特种作业人员的资格证、上岗证。

2. 分析如下：

1）及时下达工程暂停令。

2）责令甲施工单位报送断桩事故调查报告。

3）审查甲施工单位报送的施工处理方案、措施。

4）审查同意后签发工程复工令。

5）对事故的处理过程和处理结果进行跟踪检查和验收。

6）及时向建设单位提交有关事故的书面报告，并应将完整的质量事故处理记录整理归档。

3. 分析如下：

1）指派专业监理工程师修改监理实施细则做法正确。

理由：总监理工程师代表可以行使总监理工程师的这一职责。

2）审批监理实施细则的做法不妥。

理由：应由总监理工程师审批。

4. 不妥之处：要求监理单位和甲施工单位各自对工程档案进行验收并移交。

正确做法：应由建设单位组织建设工程档案的（预）验收，并在工程竣工验收后统一向城市档案管理部门办理工程档案移交。

5. 分析如下：

1）甲施工单位应汇总乙施工单位形成的工程档案（或：乙施工单位不能自行办理工程档案的验收与移交）；乙施工单位应将工程质量事故处理记录列入工程档案。

2）与建设单位沟通后，项目监理机构应向甲施工单位签发《监理工程师通知单》，要求尽快整改。

案例（五）

背景资料：某工程，建设单位通过公开招标与甲施工单位签订了施工总承包合同；依据合同约定，甲施工单位通过招标将钢结构工程分包给乙施工单位。施工过程中发生了下列事件：

事件1：甲施工单位项目经理安排技术员兼任施工现场安全员，并安排其负责编制深基坑支护与降水工程专项施工方案，项目经理对该施工方案进行安全验算后，即组织现场施工，并将施工方案及验算结果报送项目监理机构。

事件2：乙施工单位采购的特殊规格钢板，因供应商未能提供出厂合格证明，乙施工单位按规定要求进行了检验，检验合格后向项目监理机构报验。为不影响工程进度，总监理工程师要求甲施工单位在监理人员的见证下取样复检，复验结果合格后，同意该批钢板进场使用。

事件3：为满足钢结构吊装施工的需要，甲施工单位向设备租赁公司租用了一台大型起重机，委托一家有相应资质的安装单位进行起重机安装。安装完成后，由甲、乙施工单位对该起重机共同进行验收，验收合格后投入使用，并到有关部门办理了登记手续。

事件4：钢结构工程施工过程中，专业监理工程师在现场发现乙施工单位使用的高强螺栓未经报验，存在严重的质量隐患，即向乙施工单位签发了《工程暂停令》，并报告了总监理工程师。甲施工单位得知后也要求乙施工单位立刻停工整改。乙施工单位为赶工期，边施工边报验，项目监理机构及时报告了有关主管部门。报告发出的当天，发生了因高强螺栓不符合质量标准导致的钢梁高空坠落事故，造成一人重伤，直接经济损失4.6万元。

问题：

1. 指出事件1中甲施工单位项目经理做法的不妥之处，并写出正确做法。

2. 分析事件2中总监理工程师的处理是否妥当，并说明理由。

3. 指出事件3中起重机验收的不妥之处。

4. 指出事件4中专业监理工程师做法的不妥之处，并说明理由。

5. 事件4中的质量事故，甲施工单位和乙施工单位各承担什么责任？说明理由。监理单位是否有责任？说明理由。该事故属于哪一类工程质量事故？处理此事故的依据是什么？

参考答案：

1. 分析如下：

1）不妥之处：安排技术员兼任施工现场安全员。

正确做法：应配备专职安全生产管理人员。

2）不妥之处：对该施工方案进行安全验算后即组织现场施工。

正确做法：安全验算合格后应组织专家进行论证、审查，经施工单位技术负责人签字后，报总监理工程师签字并报建设单位项目负责人签字后才能安排现场施工。

2. 不妥当。

理由：没有出厂合格证明的原材料不得进场使用。

3. 不妥之处：只有甲、乙施工单位参加了验收，出租单位和安装单位未参加验收。

4. 不妥之处：向乙施工单位签发《工程暂停令》。

理由：《工程暂停令》应由总监理工程师向甲施工单位签发。

5. 分析如下：

1）甲施工单位承担连带责任。因为甲施工单位是总承包单位。

乙施工单位承担主要责任。因为质量事故是由于乙施工单位自身原因造成的（或：因为质量事故是由于乙施工单位不服从甲施工单位管理造成的）。

2）监理单位没有责任。项目监理机构已履行了监理职责（或：项目监理机构已及时向有关主管部门报告）。

3）事故属于一般事故。

处理依据：质量事故的实况资料；有关合同文件；有关的技术文件和档案；相关的建设法规。

第二节　造价工程师施工合同管理与索赔案例分析

案例（一）

背景资料：某市政府投资新建一学校，工程内容包括办公楼、教学楼、实验室、体育馆等，招标文件的工程量清单表中，招标人给出了材料暂估价，承包发包双方按 GB 50500—2013《建设工程工程量清单计价规范》及《标准施工招标文件》签订了施工承包合同。合同规定，工程索赔执行 GF—2013—0201《建设工程施工合同（示范文本）》相关规定。

工程实施过程中发生了以下事件：

事件1：投标截止日期前15天，该市工程造价管理部门发布了人工单价及规费调整的有关文件。

事件2：分部分项工程量清单中，顶棚吊顶的项目特征描述中龙骨规格、中距与设计图要求不一致。

事件3：按实际施工图施工的基础土方工程量与招标人提供的工程量清单表中挖基础土方工程量发生较大的偏差。

事件4：主体结构施工阶段遇到强台风、特大暴雨，造成施工现场部分脚手架倒塌，损坏了部分已完工程、施工现场承包发包双方办公用房、施工设备和运到施工现场待安装的一台电梯。事后，承包方及时按照发包方要求清理现场，恢复施工，重建承包发包双方现场办公用房，发包方还要求承包方采取措施，确保按原工期完成。

事件5：由于资金原因，发包方取消了原合同中体育馆工程内容，在工程竣工结算时，承包方就发包方取消合同中体育馆工程内容提出补偿管理费和利润的要求，但遭到发包方拒绝。

上述事件发生后，承包方及时对可索赔事件提出了索赔。

问题：

1. 投标人对设计材料暂估价的分部分项进行投标报价，以及该项目工程价款的调整有哪些规定？

2. 根据 GB 50500—2013《建设工程工程量清单计价规范》，分别指出对事件 1、事件 2、事件 3 的处理方法，并说明理由。

3. 事件 4 中，承包方可提出哪些损失和费用的索赔？

4. 分析事件 5 中发包方拒绝承包方索赔要求的做法是否合理，并说明理由。

参考答案：

1. 规定如下：

1）材料暂估价需要纳入分部分项工程量清单综合单价中。

2）暂估价的材料属于依法必须招标的，由承包人和招标人共同通过招标程序确定材料单价；若材料不属于依法必须招标的，经发包承包双方协商确认材料单价。

3）材料实际价格与清单中所列的材料暂估价的差额及其规费、税金列入合同价格。

2. 分析如下：

1）事件 1：应按有关调整规定调整合同价款。

理由：根据 GB 50500—2013《建设工程工程量清单计价规范》风险设定原则，在投标截止时间前 28 天以后，国家的法律、法规、规章和政策发生变化而影响工程造价的，承包人不承担风险。

2）事件 2：投标人应以分部分项工程量清单的项目特征描述为准，确定投标报价的综合单价。事后，承包发包双方应按实际施工的项目特征，依据合同约定及原顶棚吊顶项目的计价原则（即投标时的报价，也就是投标截止日期前 28 天的价格）重新确定综合单价。

理由：若施工中出现施工图（含设计变更）与工程量清单项目特征描述不符的，发包承包双方应按新的项目特征确定相应工程量清单项目的综合单价。

3）事件 3：应按实际施工图和 GB 50500—2013《建设工程工程量清单计价规范》规定的计量规则计算工程量。

理由：工程量清单中工程数量有误，此风险应由招标人承担。

3. 事件 4 中，承包方可提出的索赔有：部分已完工程的修复费、发包人办公用房重建费、由承包方采购且已运至现场待安装电梯损坏修复费、现场清理费以及承包方采取措施确保按原工期完成的赶工费。

4. 不合理。

理由：按照 GF—2013—0201《建设工程施工合同（示范文本)》索赔条款，发包人取消合同中的部分工程，应对承包人（除直接费以外）间接费、利润和税金进行适当补偿，本案中承包人提出的管理费和利润补偿合理。

案例（二）

某工程项目业主分别与甲、乙施工单位签订了土建施工合同和设备安装合同。土建施工合同约定：管理费为人工、材料、机械费用之和的 10%，利润为人工、材料、机械费用与管理费之和的 6%，规费和税金为人工、材料、机械费用与管理费和利润之和的 9.8%，合同工期为 100 天。设备安装合同约定：管理费和利润均以人工费为基数，其费率分别为 55%、45%。规费和税金（营业税）为人工、材料、机械费用与管理费和利润之和的

9.8%，合同工期为20天。

土建施工合同与设备安装合同均约定：人工工日单价为80元/工日，窝工补偿按70%计，机械台班单价为500元/台班，闲置补偿按80%计。

甲、乙施工单位编制了施工进度计划，获得监理工程师的批准，如图8-1所示。

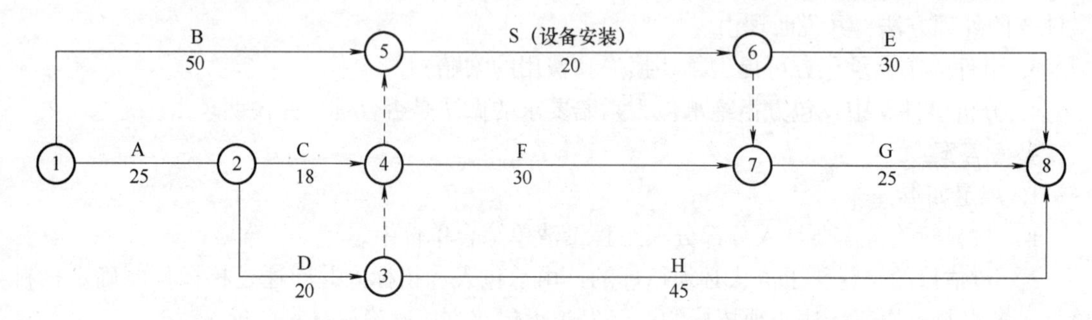

图8-1 甲乙施工单位施工进度计划

该工程实施过程中发生以下事件：

事件1：基础工程A工作施工完毕组织验槽时，发现基坑实际土质与业主提供的工程地质资料不符，为此，设计单位修改设计加大了基础埋深，该基础加深处理使甲施工单位增加用工50个工日，增加机械10个台班，A工作时间延长3天，甲施工单位及时向业主提出费用索赔和工期索赔。

事件2：设备基础D工作的预埋件施工完毕后，甲施工单位报监理工程师进行隐蔽工程验收，监理工程师未按合同约定的时限到现场验收，也未通知甲施工单位推迟验收事件，在此情况下，甲施工单位进行了隐蔽工序的施工，业主代表得知该情况后要求施工单位剥露重新检验，检验发现预埋件尺寸不足，位置偏差过大，不符合设计要求，该重新检验导致甲施工单位增加人工30工日，材料费增加1.2万元，D工作时间延长2天，甲施工单位及时向业主提出了费用索赔和工期索赔。

事件3：设备安装S工作开始后，乙施工单位发现业主采购的设备配件缺失，业主要求乙施工单位自行采购缺失配件。为此，乙施工单位发生材料费2.5万元，人工费0.5万元。S工作时间延长2天。乙施工单位向业主提出费用索赔和工期延长2天的索赔，向甲施工单位提出受事件1和事件2影响，工期延长5天的索赔。

事件4：设备安装过程中，由于乙施工单位安装设备故障和调试设备损坏，使S工作延长施工工期6天，窝工24个工日，增加安装、调试设备修理费1.6万元，并影响了甲施工单位后续工作的开工时间，造成甲施工单位窝工36个工日，机械闲置6个台班。为此，甲施工单位分别向业主和乙施工单位及时提出了费用索赔和工期索赔。

问题：

1. 分别指出事件1～事件4中甲施工单位和乙施工单位的费用索赔和工期索赔是否成立，并说明理由。

2. 分析事件2中业主代表的做法是否妥当，并说明理由。

3. 事件1～事件4发生后，图8-1中E工作和G工作的实际开始工作时间分别为第几天？说明理由。

4. 业主应补偿甲、乙施工单位的费用分别为多少元？可批准延长的工期分别是多少天？(计算结果保留两位小数)

参考答案：

1. 分析如下：

1）事件1：甲施工单位向业主提出费用索赔成立。

理由：地质条件变化应由业主承担风险，增加的费用应由业主承担；甲施工单位向业主提出工期索赔成立，地质条件变化应由业主承担风险，且A工作为关键工作。

2）事件2：甲施工单位向业主提出费用索赔与工期索赔不成立。

理由：承包人覆盖工程隐蔽部位后，发包人或监理人对质量有疑问的，可要求承包人对已覆盖的部位进行钻孔探测或揭开重新检查，承包人应遵照执行，并在检查后重新覆盖恢复原状。经检查证明工程质量符合合同要求的，由发包人承担由此增加的费用和（或）延误的工期，并支付承包人合理的利润；经检查证明工程质量不符合合同要求的，由此增加的费用和（或）延误的工期由承包人承担。（或：施工质量问题造成的费用增加与工期延误由甲施工单位自己承担。）

3）事件3：①乙施工单位向业主提出的费用索赔成立；乙施工单位向业主提出的工期索赔成立。

理由：业主采购设备配件缺失造成乙施工单位费用增加，应由业主承担；业主采购设备配件缺失使S工作时间延长2天应由业主承担责任。

②乙施工单位向甲施工单位提出的工期索赔不成立。

理由：甲施工单位与乙施工单位没有合同关系，且A工作和D工作的延误没有对S工作造成影响。

4）事件4：①甲施工单位向业主提出费用索赔成立。

理由：乙施工单位使甲施工单位费用增加应由业主承担责任。

②甲施工单位向业主提出工期索赔成立。

理由：乙施工单位使甲施工单位工期延误应由业主承担责任。

③甲施工单位向乙施工单位提出费用索赔与工期索赔不成立。

理由：甲施工单位与乙施工单位没有合同关系。

④乙施工单位不能提出费用索赔和工期索赔。

理由：设备故障造成费用增加与工期延误由施工单位自己承担。

2. 事件2中，业主代表的做法妥当。

理由：承包人覆盖工程隐蔽部位后，发包人或监理人对质量有疑问的，可要求承包人对已覆盖的部位进行钻孔探测或揭开重新检查，承包人应遵照执行，并在检查后重新覆盖恢复原状。

3. 事件1～事件4发生后，E工作的实际开始时间为第79天。

理由：B、S、E为最后的关键线路，B工作时间为50天，S工作时间为28天，所以E工作的实际开始时间为第（50+28+1）天，即第79天。

G工作的最早开始时间为第81天。

理由：G工作的紧前工作有S工作和F工作，S工作的最早完成时间为第78天，F工作的最早完成时间为第80天，所以G工作的最早开始时间为第81天，实际开始时间可以是第81天、第82天、第83天、第84天。

4. 分析如下：

1）业主应补偿甲施工单位的费用：

$$[(50\times80+10\times500)\times(1+10\%)\times(1+6\%)+36\times80\times70\%+6\times$$

$$500\times80\%]\times(1+9.8\%)\text{元}=16371.18\text{元}$$

2）业主应补偿乙施工单位的费用：

$$[2.5+0.5\times(1+55\%+45\%)]\times(1+9.8\%)\times10000\text{元}=38430\text{元}$$

3）业主可批准甲施工单位的顺延工期：

2 天 +6 天 =8 天

4）业主可批准乙施工单位的顺延工期：2 天。

案例（三）

某工业项目发包人采用工程量清单计价方式，与承包人按照《建设工程施工合同（示范文本）》签订了工程施工合同。合同约定：项目的成套生产设备由发包人采购，管理费和利润为人工、材料、机械费用之和的18%，规费和税金为人工、材料、机械费用与管理费和利润之和的10%，人工工资标准为80元/工日，窝工补偿标准为50元/工日，施工机械窝工闲置台班补偿标准为正常台班费的60%，人工窝工和机械窝工闲置不计取管理费和利润，工期为270天，每提前或拖后一天奖励（或罚款）5000元（含税费）。

承包人经发包人同意将设备与管线安装作业分包给某专业分包人，分包合同约定，分包工程进度必须服从总承包施工进度的安排，各项费用、费率标准约定与总承包施工合同相同。开工前，承包人编制并得到监理工程师批准的施工网络进度计划如图8-2所示，图中箭线下方括号外数字为工作持续时间（时间单位：天），括号内数字为每天作业班组工人数，所有工作均按最早可能时间安排作业。

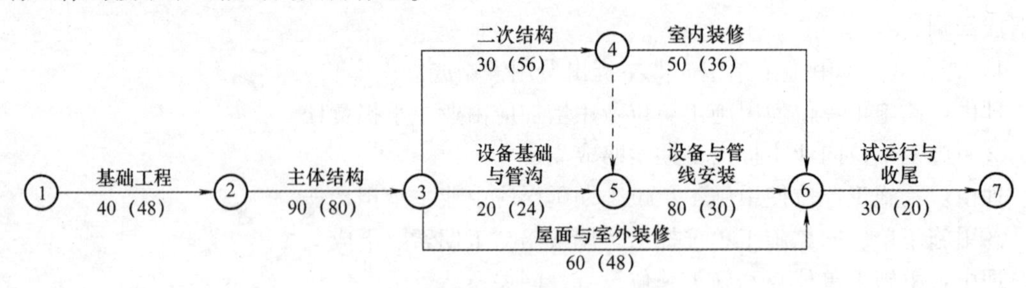

图8-2　施工网络进度计划

施工过程中发生了以下事件：

事件1：主体结构作业20天后，遇到持续2天的特大暴风雨，造成工地堆放的承包人部分周转材料损失费用2000元；特大暴风雨结束后，承包人安排该作业队中20人修复倒塌的模板及支撑，30人进行工程修复和场地清理，其他人在现场停工待命，修复和清理工作持续了1天时间。A、B施工机械持续窝工闲置3个台班（台班费分别为：1200元/台班、900元/台班）。

事件2：设备基础与管沟完成后，专业分包人对其进行技术复核，发现有部分基础尺寸和地脚螺栓预留孔洞位置偏差过大，经沟通，承包人安排10名工人用了6天时间进行返工处理，发生人工、材料费用1260元，使设备基础与管沟工作持续时间增加。

事件3：设备与管线安装工作中，因发包人采购成套生产设备的配套附件不全，专业分包人自行决定采购补全，发生采购费用3500元，并造成作业班组整体停工3天，因受干扰降效增加作业用工60个工日，C施工机械闲置3个台班（台班费为1600元/台班），设备与管线安装工作持续时间增加3天。

事件4：为抢工期，经监理工程师同意，承包人将试运行部分工作提前安排，和设备与

管线安装搭接作业 5 天，因搭接作业相互干扰降效使费用增加 10000 元。

其余各项工作的持续时间和费用没有发生变化。

上述事件发生后，承包人均在合同规定的时间内向发包人提出索赔，并提交了相关索赔资料。

问题：

1. 分析各事件的工期索赔和费用索赔能否成立，并说明理由。
2. 各事件工期索赔分别为多少天？总工期索赔为多少天？实际工期为多少天？
3. 专业分包人可以得到的费用索赔为多少元？专业分包人应该向谁提出索赔？
4. 承包人可以得到的各事件费用索赔为多少元？费用索赔总额为多少元？工期奖励（或罚款）为多少元？

参考答案：

1. 分析如下：

1）事件 1：

① 工期索赔成立。

理由：主体结构作业是关键工作，并且是不可抗力造成的延误和清理修复花费的时间，所以可以索赔工期。

② 部分周转材料损失费用，修复倒塌的模板及支撑，清理现场时的窝工及机械闲置费用索赔不成立。

理由：不可抗力期间工地堆放的承包人部分周转材料损失及窝工闲置费用应由承包人承担。

③ 修理和清理工作发生的费用索赔成立。

理由：修理和清理工作发生的费用应由业主承担。

2）事件 2：工期索赔和费用索赔均不能成立。

理由：是施工方施工质量原因造成的延误和费用，应由承包人自己承担。

3）事件 3：

① 工期索赔成立。

理由：设备与管线安装作业是关键工作，且发生延误是因为发包人采购设备不全造成，属于发包方原因。

② 费用索赔成立。

理由：发包方原因造成的采购费用和现场施工的费用增加，应由发包人承担。

4）事件 4：工期和费用均不能索赔。

理由：施工方自身原因决定增加投入加快进度，相应工期不会增加，费用增加应由施工方承担。施工单位自行赶工，工期提前，最终可以获得工期奖励。

2. 事件 1 工期索赔为 3 天，事件 2 工期索赔为 0 天，事件 3 工期索赔为 3 天，事件 4 工期索赔为 0 天。

总工期索赔为 6 天，实际工期 $=[40+(90+3)+30+(80+6)+(30-5)]$天 $=271$ 天。

3. 专业分包人在事件 3 中可以得到费用索赔：

$$费用索赔=[3500\times(1+18\%)+3\times30\times50+60\times80\times(1+18\%)+3\times1600\times60\%]\times(1+10\%)元=18891.4元$$

专业分包人可以得到的费用索赔为 18891.4 元，专业分包人应该向总承包单位提出

索赔。

4. 事件1：费用索赔 =50×80×(1+18%)×(1+10%)元 =5192 元

事件2：费用索赔 =0 元

事件3：费用索赔 =18891.4 元

事件4：费用索赔 =0 元

总费用索赔额 =(5192+18891.4)元 =24083.4 元

工期奖励 =(270+6-271)×5000 元 =25000 元

案例（四）

某工业项目，业主采用工程量清单招标方式确定了承包商，并与承包商按照《建设工程施工合同（示范文本）》签订了工程施工合同。施工合同约定：项目生产设备由业主购买；开工日期为6月1日，合同工期为120天；工期每提前（或拖后）1天，奖励（或罚款）1万元（含规费、税金）。工程项目开工前，承包商编制了施工总进度计划，如图8-3所示（时间单位：天），并得到监理人的批准。

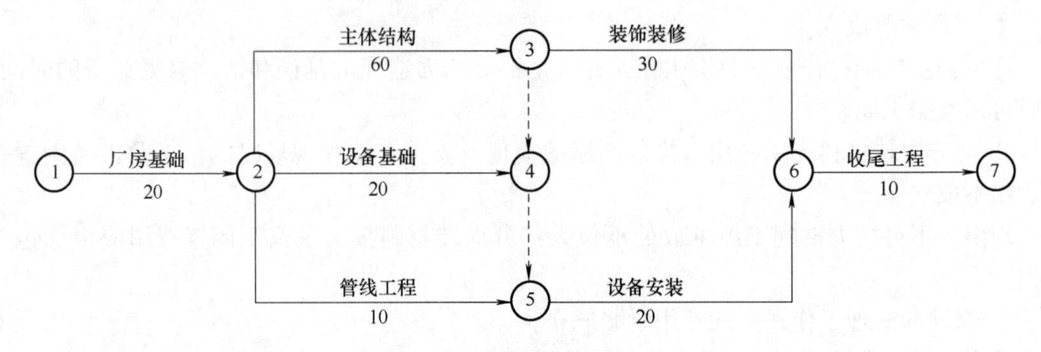

图8-3 施工总进度计划

工程项目施工过程中发生了以下事件：

事件1：厂房基础施工时，地基局部存在软弱土层，因等待地基处理方案导致承包商窝工60个工日、机械闲置4个台班（台班费为1200元/台班，台班折旧费为700元/台班）；地基处理产生人工、材料、机械费用6000元；基础工程量增加50m^3（综合单价为420元/m^3）。共造成厂房基础作业时间延长6天。

事件2：7月10日～7月11日，用于主体结构的施工机械出现故障；7月12日～7月13日，该地区供电全面中断。施工机械故障和供电中断导致主体结构工程停工4天、30名工人窝工4天，一台租赁机械闲置4天（每天1个台班，机械租赁费为1500元/天），其他作业未受到影响。

事件3：在装饰装修和设备安装施工过程中，因遭遇台风侵袭，导致进场的部分生产设备和承包商采购尚未安装的门窗损坏，承包商窝工36个工日。业主调换生产设备费用为1.8万元，承包商重新购置门窗的费用为7000元，作业时间均延长2天。

事件4：鉴于工期拖延较多，征得监理人同意后，承包商在设备安装作业完成后将收尾工程提前，与装饰装修搭接作业5天，并采取加快施工措施使收尾工作作业时间缩短2天，发生赶工措施费用8000元。

问题：

1. 分析承包商能否就上述事件1～事件4向业主提出工期索赔和（或）费用索赔，并说明理由。

2. 承包商在事件1～事件4中得到的工期索赔各为多少天？工期索赔共计多少天？该工程的实际工期为多少天？工期奖励（或罚款）为多少万元？

3. 如果该工程人工工资标准为120元/工日，窝工补偿标准为40元/工日，工程的管理费和利润为人工、材料、机械费用之和的15%，规费费率和税金率分别为3.5%、11%。则承包商在事件1～事件4中得到的费用索赔各为多少元？费用索赔总额为多少元？（费用以元为单位，计算结果保留两位小数。）

参考答案：

1. 分析如下：

1）事件1：能够提出工期索赔和费用索赔。

理由：厂房基础为关键工作，地基局部存在软弱土层属于业主应承担的风险。

2）事件2：不能就施工机械故障提出工期索赔和费用索赔；但能够就供电中断提出工期索赔和费用索赔。

理由：机械故障属于承包商应承担的风险；而主体结构为关键工作，供电中断时间在8小时以上，属于业主应承担的风险。

3）事件3：能够就装饰装修和设备安装工程损失提出工期索赔和费用索赔。

理由：遭遇台风侵袭属于不可抗力，门窗重新购置费用和设备调换费用应由业主承担，且装饰装修工程为关键工作。

4）事件4：不能提出工期索赔和费用索赔。

理由：通过加快施工使工期缩短，应按工期奖励（或罚款）处理。

2. 事件1工期索赔为6天，事件2工期索赔为2天，事件3工期索赔为2天，事件4工期索赔为0天。

总计工期索赔为：$(6+2+2)$天$=10$天

该工程实际工期为：$(120+6+4+2-5-2)$天$=125$天

工期奖励款为：$[(120+10)-125]\times 1$万元$=5$万元

3. 事件1：各项费用索赔款额为：

$[60\times 40+4\times 700+6000\times(1+15\%)+50\times 420]\times(1+3.5\%)\times(1+11\%)$元$=$38026.94元

事件2：人工窝工和机械闲置费用索赔款额为：

$(30\times 2\times 40+2\times 1500)\times(1+3.5\%)\times(1+11\%)$元$=6203.79$元

事件3：承包商重新购置门窗费用索赔款额为：

$7000\times(1+3.5\%)\times(1+11\%)$元$=8041.95$元

费用索赔总额为：$(38026.94+6203.79+8041.95)$元$=52272.68$元

案例（五）

某承包商承建一基础设施项目，其施工网络进度计划如图8-4所示。

工程实施到第5个月末检查时，A_2工作刚好完成，B_1工作已进行了1个月。

在施工过程中发生了以下事件：

事件1：A_1工作施工半个月发现业主提供的地质资料不准确，经与业主、设计单位协商确认，将原设计进行变更，设计变更后工程量没有增加，但承包商提出以下索赔：设计变更使A_1工作施工时间增加1个月，故要求将原合同工期延长1个月。

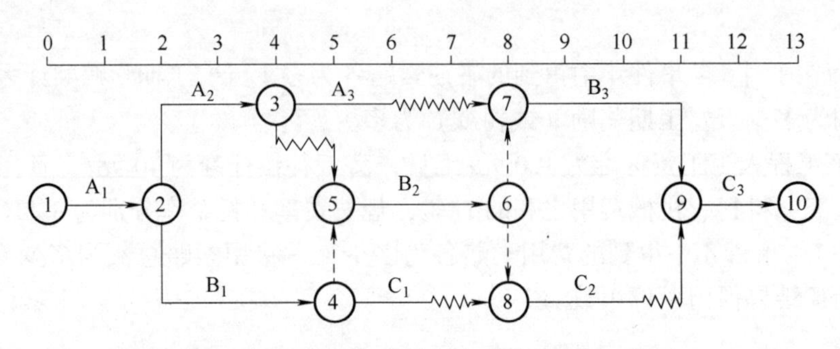

图 8-4 施工网络进度计划（时间单位：月）

事件 2：工程施工到第 6 个月，遭受飓风袭击，造成了相应的损失，承包商及时向业主提出费用索赔和工期索赔，经业主工程师审核后的内容如下：

1）部分已建工程遭受不同程度破坏，费用损失 30 万元。

2）在施工现场承包商用于施工的机械受到损坏，造成损失 5 万元；用于工程的待安装设备（承包商供应）损坏，造成损失 1 万元。

3）由于现场停工造成机械台班费损失 3 万元，人工窝工费 2 万元。

4）施工现场承包商使用的临时设施损坏，造成损失 1.5 万元；业主使用的临时用房破坏，修复费用 1 万元。

5）因灾害造成施工现场停工 0.5 个月，索赔工期 0.5 个月。

6）灾后清理施工现场，恢复施工需费用 3 万元。

事件 3：A_3工作施工过程中由于业主供应的材料没有及时到场，致使该工作延长 1.5 个月，发生人员窝工和机械闲置费用 4 万元（有签证）。

问题：

1. 不考虑施工过程中发生各事件的影响，在施工网络进度计划中标出第 5 个月末的实际进度前锋线，并判断如果后续工作按原进度计划执行，工期将是多少个月？

2. 分析事件 1 中承包商的索赔是否成立，并说明理由。

3. 分析事件 2 中承包商的索赔是否成立，并说明理由。

4. 除事件 1 引起的企业管理费的索赔费用之外，承包商可得到的索赔费用是多少？合同工期可顺延多长时间？

参考答案：

1. 第 5 个月末的实际进度前锋线如图 8-5 所示。

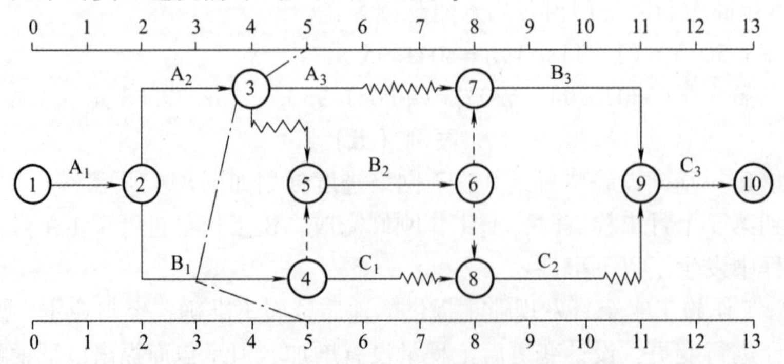

图 8-5 第 5 个月末的实际进度前锋线（时间单位：月）

如果后续工作按原进度计划执行，该工程项目将被推迟两个月完成，工期为15个月。

2. 工期索赔成立。

理由：地质资料不准确属于业主应承担的风险，且A_1工作是关键工作。

3. 分析如下：

1）费用索赔成立。

理由：不可抗力造成的部分已建工程费用损失，应由业主支付。

2）承包商用于施工的机械损坏费用索赔不成立；用于工程的待安装设备损坏费用索赔成立。

理由：不可抗力造成各方的损失由各方承担；虽然用于工程的待安装设备是承包商供应，但将形成业主资产，所以业主应支付相应费用。

3）费用索赔不成立。

理由：不可抗力给承包商造成的该类费用损失不予补偿。

4）承包商使用的临时设施损坏费用索赔不成立；业主使用的临时用房修复费用索赔成立。

理由：因不可抗力造成各方损失由各方分别承担。

5）工期索赔成立。

理由：因不可抗力造成工期延误，经业主签证，可顺延合同工期。

6）费用索赔成立。

理由：因不可抗力造成的清理和修复费用应由业主承担。

4. 分析如下：

1）索赔费用 = (30 + 1 + 1 + 3 + 4)万元 = 39万元

2）合同工期可顺延1.5个月。

第三节　建造师施工合同管理与索赔案例分析

案例（一）

背景资料：施工总承包单位与建设单位于2017年2月20日签订了某二十层综合办公楼工程施工合同。合同中约定：

1）人工费综合单价为45元/工日。

2）一周内非承包方原因停水、停电造成的停工累计达8小时可顺延工期一天。

3）施工总承包单位须配有应急备用电源。

工程于3月15日开工，施工过程中发生以下事件：

事件1：3月19日~3月20日遇罕见台风暴雨迫使基坑开挖暂停，造成人员窝工20工日，一台挖掘机陷入淤泥中。

事件2：3月21日，施工总承包单位租赁一台塔式起重机（台班费为1500元/台班）吊出陷入淤泥中的挖掘机（台班费为500元/台班），并进行维修保养，导致停工2天，3月23日上午8时恢复基坑开挖工作。

事件3：5月10日上午地下室底板结构施工时，监理工程师口头紧急通知停工，5月11日监理工程师发出因设计修改而暂停施工令；5月14日施工总承包单位接到监理工程师要求5月15日复工的指令。期间共造成人员窝工300工日。

事件4：6月30日地下室全钢模板吊装施工时，因供电局检修线路停电导致工程停工8

小时。

针对事件1~事件3，施工总承包单位及时向建设单位提出了工期索赔和费用索赔。

问题：

1. 分析事件1~事件3中，施工总承包单位提出的工期索赔和费用索赔是否成立，并说明理由。

2. 事件1~事件3中，施工总承包单位可获得的工期索赔和费用索赔各是多少？

3. 分析事件4中施工总承包单位是否可以获得工期顺延，并说明理由。

参考答案：

1. 分析如下：

1）事件1：工期索赔成立，人员、机械窝工费用索赔不成立。

理由：事件1为遇罕见台风暴雨迫使停工，属于不可抗力导致的工程暂停，不可抗力因素造成的工期可以顺延，而导致的人员、机械窝工费用不予补偿。

2）事件2：工期索赔不成立，挖掘机维修费用索赔不成立。

理由：挖掘机陷入淤泥中，施工总承包单位租赁塔式起重机进行挖掘，属于承包商自身的原因造成的工期延误和费用增加，建设单位不予赔偿，应由施工总承包单位自己承担。

3）事件3：工期索赔成立，人员窝工费用索赔成立。

理由：因设计变更导致的工期延误和费用增加的责任应由建设单位承担。

2. 分析如下：

1）事件1：可索赔工期2天。

2）事件2：不可索赔。

3）事件3：可索赔工期5天，人员窝工费用为300×45元=13500元。

工期共计7天，费用共计13500元。

3. 事件4中，施工总承包单位可以获得工期顺延。

理由：合同中约定，一周内非承包方原因停水、停电造成的停工累计达8小时可顺延工期一天。事件4中因供电局检修线路停电导致工程停工8小时，非承包方原因，故施工总承包单位可以获得工期顺延一天。

案例（二）

背景资料：某建筑工程，建筑面积为35000m^2，地下2层，筏板基础；地上25层，钢筋混凝土剪力墙结构，室内隔墙采用加气混凝土砌块，建设单位依法选择了施工总承包单位，签订了施工总承包合同。合同约定：室内墙体等部分材料由建设单位采购；建设单位同意施工总承包单位将部分工程依法分包和管理。

合同履行过程中发生了下列事件：

事件1：施工总承包单位项目经理安排项目技术负责人组织编制项目管理实施规划，并提出了编制工作程序和施工总平面图现场管理总体要求，施工总平面图现场管理总体要求包括安全有序、不损害公众利益两项内容。

事件2：施工总承包单位编制了项目安全管理实施计划，内容包括项目安全管理目标、项目安全管理机构和职责、项目安全管理主要措施三个方面，并规定项目安全管理工作贯穿施工阶段。

事件3：施工总承包单位按照分包单位必须具有营业许可证、必须经过建设单位同意等分包单位选择原则，选择了裙房结构工程的分包单位。双方合同约定分包工程技术资料由分

包单位整理、保管，并承担相关费用。分包单位以其签约得到建设单位批准为由，直接向建设单位申请支付分包工程款。

事件4：建设单位采购的一批墙体砌块经施工总承包单位进场检验发现，墙体砌块导热性能指标不符合设计文件要求。建设单位以指标值超差不大为由，书面指令施工总承包单位使用该批砌块，施工总承包单位执行了指令。监理单位对此事发出了整改通知，并报告了主管部门，地方行政主管部门依法查处了这一事件。

事件5：当地行政主管部门对施工总承包单位违反施工规范强制性条文的行为，在当地建筑市场诚信记录平台上进行了公布，公布期限为6个月。公布后，当地行政主管部门结合企业整改情况，将公布期限调整为4个月。国家住房和城乡建设部在全国进行公布，公布期限为4个月。

问题：

1. 事件1中，项目经理的做法有何不妥？项目管理实施规划编制工作程序包括哪些内容？施工总平面图现场管理总体要求还应包括哪些内容？

2. 事件2中，项目安全管理实施计划还应包括哪些内容？工程总承包项目安全管理工作应贯穿哪些阶段？

3. 指出事件3中施工总承包单位和分包单位做法的不妥之处，并写出正确做法。

4. 依据《民用建筑节能管理规定》，当地行政主管部门就事件4，可以对建设、施工、监理单位给予怎样的处罚？

5. 事件5中，当地行政主管部门及国家住房和城乡建设部公布诚信行为记录的做法是否妥当？全国、省级不良诚信行为记录的公布期限各是多少？

参考答案：

1. 事件1中，项目经理的不妥之处为：项目经理不应安排项目负责人组织编制。

正确做法：项目管理实施规划必须由项目经理组织项目经理部在开工之前编制完成。

项目管理实施规划编制工作程序为：①了解项目相关各方的要求；②分析项目条件和环境；③熟悉相关法规和文件；④组织编制；⑤履行报批手续。

施工总平面图现场管理总体要求还应包括：①平面布置的科学性、合理性；②文明施工、整洁卫生、不扰民；③环境保护、节约使用土地。

2. 项目安全管理措施计划的主要内容有：①确定安全管理措施计划的目标；②安全源的评价、控制措施；③针对安全源的有效控制所做的宣传、教育、培训工作；④安全方案实施措施等。

工程总承包项目安全管理工作所涉及的主要阶段有：设计阶段、施工阶段、采购阶段、试运行阶段。整个全过程都需要进行安全管理。

3. 分析如下：

1）不妥之处：施工总包单位只按照分包单位必须具有营业许可证、必须经过建设单位同意等分包单位选择原则选择。

正确做法：主体和基础工程必须由总承包单位自行完成施工。分包商必须具有营业许可证，其资质必须符合工程类别的要求。分包前必须经过业主同意许可。分包的工程不得再分包。

2）不妥之处：分包工程技术资料由分包单位保管。

正确做法：分包单位将整理好的资料移交施工总承包单位；施工总承包单位将整理好的

资料移交给建设单位；建设单位将整理好的资料移交给城建档案管理部门，并办理相关手续。

3）不妥之处：分包单位直接向建设单位申请支付分包工程款。

正确做法：分包单位应向总承包单位提出申请，因为分包单位与建设单位没有合同关系。

4. 可以对建设、施工、监理单位给予的处罚如下：①可给予建设单位警告、罚款、责令停产停业的处分；②可给予施工单位警告、罚款、责令停产停业整顿处分；③由于监理单位及时制止并举报，所以监理单位不受处罚。

5. 省级建设行政主管部门和国家建设行政主管部门的处理方式不妥当。

正确做法：省级不良行为记录的公布期限一般为6个月至3年。全国的公布期限也为6个月至3年。根据整改情况可调整，但最短不小于3个月。

案例（三）

背景资料：某办公楼工程，建筑面积为98000m^2，劲性钢管混凝土框架结构，地下3层，地上46层，建筑高度约为203m，基坑深度为15m，桩基为人工挖孔桩，桩长18m，首层大堂高度为12m，跨度为24m，外墙为玻璃幕墙。吊装施工垂直运输采用内爬式塔式起重机，单个构件吊装最大质量为12t。

合同履行过程中发生了下列事件：

事件1：施工总承包单位编制了附着式整体提升脚手架等分项工程安全专项施工方案，经专家论证，施工单位技术负责人和总监理工程师签字后实施。

事件2：施工总承包单位在浇筑首层大堂顶板混凝土时，发生了模板支撑系统坍塌事故，造成5人死亡，7人受伤。事故发生后，施工总承包单位现场有关人员于2小时后向本单位负责人进行了报告，施工总承包单位负责人接到报告1小时后向当地政府行政主管部门进行了报告。

事件3：由于工期较紧，施工总承包单位于晚上11点后安排了钢结构构件进场和焊接作业施工，附近居民以施工作业影响夜间休息为由进行了投诉。当地相关主管部门在查处时发现：施工总承包单位未办理夜间施工许可证，检测夜间施工场界噪声值达到60dB。

问题：

1. 依据背景资料，需要进行专家论证的分部分项工程安全专项方案还有哪几项？

2. 事件2中，依据《生产安全事故报告和调查处理条例》，本事故属于哪个等级？纠正事件2中施工总承包单位报告事故的错误做法。报告事故应报告哪些内容？

3. 写出事件3中施工总承包单位对所查处问题应采取的正确做法，并说明施工中避免或减少光污染的防护措施。

参考答案：

1. 需要专家论证的还有：

1）深基坑工程（深度超过5m的土方开挖、支护、降水工程）。

2）混凝土模板支撑工程（搭设高度8m以上，搭设跨度18m以上）。

3）起重吊装工程（采用非常规起重设备、方法吊装，且单件起重量100kN以上）。

4）起重量在300kN及以上的起重设备安装工程，安装高度200m以上内爬式起重设备。

5）玻璃幕墙工程（施工高度50m以上）。

6）人工挖孔桩工程（开挖深度超过16m）。

2. 依据《生产安全事故报告和调查处理条例》，可以判定本事故属于较大事故。

事件 2 中施工总承包单位报告事故的错误做法及纠正方法如下：

1）错误一：施工总承包单位现场有关人员于 2 小时后向本单位负责人进行了报告。

正确做法：事故现场有关人员应当立即向本单位负责人报告。

2）错误二：施工总承包单位负责人接到报告 1 小时后向当地政府行政主管部门进行了报告。

正确做法：应该 1 小时内向事故发生地县级以上人民政府安全生产监督管理部门和负有安全生产监督管理职责的有关部门报告；较大事故还要向省级有关部门报告。

报告事故应报告的内容主要有：事故发生单位概况；事故发生的时间、地点以及事故现场情况；事故的简要经过；事故已经造成或者可能造成的伤亡人数（包括下落不明的人数）和初步估计的直接经济损失；已经采取的措施；其他应当报告的情况。

3. 事件 3 中施工总承包单位对所查处问题应采取的正确做法为：夜间施工的时间为 22：00 至凌晨 6：00，该项目晚上 11 点后施工噪声达 60dB，而夜间噪声不能超过 55dB。应遵照《建筑施工场界环境噪声排放标准》规定，编制降噪措施，确需夜间施工的，应办理夜间施工许可证明，并公告附近社区居民。避免或减少光污染的防护措施有：夜间室外照明灯应加设灯罩，透光方向集中在施工范围；电焊作业采取遮挡措施，避免电焊弧光外泄。

案例（四）

背景资料：某新建工程，建筑面积为 2800m^2，地下 1 层，地上 6 层，框架结构，建筑总高度为 28.5m，建设单位与某施工单位签订了施工合同，合同约定项目施工创省级安全文明工地。在施工过程中发生了以下事件：

事件 1：建设单位组织监理单位、施工单位对工程施工安全进行检查，检查内容包括：安全思想、安全责任、安全制度、安全措施。

事件 2：施工单位编制的项目安全措施计划的内容包括：管理目标、规章制度、应急准备与响应、教育培训。检查组认为安全措施计划主要内容不全，要求补充。

事件 3：施工现场入口仅设置了企业标识牌、工程概况牌，检查组认为制度牌设置不完整，要求补充。工人宿舍室内净高 2.3m，封闭式窗户，每个房间住 20 个工人，检查组认为不符合相关要求，对此下发了整改通知单。

事件 4：检查组按照《建筑施工安全检查标准》对本次安全检查进行了评价，汇总表得分为 68 分。

问题：

1. 除事件 1 所述检查内容外，施工安全检查还应检查哪些内容？

2. 事件 2 中，安全措施计划中还应补充哪些内容？

3. 事件 3 中，施工现场入口还应设置哪些制度牌？现场工人宿舍应如何整改？

4. 事件 4 中，建筑施工安全检查评定结论有哪些等级？本次检查应评定为哪个等级？说明理由。

参考答案：

1. 施工安全检查还应检查的内容有：安全防护、设备设施、教育培训、操作行为、劳动防护用品使用和伤亡事故处理等。

2. 安全措施计划中还应补充以下内容：组织机构与职责权限；风险分析与控制措施；安全专项施工方案；资源配置与费用投入计划；检查评价、验证与持续改进。

3. 施工现场入口还应设置：管理人员名单及监督电话牌、消防保卫（防火责任）牌、

安全生产牌、文明施工牌和施工现场平面图等。

现场工人宿舍应按以下规定整改：室内净高不得小于2.4m；设置可开启式窗户；每间宿舍居住人员不得超过16人；宿舍内的床铺不得超过2层，严禁使用通铺；宿舍内应保证有充足的空间，通道宽度不得小于0.9m；应设置生活用品专柜，门口应设置垃圾桶；现场生活区内应提供为作业人员晾晒衣物的场地。

4. 建筑施工安全检查评定结论分为优良、合格、不合格三个等级。

本次检查应评定为不合格。

理由：《建筑施工安全检查标准》规定，安全检查评分总分低于70分为不合格，实际检查汇总表得分为68分，低于70分，所以不合格。

案例（五）

背景材料：某新建站房工程，建筑面积为56500m²，地下1层，地上3层，框架结构，建筑总高度为24m。总承包单位搭设了双排扣件式钢管脚手架（高度为25m），在施工过程中有大量材料堆放在脚手架上面，结果发生了脚手架坍塌事故，造成1人死亡，4人重伤，1人轻伤，直接经济损失600多万元。事故调查中发现下列事件：

事件1：经检查，本工程项目经理持有一级注册建造师证书和安全考核资格证书（B），电工、电气焊工、架子工持有特种作业操作资格证书。

事件2：项目部编制的重大危险源控制系统文件中，仅包含重大危险源的辨识、重大危险源的管理、工厂选址和土地使用规划等内容，调查组要求补充完善。

事件3：双排脚手架连墙件被施工人员拆除了两处；双排脚手架同一区段，上下两层脚手板堆放的材料重量均超过3kN/m²。项目部对双排脚手架在基础完成后、架体搭设前，搭设到设计高度后，每次大风、大雨后等情况下均进行了阶段检查和验收，并形成书面检查记录。

问题：

1. 事件1中，施工企业还有哪些人员需要取得安全考核资格证书？指出其证书类别。与建筑起重作业相关的特种作业人员有哪些？

2. 事件2中，重大危险源控制系统还应有哪些组成部分？

3. 指出事件3中的不妥之处。脚手架还有哪些情况下也要进行阶段检查和验收？

4. 生产安全事故有哪几个等级？本事故属于哪个等级？

参考答案：

1. 事件1中，还需取得安全考核资格证书的施工企业人员有主要负责人（A证）、项目专职安全生产管理人员（C证）；与建筑起重作业相关的特种作业人员有：起重机安拆工、起重机械司机、起重机司索工、信号工。

2. 重大危险源控制系统还包括：重大危险源的评价；重大危险源的安全报告；事故应急救援预案；重大危险源的监察等内容。

3. 分析如下：

1）不妥之处：双排脚手架连墙杆被施工人员拆除了两处。

理由：双排脚手架连墙杆在施工过程中不能拆除，否则会出现固定不稳的情形。

2）不妥之处：双排脚手架同一区段，上下两层脚手板堆放的材料重量均超过3kN/m²。

理由：根据JGJ 130—2011《建筑施工扣件式钢管脚手架安全技术规范》规定，当在双排脚手架上同时有2个及以上操作层作业时，在同一个跨距内各操作层的施工均布荷载标准值总和不得超过 5.0kN/m^2。

3）不妥之处：每次大风、大雨后均进行检查验收。

理由：遇有六级大风与大雨后进行检查验收。

脚手架遇到以下情况时需要进行阶段检查和验收：

1）基础完工后及脚手架搭设前。

2）作业层上施加荷载前。

3）每搭设完 6 ~ 8m 高度后。

4）遇有六级大风与大雨后，寒冷地区开冻后。

5）达到设计高度后。

6）停用超过一个月。

4. 生产安全事故分为特别重大事故、重大事故、较大事故、一般事故四个等级。

本事故 1 人死亡，4 人重伤，直接经济损失 600 多万元，属于一般事故。

思　考　题

案例（一）

背景资料：某工程，建设单位和施工单位按《建设工程施工合同（示范文本）》签订了施工合同，在施工合同履行过程中发生以下事件：

事件 1：工程开工前，总监理工程师主持召开了第一次工地会议。会议中，总监理工程师对召开工地例会提出了要求。会议后，项目监理机构起草了会议纪要，由总监理工程师签字后分发给有关单位；总监理工程师主持编制了监理规划，报送建设单位。

事件 2：施工过程中，由于施工单位遗失工程某部位设计图，施工人员凭经验施工，现场监理员发现时，该部位的施工已经完毕。监理员报告了总监理工程师，总监理工程师到现场后，指令施工单位暂停施工，并报告建设单位。建设单位要求设计单位对该部位结构进行核算。经设计单位核算，该部位结构能够满足安全和使用功能的要求，设计单位电话告知建设单位，可以不做处理。

事件 3：由于事件 2 的发生，项目监理机构认为施工单位未按图施工，该部位工程不予计量；施工单位认为停工造成了工期拖延，向项目监理机构提出了工程延期申请。

事件 4：受金融危机影响，建设单位于 2010 年 1 月 20 日正式通知施工单位与监理单位，缓建尚未施工的子项目 D、E。而此前，施工单位已按照批准的计划订购了用于子项目 D、E 的设备，并支付定金 300 万元。鉴于无法确定复工时间，建设单位于 2010 年 2 月 10 日书面通知施工单位解除施工合同。

事件 5：施工单位为了确保安装质量，在施工组织设计原定检测计划的基础上，又委托一家检测单位加强安装过程的检测。安装工程结束时，施工单位要求项目监理机构支付其增加的检测费用，但被总监理工程师拒绝。

问题：

1. 指出事件 1 中的不妥之处，并写出正确做法。

2. 指出事件 2 中的不妥之处，并写出正确做法。该部位结构是否可以验收？为什么？

3. 分析事件 3 中项目监理机构对该部位工程不予计量是否正确，并说明理由。项目监理机构是否应该批准工程延期申请？为什么？

4. 事件 4 中，若解除施工合同，根据《建设工程监理规范》，施工单位应得到哪些费用补偿？

5. 事件 5 中，总监理工程师的做法是否正确？为什么？

案例（二）

背景资料：某实施监理的工程，甲施工单位选择乙施工单位分包基坑支护土方开挖工程。

施工过程中发生以下事件：

事件1：乙施工单位开挖土方时，因雨期下雨导致现场停工3天。在后续施工中，乙施工单位挖断了一处在建设单位提供的地下管线图中未标明的煤气管道，因抢修导致现场停工7天。为此，甲施工单位通过项目监理机构向建设单位提出工期延期10天和费用补偿2万元（合同约定，窝工综合补偿2000元/天）的请求。

事件2：为了赶工期，甲施工单位调整了土方开挖方案，并按规定程序进行了报批。总监理工程师在现场发现乙施工单位未按调整后的土方开挖方案施工并造成围护结构变形超限，立即向甲施工单位签发《工程暂停令》，同时报告了建设单位。乙施工单位未执行指令仍继续施工，总监理工程师及时报告了有关主管部门，后因围护结构变形过大引发了基坑局部坍塌事故。

事件3：甲施工单位凭施工经验，未经安全验算就编制了高大模板工程专项施工方案，经项目经理签字后报总监理工程师审批的同时，就开始搭设高大模板，施工现场安全生产管理人员则由项目总工程师兼任。

事件4：甲施工单位为了便于管理，将施工人员的集体宿舍安排在本工程尚未竣工验收的地下车库内。

问题：

1. 指出事件1中挖断煤气管道事故的责任方，并说明理由。项目监理机构批准的工程延期和费用补偿各是多少？说明理由。

2. 根据《建设工程安全生产管理条例》，分析事件2中甲、乙施工单位和监理单位对基坑局部坍塌事故应承担的责任，并说明理由。

3. 指出事件3中甲施工单位做法的不妥之处，并写出正确做法。

4. 分析事件4中甲施工单位的做法是否妥当，并说明理由。

案例（三）

背景资料：某工程合同工期为37天，合同价为360万元，采用清单计价模式下的单价合同，分部分项工程量清单项目单价、措施项目单价均采用承包商的报价，规费为人工、材料、机械费和管理费与利润之和的3.3%，税金为11%，业主草拟的部分施工合同条款内容如下：

1）当分部分项工程量清单项目中工程量的变化幅度在10%以上时，可以调整综合单价；调整方法是：由监理工程师提出新的综合单价，经业主批准后调整合同价格。

2）安全文明施工措施费根据分部分项工程量的变化幅度按比例调整，专业工程措施费不予调整。

3）材料实际购买价格与招标文件中列出的材料暂估价相比，变化幅度不超过10%时，价格不予调整；超过10%时，可以按实际价格调整。

如果施工过程中发生极其恶劣的不利自然条件，工期可以顺延，损失费用均由承包商承担。

在工程开工前，承包商提交了施工网络进度计划，如图8-6所示，并得到监理工程师的批准。

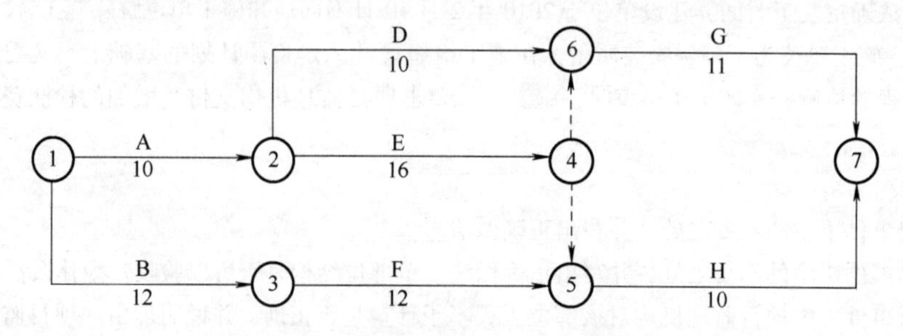

图8-6 施工网络进度计划（时间单位：天）

施工过程中发生了以下事件：

事件1：清单中D工作的综合单价为450元/m^3，在D工作开始之前，设计单位修改了设计，D工作的工程量由清单工程量4000 m^3增加到4800m^3，D工作工程量的增加导致相应措施费用增加2500元。

事件2：在E工作施工中，承包商采购了业主推荐的某设备制造厂生产的工程设备，设备到场后检验发现缺少一关键配件，使该设备无法正常安装，导致E工作作业时间拖延2天，窝工人工费2000元，窝工机械费1500元。

事件3：H工作是一项装饰工程，其饰面石材由业主从外地采购，由石材厂家供货至现场，但因石材厂所在地连续遭遇季节性大雨，使得石材运至现场的时间拖延，造成H工作晚开始5天，窝工人工费8000元，窝工机械费3000元。

问题：

1. 该施工网络进度计划的关键工作有哪些？H工作的总时差为几天？

2. 指出业主草拟合同条款中的不妥之处，并简要说明如何修改。

3. 对于事件1，经业主与承包商协商确定，D工作全部工程量按综合单价430元/m^3结算，承包商是否可以向业主进行工期索赔和费用索赔？为什么？若可以索赔，工期索赔和费用索赔各是多少？

4. 对于事件2，承包商是否可以向业主进行工期索赔和费用索赔？为什么？若可以索赔，工期索赔和费用索赔各是多少？

5. 对于事件3，承包商是否可以向业主进行工期索赔和费用索赔？为什么？若可以索赔，工期索赔和费用索赔各是多少？

案例（四）

背景资料：某工程，建设单位与施工总承包单位按《建设工程施工合同（示范文本）》签订了施工合同。工程实施过程中发生以下事件：

事件1：主体结构施工时，建设单位收到用于工程的商品混凝土不合格的举报，立刻指令施工总承包单位暂停施工。经检测鉴定单位对商品混凝土的抽样检验及混凝土实体质量抽芯检测，质量符合要求。为此，施工总承包单位向项目监理机构提交了暂停施工后人员窝工及机械闲置的费用索赔申请。

事件2：施工总承包单位按施工合同约定，将装饰工程分包给甲装饰分包单位。在装饰工程施工中，项目监理机构发现工程部分区域的装饰工程由乙装饰分包单位施工。经查实，施工总承包单位为按时完工，擅自将部分装饰工程分包给乙装饰分包单位。

事件3：室内空调管道安装工程隐蔽前，施工总承包单位进行了自检，并在约定的时限内按程序书面通知项目监理机构验收。项目监理机构在验收前6小时通知施工总承包单位因故不能到场验收，施工总承包单位自行组织了验收，并将验收记录送交项目监理机构，随后进行工程隐蔽，进入下道工序施工。总监理工程师以“未经项目监理机构验收”为由下达了《工程暂停令》。

事件4：工程保修期内，建设单位为使用方便，直接委托甲装饰分包单位对地下室进行了重新装修，在没有设计图的情况下，应建设单位要求，甲装饰分包单位在地下室承重结构墙上开设了两个1800mm×2000mm的门洞，造成一层楼面有多处裂缝，且地下室有严重渗水。

问题：

1. 事件1中，建设单位的做法是否妥当？项目监理机构是否应批准施工总承包单位的索赔申请？分别说明理由。

2. 写出项目监理机构对事件2的处理程序。

3. 事件3中，施工总承包单位和总监理工程师的做法是否妥当？分别说明理由。

4. 对于事件4中发生的质量问题，建设单位、监理单位、施工总承包单位和甲装饰分包单位是否应承担责任？分别说明理由。

案例（五）

背景资料：某新建钢筋混凝土框架结构工程，地下2层，地上15层，建筑总高度为58m，玻璃幕墙外立面，钢筋混凝土叠合楼板，预制钢筋混凝土楼板。基坑挖土深度为8m，地下水位位于地表以下8m，采用钢筋混凝土排桩和钢筋混凝土内支撑支护体系。

在履行过程中发生了下列事件：

事件1：监理工程师在审评施工组织设计时，发现需要单独编制专项施工方案的分项工程清单内只列有塔式起重机安装拆除、施工电梯安装拆除、外脚手架工程。监理工程师要求补充完善清单内容。

事件 2：项目专职安全员在安全“三违”巡视检查时，发现人工拆除钢筋混凝土内支撑施工的安全措施不到位，有违章作业现象，要求立即停止拆除作业。

事件 3：施工员在楼层悬挑式钢质卸料平台安装技术交底中，要求使用卡环进行钢平台吊运与安装，并在卸料平台三个侧边设置 1200mm 高的固定式安全防护栏。架子工对此提出异议。

事件 4：主体结构施工过程中发生塔式起重机倒塌事故，当地县级人民政府接到事故报告后，按规定组织安全生产监督管理部门、负有安全生产监督管理职责的有关部门等派出的相关人员组成了事故调查组，对事故展开调查。施工单位按照事故调查组移交的事故调查报告中对事故责任者的处理建议对事故责任人进行处理。

问题：

1. 事件 1 中，按照《危险性较大的分部分项工程安全管理办法》规定，本工程还应单独编制哪些专项施工方案？

2. 事件 2 中，除违章作业外，针对操作行为检查的“三违”巡查还应包括哪些内容？混凝土内支撑还可以采用哪几类拆除方法？

3. 指出事件 3 中技术交底的不妥之处。

4. 分析事件 4 中施工单位对事故责任人的处理做法是否妥当，并说明理由。事故调查组还应有哪些单位派员参加？

9

第九章

建设工程设计施工总承包合同管理

学习目标

知识目标：

1. 了解建设工程设计施工总承包合同概念。
2. 了解工程设计施工总承包合同订立的形式和程序。
3. 掌握设计施工阶段的总承包合同履行管理的有关事项。

能力目标：

1. 能够订立工程设计施工总承包合同。
2. 能够设立合同管理机构、建立合同管理目标制度。
3. 能够熟悉设计施工总承包合同示范文本。
4. 能够知悉违约责任的注意事项。

知识脉络图

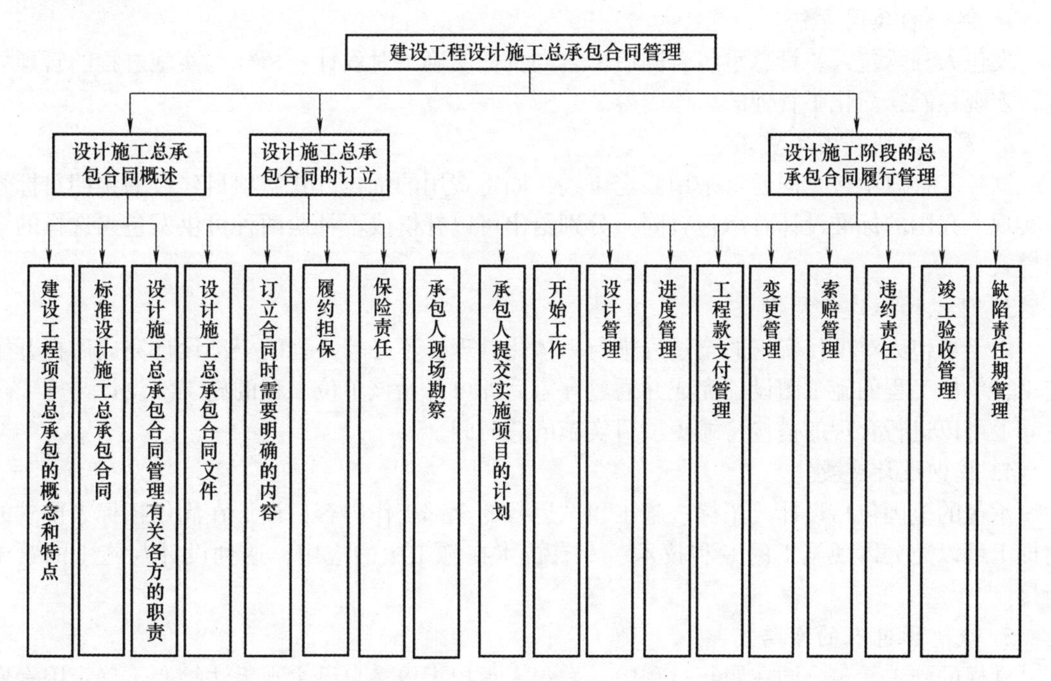

第一节 设计施工总承包合同概述

案例引入

背景资料：A商场为了扩大营业范围，购得某市B集团公司土地一块，准备兴建分店。通过招标投标的形式与C建筑工程公司签订了建筑工程承包合同。之后，承包人将各种设备、材料运抵工地开始施工。施工过程中，城市规划管理局的工作人员来到施工现场，指出该工程不符合城市建设规划，未领取规划许可证，必须立即停止施工。最后，城市规划管理局对发包人做出了行政处罚，处以罚款2万元，勒令停止施工，拆除已修建部分。承包人因此而蒙受损失，向法院提起诉讼，要求发包人给予赔偿。

问题：对于这种情况，你怎么看？

一、建设工程项目总承包的概念和特点

建设工程项目总承包是指对工程项目的设计、采购、施工、试运行的全部过程或部分过程进行承包。我国常见的工程总承包有设计施工总承包和EPC交钥匙总承包等。设计施工总承包的服务范围是设计和施工两个过程；EPC交钥匙总承包的服务范围包括设计、采购、施工安装和试运行全过程。建设工程项目总承包具有以下特点。

（一）总承包方式的优点

与发包人将工程项目建设的全部任务采用平行发包或陆续发包的方式比较，项目建设总承包方式对发包人而言，在实施项目的管理方面有较为突出的优点。

1. 单一的合同责任

发包人与承包人签订总承包合同后，合同责任明确，对设计、招标、实施过程的管理均进行宏观控制，简化了管理的工作内容。

2. 固定工期、固定费用

国际工程总承包合同通常采用固定工期、固定费用的承包方式，项目建设的预期目标容易实现。我国的标准设计总承包合同，分别给出可以补偿或不补偿两种可供发包人选择的合同模式。

3. 可以缩短建设周期

由于承包人对项目实施的全过程进行一体化管理，不必等工程的全部设计完成后再开始施工，单位工程的施工图设计完成并通过评审后即可开始该单位工程的施工。设计与施工在时间上可以进行合理的搭接，缩短项目实施的总时间。

4. 减少设计变更

承包的范围包括设计、招标、施工、试运行的全部工作内容，设计在满足招标人要求的前提下可以充分体现施工的专利技术、专有技术在施工中的应用，达到设计与施工的紧密衔接。

5. 减少承包人的索赔

常规的施工承包合同在履行过程中，发包人承担了较多自己主观无法控制不确定因素发

生的风险，承包人的索赔将分散双方管理过程中的很多精力，而总承包合同的发包人仅承担签订合同阶段承包人无法合理预见的重大风险，单一的合同责任减少了大量的索赔处理工作，使投资和工期得到保障。

（二）总承包方式的缺点

1. 设计不一定是最优方案

由于在招标文件中发包人仅对项目的建设提出具体要求，实施方案由承包人提出，设计可能受到实施者利益影响，对工程实施成本的考虑往往会影响到设计方案的优化。工程选用的质量标准只要满足发包人要求即可，不会采用更高的质量标准。

2. 减弱实施阶段发包人对承包人的监督和检查

虽然设计和施工过程中，发包人也聘请监理人（或发包人代表），但由于设计方案和质量标准均出自承包人，监理人对项目实施的监督力度与发包人委托设计再由承包人施工的管理模式相比，对设计的细节和施工过程的控制能力降低。

二、标准设计施工总承包合同

《标准设计施工总承包招标文件》对于招标文件和通用合同条款的使用要求与标准施工合同的要求相同。设计施工总承包合同的文件组成与标准施工合同相同，也是由协议书、通用合同条款和专用条款合同组成，与标准施工合同内容相同的条款在用词上也完全一致。

设计施工总承包合同的通用合同条款包括 24 条，各条的标题分别为：一般约定；发包人义务；监理人；承包人；设计；材料和工程设备；施工设备和临时设施；交通运输；测量放线；施工安全、治安保卫和环境保护；开始工作和竣工；暂停施工；工程质量；实验和检验；变更；价格调整；合同价格和支付；竣工试验和竣工验收；缺陷责任和保修责任；保险；不可抗力；违约；索赔；争议的解决。共计 304 款。

由于设计施工总承包合同与标准施工合同的条款结构基本一致，施工阶段的很多条款在用词、用语方面与标准施工合同完全相同，因此本节仅针对总承包合同的特点，对有区别的规定予以说明。

三、设计施工总承包合同管理有关各方的职责

（一）发包人

发包人是指具有工程发包主体资格和支付工程价款能力的当事人以及取得该当事人资格的合法继承人。设计施工总承包合同中的发包人是总承包合同的一方当事人，对工程项目的实施负责投资支付和项目建设有关重大事项的决定。

（二）承包人

承包人是总承包合同的另一方当事人，按合同的约定承担完成项目的设计、招标、采购、施工、试运行和缺陷责任期的质量修复责任。总承包合同的承包人可以是独立承包人，也可以是联合体。

1. 对联合体承包人的规定

联合体承包是指某承包单位为了承揽不适于自己单独承包的工程项目而与其他单位联合，以一个承包人的身份去承包的行为，两个以上法人或者其他组织可以组成一个联合体，以一个承包人的身份共同承包。

对于联合体的承包人，合同履行过程中发包人和监理人仅与联合体牵头人或联合体授权的代表联系，由其负责组织和协调联合体各成员全面履行合同。由于联合体的组成和内部分工是评标中很重要的评审内容，联合体协议经发包人确认后已作为合同附件，因此通用合同条款规定，履行合同过程中，未经发包人同意，承包人不得擅自改变联合体的组成和修改联合体协议。

2. 对分包工程的规定

在项目实施过程中可能需要分包人承担部分工作，如设计分包人、施工分包人、供货分包人等。尽管委托分包人的招标工作由承包人完成，发包人也不是分包合同的当事人，但为了保证工程项目完满实现发包人预期的建设目标，通用合同条款中对工程分包做了以下规定：

1）承包人不得将其承包的全部工程转包给第三人，也不得将其承包的全部工程肢解后以分包的名义分别转包给第三人。

2）分包工作需要征得发包人同意。发包人已同意投标文件中说明的分包，合同履行过程中承包人还需要分包的工作，仍应征得发包人同意。

3）承包人不得将设计和施工的主体、关键性工作的施工分包给第三人。要求承包人是具有实施工程设计和施工能力的合格主体，而非皮包公司。

4）分包人的资格能力应与其分包工作的标准和规模相适应，其资质能力的材料应经监理人审查。

5）发包人同意分包的工作，承包人应向发包人和监理人提交分包合同副本。

（三）监理人

监理人的地位和作用与标准施工合同相同，但对于承包人的干预较少。总监理工程师可以授权其他监理人员负责执行其指派的一项或者多项监理工作。总监理工程师应将被授权监理人员的姓名及其授权范围通知承包人。被授权的监理人员在授权范围内发出的指示视为已得到总监理工程师的同意，与总监理工程师发出的指示具有同等效力。

承包人对总监理工程师授权的监理人员发出的指示有疑问时，可以在指示发出的48小时内向总监理工程师提出书面异议，总监理工程师应在48小时内对该指示予以确认、更改或撤销。

案例分析

该案中，双方当事人之间所签订的合同属于典型的建设工程合同，归属于施工合同的类别，所以评判双方当事人的权责应依据有关建设工程合同的规定。该案中引起当事人争议并导致损失产生的原因是工程开工前未办理规划许可证，从而导致工程为非法工程，当事人基于此而订立的合同无合法基础，应视为无效合同。根据《建筑法》规定，规划许可证应由建设人，即发包人办理。所以，该案中的过错在于发包人，发包人应当赔偿给承包人造成的先期投入、设备材料运送费以及耗用的人工费等各项损失。

第二节　设计施工总承包合同的订立

案例引入

背景资料：某综合办公楼工程，甲建设单位通过公开招标确定本工程由乙承包商中标，双方签订了工程承包发包合同。乙承包商在签订合同后因自身资金周转困难，随后和丙承包商签订了分包合同，在分包合同中约定丙承包商按照建设单位（业主）与乙承包商约定的合同金额的10%向乙承包商支付管理费，一切责任由丙承包商承担。

问题：

(1) 乙承包商的做法是否符合国家法律规定？此行为属于什么行为？

(2) 国家法律、法规规定的违法分包行为主要有哪些？

设计施工总承包合同的通用合同条款和专用合同条款尽管在招标投标阶段已作为招标文件的组成部分，但在合同订立过程中有些问题还需要明确细化，以保证合同的权利和义务界定清楚。

一、设计施工总承包合同文件

（一）合同文件的组成

在标准总承包合同的通用合同条款中规定，履行合同过程中，构成对发包人和承包人有约束力合同的组成文件包括：

1）合同协议书。

2）中标通知书。

3）投标函及投标函附录。

4）专用合同条款。

5）通用合同条款。

6）发包人要求。

7）承包人建议书。

8）价格清单。

9）其他合同文件。

组成合同的各文件中出现含义或内容的矛盾时，如果专用合同条款没有另行约定，以上合同文件序号为优先解释的顺序。

（二）几个文件的含义

中标通知书、投标函及投标函附录、其他合同文件的含义与标准施工合同的规定相同。

1. 发包人要求

发包人要求是指构成合同文件组成部分的名为“发包人要求”的文件，包括招标项目的目的、范围、设计与其他技术标准和要求，以及合同双方当事人约定对其所做的修改或补充。“发包人要求”是招标文件的有机构成部分，工程总承包合同签订后，也是合同文件的

组成部分，对双方当事人具有法律约束力。承包人应认真阅读、复核“发包人要求”，发现错误的，应及时书面通知发包人，“发包人要求”中的错误导致承包人增加费用和（或）工期延误的，发包人应承担由此增加的费用和（或）工期延误，并向承包人支付合理利润。“发包人要求”违反法律规定的，承包人发现后应书面通知发包人，并要求其改正。发包人收到通知书后不予改正或不予答复的，承包人有权拒绝履行合同义务，直至解除合同。发包人应承担由此引起的承包人全部损失。“发包人要求”应尽可能清晰准确，对于可以进行定量评估的工作，“发包人要求”不仅应明确规定其产能、功能、用途、质量、环境、安全等内容，并且要规定偏离的范围和计算方法，以及检验、试验、试运行的具体要求。对于承包人负责提供的有关设备和服务，对发包人人员进行培训和提供有关消耗品等，在“发包人要求”中应一并明确规定。

发包人要求是承包人进行工程设计和施工的基础文件，应尽可能清晰准确。设计施工总承包合同规定，发包人要求文件应说明以下 11 个方面的内容：

1）功能要求。包括：工程的目的；工程规模；性能保证指标（性能保证表）和产能保证指标。

2）工程范围。

① 承包工作。包括：永久工程的设计、采购、施工范围；临时工程的设计与施工范围；竣工验收工作范围；技术服务工作范围；培训工作范围和保修工作范围。

② 工作界区说明。

③ 发包人的配合工作。包括：提供的现场条件（如施工用电、用水和施工排水）；提供的技术文件（如发包人的需求任务书和已完成的设计文件）。

3）工艺安排或要求。

4）时间要求。包括：开始工作时间；设计完成时间；进度计划；竣工时间；缺陷责任期和其他时间要求。

5）技术要求。包括：

① 设计阶段和设计任务。

② 设计标准和规范。

③ 技术标准和要求。

④ 质量标准。

⑤ 设计、施工和设备监造、试验。

⑥ 样品。

⑦ 发包人提供的其他条件，如发包人或其委托的第三人提供的设计、工艺包、用于实验检验的工具等，以及据此对承包人提出的予以配套的要求等。

6）竣工试验。包括：

① 第一阶段，如对单车试验等的要求，包括试验前准备。

② 第二阶段，如对联动试车、投料试车等的要求，包括人员、设备、材料、燃料、电力、消耗品、工具等必要条件。

③ 第三阶段，如对性能测试及其他竣工试验的要求，包括产能指标、产品质量指标、运营指标、环保指标等。

7）竣工验收。

8）竣工后试验（如有）。

9）文件要求。包括设计文件，及其相关审批、核准、备案要求；沟通计划；风险管理计划；竣工文件和工程的其他记录；操作和维修手册及其他承包人文件。

10）工程项目管理规定。包括质量、进度、支付、健康、安全与环境管理体系、沟通、变更等。

11）其他要求。包括对承包人的主要人员资格要求；相关审批、核准和备案手续的办理；对项目业主人员的操作培训；分包；设备供应商；缺陷责任期的服务要求等。

《标准设计施工总承包招标文件》中要求“发包人要求”用13个附件清单明确列出，主要包括：性能保证表，工作界区图，发包人需求任务书，发包人已完成的设计文件，承包人文件要求，承包人人员资格要求及审查规定，承包人设计文件审查规定，承包人采购审查与批准规定，材料，工程设备和工程试验规定，竣工试验规定，竣工验收规定，竣工后试验规定，工程项目管理规定。

虽然中标方案发包人已接受，但发包人可能对其中的一些技术细节或实施计划提出进一步修改意见，因此在合同谈判阶段需要通过协商对其进行修改或补充，以便成为最终的发包人要求文件。

2. 承包人建议书

承包人建议书是对“发包人要求”的响应文件，包括承包人的工程设计方案和设备方案的说明、分包方案、对发包人要求中的错误说明等内容。合同谈判阶段，随着发包人要求的调整，承包人建议书也应对一些技术细节进一步予以明确或补充修改，作为合同文件的组成部分。

3. 价格清单

设计施工总承包合同的价格清单是指承包人按投标文件中规定的格式和要求填写，并表明价格的报价单。与施工招标由发包人依据设计图的概算量提出工程量清单，经承包人填写单价后计算价格的方式不同。由于由承包人提出设计的初步方案和实施计划，因此价格清单是指承包人完成所提投标方案计算的设计、施工、竣工、试运行、缺陷责任期各阶段的计划费用，清单价格费用的总和为签约合同价。

二、订立合同时需要明确的内容

（一）承包人文件

通用合同条款对“承包人文件”的定义是：由承包人根据合同应提交的所有图纸、手册、模型、计算书、软件和其他文件。承包人文件中最主要的设计文件，需在专用合同条款中约定承包人向监理人陆续提供文件的内容、数量和时间。

专用合同条款内还需约定监理人对承包人提交文件应批准的合理期限。项目实施过程中，监理人未在约定的期限内提出否定的意见，视为已获批准，承包人可以继续进行后续工作。无论是监理人批准还是视为已批准的承包人文件，按照设计施工总承包合同对承包人义务的规定，均不影响监理人在以后拒绝该项工作的权利。

（二）施工现场范围和施工临时占地

发包人负责永久工程的征地，需要在专用合同条款中明确工程用地的范围、移交施工现场的时间，以便承包人进行工程设计和设计完成后尽快开始施工。明确从外部接入现场的施工用水、用电、用气等，以及如果发包人同意承包人施工需要临时用地应负责完成的工作内容。

申报施工临时用地，需说明用地理由、用地面积及地点、使用期限，并附用地范围平面图两份，标明用地的相对位置，图幅不限。此项工作由项目经理部或分公司申请，经公司生产计划部门批准行文。向市、区规划等部门申报，办理临时用地许可证。申报施工临时设施，需说明修建理由及地点、项目、建筑面积、投资数量及来源、使用期限等，并附平面示意图一份，标明临建工程的相对位置。各单位生产计划部门根据项目经理部的申报，审查批复后，由使用单位（项目经理部或分公司）到市、区规划管理机关办理临时建设许可证。临建工程无论在临时用地或永久用地上都要申报。施工临时设施根据需要，随报随批。严格控制面积、标准和使用期限，尽量不建或少建临时工程，必须建的，一定要严格控制面积和标准，缩短使用期限，并尽量使用旧料。现场大型临时设施应充分利用建设单位的现有设施，尽量在建设单位经批准的城市规划绿地和市政用地范围内搭建，以减少占地和临建费用。如必须新建，原则上应使用废旧物资，不得使用正式工程上的门窗和构件，搭设时应做到简易、实用、整齐、安全，并符合有关消防规定。严格控制大型临时设施费用开支，不准突破取费标准，各单位按规定向建设单位收取的大型临时设施费，应实行统一管理、报批使用、及时摊销、专款专用。

施工临时用地和临时设施由施工部门负责管理，并指定专人负责，分别建立档案及台账；经批准搭建的临时设施，在建成后，应组织有关科室验收并进行工程结算，不准转让、交换、买卖、租赁或变相租赁；工程竣工验收移交后，大型临时设施应及时拆除，并对临时设施残值进行估价，合理摊销，冲减大型临时设施成本；相关单位应根据有关文件编制具体的临时用地和大型临时设施管理办法。

通用合同条款对道路通行权和场外设施做出了以下两种可选用的约定形式：一种是发包人负责办理取得出入施工场地的专用和临时道路的通行权，以及取得为工程建设所需修建场外设施的权利，并承担有关费用；另一种是承包人负责办理并承担费用。因此，需在专用合同条款内明确。

（三）发包人提供的文件

专用合同条款内应明确约定由发包人提供的文件的内容、数量和期限。发包人提供的文件，可能包括项目前期工作相关文件、环境保护、气象水文、地质条件资料等。工程实践中，勘察工作也可以包括在设计施工总承包范围内。环境保护的具体要求和气象资料由承包人收集，地形、水文、地质资料由承包人探明。因此，专用合同条款内选用明确约定发包人提供文件的范围和内容。

（四）发包人要求中的错误

承包人应认真阅读、复核发包人要求，发现错误的，应及时书面通知发包人。发包人对错误的修改，按变更对待。

对于发包人要求中的错误导致承包人受到损失的后果责任，通用合同条款给出了以下两种供选择的条款。

1. 无条件补偿条款

承包人复核时未发现发包人要求中的错误，实施过程中因该错误导致承包人增加了费用和（或）工期延误，发包人应承担由此增加的费用和（或）工期延误，并向承包人支付合理利润。

2. 有条件补偿条款

（1）复核时发现错误　承包人复核时将发现的错误通知发包人后，发包人坚持不做修改的，对确实存在错误造成的损失，应补偿承包人增加的费用和（或）顺延合同工期。

（2）复核时未发现错误　承包人复核时未发现发包人要求中存在错误的，承包人自行承担由此导致增加的费用和（或）工期延误。

无论承包人复核时发现与否，由于以下资料的错误，导致承包人增加的费用和（或）延误的工期，均由发包人承担，并向承包人支付合理利润：

1）发包人要求中引用的原始数据和资料。

2）对工程或其任何部分的功能要求。

3）对工程的工艺安排或要求。

4）实验和检验的标准。

5）除合同另有约定外，承包人无法核实的数据和资料。

由于两个条款的责任不同，应明确合同采用哪一条款。

如果发包人要求违反法律规定，承包人发现后应书面通知发包人，并要求其改正。发包人收到通知后不予改正或不做答复，承包人有权拒绝履行合同义务，直至解除合同。发包人应承担由此引起的承包人全部损失。

（五）材料和工程设备

发包人是否负责提供工程材料和设备，在通用合同条款中也给出两种可供选择的条款：一种是由承包人包公包料承包，发包人不提供工程材料和设备；另一种是发包人负责提供主材料和工程设备的部分包工包料承包方式。对于后一种情况，应在专用合同条款内写明材料和工程设备的名称、规格、数量、价格、交货方式、交货地点等。

（六）发包人提供的施工设备和临时工程

发包人是否负责提供施工设备和临时工程，在通用合同条款中也给出两种可供选择的条款：

1）发包人不提供施工设备或临时设施。

2）发包人提供部分施工设备或临时设施。

对于第二种情况，通常出现在设计施工承包范围仅是单位工程，还有其他承包人在现场共同施工时，可以由其他承包人按监理人的指示给设计施工合同的承包人使用，如道路和临时设施，水、电、气的供应等。因此，在专用合同条款中应明确约定提供的内容，以及免费使用或收费使用的取费标准。

（七）区段工程

区段工程在通用合同条款中的定义是能单独接收并使用的永久工程。如果发包人希望在整体工程竣工前提前发挥部分区段工程的效益，应在专用合同条款内约定部分移交区段的名称、区段工程应达到的要求等。

（八）暂列金额

通用合同条款中约定，承包人在投标阶段按照发包人在价格清单中给出的计日工和暂估价的报价均属于暂列金额内支出项目。通用合同条款内分别列出以下两种可供选择的条款：一种是计日工费和暂估价均已包括在合同价格内，实施过程中不再另行考虑；另一种是实际发生的费用另行补偿的方式。订立合同时应明确合同采用哪个条款的规定。

（九）不可预见物质条件

不可预见物质条件涉及的范围与标准施工合同相同，但通用合同条款中对风险责任承担的规定有以下两个可供选择的条款：一是此风险由承包人承担；二是由发包人承担。双方应

当明确合同选用哪一条款的规定。

对于后一种条款的规定是：承包人遇到不可预见物质条件时，应采取适应不利物质条件的合理措施继续设计和（或）施工，并及时通知监理人，通知应载明不利物质条件的内容以及承包人认为不可预见的理由。监理人收到通知后应当及时发出指示。指示构成变更的，按变更条款执行。监理人没有发出指示，承包人因采取合理措施而增加的费用和（或）工期延误，由发包人承担。

（十）竣工后试验

竣工后试验是指工程竣工移交在缺陷责任期内投入运行期间，对工程各项功能的技术指标是否达到合同规定要求而进行的试验。由于发包人已接受工程并进入运行期，因此试验所必需的电力、设备、燃料、仪器、劳力、材料等由发包人提供。竣工后试验由谁来进行，通用合同条款中给出以下两种可供选择的条款，订立合同时应予以明确采用哪个条款。

1. 发包人负责竣工后试验

发包人应派遣具有适当资质和经验的工作人员在承包人的技术指导下，按照操作和维修手册进行竣工后试验。

2. 承包人负责竣工后试验

承包人应提供竣工后试验所需要的所有其他设备、仪器，派遣有资质和经验的工作人员，在发包人在场的情况下进行竣工后试验。

三、履约担保

承包商履约担保，是业主为了保证承包商履行施工合同的一切义务，要求承包商向第三方（银行或担保公司）交纳一定数额的履约保证金，并由第三方向业主提供保函，一旦承包商违约，由保证担保人代为履约或赔偿。它通过第三方担保，确保工程施工合同的履约。业主支付保证担保，是承包商为了保证业主履行施工合同的工程款支付义务，要求业主向第三方（银行或担保公司）交纳一定数额的支付保证金，并由第三方向承包商提供保函，一旦业主违约，由保证担保人代为支付或赔偿。它通过第三方担保，确保工程款及时支付到位。承包商履约担保与业主支付保证担保是相对应和对等的担保。建设单位在申办建设工程施工许可证前，应当将施工单位提供的承包商履约保函原件和建设单位提供的业主工程款支付保函原件提交建设行政主管部门或其委托单位保管。

承包人应保证其履约担保在发包人颁发工程接收证书前一直有效。如果合同约定需要进行竣工后试验，承包人应保证其履约担保在竣工后试验通过前一直有效。

如果工程延期竣工，承包人有义务保证履约担保继续有效。由于发包人原因导致延期的，继续提供履约担保所需要的费用由发包人承担；由于承包人原因导致延期的，继续提供履约担保所需要的费用由承包人承担。

四、保险责任

设计施工总承包合同文件中明确规定了“工伤保险”，并规定了“未按约定投保的补救”。增加该款规定可以有效促使发包承包双方自觉按照合同约定办理相关保险，加强发包承包双方通过工程保险来防范和化解工程风险的意识。

（一）承包人办理保险

按适用法律规定和专用合同条款约定的投保类别，由承包人投保的保险种类，其投保费用包含在合同价格中。由承包人投保的保险种类、保险范围、投保金额、保险期限和持续有效时间等在专用合同条款中约定。关于适用法律规定问题，合同中应明确约定：

1）适用法律规定及专用条款约定的，由承包人负责投保的，承包人应依据工程实施阶段的需要按期投保。

2）在合同执行过程中，新颁布的适用法律规定由承包人投保的强制性保险，应根据通用合同条款中关于变更和合同价格调整的约定调整合同价格。

保险单对联合被保险人提供保险时，保险赔偿对每个联合被保险人分别适用。承包人应代表自己的被保险人，保证其被保险人遵守保险单约定的条件及其赔偿金额。承包人从保险人收到的理赔款项，应用于保单约定的损失、损害、伤害的修复、购置、重建和赔偿。承包人应在投保项目及其投保期限内，向发包人提供保险单副本、保费支付单据复印件和保险单生效的证明。承包人未提交上述证明文件的，视为未按合同约定投保，发包人可以自己名义投保相应保险，由此引起的费用及理赔损失，由承包人承担。

承包商必须充分重视保险的办理事宜。设计施工总承包商是工程施工安全的责任方。分包单位向总承包单位负责，服从总承包单位对施工现场的安全生产管理。《安全生产法》规定，生产经营单位必须依法参加工伤社会保险，为从业人员缴纳保险费。建设项目安全设施的设计人、设计单位应当对安全设施设计负责。施工安全设施是为了保障工程项目建设过程中的人身和工程安全的，安全设施的设计和实施一般都应由承包商一方完成，安全设施的设计或实施如果出了问题，都应由承包商一方负完全责任。

1. 投保的保险种类

（1）设计和工程保险　承包人按照专用合同条款的约定向双方同意的保险人投保建设工程设计责任险、建筑工程一切险或安装工程一切险。具体的投保保险种类、保险范围、保险金额、保险费率、保险期限等有关内容应当在专用合同条款中明确约定。

（2）第三者责任保险　对于建筑工程一切险、安装工程一切险和第三者责任险，无论投保方是哪一方，其在投保时均应将合同的另一方、合同项下分包商、供货商、服务商同时列为保险合同项下的被保险人。具体的应投保方在专用合同条款中约定。承包人按照专用合同条款约定投保第三者责任险的担保期限，应保证颁发缺陷责任期终止证书前一直有效。

（3）工伤保险　承包人应为其履行合同所雇用的全部人员投保工伤保险和人身意外伤害保险，并要求分包人也投保此项保险。

（4）其他保险　承包人应为其施工设备、进场的材料和工程设备等办理保险。由承包人负责采购运输的设备、材料、部件的运输险，由承包人投保。此项保险费用已包含在合同价格中，专用合同条款中另有约定时除外。保险事项的意外事件发生时，在场的各方均有责任努力采取必要措施，防止损失、损害的扩大。合同约定以外的保险种类，根据各自的需要自行投保，保险费用由各自承担。

2. 对各项保险的要求

（1）保险凭证　承包人应在专用合同条款约定的期限内向发包人提交各项保险生效的证据和保险单副本，保险单必须与专用合同条款约定的条件保持一致。

（2）保险合同条款的变动　承包人需要变动保险合同条款时，应事先征得发包人同意，并通知监理人。对于保险人做出的变动，承包人应在收到保险人通知后立即通知发包人和监理人。

3. 未按约定投保的补救

1）如果承包人未按合同约定办理设计和工程保险、第三者责任保险，或未能使保险持续有效时，发包人可代为办理，所需费用由承包人承担。

2）因承包人未按合同约定办理设计和工程保险、第三者责任保险，导致发包人受到保险范围内事件影响的损害而又不能得到保险人的赔偿时，原应从该项保险得到的保险赔偿金由承包人承担。

（二）发包人办理保险

发包人应为其现场机构雇用的全部人员投保工伤保险和人身意外伤害保险，并要求监理人也进行此项保险。

由于承包商应对工程实施中的安全负责，因此业主方一般不承担这方面的责任。但是在工程建设中，以下几项工作应该由业主方负责组织和落实：

1）如工地有设计施工总承包商以外的承包商在同一作业区工作，可能危及对方生产安全时，应由业主方组织各方签订安全生产管理协议，明确各自的安全生产职责和应采取的安全措施，并指定专职安全管理人员对安全工作进行检查和协调。

2）对业主方在工地的工作人员应进行安全教育，提出安全生产的要求和做出相应的规定。

3）如果在某些项目合同中明文规定由业主方办理保险，则业主方作为投保人要为在工地工作的有关人员（如业主方人员、工程师、承包商方人员、第三方人员等）办理保险。

案例分析

（1）不符合国家法律规定。乙承包商的行为属于非法转包行为。

（2）根据《建设工程质量管理条例》第七十八条规定，违法分包是指下列行为：

1）总承包单位将建设工程分包给不具备相应资质条件的单位的。

2）建设工程总承包合同中未有约定，又未经建设单位认可，承包单位将其承包的部分建设工程交由其他单位完成的。

3）施工总承包单位将建设工程主体结构的施工分包给其他单位的。

4）分包单位将其承包的建设工程再分包的。

第三节　设计施工阶段的总承包合同履行管理

案例引入

背景资料：某房地产开发公司在北京开发建设一住宅项目，经过多次和设计单位沟通，在进行该工程招标前得到了详细的施工图；开发商在编制的招标文件中规定：各工程承包商在报价时要按照当期市场材料价格报价，对于工程施工需要的各种措施费用要考虑齐全，同时要考虑各种材料涨价等不利因素；开发商在招标文件中还明确本工程将采用图纸内容一次性包干的固定价格合同，图纸内所有的项目将不再考虑变更的经济费用。

问题：

（1）该工程采用固定价格合同是否合适？

（2）如果在施工过程中钢筋价格由报价时的价格2600元/t上涨到2800元/t，承包商是否可以向开发商进行索赔？

一、承包人现场勘察

承包人应对施工场地和周围环境进行勘察，核实发包人提供的资料，并收集与完成合同工作有关的当地资料，以便进行设计和组织施工。在全部合同工作中，视为承包人已充分估计了应承担的责任和风险。

发包人对提供的施工场地及毗邻区域内的供水、排水、供电、供气、供热、通信、广播电视等地下管线位置的资料，气象和水文观测资料，相邻建筑物和构筑物、地下工程的有关资料，以及其他与建筑工程有关的原始资料，承担原始资料错误造成的全部责任。承包人应对其阅读这些有关资料后所做出的解释和推断负责。

二、承包人提交实施项目的计划

承包人应按照合同约定的内容和期限，编制详细的进度计划，包括设计、承包人提交文件、采购、制造、检验、运达现场、施工、安装、试验的各个阶段的预期时间以及设计和施工组织方案说明等报送监理人。监理人未在约定的时限内批准或提出修改意见，该进度计划视为已得到批准。

三、开始工作

符合专用合同条款约定的开始条件时，监理人获得发包人同意后应提前7天向承包人发出开始工作通知。合同工期自开始工作中载明的开始工作日期起计算。设计施工总承包合同未用“开工通知”是由于承包人收到开始工作通知后首先开始设计工作。

因发包人原因造成监理人未能在合同签订之日起90天内发出开始工作通知，承包人有权提出价格调整要求，或者解除合同。发包人应当承担由此增加的费用和（或）工期延误，并向承包人支付合理利润。

四、设计管理

（一）承包人的设计义务

1. 设计满足标准规范的要求

承包人应按照法律规定，以及国家、行业和地方规范及标准完成设计工作，并符合发包人要求。

承包人完成设计工作所遵守的法律规定，以及国家、行业和地方规范及标准，均应采用基准日适用的版本。基准日之后，规范或标准的版本发生重大变化，或者有新的法律，以及国家、行业和地方规范及标准实施时，承包人应向发包人或监理人提出遵守新规范及标准的建议。发包人或监理人应在收到建议后的7天内发出是否遵守新规定的指示。发包人或监理人指示遵守新规定后，按照变更对待，采用商定或确定的方式调整合同价格。

设计应符合合同要求。承包人的设计应遵守发包人要求和承包人建议书的约定，保证设计质量。如果发包人要求中的质量标准高于现行规范规定的标准，应以合同约定为准。

2. 设计进度管理

承包人根据批准的项目进度计划和通用合同条款约定的设计审查阶段及发包人组织的设计阶段审查会议的时间安排，编制设计进度计划。设计进度计划经发包人认可后执行。发包人的认可并不能减轻或免除承包人的合同责任。

承包人应按照发包人要求，在合同进度计划中专门列出设计进度计划，报发包人批准后执行。设计的实际进度滞后计划进度时，发包人或监理人有权要求承包人提交修正的进度计划、增加投入资源并加快设计进度。

设计过程中因发包人原因影响了设计进度，如改变发包人要求文件中的内容或提供的原始基础资料有错误，应按变更对待。

（二）设计审查

1. 发包人审查

发包人和承包人在施工合同履行过程中就合同履行事项发生分歧在建设工程活动中是十分常见的，如果双方不能及时就分歧事项达成一致意见，就会影响合同的正常履行。为此，标准文件通用合同条款引入了“商定或确定制度”，明确了总监理工程师的责任，由总监理工程师承担商定或确定的组织以及实施责任，同时在条款里明确了商定或确定制度起动的前提条件。

承包人的设计文件提交监理人后，发包人应组织设计审查，按照发包人要求文件中约定的范围和内容审查是否满足合同要求。为了不影响后续工作，自监理人收到承包人的设计文件之日起，对承包人的设计文件审查期限不超过21天。承包人的设计与合同约定有偏离时，应在提交设计文件的通知中予以说明。

如果承包人需要修改已提交的设计文件，应立即通知监理人。向监理人提交修改后的设计文件后，审查期重新起算。

发包人审查后认为设计文件不符合合同约定，监理人应以书面形式通知承包人，说明不符合要求的具体内容。承包人应根据监理人的书面说明，对承包人文件进行修改后重新报送发包人审查，审查期重新起算。

合同约定的审查期限届满，发包人没有做出审查结论也没有提出异议，视为承包人的设计文件已获发包人同意。对于设计文件不需要政府有关部门审查或批准的工程，承包人应当严格按照经发包人审查同意的设计文件进行后续的设计和实施工程。

2. 有关部门的设计审查

设计文件需政府有关部门审查或批准的工程，发包人应在审查同意承包人的设计文件后7天内，向政府有关部门报送设计文件，承包人予以协助。

政府有关部门提出的审查意见，不需要修改“发包人要求”文件，只需完善设计，承包人按审查意见修改设计文件；如果审查提出的意见需要修改“发包人要求”文件，如某些要求与法律法规相抵触，发包人应重新提出“发包人要求”文件，承包人根据新提出的发包人要求修改设计文件。后一种情况增加的工作量和拖延的时间按变更对待。

提交审查的设计文件经政府有关部门审查批准后，承包人进行后续的设计和实施工程。

3. 设计阶段审查日期的延误

1）因承包人原因，未能按照合同约定的设计审查阶段及其审查会议的时间安排提交相关阶段的设计文件，或提交的相关设计文件不符合相关审核阶段的设计深度要求时，造成设计审查会议延误的，由承包人依据通用合同条款的约定，自费采取措施进行弥补；造成关键路径延误，或给发包人造成损失（审核会议准备费用）的，由承包人承担。

2）因发包人原因，未能遵守合同约定的设计阶段审查会议的时间安排，造成某个设计阶段审查会议延误的，竣工日期相应顺延。因此给承包人带来的窝工损失，由发包人承担。

3）政府相关设计审查部门的批准时间较合同约定时间延长的，竣工日期相应顺延。因此给双方带来的费用增加，由双方各自承担。

五、进度管理

设计施工总承包工程项目进度管理是指在总承包的工程项目实施过程中，对各阶段的进展程度和项目最终完成的期限所进行的管理。即在规定的时间内，拟定出合理且经济的进度计划（包括多级管理的子计划），在执行该计划的过程中，经常要检查实际进度是否按计划要求进行，若出现偏差，便要及时找出原因，采取必要的补救措施或调整、修改原计划，直至项目完成。其目的是保证项目能在满足其时间约束条件的前提下实现其总体目标。

工程项目进度管理的目的就是为了实现最优工期，多快好省地完成任务。项目进度管理是项目管理的一个重要方面，它与项目投资管理、项目质量管理等同为项目管理的重要组成部分。它是保证项目如期完成、合理安排资源供应和节约工程成本的重要措施之一。

（一）修订进度计划

工程总承包人负责编制项目进度计划，项目进度计划中的施工期限［含竣工试验（如有)］，应符合合同协议书的约定。关键路径及关键路径变化的确定原则、承包人提交项目进度计划的份数和时间，在专用合同条款中约定。项目进度计划经发包人批准后实施，但发包人的批准并不能减轻或免除承包人的合同责任。因承包人原因使工程实际进度明显落后于项目进度计划时，承包人有义务、发包人也有权利要求承包人自费采取措施，赶上项目进度计划。

无论何种原因造成工程的实际进度与合同进度计划不符时，承包人都可以在专用合同条款约定的期限内向监理人提交修订合同进度计划的申请报告，并附有关措施和相关资料，报监理人批准。

监理人也可以直接向承包人发出修订合同进度计划的指示，承包人应按该指示修订合同进度计划，报监理人批准。监理人审查并获得发包人同意后，应在专用合同条款约定的期限内批复。

（二）顺延合同工期的情况

工期延误是指工程的实际进度落后于计划进度的情形。造成工期延误的原因多种多样，包括发包人或承包人的原因或风险、第三方原因或自然风险。

通用合同条款规定，在履行合同过程中非承包人原因导致合同进度计划工作延误，应给承包人延长工期和（或）增加费用，并支付合理利润。

1. 发包人责任原因

1）变更。变更是指在不改变工程功能和规模的情况下，发包人书面通知或书面批准的，对工程所做的任何更改。

2）未能按照合同要求的期限对承包人文件进行审查。

3）因发包人原因导致的暂停施工。

4）未按合同约定及时支付预付款、进度款。工程进度款是指发包人根据合同约定的支付内容、支付条件，分期向承包人支付的设计、采购、施工和竣工试验的进度款，竣工后试验和试运行考核的服务费以及工程总承包管理费等款项。工程进度款的支付方式、支付条件和支付时间等，在专用合同条款中约定。根据工程具体情况应付的其他进度款，在专用合同条款中约定。

5）发包人提供的基准资料错误。

6）发包人采购的材料、工程设备延误到货或变更交货地点。

7）发包人未及时按照“发包人要求”文件履行相关义务。

8）发包人造成工期延误的其他原因。

发包人迟延支付进度款，导致承包人无法继续施工的，承包人有权暂停施工。由此引起工期延误的，停工期间应从工期中予以扣除；发包人未按约定提供施工条件，导致承包人无法施工的，从发包人提供这些施工必需条件之日起计算工期。未按约定提供施工条件包括场地、施工场地内地下管线和地下设施等有关资料、施工图、地质勘探资料、水文气象资料、基准点、基准线和水准点等施工必需的资料。发包人未按约定提供甲方材料，需进行调换而延误工期。未按约定提供甲方材料包括甲方材料迟延，质量、规格、品牌不符合合同约定等。《合同法》规定，发包人未按照约定的时间和要求提供原材料、设备、场地、资金、技术资料的，承包人可以顺延工程日期，并有权要求赔偿停工、窝工等损失。

2. 政府管理部门的原因

按照法律法规的规定，合同约定范围的工作需国家有关部门审批时，发包人、承包人应按照合同约定的职责分工完成行政审批的报送。因国家有关部门审批延迟造成的费用增加和（或）工期延误，由发包人承担。

设计施工总承包合同中有关进度管理的暂停施工、发包人要求提前竣工的条款，与标准施工合同的规定相同。施工阶段的质量管理也与标准施工合同的规定相同。

六、工程款支付管理

随着我国市场经济体制的不断完善以及建设工程领域法律法规的不断健全，建设工程总承包合同主体对于确定双方权利义务的合同条款的编制愈发重视，尤其是关于合同价款方面的条款，由于其直接关系到双方的切身利益，故而成为最受关注的焦点。但是由于建设工程造价构成的复杂性和专业性，以及施工合同履行过程中需要对合同价款进行一定程度的调整以平衡合同双方的利益，这无疑增加了双方当事人因此而产生纠纷的风险。

一般情况下，工程总承包合同双方在合同中约定的合同价款并非一成不变，而是随着施工合同的履行动态变化的。基于这一最基本的特点，工程总承包合同价款管理主要涉及以下两个方面的问题：一是如何编制完整、明确、合理、可操作的合同条款；二是如何在合同履行过程中有效使用合同条款确保合同顺利履行，避免纠纷。

（一）合同价格

设计施工总承包合同通用合同条款规定，除非专用合同条款约定合同工程采用固定总价承包的情况外，应以实际完成的工作量作为支付的依据。

1. 合同价格的组成

1）合同价格包括签约合同价及按照合同约定进行的调整。

2）合同价格包括承包人依据法律规定或合同约定应支付的规费和税金。

3）价格清单列出的任何数量仅为估算的工作量，不视为要求承包人实施工程的实际或准确工作量。在价格清单中列出的任何工作量和价格数据应仅用于变更和支付的参考资料，而不能用于其他目的。

2. 施工阶段工程款的支付

合同约定工程的部分按照实际完成的工程量进行支付时，应按照专用合同条款的约定进行计量和估计，并据此调整合同价格。

3. 价格调整

通用合同条款中增加条款“市场价格波动引起的调整”和“法律变化引起的调整”，可以引导发包承包双方在合同中约定合理分担市场价格波动和法律变化的风险，有效平衡发包承包双方的权利和义务。

（1）市场价格波动引起的调整　标准设计施工总承包招标文件对市场价格波动引起的调整给出了两种可供选择的方案（A）和（B），供双方订立合同时选用。

1）市场价格波动引起的调整方案（A）。除专用合同条款另有约定外，因市场价格波动引起的价格调整按照本款约定处理。该约定主要考虑投标函附录中是否约定了价格指数和权重。如果有约定，则选用1)；如果没有约定，则选用2)。

① 采用价格指数调整价格差额（适用于投标函附录中约定了价格指数和权重的）。

a. 价格调整公式。因人工、材料和设备等价格波动影响合同价格时，根据投标函附录中的价格指数和权重表约定的数据，按调整公式（调整公式见施工合同内容）计算差额并调整合同价格，但应该注意：价格调整公式中的各可调因子、定值和变值权重，以及基本价格指数及其来源在投标函附录价格指数和权重表中约定。价格指数应首先采用投标函附录中载明的有关部门提供的价格指数，缺乏上述价格指数时，可采用有关部门提供的价格代替。

b. 暂时确定调整差额。在计算调整差额时得不到当期价格指数的，可暂用上一次价格指数计算，并在以后的付款中再按实际价格指数进行调整。

c. 权重的调整。按通用合同条款约定的变更导致原定合同中的权重不合理的，由监理人与承包人和发包人协商后进行调整。

d. 承包人引起的工期延误后的价格调整。由于承包人原因未在约定的工期内竣工的，则对原约定竣工日期后继续施工的工程，在使用价格调整公式时，应采用原约定竣工日期与实际竣工日期的两个价格指数中较低的一个作为当期价格指数。

e. 发包人引起的工期延误后的价格调整。由于发包人原因未在约定的工期内竣工的，则对原约定竣工日期后继续施工的工程，在使用价格调整公式时，应采用原约定竣工日期与实际竣工日期的两个价格指数中较高的一个作为当期价格指数。

② 采用造价信息调整价格差额（适用于投标函附录中没有约定价格指数和权重的）。

合同工期内，因人工、材料、设备和机械台班价格波动影响合同价格时，人工、机械使用费按照国家或省、自治区、直辖市建设行政管理部门、行业建设管理部门或其授权的工程造价管理机构发布的人工成本信息、机械台班单价或机械使用费系数进行调整；需要进行价格调整的材料，其单价和采购数应由监理人复核，监理人确认需调整的材料单价及数量，作为调整合同价格差额的依据。

2）市场价格波动引起的调整方案（B）。除法律规定或专用合同条款另有约定外，合同价格不因物价波动进行调整。

(2) 法律变化引起的调整　在基准日后，因法律变化导致承包人在合同履行中所需费用发生除通用合同条款约定以外的增减时，监理人应根据法律、国家或省、自治区、直辖市有关部门的规定，按相关条款商定或确定需调整的合同价格。

(二) 预付款

设计施工总承包合同对预付款的规定与标准施工合同相同。

(三) 工程进度付款

1. 支付分解表

(1) 承包人编制进度付款支付分解表　承包人应当在收到经监理人批复的合同进度计划后的7天内，将支付分解报告以及形成支付分解报告的支持性资料报监理人审批。承包人应根据价格清单的价格构成、费用性质、计划发生时间和相应工作量等因素，对已支付的款项进行分解并编制支付分解表。分类和分解原则是：

1) 勘察设计费。按照提供提交勘察设计阶段性成果文件的时间、对应的工作量进行分解。

2) 材料和工程设备费。分别按订立采购合同、进场验收合格、安装就位、工程竣工等阶段和专用合同条款约定的比例进行分解。

3) 技术服务培训费。按照价格清单中的单价，结合合同进度计划对应的工作量进行分解。

4) 其他工程价款。按照价格清单中的价格，结合合同进度计划拟完成的工程量或者比例进行分解。

以上的分解经计算并汇总后，形成月度支付的分解报告。

(2) 监理人审批　监理人应当在收到承包人报送的支付分解报告后7天内予以批复或提出修改意见，经监理人批准的支付分解报告为有合同约束力的支付分解表。合同履行过程中，合同进度计划进行修订后，承包人也应对支付分解表做出相应的调整，并报监理人批复。

2. 付款时间

除专用合同条款另有约定外，工程进度付款按月支付。

3. 承包人提交进度付款申请表

设计施工总承包合同通用合同条款规定，承包人进度付款申请单应包括下列内容：

1) 当期应支付进度款的金额总额，以及截至当期期末累计应支付金额总额和已支付的进度付款金额总额。

2) 当期根据支付分解表应支付金额，以及截至当期期末累计应支付金额。

3) 当期根据专用合同条款约定，计量的已实施工程应支付金额，以及截至当期期末累计应支付金额。

4) 当其变更应增加和扣减的金额，以及截至当期期末累计变更金额。

5) 当期索赔应增加和扣减的金额，以及截至当期期末累计索赔金额。

6) 当期应支付的预付款和扣减的返还预付款金额，以及截至当期期末累计返还预付款金额。

7) 当期应扣减的质量保证金金额，以及截至当期期末累计扣减的质量保证金金额。

8) 当期应增加和扣减的其他金额，以及截至当期期末累计增加和扣减的金额。

4. 监理人审查

监理人在收到承包人进度付款申请单以及相应的支持性证明文件后的14天内完成审核，提出发包人到期应支付给承包人的金额以及相应的支持性材料，经发包人审批同意后，由监理人向承包人出具经发包人签认的进度付款证书。

监理人有权核减承包人未能按照合同要求履行任何工作或义务的相应金额。

5. 发包人支付

发包人最迟应在监理人收到进度付款申请单后的28天内，将进度付款支付给承包人。发包人未能在约定时间内完成审批或不予答复，视为发包人同意进度付款申请。发包人不按期支付，按专用合同条款的约定支付逾期付款违约金。

6. 工程进度付款的修正

在对以往历次已签发的进度付款证书进行汇总和复核中发现错、漏或重复情况时，监理人有权予以修正，承包人也有权提出修正申请。经监理人、承包人复核同意的修正，应在本次进度付款中支付或扣除。

(四) 质量保证金

设计施工总承包合同通用合同条款对质量保证金的约定与标准施工合同的规定相同。

七、变更管理

变更是指承包人根据监理签发设计文件及监理变更指令进行的、在合同工作范围内各种类型的变更。包括合同工作内容的增减，合同工程量的变化，因地质原因引起的设计更改，根据实际情况引起的结构物尺寸、标高的更改，合同外的任何工作等。

(一) 设计、采购、施工变更的范围

1. 设计变更范围

1）对生产工艺流程的调整，但未扩大或缩小初步设计批准的生产路线和规模，或未扩大或缩小合同约定的生产路线和规模。

2）对平面布置、立面布置、局部使用功能的调整，但未扩大初步设计批准的建筑规模，未改变初步设计批准的使用功能；或未扩大合同约定的建设规模，未改变合同约定的使用功能。

3）对配套工程系统的工艺调整、使用功能调整。

4）对区域内基准控制点、基准标高和基准线的调整。

5）对设备、材料、部件的性能、规格和数量的调整。

6）因执行基准日期之后新颁布的法律、标准、规范引起的变更。

7）其他超出合同约定的设计事项。

8）上述变更所需的附加工作。

2. 采购变更范围

1）承包人已按合同约定的程序，与相关供货商签订采购合同或已开始加工制造、供货、运输等，发包人通知承包人选择另一家供货商。

2）因执行基准日期之后新颁布的法律、标准、规范引起的变更。

3）发包人要求改变检查、检验、检测、试验的地点和增加的附加试验。

4）发包人要求增减合同中约定的备品备件、专用工具、竣工后试验物资的采购数量。

5）上述变更所需的附加工作。

3. 施工变更范围

1）根据通用合同条款规定的设计变更，造成施工方法改变，设备、材料、部件、人工和工程量的增减。

2）发包人要求增加的附加试验、改变试验地点。

3）除通用合同条款规定之外，新增加的施工障碍处理。

4）发包人对竣工试验经验收或视为验收合格的项目，通知重新进行竣工试验。

5）因执行基准日期之后新颁布的法律、标准、规范引起的变更。

6）现场其他签证。

7）上述变更所需的附加工作。

（二）变更程序

变更指示只能由监理人发出。变更指示应说明变更的目的、范围、变更内容以及变更的工程量及其进度和技术要求，并附相关图纸和文件。承包人收到变更指示后，应按变更指示进行变更工作。变更的一般程序如下：

（1）在合同履行过程中，监理人可向承包人发出变更意向书。变更意向书应说明变更的具体内容和发包人对变更的时间要求，并附必要的相关资料。变更意向书应要求承包人提交包括拟实施变更工作的设计和计划、措施和竣工时间等内容的实施方案。发包人同意承包人根据变更意向书要求提交的变更实施方案的，由监理人按合同约定发出变更指示。

（2）承包人收到监理人按合同约定发出的文件，经检查认为其中存在对发包人要求变更情形的，可向监理人提出书面变更建议。变更建议应阐明要求变更的依据，以及实施该变更工作对合同价款和工期的影响，并附必要的图纸和说明。监理人收到承包人书面建议后，应与发包人共同研究，确认存在变更的，应在收到承包人书面建议后的 14 天内做出变更指示。经研究后不同意作为变更的，应由监理人书面答复承包人。

（3）承包人收到监理人的变更意向书后认为难以实施此项变更的，应立即通知监理人，说明原因并附详细依据，监理人与承包人和发包人协商后，确定撤销、改变或不改变原变更意向书。

（三）合同履行过程中的变更

合同履行过程中的变更，可能涉及发包人要求变更、监理人发给承包人文件中的内容构成变更和发包人接受承包人提出的合理化建议三种情况。

监理人指示的变更是合同履行过程中变更的主要形式，其变更程序是监理人发出变更意向书，承包人提交同意或不同意的建议报告。

（1）发出变更意向书　合同履行过程中，经发包人同意，监理人可向承包人做出有关“发包人要求”改变的变更意向书，说明变更的具体内容和发包人对变更的时间要求，并附必要的相关资料，以及要求承包人提交方案。变更应在相应内容实施前提出，否则发包人应承担承包人损失。

（2）承包人同意变更　如承包人接受发包人变更通知中的变更时，建议报告中应包括：

1）支持此项变更的理由，实施此项变更的工作内容，设备、材料、人力、机具、周转材料、消耗材料等资源消耗，以及相关管理费用和合理利润的估算。相关管理费用和合理利润的百分比，应在专用合同条款中约定。

2）此项变更引起竣工日期延长时，应在报告中说明理由，并提交与此项变更相关的进度计划。承包人未提交增加费用的估算及竣工日期延长，视为该项变更不涉及合同价格调整和竣工日期延长，发包人不再承担此项变更的任何费用及竣工日期延长的责任。

承包人按照变更意向书的要求，提交包括拟实施变更工作的设计、计划、措施和竣工时间等内容的实施方案。发包人同意承包人的变更实施方案后，由监理人发出变更指示。

（3）承包人不同意变更　如承包人不接受发包人变更通知中的变更时，建议报告中应包括不支持此项变更的理由，理由包括：

1）此变更不符合法律、法规等有关规定。

2）承包人难以取得变更所需的特殊设备、材料、部件。

3）承包人难以取得变更所需的工艺、技术。

4）变更将降低工程的安全性、稳定性、适用性。

5）对生产性能保证值、使用功能保证的实现产生不利影响等。

承包人收到监理人的变更意向书后认为难以实施此项变更时，应立即通知监理人，说明原因并附详细依据。监理人与承包人和发包人协商后，确定撤销、改变或不改变原变更意向书。

（四）监理人发出文件的内容构成变更

承包人收到监理人按合同约定发给的文件，认为其中存在对“发包人要求”构成变更情形时，可向监理人提出书面变更建议。建议应阐明要求变更的依据，以及实施该变更工作对合同价款和工期的影响，并附必要的图纸和说明。

监理人收到承包人书面建议与发包人共同研究后，确认存在变更时，应在收到承包人书面建议后的14天内做出变更指示；不同意作为变更的，应书面答复承包人。

（五）承包人提出的合理化建议

履行合同过程中，承包人可以以书面形式向监理人提交改变“发包人要求”文件中有关内容的合理化建议书。合理化建议书的内容应包括建议工作的详细说明、进度计划和效益以及与其他工作的协调等，并附必要的设计文件。

监理人应与发包人协商是否采纳承包人的建议。建议被采纳并构成变更，由监理人向承包人发出变更指示。

如果接受承包人提出的合理化建议，降低了合同价格、缩短了工期或者提高了工程的经济效益，发包人可依据专用合同条款中的约定给予奖励。

合理、时机恰当和有序的工程变更对项目建设各方是有利的；但是，相对随意的、不合时机和无序的变更将极大地影响工程质量、进度，导致成本增加。工程变更是造价变化的主要根源，变更对造价的影响是复杂和多方面的，但是可以通过加强管理及时准确地掌握工程项目的造价动态信息，达到主动控制造价的目的，使整个工程管理从粗放式管理进入一个科学管理时代。

八、索赔管理

与施工合同索赔管理相同，建设工程总承包索赔通常是指在工程合同履行过程中，合同当事人一方因对方不履行或未能正确履行合同，或者由于其他非自身因素而受到经济损失或权利损害，通过合同规定的程序向对方提出经济或时间补偿要求的行为。

（一）索赔依据

在建设工程总承包合同中，合同双方提出索赔的依据主要有以下几个方面：

1）招标文件、施工合同文本及附件、补充协议、施工现场的各类签认记录，经认可的

施工进度计划书，工程图纸及技术规范等。

2）双方往来的信件及各种会议、会谈纪要。

3）施工进度计划和实际施工进度记录、施工现场的有关文件（如施工记录、备忘录、施工月报、施工日志等）及工程照片。

4）气象资料，工程检查验收报告和各种技术鉴定报告，工程中送停电、送停水、道路开通和封闭的记录和证明。

5）国家有关法律法令政策性文件。

6）发包人或者工程师签认的签证。

7）工程核算资料、财务报告、财务凭证等。

8）各种验收报告和技术鉴定。

9）工程有关的图片和录像。

10）备忘录，对工程师或业主的口头指示和电话应随时书面记录，并请给予书面确认。

11）投标前发包人提供的现场资料和参考资料。

12）其他，如官方发布的物价指数、汇率、规定等。

（二）承包人索赔

承包人认为，发包人未能履行合同约定的职责、责任和义务，且根据合同的任何条款的约定、与合同有关的文件、资料的相关情况和事项，发包人应承担损失、损害赔偿责任及延长竣工日期的，发包人未能按合同约定履行其赔偿义务或延长竣工日期时，承包人有权向发包人提出索赔。

1. 承包人索赔的提出

根据合同约定，承包人认为有权得到追加付款和（或）延长工期的，应按以下程序向发包人提出索赔：

1）承包人应在知道或应当知道索赔事件发生后的 28 天内，向监理人递交索赔意向通知书，并说明发生索赔事件的事由。承包人未在前述 28 天内发出索赔意向通知书的，工期不予顺延，且承包人无权获得追加付款。

2）承包人应在发出索赔意向通知书后 28 天内，向监理人正式递交索赔通知书。索赔通知书应详细说明索赔理由以及要求追加的付款金额和（或）延长的工期，并附必要的记录和证明材料。

3）索赔事件具有连续影响的，承包人应按合理时间间隔继续递交延续索赔通知，说明连续影响的实际情况和记录，列出累计的追加付款金额和（或）工期延长天数。

4）在索赔事件影响结束后的 28 天内，承包人应向监理人递交最终索赔通知书，说明最终要求索赔的追加付款金额和延长的工期，并附必要的记录和证明材料。

2. 承包人索赔处理程序

1）监理人收到承包人提交的索赔通知书后，应及时审查索赔通知书的内容、查验承包人的记录和证明材料，必要时监理人可要求承包人提交全部原始记录副本。

2）监理人应按相关条款商定或确定追加的付款和（或）延长的工期，并在收到上述索赔通知书或有关索赔的进一步证明材料后的 42 天内，将索赔处理结果答复承包人。监理人在收到索赔通知书或有关索赔的进一步证明材料后的 42 天内不予答复的，视为认可索赔。

3）承包人接受索赔处理结果的，发包人应在做出索赔处理结果答复后 28 天内完成赔付。承包人不接受索赔处理结果的，按争议的解决约定执行。

3. 承包人提出索赔的期限

1）承包人按约定接受了竣工付款证书后，应被认为已无权再提出在工程接收证书颁发前所发生的任何索赔。

2）承包人按约定提交的最终结清申请单中，只限于提出工程接收证书颁发后发生的索赔。提出索赔的期限自接受最终结清证书时终止。

（三）发包人索赔

1）发包人应在知道或应当知道索赔事件发生后28天内，向承包人发出索赔通知，并说明发包人有权扣减的付款和（或）延长缺陷责任期的细节和依据。发包人未在前述28天内发出索赔通知的，丧失要求扣减付款和（或）延长缺陷责任期的权利。发包人提出索赔的期限和要求与承包人提出的索赔期限的约定相同，要求延长缺陷责任期的通知应在缺陷责任期届满前发出。

2）发包人按相关条款商定或确定发包人从承包人处得到赔付的金额和（或）缺陷责任期的延长期。承包人应付给发包人的金额可从拟支付给承包人的合同价款中扣除，或由承包人以其他方式支付给发包人。

（四）争议的解决

1. 争议的解决方式

发包人和承包人在履行合同中发生争议的，可以友好协商解决或者提请争议评审组评审。合同当事人友好协商解决不成、不愿提请争议评审或者不接受争议评审组意见的，可在专用合同条款中约定下列一种方式解决：

1）向约定的仲裁委员会申请仲裁。

2）向有管辖权的人民法院提起诉讼。

2. 友好解决

在提请争议评审、仲裁或者诉讼前，以及在争议评审、仲裁或诉讼过程中，发包人和承包人均可共同努力友好协商解决争议。

3. 争议评审

1）采用争议评审的，发包人和承包人应在开工日后的28天内或在争议发生后，协商成立争议评审组。争议评审组由有合同管理和工程实践经验的专家组成。

2）合同双方的争议，应首先由申请人向争议评审组提交一份详细的评审申请报告，并附必要的文件、图纸和证明材料，申请人还应将上述报告的副本同时提交给被申请人和监理人。

3）被申请人在收到申请人评审申请报告副本后的28天内，向争议评审组提交一份答辩报告，并附证明材料。被申请人应将答辩报告的副本同时提交给申请人和监理人。

4）除专用合同条款另有约定外，争议评审组在收到合同双方报告后的14天内，邀请双方代表和有关人员举行调查会，向双方调查争议细节；必要时，争议评审组可要求双方进一步提供补充材料。

5）除专用合同条款另有约定外，在调查会结束后的14天内，争议评审组应在不受任何干扰的情况下进行独立、公正的评审，做出书面评审意见，并说明理由。在争议评审期间，争议双方暂按总监理工程师的确定执行。

6）发包人和承包人接受评审意见的，由监理人根据评审意见拟定执行协议，经争议双方签字后作为合同的补充文件，并遵照执行。

7）发包人或承包人不接受评审意见，并要求提交仲裁或提起诉讼的，应在收到评审意见后的14天内将仲裁或起诉意向书面通知另一方，并抄送监理人，但在仲裁或诉讼结束前应暂按总监理工程师的确定执行。

九、违约责任

设计施工总承包合同中的违约责任，是指合同一方不履行合同义务或履行合同义务不符合合同约定所须承担的责任。《合同法》规定，当事人应当按照约定全面履行自己的义务。说明只要是合同中明确规定的，当事人必须遵守，这是合同法律效力的具体表现，任何合同义务的不履行，都是对合同规定的违反，都将构成违约。然而，在建设工程设计施工总承包合同中，发包方和承包方的权利义务错综复杂，在纠纷发生时，往往出现双方都存在违约行为的情况，给索赔审理带来不小的困难。虽然建设工程设计施工总承包合同履行中发生的违约行为的表现形式多种多样，但是结合以往实际工作经验总结的具体情况及违约行为发生的背景，可以将违约行为区分为违背缔约目的的根本违约行为和违反普通条款的一般违约行为。若发生根本违约行为，则根据《合同法》规定，一方迟延履行债务或者有其他违约行为致使不能实现合同目的，另一方可以解除合同，同时根据《合同法》规定，解除合同的一方还可以要求对方承担包括赔偿损失在内的违约责任。若是一般违约行为，则根据合同约定或法律规定承担继续履行、采取补救措施或者赔偿损失等的违约责任即可。

（一）承包人违约

设计施工总承包合同通用合同条款对于承包人违约，除了标准施工合同规定的7种情况外，还增加了承包人的设计、承包人文件、实施和竣工的工程不符合法律以及合同约定；由于承包人原因未能通过竣工试验或竣工后试验两种情况。违约处理与标准施工合同的规定相同。

1. 承包人违约的情形

在履行合同过程中发生下列情形之一的，属于承包人违约：

1）承包人的设计、承包人文件、实施和竣工的工程不符合法律以及合同约定。

2）承包人违反合同约定，私自将合同的全部或部分权利转让给其他人，或私自将合同的全部或部分义务转移给其他人。

3）承包人违反合同约定，未经监理人批准，私自将已按合同约定进入施工场地的施工设备、临时设施或材料撤离施工场地。

4）承包人违反合同约定使用了不合格材料或工程设备，工程质量达不到标准要求，又拒绝清除不合格工程。

5）承包人未能按合同进度计划及时完成合同约定的工作，造成工期延误。

6）由于承包人原因未能通过竣工试验或竣工后试验的。

7）承包人在缺陷责任期内，未能对工程接收证书所列的缺陷清单的内容或缺陷责任期内发生的缺陷进行修复，而又拒绝按监理人指示再进行修补。

8）承包人无法继续履行或明确表示不履行或实质上已停止履行合同。

9）承包人不按合同约定履行义务的其他情况。

2. 对承包人违约的处理

1）承包人发生由于承包人原因未能通过竣工试验或竣工后试验的违约情况时，按照发包人要求中的未能通过竣工试验或竣工后试验的损害进行赔偿。发生延期的，承包人应承担

延期责任。

2）承包人发生承包人无法继续履行或明确表示不履行或实质上已停止履行合同的违约情况时，发包人可通知承包人立即解除合同，并按因承包人违约解除合同、发包人发出合同解除通知后的估价、付款和结清、协议利益的转让的约定处理。

3）承包人发生除由于承包人原因未能通过竣工试验或竣工后试验的和承包人无法继续履行或明确表示不履行或实质上已停止履行合同以外的其他违约情况时，监理人可向承包人发出整改通知，要求其在指定的期限内纠正。除合同条款另有约定外，承包人应承担其违约所引起的费用增加和（或）工期延误。

3. 因承包人违约解除合同

监理人发出整改通知的28天后，承包人仍不纠正违约行为的，发包人有权解除合同并向承包人发出解除合同通知。承包人收到发包人解除合同通知后的14天内，承包人应撤离现场，发包人派员进驻施工场地完成现场交接手续，发包人有权另行组织人员或委托其他承包人。发包人因继续完成该工程的需要，有权扣留使用承包人在现场的材料、设备和临时设施。但发包人的这一行动不免除承包人应承担的违约责任，也不影响发包人根据合同约定享有的索赔权利。

当发生下列情况时，承包人应采取补救措施，并赔偿因下列违约行为给发包人造成的损失。承包人承担违约责任，并不能减轻或免除合同中约定的由承包人继续履行的其他责任和义务。

1）承包人未能履行对其提供的工程物资进行检验的约定、施工质量与检验的约定，未能修复缺陷。

2）承包人经三次试验仍未能通过竣工试验，或经三次试验仍未能通过竣工后试验，导致工程任何主要部分或整个工程丧失了使用价值、生产价值、使用利益。

3）承包人未经发包人同意，或未经必要的许可，或适用法律不允许分包的，将工程分包给他人。

4）承包人未能履行合同约定的其他责任和义务。

4. 紧急情况下无能力或不愿进行抢救

在工程实施期间或缺陷责任期内发生危及工程安全的事件，监理人通知承包人进行抢救，承包人声明无能力或不愿立即执行的，发包人有权雇用其他人员进行抢救。此类抢救按合同约定属于承包人义务的，由此发生的金额和（或）工期延误由承包人承担。

（二）发包人违约

设计施工总承包合同通用合同条款中，对发包人违约的规定与标准施工合同相同。

1. 发包人违约的情形

在履行合同过程中发生下列情形之一的，属于发包人违约：

1）发包人未能按合同约定支付价款，或拖延、拒绝批准付款申请和支付凭证，导致付款延误。

2）发包人原因造成停工。

3）监理人无正当理由没有在约定期限内发出复工指示，导致承包人无法复工。

4）发包人无法继续履行或明确表示不履行或实质上已停止履行合同。

5）发包人不按合同约定履行义务的其他情况。

2. 因发包人违约解除合同

1）发生发包人无法继续履行或明确表示不履行或实质上已停止履行合同的违约情况时，承包人可书面通知发包人解除合同。

2）发包人未能按合同约定支付价款，或拖延、拒绝批准付款申请和支付凭证，导致付款延误，承包人按约定暂停施工的28天后，发包人仍不纠正违约行为的，承包人可向发包人发出解除合同通知。但承包人的这一行为不免除发包人承担的违约责任，也不影响承包人根据合同约定享有的索赔权利。

3. 解除合同后的付款

因发包人违约解除合同的，发包人应在解除合同后的28天内向承包人支付下列款项，承包人应在此期限内及时向发包人提交要求支付下列金额的有关资料和凭证：

1）承包人发出解除合同通知前所完成工作的价款。

2）承包人为该工程施工订购并已付款的材料、工程设备和其他物品的金额。发包人付款后，该材料、工程设备和其他物品归发包人所有。

3）承包人为完成工程所发生的，而发包人未支付的金额。

4）承包人撤离施工场地以及遣散承包人人员的金额。

5）因解除合同造成的承包人损失。

6）按合同约定在承包人发出解除合同通知前应支付给承包人的其他金额。

发包人应按本项约定支付上述金额并退还质量保证金和履约担保，但有权要求承包人支付应偿还给发包人的各项金额。

4. 解除合同后的承包人撤离

因发包人违约而解除合同后，承包人应妥善处理正在施工的工程和已购材料、设备的保护和移交工作，并按发包人的要求将承包人设备和人员撤出施工场地。承包人撤出施工场地应遵守关于竣工清场的约定。设计施工总承包标准文件规定，除合同另有约定外，工程接收证书颁发后，承包人应按以下要求对施工场地进行清理，直至监理人检验合格为止，竣工清场费用由承包人承担。

1）施工场地内残留的垃圾已全部清除出场；发包人应为承包人撤出提供必要条件并办理移交手续。

2）临时工程已拆除，场地已按合同要求进行清理、平整或复原。

3）按合同约定应撤离的承包人设备和剩余的材料，包括废弃的施工设备和材料，已按计划撤离施工场地。

4）工程建筑物周边及其附近道路、河道的施工堆积物，已按监理人指示全部清理。

5）监理人指示的其他场地清理工作已全部完成。

承包人未按监理人的要求恢复临时占地，或者场地清理未达到合同约定的，发包人有权委托其他人恢复或清理，所发生的金额从拟支付给承包人的款项中扣除。

（三）第三人造成的违约

在履行合同过程中，一方当事人因第三人的原因造成违约的，应当向对方当事人承担违约责任。一方当事人和第三人之间的纠纷，依照法律规定或者按照约定解决。

十、竣工验收管理

工程总承包合同的竣工验收是工程项目管理的重要环节之一，是工程总承包项目竣工后由建设单位会同设计、施工、监理单位以及工程质量监督部门等，对该项目是否符合规划设计要求以及对建筑施工和设备安装质量进行全面检验的过程。与一般施工合同竣工验收一样，设计施工总承包工程项目竣工验收一般也是建立在分阶段验收的基础之上，前一阶段已经完成验收的工程在全部工程项目验收时原则上不再重新验收。竣工验收是全面考核建设工作，检查设计、工程质量是否符合要求，审查资金使用是否合理的重要环节，对促进建设项目及时投产运营、发挥投资效益和提高建设管理水平有重要作用。竣工验收工作包括从工程实体验收到竣工验收资料归档等一系列与竣工验收相关的工作，即在完成交工验收、专项验收和生产考核等工作的基础上，编制竣工验收报告，组织竣工验收委员会或验收组，对建设工程项目进行全面验收。竣工验收批复是通过竣工验收的标志，竣工验收资料存档完毕表示竣工验收工作的完成。

建设工程总承包项目按批准的设计文件所规定的内容建成，具备投产和使用条件，符合验收标准的，必须及时组织竣工验收，办理固定资产移交手续。工程项目经竣工验收合格后方可正式交付使用。

（一）竣工验收的依据

1）国家和行业的相关法律、法规、规章。

2）国家和行业的相关技术标准、规范；项目的批准、核准、备案文件。

3）项目的初步设计文件、施工图设计文件、设计变更文件以及概算调整等文件。

4）主要设备技术规格或者说明书。

5）招标文件以及合同文本。

（二）工程项目竣工验收的主要内容

1）检查工程的批准、核准、备案等文件是否齐全。

2）检查工程是否按批准的规模、标准、内容全部建成。

3）检查国家和行业强制性标准的执行情况。

4）检查工程招标投标以及合同履约情况。

5）检查工程交工验收情况。

6）检查工程实体质量以及工程效果。

7）检查工程的阶段验收情况。

8）检查工程试运行和考核情况。

9）检查专项验收情况。

10）检查工程竣工决算报告的审计情况。

11）对存在的问题和尾留工程提出处理意见。

（三）竣工试验

竣工试验是指工程被发包人接收后，按合同约定由发包人自行或在发包人组织领导下由承包人指导进行的工程的生产或（和）使用功能试验。

1. 承包人在竣工试验中的义务

1）承包人应在单项工程和（或）工程的竣工试验开始前，完成相应单项工程和（或）工程的施工作业（不包括：为竣工试验、竣工后试验必须预留的施工部位、不影响竣工试验的缺陷修复和零星扫尾工程）；并在竣工试验开始前，按合同约定需完成对施工作业部位的检查、检验、检测和试验。

2）承包人应在竣工试验开始前，根据隐蔽工程和中间验收部位的约定，向发包人提交

相关的质检资料及其竣工资料。

3）根据竣工后试验的约定，由承包人指导发包人进行竣工后试验的，承包人应完成约定的操作维修人员培训，并在竣工试验前提交约定的操作维修手册。

4）承包人应将竣工试验方案提交给发包人 发包人应对方案提出建议和意见，承包人应根据发包人提出的合理建议和意见，自费对竣工试验方案进行修正。竣工试验方案经发包人确认后，作为合同附件，由承包人负责实施。发包人的确认并不能减轻或免除承包人的合同责任。竣工试验方案应包括以下内容：

① 竣工试验方案编制的依据和原则。

② 组织机构设置、责任分工。

③ 单项工程竣工试验的试验程序、试验条件。

④ 单件、单体、联动试验的试验程序、试验条件。

⑤ 竣工试验的设备、材料和部件的类别、性能标准、试验及验收格式。

⑥ 水、电、动力等条件的品质和用量要求。

⑦ 安全程序、安全措施及防护设施。

⑧ 竣工试验的进度计划、措施方案、人力及机具计划安排。

⑨ 其他。竣工试验方案提交的份数和提交时间，在专用合同条款中约定。

5）承包人的竣工试验包括根据合同约定的由承包人提供的工程物资的竣工试验，以及根据发包人委托给承包人进行的工程物资的竣工试验。

6）承包人应按照试验条件、试验程序，以及其他合同约定的标准、规范和数据，完成竣工试验。

2. 发包人在竣工试验中的义务

1）发包人应按经发包人确认后的竣工试验方案，提供电力、水、动力及应由发包人提供的消耗材料等。提供的电力、水、动力及相关消耗材料等应满足竣工试验对其品质、用量及时间的要求。

2）当合同约定应由承包人提供的竣工试验的消耗材料和备品备件用完或不足时，发包人有义务提供其库存的竣工试验所需的相关消耗材料和备品备件。其中：因承包人原因造成损坏的或承包人提供不足的，发包人有权从合同价格中扣除相应款项；因合理耗损或发包人原因造成的，发包人应免费提供。

3）发包人委托承包人对根据约定由发包人提供的工程物资进行竣工试验的服务费，已包含在合同价格中。发包人在合同实施过程中委托承包人进行竣工试验的，依据变更和合同价格调整的约定，作为变更处理。

4）承包人应按发包人提供的试验条件、试验程序对发包人根据委托给承包人的工程物资进行竣工试验，其试验结果须符合合同约定的标准、规范和数据，发包人对该部分的试验结果负责。

3. 承包人申请竣工试验

承包人应提前 21 天将申请竣工试验的通知送达监理人，并按照专用合同条款约定的份数，向监理人提交竣工记录、暂行操作和维修手册。监理人应在 14 天内，确定竣工试验的具体时间。

1）竣工记录。反应工程实施结果的竣工记录，应如实记载竣工工程的确切位置、尺寸和已实施工作的详细说明。

2）暂行操作和维修手册。该手册应足够详细，以便发包人能够对生产设备进行操作、维修、拆卸、重新安装、调整及修理。待竣工试验完成后，承包人再完善、补充相关内容，完成正式的操作和维修手册。

4. 竣工试验程序

通用合同条款规定的竣工试验程序按以下三个阶段进行：

第一阶段，承包人进行适当的检查和功能性试验，保证每一项工程设备都满足合同要求，并能安全地进入下一阶段试验。

第二阶段，承包人进行试验，保证工程或区段工程满足合同要求，在所有可利用的操作条件下安全运行。

第三阶段，当工程能安全运行时，承包人应通知监理人，可以进行其他竣工试验，包括各种性能测试，以证明工程符合发包人要求中列明的性能保证指标。

某项竣工试验未能通过时，承包人应按照监理人的指示限期改正，并承担合同约定的相应责任。竣工试验通过后，承包人应按照合同约定进行工程及工程设备试运行。试运行所需人员、设备、材料、燃料、电力、消耗品、工具等必要的条件以及试运行费用等按专用合同条款约定执行。

（四）承包人申请竣工验收

1. 工程竣工应满足的条件

1）除监理人同意列入缺陷责任期内完成的尾工（甩尾）工程和缺陷修补工作以外，合同范围内的全部区段工程以及有关工作，包括合同要求的试验和竣工试验均已完成，并符合合同要求。

2）已按合同约定的内容和份数备齐了符合要求的竣工文件。

3）已按监理人的要求编制了在缺陷责任期内完成的尾工（甩尾）工程和缺陷修补工作清单以及相应实施计划。

4）监理人要求在竣工验收前应完成的其他工作。

5）监理人要求提交的竣工验收资料清单。

2. 竣工验收申请报告

承包人完成上述工作并提交了竣工文件、竣工图、最终操作和维修手册后，即可向监理人报送竣工验收申请报告。竣工验收报告附表附件有：竣工工程概括表、工程竣工验收清单、移交竣工图和档案资料、清除重大事故一览表、重大设计变更一览表、工程质量评定表、工程交工验收证明书、竣工决算报告等。工程竣工验收合格后，建设单位可交付使用，同时将工程决算报财政部门的经济建设科（处）审查，按审查后决算金额登记固定资产账。

（五）监理人审查竣工申请

设计施工总承包合同通用合同条款对监理人审查竣工验收申请报告的规定与标准施工合同相同。

（六）竣工验收

为达到竣工验收管理的基本要求，竣工验收准备是完成竣工验收工作的前置条件，其质量和进度将直接影响到工程项目的竣工验收工作。为尽快完成建设项目的竣工验收工作，竣工验收准备工作应与工程建设同步进行。同时，为确保竣工验收工作的质量，分析竣工验收环节的主要风险并提出相应的管控措施也是必要的。

设计施工总承包合同通用合同条款对竣工验收和区段工程验收的规定与标准施工合同相

同。经验收合格的工程，监理人经发包人同意后向承包人签发工程接收证书。证书中注明的实际竣工日期，以提交竣工验收申请报告的日期为准。

竣工验收环节存在的主要风险有：竣工验收不规范，质量检验把关不严，可能导致工程存在重大质量隐患；虚报项目投资完成额、虚列建设成本或者隐匿结余资金，导致竣工决算失真；固定资产达到预定可使用状态后，未及时进行估价、结转。为此，应采取以下主要管控措施：

第一，建设单位应当健全竣工验收各项管理制度，明确竣工验收的条件、标准、程序、组织管理和责任追究等。

第二，竣工验收必须履行规定的程序，至少应经过承包单位初检、监理机构审核、正式竣工验收三个程序。正式竣工验收前，根据合同规定应当进行试运行和考核（性能认定）的，应当由建设单位、监理单位和承包单位共同参与试运行和考核（性能认定）。试运行和考核（性能认定）符合要求的，才能进行正式验收。正式验收时，应当组成由建设单位、设计单位、施工单位、监理单位等组成的验收组，共同审验。重大项目的验收，可吸收相关方面专家组进行评审。

第三，初检后，确定固定资产达到预定可使用状态的，承包单位应及时通知建设单位，建设单位会同监理单位初验后应及时对项目价值进行暂估，转入固定资产核算。建设单位财务部门应定期根据所掌握的工程项目进度核对项目固定资产暂估记录。

第四，建设单位应当加强对工程竣工决算的审核，应先自行审核，再委托具有相应资质的中介机构实施审计，出具项目审计报告，有政府投资的工程项目，还应出具专项审计报告；未经审计的，不得办理竣工验收手续。

第五，建设单位要加强对完工后剩余物资的管理。工程竣工后，建设单位对各种节约的材料、设备、施工机械工具等，要清理核实，妥善处理。

第六，建设单位应当按照国家有关档案管理的规定，及时收集、整理工程建设各环节的文件资料，建立工程项目档案。需报政府有关部门备案的，应当及时备案。

（七）竣工结算

设计施工总承包合同通用合同条款对竣工结算的规定与标准施工合同相同。

十一、缺陷责任期管理

（一）承包人修复工程缺陷

1. 承包人修复工程缺陷义务

1）缺陷责任期内，发包人对已接收使用的工程负责日常维护工作。发包人在使用过程中，发现已接收的工程存在新的缺陷或已修复的缺陷部位或部件又遭损坏，由承包人负责修复，直至检验合格为止。

2）任何一项缺陷或损坏修复后，经检查证明其影响了工程和工程设备的使用性能，承包人应重新进行合同约定的试验和试运行，全部费用由责任方承担。

3）承包人不能在合理时间内修复的缺陷，发包人可自行修复或委托其他人修复，所需费用和利润按缺陷原因的责任方承担。

4）缺陷责任期内承包人为缺陷修复工作，有权进入工程现场，但应遵守发包人的保安和保密的规定。

2. 工程缺陷的责任

缺陷责任期是指承包人按合同约定承担缺陷保修责任的期间，一般应为 12 个月。因缺陷责任的延长，最长不超过 24 个月。具体期限在专用合同条款中约定。缺陷责任保证金是指按合同约定发包人从工程进度款中暂时扣除的，作为承包人在施工过程及缺陷责任期内履行缺陷责任担保的金额。

监理人和承包人应共同查清工程缺陷或损坏的原因，属于承包人原因造成的，应由承包人承担修复和查验的费用；属于发包人原因造成的，发包人应承担修复和查验的费用，并支付承包人合理利润。

3. 工程缺陷责任期的延长

由于承包人原因造成某项缺陷或损坏使某项工程或工程设备不能按原定目标使用而需要再次检查、检验和修复时，发包人有权要求承包人相应延长缺陷责任期，缺陷责任期最长不超过 2 年。

4. 工程缺陷责任保证金

缺陷责任保证金的金额，在专用合同条款中约定。缺陷责任保证金的暂扣方式，在专用合同条款中约定。发包人应依据缺陷责任保证金支付的约定，支付被暂扣的缺陷责任保证金。缺陷责任保证金的支付：

1）发包人应在办理工程竣工验收和竣工结算时，将按约定暂时扣减的全部缺陷责任保证金金额的一半支付给承包人，专用合同条款另有约定时除外。此后，承包人未能按发包人通知修复缺陷责任期内出现的缺陷或委托发包人修复该缺陷的，修复缺陷的费用，从余下的缺陷责任保证金金额中扣除。发包人应在缺陷责任期届满后的 15 日内，将暂扣的缺陷责任保证金余额支付给承包人。

2）专用合同条款约定承包人可提交缺陷责任保证金保函的，在办理工程竣工验收和竣工结算时，如承包人请求提供用于替代剩余的缺陷责任保证金的保函，发包人应在接到承包人按合同约定提交的缺陷责任保证金保函后，向承包人支付缺陷责任保证金的剩余金额。此后，如承包人未能自费修复缺陷责任期内出现的缺陷或委托发包人修复该缺陷的，修复缺陷的费用从该保函中扣除。发包人应在缺陷责任期届满后的 15 日内，退还该保函。保函的格式、金额和提交时间，在专用合同条款中约定。

（二）竣工后试验

对于大型工程，为了检验承包人的设计、设备选型和运行情况等技术指标是否满足合同的约定，通常在缺陷责任期内工程稳定运行一段时间后，在专用合同条款约定的时间内进行竣工后试验。竣工后试验按专用合同条款的约定由发包人或承包人进行。设计施工总承包标准文件给出了竣工后试验（A）和竣工后试验（B）两个条款，供合同双方在签约时选择。

1. 竣工后试验（A）

除专用合同条款另有约定外，发包人应：

1）为竣工后试验提供必要的电力、设备、燃料、仪器、劳力、材料，以及具有适当资质和经验的工作人员。

2）根据承包商提供的手册，以及承包人给予的指导进行竣工后试验。

发包人应提前 21 天将竣工后试验的日期通知承包人。如果承包人未能在该日期出席竣工后试验，发包人可自行进行，承包人应对检验数据予以认可。

因承包人原因造成某项竣工后试验未能通过的，承包人应按照合同的约定进行赔偿，或者承包人提出修复建议，在发包人指示的合理期限内改正，并承担合同约定的相应责任。

2. 竣工后试验（B）

除专用合同条款另有约定外：

1）发包人为竣工后试验提供必要的电力、材料、燃料、发包人人员和工程设备。

2）承包人应提供竣工后试验所需要的所有其他设备、仪器，以及有资格和经验的工作人员。

3）承包人应在发包人在场的情况下，进行竣工后试验。发包人应提前21天将竣工后试验的日期通知承包人。因承包人原因造成某项竣工后试验未能通过的，承包人应按照合同的约定进行赔偿，或者承包人提出修复建议，在发包人指示的合理期限内改正，并承担合同约定的相应责任。

（三）缺陷责任期终止

承包人完满完成缺陷责任期的义务后，其缺陷责任终止证书的签发、结清单和最终结清的管理规定，与标准施工合同通用合同条款相同。

案例分析

（1）固定价格合同适用于工程量能够较准确计算、工期较短、技术不太复杂的项目。该工程基本符合这些条件，而且在报价中已经考虑了各种风险因素的费用，故采用固定价格合同是合适的。

（2）不可以。因为本工程采用的是固定价格合同，材料涨价的风险应由承包商承担。

常见问题解析

1. 施工总承包和工程总承包有什么区别?

【解析】工程总承包是一个工程从建筑设计开始，到工程主体施工完毕交接使用之间所有工作项目的总和；而施工总承包只是其中对施工方面的承包。

2. 发包人进行竣工后试验时应注意哪些问题?

【解析】由于工程已投入正式运行，发包人应将竣工后试验的日期提前21天通知承包人。如果承包人未能在该日期出席竣工后试验，发包人可自行进行试验，承包人应对检验数据予以认可。

3. 缺陷责任期限为多长?

【解析】由于承包人原因造成某项缺陷或损坏使某项工程或工程设备不能按原定目标使用而需要再次检查、检验和修复时，发包人有权要求承包人相应延长缺陷责任期，缺陷责任期最长不超过2年。

4. 第三人造成的违约问题应如何解决?

【解析】在履行合同过程中，一方当事人因第三人的原因造成违约的，应当向对方当事人承担违约责任。一方当事人和第三人之间的纠纷，依照法律规定或者按照约定解决。

思 考 题

1. 设计施工总承包合同的组成文件包括哪些？
2. 订立设计施工总承包合同时应明确哪些内容？
3. 监理人发出的开始工作通知有何作用？
4. 通用合同条款中对工程进度款支付做了哪些规定？
5. 竣工验收包括哪些工作？
6. 通用合同条款中对竣工后试验做了哪些规定？

10

第十章 建设工程材料设备采购合同管理

学习目标

知识目标：

1. 了解建设工程材料设备采购合同的概念。
2. 了解建设工程材料设备采购合同的特点。
3. 了解材料采购合同签订的风险防控。

能力目标：

1. 能够知悉建设工程材料设备采购合同的分类。
2. 能够设立合同管理机构、建立合同管理目标制度。
3. 能够知悉采购合同示范文本。

知识脉络图

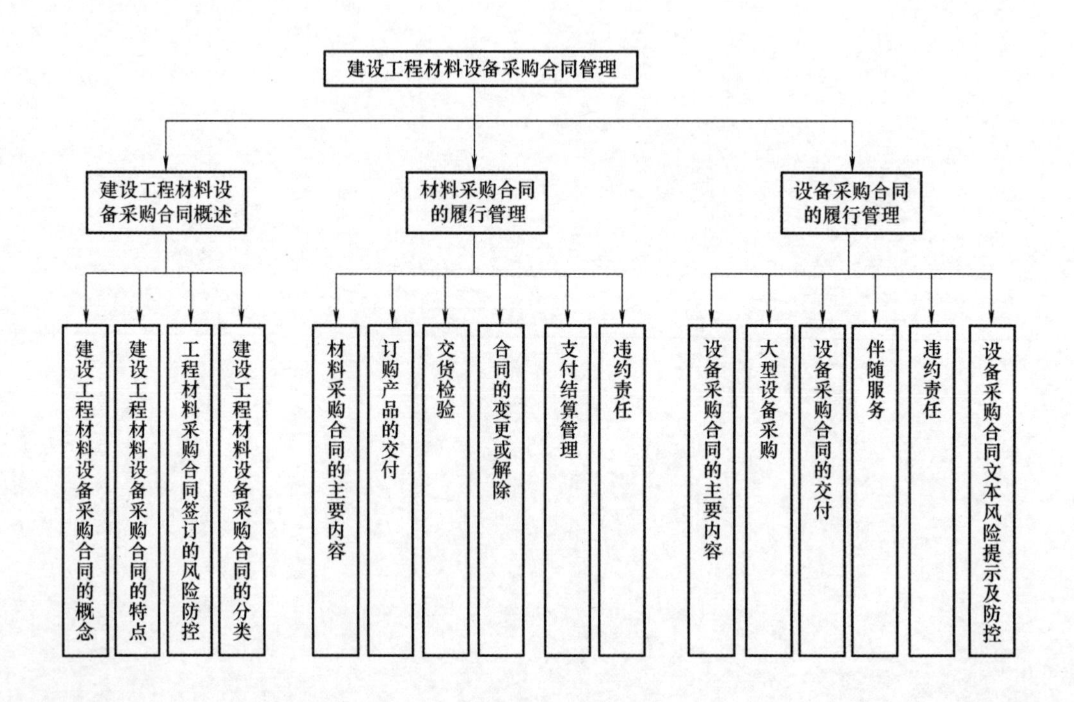

第一节　建设工程材料设备采购合同概述

案例引入

背景资料：A方由于建设施工需要，现急需一批相关材料设备，经熟人介绍得知B方有这些材料设备，于是前往B方考察、了解情况，经过与B方的商谈后准备签署采购设备的相关合同。

问题：

(1) 此设备采购合同本质上属于什么合同类型？

(2) 签订采购合同的基本原则有哪些？

(3) 在A方对B方的考察过程中，A方应该重点考察B方的哪些方面？

一、建设工程材料设备采购合同的概念

(一) 建设工程材料设备采购合同的本质

建设工程材料设备采购合同是指出卖人转移建设工程材料设备的所有权于买受人，买受人支付价款的合同。平等主体的自然人、法人、其他组织之间，为实现建设工程材料设备买卖，设立、变更、终止相互权利义务关系的协议。依照协议，出卖人转移建设工程物资的所有权于买受人，买受人接受该项目工程物资并支付价款。

建设工程材料设备采购合同属于买卖合同，具有买卖合同的一般特点：

1）出卖人与买受人订立买卖合同，是以转移财产所有权为目的。

2）买卖合同的买受人取得财产所有权，必须支付相应的价款；出卖人转移财产所有权，必须以买受人支付价款为对价。

3）买卖合同是双方有偿合同。所谓双方有偿，是指合同双方互负一定义务，出卖人应当保质、保量、按期交付合同订购的物资、设备，买受人应当按合同约定的条件接收货物并及时支付货款。

4）买卖合同是诺成合同，除了法律有特殊规定的情况外，当事人之间意思表示一致，买卖合同即可成立，并不以货物的交付为合同成立的条件。

5）买卖合同是不要式合同。当事人对买卖合同的形式享有很大的自由，除法律有特别规定外，买卖合同的成立和生效并不需要具备特别的形式或履行审批手续。

采购合同从字面上理解应当属于买卖合同，但工程建设中的采购合同一般不像《合同法》规定的那样简单，材料采购合同中经常包括检验、试验，甚至加工应用的内容，设备采购合同更是经常同设备安装工作捆绑在一起，纳入合同中。工程建设中的材料设备采购合同多数只能说是以买卖内容为主，兼带其他相关成分。

相比较而言，安装合同的情况可能更为复杂，有的安装工程属于建设工程项目的一个组成部分，由建设工程项目总承包中分包出来。例如十分常见的房屋建筑中的水电安装、电梯安装等，这些作为分包工程的安装合同需要遵守《合同法》中有关分包工程的规定。有的安装工程则属于工程使用设备的安装，例如建筑工程中几乎都会用到的垂直运输机械设备，

如塔式起重机、提升机、升降机等，虽然建筑行业中通常也将这些安装合同归入分包合同，但其实它们不是完全意义上的分包合同，很难简单地归入《合同法》的哪一类有名合同中。还有一些安装工程就是一个独立的建设工程，例如钢结构厂房施工承包合同，因为建筑物主体就是钢结构，合同内容因此也是以安装为主，这样的安装工程合同很难完全将其排除在建设工程合同之外。

（二）采购合同的签订

1. 签订采购合同的原则

1）一般来讲，合同的当事人必须具备法人资格。这里所指的法人，是有一定的组织机构和独立支配财产，能够独立从事商品流通活动或其他经济活动，享有权利和承担义务，依照法定程序成立的企业。

2）合同必须合法。也就是必须遵照国家的法律、法令、方针和政策签订合同，其内容和手续应符合有关合同管理的具体条例和实施细则的规定。

3）签订合同必须坚持平等互利、充分协商的原则。

4）签订合同必须坚持公平原则。

5）当事人应当以自己的名义签订经济合同。委托别人代签，必须要有委托证明。

6）采购合同应当采用书面形式。

2. 签订采购合同的程序

签订合同的程序是指合同当事人对合同的内容进行协商，取得一致意见，并签署书面协议的过程。一般有以下五个步骤：

1）订约提议。订约提议是指当事人单方向对方提出的订立合同的要求或建议，又称要约。订约提议应提出订立合同所必须具备的主要条款和希望对方答复的期限等，以供对方考虑是否订立合同。提议人在答复期限内不得拒绝承诺，即提议人在答复期限内受自己提议的约束。

2）接受提议。接受提议是指提议被对方接受，双方对合同的主要内容表示同意，经过双方签署书面契约，合同即可成立，又称承诺。承诺不能附带任何条件，如果附带其他条件，应认为是拒绝要约，而提出新的要约。新的要约提出后，原要约人变成接受新的要约的人，而原承诺人成了新的要约人。实践中签订合同的双方当事人，就合同的内容反复协商的过程，就是要约——新的要约——再要约——直到承诺的过程。

3）填写合同文本。

4）履行签约手续。

5）报请鉴证机关鉴证，或报请公证机关公证。有的经济合同，法律规定还应获得主管部门的批准或工商行政管理部门的鉴证。对没有法律规定必须鉴证的合同，双方可以协商决定是否鉴证或公证。

（三）公司采购合同的管理

采购合同的管理应当做好以下几个方面的工作。

1. 加强对公司采购合同签订的管理

加强对采购合同签订的管理，一方面是要对签订合同的准备工作加强管理，在签订合同之前，应当认真研究市场需要和货源情况，掌握企业的经营情况、库存情况和合同对方单位的情况，依据企业的购销任务收集各方面的信息，为签订合同、确定合同条款提供信息依据。另一方面是要对签订合同过程加强管理，在签订合同时，要按照有关的合同法规规定的要求，严格审查，使签订的合同合理合法。

2. 建立合同管理机构和管理制度，以保证合同的履行

企业应当设置专门机构或专职人员，建立合同登记、汇报检查制度，以统一保管合同、统一监督和检查合同的执行情况，及时发现问题，采取措施，处理违约，提出索赔，解决纠纷，保证合同的履行。同时，可以加强与合同对方的联系，密切双方的协作，以利于合同的实现。

3. 处理好合同纠纷

当企业的经济合同发生纠纷时，双方当事人可协商解决。当事人不同意协商或协商不成时，企业可以按照合同中的约定向有关仲裁机构申请仲裁或者向合同中选定的有管辖权的法院提起诉讼。如果当事人在合同中没有约定仲裁或诉讼的，当事人只能依法向有管辖权的法院提起诉讼。

4. 信守合同，树立企业良好形象

合同的履行情况，不仅关系到企业经营活动的顺利进行，而且也关系到企业的声誉和形象。因此，加强合同管理，有利于树立良好的企业形象。

二、建设工程材料设备采购合同的特点

建设工程材料设备采购合同是依据施工合同订立的。材料设备采购的协商条款在施工合同中确立，无论是发包方供应材料和设备，还是承包方供应材料和设备，都应当依据施工合同来采购材料设备。所需材料设备的数量根据施工合同的工程量来确定，并根据施工合同的类别来确定材料设备的质量要求。因此，施工合同一般是订立建设工程材料设备采购合同的前提。建设工程材料设备采购合同与建设项目的建设密切相关，其特点主要表现为以下几个方面：

1. 建设工程材料设备采购合同的当事人

建设工程材料设备采购合同的买受人即采购人，可能是发包人，也可能是承包人，依据合同的承包方式来确定，永久工程的大型设备一般情况下由发包人采购。施工中使用的建筑材料采购责任，按照施工合同专用合同条款的约定执行。通常分为发包人负责采购供应；承包人负责采购，包工包料承包；大宗建筑材料由发包人采购供应，当地材料和数量较少的材料由承包人负责三类。

采购合同的供货人可以是生产厂家直供，也可以是从事物资流转业务的供应商、销售商。

2. 建设工程材料设备采购合同的标的

建设工程材料设备采购合同的标的品种繁多，供货条件差异较大。建设工程材料设备采购合同的标的是建筑材料和设备，包括钢铁、木材、水泥和其他辅助材料以及机电成套设备等，在合同中必须列出所需物质的明细，以确保工程施工的需要。

3. 建设工程材料设备采购合同的内容

建设工程材料设备采购合同视标的特点，合同涉及的条款繁简程度差异较大。建筑材料采购合同的条款一般限于物资交货阶段，主要涉及交接程序、检验方式、质量要求和合同价款的支付等。大型设备的采购，除了交货阶段的工作外，往往还包括设备生产制造阶段、设备安装调试阶段、设备试运行阶段、设备性能达标检验和保修等方面的条款约定。

4. 建设工程材料设备供应的时间

建设工程材料设备采购合同的履行与施工进度密接相关，出卖人必须严格按照合同约定的时间交付订购的货物。延误交货将导致工程施工的停工待料，不能使建设项目及时发挥效益；提前交货通常买受人也不同意接受，因为在这种情况下，一方面货物将占用施工现场有限的场地影响施工，另一方面还增加了买受人的仓储保管费用。

5. 建设工程材料设备采购合同应采用书面形式

根据《合同法》规定，订立合同依照法律、行政法规或当事人约定采用书面形式的，应采用书面形式。建设工程材料设备采购合同中的标的物用量大、质量要求复杂且根据工程进度计划分期分批均衡履行，同时还涉及售后维修服务工作，因此合同履行周期长，应采用书面形式。

三、工程材料采购合同签订的风险防控

建设工程无论是施工总承包还是专业承包，多数情况下，都是由施工单位采购材料、设备。对于大型的工程，通常建筑材料的费用会占到工程总造价的50%以上。在哪里采购，什么时机采购，采购标准和运输方式等因素，对工程项目的最终盈亏起着决定性的作用。施工单位需要签订大量的采购合同，在这个过程中，涉及的主体多、合同数量多、争议纠纷也多。合同签订阶段是风险控制的第一关，如果在签订阶段能审慎地进行约定，避免因没有约定或约定不明而带来的风险，对于今后的合同履行无疑是大有裨益的。在合同签订阶段，施工单位应主要注意以下风险：

（一）来自建设单位的风险

施工单位需要仔细研读与建设单位订立的施工承包合同，根据经验，业主对材料采购通常会有以下要求：

1）需要提前一定时间向业主报告材料采购计划表。如果因业主原因未能按此计划采购供应材料导致工期延误，或者导致材料价格上涨，这个计划表就是一份很有利的重要证据。有的承包合同甚至会约定施工单位没有及时报送材料采购计划表的不利后果。对此，施工单位应予特别关注。

2）需要按照业主的要求进行采购。

3）如果是施工过程中增加的施工承包合同没有约定的采购任务，则需注意对价格、品牌等取得业主认可。特别是装饰工程中，常会因工程需要，临时对原采购计划做变动，或增加新的采购任务，此时施工单位在接到业主指令后，应积极与业主沟通，就价格、品牌、厂家、型号等具体细节取得认可，否则今后在结算中会遇到很多问题，尤其在总价包干合同中，这些新增的内容可以作为突破包干范围的利器。

（二）来自材料供应商的风险

选择一个合适的材料供应商，对于材料采购来说几乎就成功了一半。选择合适的材料供应商，应考虑以下几个方面：

1. 代理主体合格

施工单位通常是与代理商或销售员进行协商，但有时代理商及销售员也鱼目混珠，有不少挂羊头卖狗肉的现象。施工单位在与代理商或销售员协商时，应注意审查其资格的合法性。

2. 产品质量

供应商提供的原材料质量及其相应的技术水平是采购方选择的重要因素。作为原材料供应商必须具有良好和稳定的货物生产过程和标准，并配置质量控制体系保证其连续性。

3. 供货能力

供应能力，即潜在供应商的设备和生产能力、技术力量、管理与组织能力以及运行控制等。这些因素旨在考虑供应商提供所需物资的质量与数目的能力以及供应商持续、稳定提供相关服务的能力。

4. 质量保证及赔偿政策

原材料产品在检验时，由于抽样不科学或者检验技术、方法有问题，往往难以发现问题。在生产过程中，如果发现原材料存在严重问题，往往就会退货和要求赔偿。此时，便要考虑对方的质量保证及赔偿政策。

5. 技术力量

原材料供应商的技术力量也是一个要考虑的因素。如果原材料供应商能够将产品技术更新、将新技术开发应用好的话，采购方也会因此受益无穷。同时，对于那些愿意并且能够回应需求改变、接受设计改变的供应商，应予以重点考虑。

6. 产品价格

原材料的价格会影响到最终产品的成本，是选择供应商的主要因素，但不是最重要的因素。综合来看，质量、可靠性以及相关的成本则更为重要。采购的目的之一是以适当的成本来满足需求，但价格不一定是越低越好。

7. 供应商的内部组织和管理

供应商的内部组织和管理关系到日后供应商的服务质量。如果供应商的内部组织机构设置混乱，将直接影响采购的效率及其质量，甚至由于供应商部门之间的相互矛盾而影响到供应活动能否及时、高质量地完成。另外，供应商的高层主管是否将采购单位视为主要客户也是影响供应质量的一个重要因素，否则在面临一些突发事件时，就无法取得优先处理的机会。

8. 售后服务

售后服务是采购工作的延续环节，是保证采购连续性的重要方面。一般的售后服务包括提供零部件、技术咨询、保养修理、技术讲座、培训等内容，如果售后服务只流于形式，那么被选择的供应商只能是短时间配合与协作，不能成为战略伙伴关系。

（三）来自合同条款的风险

合同条款是对双方约定的书面化固定，合同条款应能全面、正确地反应双方真实意思的表示。施工单位在签订合同条款时，应注意以下几个方面：

1. 价格设置

价格条款是采购合同的关键。施工单位应特别注意，对材料定价的约定应明确、具体、易操作，无争议。

2. 签订主体

为了保证签订主体是合格的，在签订合同之前，对方最好能提供以下资料：

1）年检合格并加盖企业公章的营业执照。

2）法定代表人身份证明和身份证复印件。

3）如果合同签订人不是法定代表人，还要提供一份公司授权委托书和加盖企业公章的

被委托人身份证复印件。

3. 质量标准

对于质量标准，施工单位往往容易忽视，常笼统地写为合格或符合国家标准。这样的约定是远远不够的。特别对于一些新型材料或有特殊要求的材料，当出现纠纷争议时，评判质量的标准就尤为重要。在许多质量纠纷的案件中，常出现对标准的争议。

为了避免出现争议时对标准的认识不统一、对约定的标准无法应用的问题，建议签订合同时对质量标准明确约定，如一份钢材合同的质量标准是这样约定的："乙方所供钢材必须符合 GB 1499.2—2007《钢筋混凝土用钢　第 2 部分：热轧带肋钢筋》和 GB/T 701—2008《低碳钢热轧圆盘条》的质量标准及甲方要求；乙方必须随货提交质量证明书原件，否则，甲方有权拒绝收货。"

4. 验收方法

材料数量验收方法不正确，也容易造成材料数量亏损。建议约定送货单必须有两个指定收料人同时签收，按月进行结算。把月结的材料数量与工程形象进度所使用的数量及预算的数量进行比较，做到节点过程控制。

对于主要材料数量的验收应根据材料的特点加以特别约定，如某混凝土供货合同，对供货数量做了以下约定：供货数量应按签单数结算，如需方对供方所供混凝土是否够量有疑问，需方可按 GB/T 14902—2012《预拌混凝土》规定用过磅形式随机抽验供方所供混凝土是否足量（按抽验三车平均值计算）。如抽验结果误差在 ±2% 以内，双方互不追究；如抽验结果为负差且负差大于 2% 时，则当日抽验前发出车数均应按抽验结果计算方数（尾数尾车除外）。

5. 送货方式

运输费用是一笔相当大的开支，而且送货方式还涉及风险转移的时间问题，所以该部分一定要明确约定。特别要指出的是：《合同法》规定，"当事人没有约定交付地点或者约定不明确，标的物需要运输的，出卖人将标的物交付给第一承运人后，标的物的毁损、灭失的风险由买受人承担。"由此看来，在签订采购合同时，一定要注明具体的交付地点，避免不必要的风险承担。另外，关于在途标的物运输的风险转移，《合同法》还规定，"出卖人出卖交由承运人运输的在途标的物，除当事人另有约定的以外，毁损、灭失的风险自合同成立时起由买受人承担。"本着对采购方（买受人）有利的角度出发，在签订合同时，应明确约定标的物在运输途中出现的毁损、灭失由出卖人负责，把可能出现的风险降到最低。如果选择供货方送货方式，则在采购方工地交货时风险转移；如果选择采购方提货方式，则在供货方提货时转移风险。

6. 结算付款程序

对于付款程序，施工单位作为付款人为了控制风险，可以约定供应商在收款时提供相关的资质证件、质检文件，同时还要核实合同内容、原始单据及已履行债务情况。特别要注意的是，当经办人与合同主体不一致时，应向经办人索要债权转移证明和授权委托书。以上手续齐全后，才可办理付款。办理结算时，应约定必须经由特定人、特定部门审查及签字盖章。例如，某合同约定的付款方式为："每月 20 日前，乙方将甲、乙双方签字认可的送货单交甲方材料部，甲方材料部核实数量、金额无误后通知乙方对账，对账后乙方与甲方办理验收单，乙方提供与验收单金额相吻合的含税发票，如乙方未按时提供发票，甲方视此款未结算，不作为当月货款处理。"

7. 专利权

这也是平时容易忽视的一个内容。对于一些新型的材料，应特别对此加以约定，供应方应保证施工单位在使用该货物或其他任何一部分时不受第三方提出侵犯其专利权、商标权和工业设计权的起诉。

8. 违约责任

施工单位应注意对供应商在供货质量及供货是否按时两方面设定违约金，以督促供应商按合同履行义务。另外，要特别注意自己付款违约金的约定，常出现施工单位未留意，结果付款违约金约定为千分之十或更高的情况，其实按这种标准计算下来，违约金是个非常可观的数字。

四、建设工程材料设备采购合同的分类

按照不同的标准，建设工程材料设备采购合同可以有以下几种不同的分类：

（一）按照标的不同分类

按照标的不同，建设工程材料设备采购合同可以分为材料采购合同和设备采购合同。材料采购合同采购的是建筑材料，即用于建筑和土木工程领域的各种材料的总称，如钢材、木材、玻璃、水泥、涂料等，也包括用于建筑设备的材料，如电线、水管等。设备采购合同的设备，既包括安装于工程中的设备，如安装在电力工程中的发电机、发动机等，也包括在施工过程中使用的设备，如塔式起重机等。

（二）按照履行时间不同分类

按照履行时间的不同，建设工程材料设备采购合同可以分为即时买卖合同和非即时买卖合同。即时买卖合同是指当事人双方在买卖合同成立的同时，就履行了全部义务，即移转了材料设备的所有权、价款的占有。即时买卖合同以外的合同就是非即时买卖合同，由于建设工程材料设备采购合同的标的数量较大，一般都采用非即时买卖合同。非即时买卖合同的表现有很多种，在建设工程材料设备采购合同中比较常见的是货样买卖、试用买卖、分期交付买卖和分期付款买卖等。

1）货样买卖是指当事人双方按照货样或样本所显示的质量进行交易。凭货样买卖的当事人应当封存样品，并可以对样品数量予以说明，出卖人交付的标的物应当与样品及其说明的质量相同。凭样品买卖的买受人不知道样品有隐藏瑕疵的，即使交付的标的物与样品相同，出卖人交付的标的物质量仍然应当符合合同种物的通常标准。

2）试用买卖是指出卖人允许买受人试验其标的物、买受人认可后再支付价款的交易。试用买卖的当事人可以约定标的物的试用期间，试用买卖的买受人在试用期内可以购买标的物，也可以拒绝购买。试用期间届满，买受人对购买标的物未做表示的，视为购买。

3）分期交付购买是指购买的标的物要分批交付。由于工程建设的工期较长，这种交付方式很常见，出卖人分批交付标的物的，出卖人对其中一批标的物不交付或者交付不符合约定，致使该批标的物不能实现合同目的的，买受人可以就该批标的物解除。出卖人不交付其中一批标的物或者交付不符合约定，致使今后其他各批标的物的交付不能实现合同目的的，买受人可以就该批以及今后其他各批标的物解除。买受人如果就其中一批标的物解除，该批标的物与其他各批标的物相互依存的，可以就已经交付和未交付的各批标的物解除。

4）分期付款买卖是指买受人分期支付价款。在工程建设中，这种付款方式也很常见。分期付款的买受人未支付到期价款的金额达到全部价款的五分之一的，出卖人可以要求买受

人支付全部价款或者解除合同。出卖人解除合同的，可以向买受人要求支付该标的物的使用费。

（三）按照合同订立方式不同分类

按照合同订立方式的不同，建设工程材料设备采购合同可以分为竞争买卖合同和自由买卖合同。竞争买卖包括招标投标和拍卖。在建设工程领域，一般都是通过招标投标进行竞争。竞争买卖以外的交易则是自由买卖。

案例分析

（1）此设备采购合同本质上属于买卖合同。

（2）签订采购合同的基本原则有：

1）一般情况下，合同的当事人必须具备法人资格。这里所指的法人，是有一定的组织机构和独立支配财产，能够独立从事商品流通活动或其他经济活动，享有权利和承担义务，依照法定程序成立的企业。

2）合同必须合法。也就是必须遵照国家的法律、法令、方针和政策签订合同，其内容和手续应符合有关合同管理的具体条例和实施细则的规定。

3）签订合同必须坚持平等互利、充分协商的原则。

4）签订合同必须坚持公平原则。

5）当事人应当以自己的名义签订经济合同。委托别人代签，必须要有委托证明。

6）采购合同应当采用书面形式。

（3）A方应该重点考察以下几个方面：代理主体合格、产品质量、供货能力、质量保证及赔偿政策、技术力量、产品价格、供应商的内部组织和管理、售后服务等。

第二节 材料采购合同的履行管理

案例引入

背景资料：A公司近期由于公司产品生产的原材料紧缺，需采购一批原材料，经过一系列考察之后，锁定了B厂家的材料，经过商谈之后，A与B签订了材料采购的相关合同。合同中写到材料将由C市陆运至A所在的D市，但由于单方面原因，B将材料由C市运到了E市并通知A到E市收货。A方要求B方承担货物由E市到D市的运输费用及人员费用，B方同意后，A方并没有如约取货，B方将材料运回原产地，途中材料发生了毁损。

问题：

（1）A方要求B方承担货物由E市到D市的运输费用是否合理？

（2）B方将货物运回原产地途中发生毁损，责任在谁？为什么？

（3）A方若如约提取货物，有哪几种验收方法？

一、材料采购合同的主要内容

根据《合同法》的分类，材料采购合同属于买卖合同。采购建筑材料和通用设备的购销合同，分为约首、合同条款和约尾三部分。约首主要写明采购方和供货方的单位名称、合同编号和签订约地点。约尾是双方当事人就条款内容达成一致后，最终签字盖章使合同生效的有关内容，包括签字的法定代表人或委托代理人姓名、开户银行和账号、合同的有效起止日期等。双方在合同中的权利和义务均由条款部分来约定。国内材料采购合同的示范文本规定，合同条款部分应包括以下几方面内容：

1）产品名称、商标、型号、生产厂家、订购数量、合同金额、供货时间及每次供应数量。

2）质量要求的技术标准，供货方对质量负责的条件和期限。

3）交（提）货地点、方式。

4）运输方式及到站、港和费用的负担责任。

5）合理损耗及计算方法。

6）包装标准、包装物的供应与回收。

7）验收标准、方法及提出异议的期限。

8）随机备品、配件工具数量及供应方法。

9）结算方式及期限。

10）如需提供担保，另立合同担保书作为合同附件。

11）违约责任。

12）解决合同争议的方法。

13）其他约定事项。

二、订购产品的交付

（一）产品的交付方式

订购物资或产品的供应方式，可以分为采购方到合同约定地点自提货物和供货方负责将货物送达指定地点两大类，而供货方送货又可细分为将货物负责送抵现场或委托运输部门代运两种形式。为了明确货物的运输责任，应在相应条款内写明所采用的交（提）货方式、交（提）货物的地点、接货单位（或接货人）的名称。

产品交付的法律意义是，一般情况下，交付导致采购材料的所有权发生转移。如果材料在订立合同之前已为买受人所占有的，合同生效的时间为交付时间。与所有权转移相对应，标的物毁损、灭失的风险，在标的物交付之前由出卖人承担，交付之后由买受人承担，但法律另有规定或者当事人另有规定的除外。

（二）货物的交货期限

货物的交（提）货期限是指货物交接的具体时间要求。它不仅关系到合同是否按期履行，还可能会出现货物意外灭失或损坏时的责任承担问题。合同中应对交（提）货期限写明月份或更具体的时间（如月、日）。如果合同中规定分批交货时，还需注明各批次交货的时间，以便明确责任。

1. 合同交货期限的确定

材料采购合同当事人可以约定明确的交货期限，也可以约定交货的一段期间。如约定明

确的交货期限，出卖人应当按照约定的期限交付标的物；如约定交付期间，出卖人可以在该交付期间内的任何时间交付。当事人没有约定标的物交付期限或者约定不明确的，可以协议补充；不能达成补充协议的，按照合同有关条款或者交易习惯确定；按照合同有关条款或者交易习惯仍不确定的，债务人可以随时履行，债权人也可以随时要求履行，但应当给对方必要的准备。

2. 合同履行中交货期限的确定

合同履行过程中，判定是否按期交货或提货，依照约定的交（提）货方式不同，可能有以下几种情况：

1）供货方送货到现场的交货日期，以采购方接收货物时在货单上签收的日期为准。

2）供货方负责代运货物，以发货时承运部门签发货单上的戳记日期为准。合同中约定采用代运方式时，供货方必须根据合同规定的交货期、数量、到站、接货人等，编制运输作业计划，以便采购方在指定车站或码头接货。如果因单证不齐导致采购方无法接货，由此造成的站场存储费和运输罚款等额外支出费用，应由供货方承担。

3）采购方自提产品，以供货方通知提货的日期为准，但供货方的提货通知中，应给对方合理预留必要的途中时间 采购方如果不能按时提货，应承担逾期提货的违约责任。当供货方早于合同约定日期发出提货通知时，采购方可根据施工的实际需要和仓储保管能力，决定是否按通知的时间提前提货，采购方有权拒绝提前发货，也可以按通知时间提货后仍按照合同规定的交货时间付款。

实际交（提）货日期早于或迟于合同规定的期限，都应视为提前或逾期交（提）货，由有关方承担相应责任。

3. 交货地点的确定

出卖人应当按照约定的地点交付标的物。当事人没有约定交付地点或者约定不明确，可以协议补充；不能达成补充协议的，按照合同有关条款或者交易习惯确定；按照合同有关条款或者交易习惯仍不能确定的，适用下列规定：

1）标的物需要运输的，出卖人应当将标的物交付给第一承运人以运交给买受人。

2）标的物不需要运输，出卖人和买受人订立合同时知道标的物在某一地点的，出卖人应当在该地点交付标的物；不知道标的物在某一地点的，应当在出卖人订立合同时的营业地交付标的物。

标的物需要运输是指标的物由出卖人负责办理托运，承运人是独立于买卖合同当事人之外的运输业者的情形。

出卖人根据合同约定将标的物运送至买受人指定地点并交付给承运人后，标的物毁损、灭失的风险由买受人承担，但当事人另有规定的除外。出卖人按照约定将标的物置于交付地点，买受人违反约定没有收取的，标的物毁损、灭失的风险自违反约定之日起由买受人承担。

三、交货检验

（一）验收依据

按照合同的约定，供货方交付产品时，可以作为双方验收依据的资料包括：

1）双方签订的采购合同。

2）供货方提供的发货单、计量单、装箱单及其他有关凭证。

3）合同内约定的质量标准，应写明执行的标准代号、标准名称。

4）产品合格证、检验单。

5）图纸、样品或其他技术证明文件。

6）双方当事人共同封存的样品。

（二）交货数量的检验

1. 供货方代运货物的到货检验

由供货方代运的货物，采购方在站场提货地点应与运输部门共同验货，以便发现灭失、短少、损坏等情况时，能及时分清责任；采购方接收后，运输部门不再负责，属于交运前出现的问题，由供货方负责；运输过程中发生的问题，由运输部门负责。

2. 现场交货的到货检验

（1）数量验收的方法

1）衡量法。即根据各种物资不同的计量单位进行检尺、检斤，以衡量其长度、面积、体积、重量是否与合同约定一致，如胶管衡量其长度、钢板衡量其面积、木材衡量其体积、钢筋衡量其重量等。

2）理论换算法。如管材等各种定尺、倍尺的金属材料，量测其直径和壁厚后，再按理论公式换算验收。换算的依据为国家规定标准或合同约定的换算标准。

3）查点法。采购定量包装的计件物资，只要查点到货数量即可，包装内的产品数量或重量应与包装物的标明一致，否则应由厂家或封装单位负责。

（2）交货数量的允许增减范围　合同履行过程中，经常会发生发货数量与实际验收数量不符，或实际交货数量与合同约定的交货数量不符的情况，其原因可能是供货方的责任，也可能是运输部门的责任，或者是由于运输过程中的合理损耗。前两种情况要追究有关方的责任，第三种情况则应控制在合理的范围之内。有关行政主管部门对通用的物资和材料规定了货物交接过程中允许的合理磅差和尾差界限。如果合同约定供应的货物无规定可循，也应在条款内约定合理的差额界限，以免交接验收时发生合同交货数量的争议。交付货物的数量在合理的磅差和尾差界限内，不按多交或少交对待，双方互不退补；超过界限范围时，按合同约定的方法计算多交或少交部分的数量。

合同中对磅差和尾差规定出合理的界限范围，既可以划清责任，还可以为供货方合理组织发运提供灵活的变通条件。如果超过合理范围，则按实际交货数量计算，不足部分由供货方补齐或退回不足部分的货款；采购方同意接收的多交付部分，进一步支付溢出数量货物的货款。但在计算多交或少交数量时，应按订购数量与实际交货数量比较，均不再考虑合理磅差和尾差因素。

（三）交货质量的检验

1. 产品质量责任

无论采用何种交接方式，采购方均应在合同中规定由供货方在其质量负责的条件和期限内，对交付产品进行验收和试验。某种必须安装运转后才能发现内在质量缺陷的设备，应于合同中规定缺陷责任期或保修期，在此期限内，凡检测不合格的物资或设备，均由供货方负责。如果采购方在规定的时间内未提出质量异议，或因其使用、保管、保养不善而造成质量下降，供货方不再负责。当事人没有约定检验期间的，采购方应当在发现或者应当发现标的物的质量不符合约定的合理期间内通知供货方。采购方在合理期间内未通知或者自标的物收到之日起两年内未通知出卖人的，视为标的物的质量符合约定；但对标的物有质量保证期

的，适用质量保证期，不适合此处两年的规定。

2. 质量要求和技术标准

产品质量应满足规定用途的特性指标，因此合同中必须约定产品应达到的质量标准。约定质量标准的一般原则是：

1）按颁布的国家标准执行。

2）无国家标准而有部颁标准的产品，按部颁标准执行。

3）没有国家标准和部颁标准作为依据时，可按地方标准或企业标准执行。

4）没有上述标准，或虽有上述某一标准但采购方有特殊要求时，按双方在合同中商定的技术条件、样品或补充的技术要求执行。

3. 验收方法

合同中应具体写明检验的内容和手段，以及检测应达到的质量标准；对于抽样检查的产品，还应约定抽检的比例和取样的方法，以及双方共同认可的检测单位。质量验收的方法可以采用以下三种：

1）经验鉴别法。即通过目测、手触或以常用的检测工具量测后，判定质量是否符合要求。

2）物理试验。根据对产品性能检验的目的，可以进行拉伸试验、压缩试验、冲击试验、金相试验及硬度试验等。

3）化学试验。即抽出一部分样品进行定性分析或定量分析的化学试验，以确定其内在质量。

4. 对产品提出异议的时间和方法

合同中应具体写明采购方对不合格产品提出异议的时间和拒付货款的条件。采购方提出的书面异议中，应说明检验情况，出具检验证明和对不符合规定的产品提出具体处理意见。凡因采购方使用、保管、保养不善原因导致的质量下降，供货方不承担责任。在接到采购方的书面异议通知后，供货方应在合同商定的时间内负责处理，否则即视为默认采购方提出的异议和处理意见。

如果当事人双方对产品的质量检测、试验结果发生争议，应按《中华人民共和国标准化法》的规定，请标准化管理部门的质量监督检验机构进行仲裁检验。

四、合同的变更或解除

合同履行过程中，如需变更合同内容或解除合同，都必须依据《合同法》的有关规定执行。一方当事人要求变更或解除合同时，在未达成新的协议以前，原合同仍然有效。要求变更或解除合同一方应及时将自己的意图通知对方，对方也应在接到书面通知后的合理期限内或合同约定的时间内予以答复，逾期不答复的视为默认。

物资采购合同变更的内容可能涉及订购数量的增减、包装物标准的改变、交货时间和地点的变更等方面。采购方对合同约定的订购数量不得少要或不要，否则要承担中途退货的责任。只有当供货方不能按期交付货物，或交付的货物存在严重质量问题而影响工程使用时，采购方认为没必要继续履行合同，才可以拒收货物，甚至解除合同关系。如果采购方要求变更到货地点或接货人，应在合同规定的交货期限前的合理期限内通知供货方，以便供货方修改发运计划和组织运输工具，迟于上述规定期限，双方应当立即协商处理，如果已不可能变更或变更后会发生额外费用支出，其后果均应由采购方负责。

（一）采购合同变更的效力

1）变更后的合同，变更的部分失去效力，未变更部分仍然有效，当事人应当按照变更后的合同履行。

2）合同变更只对合同未履行部分有效，不对合同中已履行部分产生效力，除了当事人约定以外。即合同的变更不产生追溯力。

3）合同的变更不影响当事人请求损害赔偿的权利。

（二）合同的解除

合同的解除是指在合同依法成立后尚未全部履行前，当事人一方基于法律规定或当事人约定行使解除权而使合同关系归于消灭的一种法律行为。合同的解除分为协商解除、约定解除和法定解除三种。有下列情形之一的，当事人可以解除合同：

1）因不可抗力致使不能实现合同目的。

2）在履行期限届满之前，当事人一方明确表示或者以自己的行为表明不履行主要债务的。

3）因当事人一方迟延履行主要债务，经催告后在合理期限内仍未履行。

4）因当事人一方迟延履行或者有其他违约行为不能实现合同目的。

5）法律规定的其他解除情形。

五、支付结算管理

（一）货款结算

1. 支付货款的条件

合同中需先明确是验单付款还是验货后付款，然后再约定结算方式和结算时间。验单付款是指委托供货方代运的货物，供货方把货物交付承运部门并将运输单证寄给采购方，采购方在收到单证后合同约定的期限内即应支付的结算方式。尤其对分批交货的物资，每批交付后应在多少天内支付货款也应明确注明。

2. 结算支付的方式

结算方式可以是现金支付、转账结算或托收承付。现金支付只适用于成交货物数量少且金额小的购销合同；转账结算适用于同城市或同地区的结算；托收承付的结算方式适用于合同双方不在同一城市的结算。

（二）采购方拒付货款

采购方拒付货款，应当按照中国人民银行结算办法的拒付规定办理拒付货款事项。采用托收承付结算时，如果采购方的拒付手续超过承付期，银行不予受理。采购方对拒付货款的产品首先必须负责接收并妥为保管不准动用，如果发现采购方动用，由银行代供货方扣收货款，并按逾期付款对待。采购方有权部分或全部拒付货款的情况大致包括以下三种：

1）交付货物的数量少于合同约定，拒付少交部分的货款。

2）拒付质量不符合合同要求部分货物的货款。

3）供货方交付的货物多于合同规定的数量且采购方不同意接收部分的货物，在承付期内可以拒付。

六、违约责任

（一）违约责任的规定

违约责任是指违反合同的民事责任的简称，是指合同当事人一方不履行合同义务或履行

合同义务不符合合同约定所应承担的民事责任。《中华人民共和国民法通则》第一百一十一条、《合同法》第一百零七条均对违约责任做了概括性规定。

双方可以通过协商，在合同中约定一方违约时应当根据违约情况向对方支付一定数额的违约金或者该违约金的计算方法。合同中也可以约定定金，如果合同约定的定金不足以弥补一方违约造成的损失，对方可以请求赔偿超过定金部分的损失，但定金和损失赔偿的数额总和不应高于因违约造成的损失。当事人任何一方不能正确履行合同义务时，都应当以违约金形式承担违约赔偿责任，合同签订时，双方应当通过协商将具体采用的比例数写在合同条款内。

（二）供货方的违约责任

1. 未能按合同约定交付货物

这类违约行为可能包括不能供货和不能按期供货两种情况，由于这两种错误行为给对方造成的损失不同，因此承担违约责任的形式也不完全一样。

1）如果是因供货方应承担责任的原因导致不能全部或部分交货，应按合同约定的违约金比例乘以不能交货部分货款计算违约金。若违约金不足以偿付采购方所受到的实际损失时，可以修改违约金的计算方法，使实际受到的损害能够得到合理的补偿。如果施工采购方为了避免停工待料，不得不以较高价格紧急采购不能供应部分的货物而受到价差损失时，供货方应承当相应的责任。

2）供货方不能按期交货的行为，又可以进一步分为以下三种情况：

① 逾期交货。无论合同中规定由供货方将货物送达指定地点交接，还是采购方去自提，均要按合同约定依据逾期交货部分货款总价计算违约金。对约定由采购方自提货物而不能按期交货的，若发生采购方的其他额外损失，这笔实际开支的费用也应由供货方承担。如采购方已按期派车到指定地点接收货物，而供货方又不能交付时，则派车损失应由供货方承担。发生逾期交货事件后，供货方还应在发货前与采购方就发货的有关事宜进行协商，采购方仍需要时，可继续发货照数补齐，并承担逾期付货责任；如果采购方认为已不再需要，有权在接到发货协商通知后的15天内，通知供货方办理解除合同手续，但逾期不予答复视为同意供货方继续发货。

② 提前交货。属于约定由采购方自提货物的合同，采购方接到对方发出的提前提货通知后，可以根据自己的实际情况拒绝提前提货；对于供货方提前发运或交付的货物，买受人仍可按合同规定的时间付款，而且对多交货部分，以及品种、型号、规格、货量等不符合合同规定的产品，买受人可以代为保管多交部分的标的物。在代为保管期内实际支出的保管、保养等费用由供货方承担。代为保管期内，不是因采购方保管不善原因而导致的损失，仍由供货方负责。

③ 交货数量与合同不符。交付的数量多于合同规定，且采购方不同意接收时，可在承付期内拒付多交部分的货款和运杂费。合同双方在同一城市，采购方可以拒收多交部分；双方不在同一城市，采购方应先把货物接收下来并负责保管，然后将详细情况和处理意见在到货后的10天内通知对方。当交货的数量少于合同规定时，采购方凭有关的合法证明在承付期内可以拒付少交部分的货款，也应在到货后的10天内将详细情况和处理意见通知对方。供货方接到通知后应在10天内答复，否则视为同意对方的处理意见。

2. 产品的质量缺陷

交付货物的品种、型号、规格、质量不符合合同规定，如果采购方同意使用，应当按质论价；当采购方不同意使用时，由供货方负责包换或保修，不能修理或调换的产品，按供货方不能交货对待。

3. 供货方的运输责任

主要涉及包装责任和发运责任两个方面：

1）合理的包装是安全运输的保障，供货方应按合同约定的标准对产品进行包装。凡因包装不符合规定而造成货物运输过程中的毁损或灭失，均由供货方负责赔偿。

2）供货方如果将货物错发到货地点或接货人时，除应负责运交合同规定的到货地点或接货人外，还应承担对方因此多支付的一切实际费用和逾期交付的违约金。供货方应按合同规定的路线和运输工具发运货物，如果未经对方同意私自变更运输工具或路线，要承担由此增加的费用。

（三）采购方的违约责任

1. 不按合同约定接收货物

合同签订以后或履行过程中，采购方要求中途退货，应向供货方支付按退货部分货款总额计算的违约金。对于实行供货方送货或代运的物资，采购方违反合同规定拒绝接货，要承担由此造成的货物损失和运输部门的罚款。约定为自提的货物，采购方不能按期提货，除需支付按逾期提货部分货款总值计算延期付款的违约金之外，还应承担逾期提货时间内供货方实际发生的代为保管、保养费用。逾期提货，可能是未按合同约定的日期提货；也可能是已同意供货方逾期交付货物，而接到提货通知后未在合同规定的时限内去提货两种情况。

2. 逾期付款

采购方逾期付款，如果合同约定了逾期付款违约金或者该违约金的计算方法，应当按照合同约定执行；如果合同没有约定逾期付款违约金或者该违约金的计算方法，供货方以采购方违约为由主张赔偿逾期付款损失的，应当按照中国人民银行同期同类人民币贷款基准利率为基础，参照逾期罚款利率标准计算。

3. 货物交接地点错误的责任

货物交接地点错误的责任，无论是由于采购方在合同中错填到货地点或接货人，还是未在合同约定的时限内及时将变更的到货地点或接货人通知对方，导致供货方送货或代运过程中不能顺利交接货物，所产生的后果均由采购方承担。责任范围包括：自行运到所需地点或承担供货方及运输部门按采购方要求改变交货地点的一切额外支出。

案例分析

（1）合理。供货方应按合同规定的路线和运输工具发运货物，如果未经对方同意私自变更运输工具和路线，则要承担由此增加的费用。

（2）责任在A方。出卖人按照约定将标的物置于交付地点，买受人违反约定没有收取的，标的物毁损、灭失的风险自违反约定之日起由买受人承担。

（3）经验鉴别法、物理试验法、化学试验法。

第三节 设备采购合同的履行管理

案例引入

背景资料：王先生的公司需要一种特殊设备，王先生得知B公司有生产此设备的技术，经商谈后，王先生与B公司签订了设备采购合同，设备定于10月21日交货收验。在收货前一天，王先生通知B公司由于公司场地问题，设备要11月以后才能验收。在设备验收时，王先生提出了日后相关的设备修理、更换、索赔等要求。

问题：

（1）王先生要求推迟设备发货，会有什么影响？

（2）对于王先生提出的设备修理、更换、索赔等要求，B公司若有异议，该怎么做？

（3）对于大型设备的采购，B公司应该承包哪些范围？

（4）当供货方有哪些违约责任时，王先生可以终止合同？

中华人民共和国商务部机电和科技产业司2008年编制发布了《机电产品采购国际竞争性招标文件》，对机电产品采购合同做了规定。本节主要以此为依据介绍设备采购合同的履行管理。

一、设备采购合同的主要内容

《机电产品采购国际竞争性招标文件》中关于合同的内容包括：第一册中的通用合同条款和合同格式；第二册中的专用合同条款。通用合同条款的内容包括：①定义；②适用性；③原产地；④标准；⑤合同文件和资料的使用；⑥知识产权；⑦履约保证金；⑧检验和测试；⑨包装；⑩装运标记；⑪装运条件；⑫装运通知；⑬交货和单据；⑭保险；⑮运输；⑯伴随服务；⑰备件；⑱保证；⑲索赔；⑳付款；㉑价格；㉒变更指令；㉓合同修改；㉔转让；㉕分包；㉖卖方履约延误；㉗误期赔偿费；㉘违约终止合同；㉙不可抗力；㉚因破产而终止合同；㉛因买方的便利而终止合同；㉜争端的解决；㉝合同语言；㉞适用法律；㉟通知；㊱税和关税；㊲合同生效及其他。

二、大型设备采购

（一）大型设备采购合同的特点

1. 大型设备采购合同

大型设备采购合同是指采购方（通常为业主，也可能是承包人）与供货方（大多数为生产厂家，也可能是供货商）为提供工程项目所需的大型复杂设备而签订的合同。它属于承揽合同的范畴。

2. 订购合同标的物的特点

大型设备采购合同的标的物可能是需专门加工制作的非标准产品，也可能是生产厂家定型设计的产品，但由于其大型化、制造周期长、产品价值高、技术复杂、市场需求量较小的特点，一般没有现货供应，待双方签订合同后由供货方专门加工制作。

设备是生产厂家自行开发、设计、研制的定型产品，不同厂家生产的同样性质和相同容量的设备在产品具体使用参数上存在很大差异。由于合同标的金额高，产品的好坏对项目周期的预期投资效益影响很大，因此采购方需要通过招标选择承包实施者。招标文件中一般只提出设备容量和功能要求，不规定型号和品牌，供货方在投标书内要对投标设备写明具体的参数指标。这些指标不仅作为评标的比较条件，而且在合同履行过程中也是判定供货方是否按合同履行义务的标准。

3. 合同内容涉及的承包范围

合同规定的承包范围包括设计、设备制造、运输、安装、调试和保修全过程。承包工作的设计可能涉及以下两种情况：一种情况是采购方出于项目特点，要求对定型设备的某些方面进行局部修改，以满足功能的特殊要求；另一种情况是供货方负责按照设备的安装和运行要求，完成与主体工程土建施工相关衔接部位的设计。设备的生产、安装是一个连续的过程，应该由一个供货方实施。但鉴于我国目前能够承担大型设备安装工作的生产厂家较少，目前发包和承包方式主要有以下两种：

1）设备制造和安装施工分别发包。生产厂家承包设备制造任务并负责指导安装，施工企业承担设备安装任务。由于存在设备采购和施工安装两个合同，需要采购方和工程师协调的工作量较大，且经常发生事故或事件的责任不易准确确定的问题。

2）总承包后再分包的模式。一类为生产厂家总承包，由其再与安装供货方订立分包合同；另一类为安装供货方总承包，由其对生产厂家的制造过程进行监督，并在生产厂家的指导下进行安装施工，然后由生产厂家负责设备调试。

（二）对合同履行全过程实施监督

采购方聘请工程师对合同全过程的履行进行监督、协调和管理。工程师的工作包括：组织对设计图的审查；对制造设备使用材料的监督；制造过程进行必要的检查和试验；设备运抵现场的协调管理；设备安装施工过程的监督、协调和管理；安装工程的竣工检验；保修期间，设备达到正常生产状态后的性能考核试验等。

（三）供货方承包的范围

大型复杂设备的采购，需要在合同中较详细地约定供货方承包的范围，这些范围大致包括以下内容：按照采购方的要求对生产厂家定型设计图的局部修改；设备制造；提供配套的辅助设备；设备运输；设备安装（或指导安装）；设备调试和检验；提供备品、备件；对采购方运行的管理和操作人员的技术培训等。

（四）设备监理的主要工作内容

设备制造监理又称设备监造，是指采购方委托有资质的设备监造单位对供货方按合同制造的设备、施工和过程进行监督和协调，但质量监造不能解除供货方对合同设备质量应负的责任。

1. 设备制造前的监理工作

供货方应当在设备制造前向监理提交订购设备的设计和制造、检验的标准，包括与设备监造有关的标准、图纸、资料、工艺等要求。在合同约定的时间内，监理应组织有关方面及人员进行会审后尽快答复供货方。

2. 设备制造阶段的监理工作

现场见证和文件见证是设备监造的两种重要方式。

(1) 现场见证　现场见证包括以下内容：以现场巡视的方式监督制造过程及操作工艺是否符合技术规范的要求，并对使用的原材料、元件质量是否合格进行检查等；接到供货方的通知后，监理人应当参加合同中规定的中间检查试验和出厂前的检查试验；监理人认为有必要，有权要求对方进行合同中没有规定的检验。如对某一部分的焊接质量有疑问，可以对该部分进行无损探伤试验。

(2) 文件见证　文件见证是指监理人认为所进行的检查或检验质量达到合同规定的标准后，在检查或试验记录上签署认可意见，以及就制造过程中有关问题发给供货方的相关文件。

工程师对制造质量的监督检验的内容、范围和质量责任包括以下内容：

1) 监督检验的内容。采购方和供货方应当在合同中约定设备监造的具体内容，监理人依据合同的规定进行检查和试验。具体内容可能包括监造的部套，这种情况以订购范围来确定每套的监造内容、监造方式（可以是现场见证、文件见证或停工待检)、检验的数量等。

2) 检验的范围。包括以下内容：原材料和元器件的进厂检验；部件的加工检验和试验；出厂前预组装检验；包装检验。

3) 制造质量责任。包括以下内容：监理人在监造中对发现的设备和材料质量问题或不符合规定标准的包装，有权提出改正意见并暂不给以签字，供货方需要采取相应的改进措施确保交货质量。无论监理人是否要求和是否知道，供货方都有义务主动及时地向监理提供设备制造过程中出现的较大质量缺陷和问题，不得隐瞒，供货方在监理不知道的情况下不得擅自处理；监造代表发现重大问题要求停工检验时，供货方必须遵照执行；无论监理人是否参与监造与出厂检验，或者监理人参加了监造与检验并签署了监造与检验报告，都不能被视为免除供货方对设备质量应负的责任。

3. 监理工作应注意的事项

1) 监理人在制造现场的监造检验和见证工作都应尽量结合供货方工厂的实际生产过程进行，不应影响供货方工厂正常的生产进度，但不包括发现重大问题时停工检验的情况。

2) 监理人应当按时参加合同规定的检验和试验。若监理人不能按供货方通知时间及时到场，供货方工厂的试验工作可以正常进行，试验结果有效。但监理人有权事后了解、查阅、复制检查试验报告和结果，然后转为文件见证。如果供货方未及时通知监造人代表而单独检验，监理人不承认该检验结果时，供货方应在监理人在场的情况下重新进行该项试验。

3) 供货方按照合同约定供应的所有设备、部件，包括分包与外购部分的设备、部件，在生产过程中都需要进行严格的检验和试验，在出厂前还需要进行部分或整机总装试验。所有检验、试验和总装必须有正式的记录文件，只有以上所有工作完成后才能发运出厂。这些正式记录文件和合格证明都要提交给监理人作为技术资料的一部分存档。此外，供货方还应该在随机文件中提供合格证和质量证明文件。

4. 对生产进度的监督

1) 监理人必须对供货方在合同设备开始投料制造前提交的整套设备的生产计划进行审查并签字认可。

2) 供货方每个月末都应提供月报表，说明本月包括制造工艺过程和检验记录在内的实际生产进度以及下一个月的生产、检验计划。中间检验报告需说明检验的时间、地点、过程、试验记录，以及不一致性的原因分析和改进措施。监理人审查同意后作为对制造进度控制和其他合同及外部关系进行协调的依据。

（五）设备运抵现场的监理工作

1. 做好接货的准备工作

1）供货方应在发运前合同约定的时间内向采购方发出通知，监理人在接到发运通知后应及时组织有关人员做好现场接货的准备工作，这些工作包括通行的道路、储存方案、场地清理、保管工作等。

2）供货方在每批货物准备好及装运车辆发出的 24 小时内，应当以传真等方式将该批货物的信息通知采购方。

3）如果货物发运到铁路或水运站场，采购方应组织人员按时到运输部门提货。

4）由于采购方或现场条件原因要求供货方推迟设备发货时，采购方应及时通知供货方并承担推迟期间的仓储费和必要的保养费。

2. 到货的检验

（1）货物检验程序　货物检验应由监理人与供货方代表共同完成。当货物到达目的地后，采购方首先应向供货方发出到货检验通知。

1）货物清点。根据运单和装箱单，双方代表共同对货物的外包装、货物外观和货物件数进行清点。如果发现不符之处，经过双方代表确认，属于供货方责任后应由供货方处理解决。

2）开箱检验。货物按合同约定运到现场后，监理人应当尽快与供货方共同进行开箱检验，采购方如果没有通知供货方而自行开箱或每一批设备到达现场后在合同规定时间内不开箱检验，那么由此产生的一切后果均由采购方承担。

双方共同开箱检验货物的数量、规格和质量，检验结果和记录对双方均有效并作为采购方向供货方提出索赔的证据。

（2）因损坏、缺陷、缺少而承担的合同责任

1）现场检验时，如果发现设备是由于供货方原因而导致任何损坏、缺陷、短少或不符合合同中规定的质量标准和规范，都应做好记录，并由双方代表签字，双方各执一份，采购方以此作为向供货方提出修理或更换索赔的依据。如果采购方同意供货方要求自行修理损坏的设备，则所有修理设备的费用由供货方承担。

2）如果致使货物损坏或短缺是采购方的责任，那么供货方在接到采购方通知后，应当尽快提供或替换相应的部件，但费用由采购方自负。

3）供货方如果对采购方提出的修理、更换、索赔要求有异议，应在接到采购方书面通知后合同约定的时间内提出并派代表赴现场同采购方代表共同复验，否则上述要求即告成立。

4）双方代表在对货物共同检验时，如果对检验记录不能取得一致意见，双方可以共同委托第三方权威检验机构进行检验并裁定。裁定的检验结果对双方都有约束力，检验费用由责任方承担。

5）采购方提出索赔通知后，供货方应当按合同约定的时间尽快修理、更换或补发短缺的货物，由此产生的制造、修理和运输费及保险费均应由责任方承担。

（六）施工阶段的监理工作

1. 监督供货方的现场服务或施工

设备的安装工作可以由供货方负责，也可以在供货方提供必要的技术服务条件下由采购方承担，这主要取决于合同的约定。如果采购方负责设备安装，供货方应当提供现场服务，

服务的内容一般包括以下两个方面：

1）派出必要的技术人员到现场。供货方现场技术人员的职责主要包括指导安装和调试工作，处理设备的质量问题以及参加试车和验收试验等工作。

2）技术交底。供货方的技术人员在安装和调试前，应当向采购方安装施工人员进行技术交底，讲解并示范将要进行工作的程序及方法。对于合同约定的重要工序，供货方的技术人员要对施工情况进行确认并签证，否则采购方不能进行下一道工序的安装。经过确认和签证的程序，如果因供货方技术人员指导错误而发生问题，则由供货方负责。

2. 监督安装、调试的工作

1）整个安装、调试过程应在供货方现场技术人员指导下进行，重要工序须经监理签字确认。在安装、调试过程中，除设备质量问题外，如果采购方未按供货方的技术资料规定和现场技术人员指导进行操作或未经供货方现场技术人员签字确认而出现问题的，采购方自行负责。除此之外出现问题的，由供货方承担责任。

2）供货方技术人员负责的设备安装工作完毕后的调试如果由采购方的技术人员负责，调试工作必须在供货方的技术人员指导下进行。调试中如果出现问题，供货方应当尽快解决，其所需时间不应超过合同约定的时间，否则将视为供货方延误工期。

（七）设备验收阶段的监理工作

1. 启动试车

在安装调试完毕后，采购方、供货方应当共同参加启动试车的检验工作。试车分为无负荷运行和带负荷试运行两个步骤。为了检验设备的质量，每一阶段的试车都应当按照技术规范要求的程序进行并保证一定的持续试车时间。试验合格后，监理人及合同双方当事人在验收文件上签字，正式移交给采购方进行生产运行。如果试车检验不合格，若属于设备质量原因，则由供货方负责修理、更换并承担全部费用；如果是由于工程施工质量问题，则由采购方负责拆除并纠正缺陷。

2. 性能测试验收

性能测试验收又称为性能指标达标考核。启动试车无法判定设备的各项具体技术性能指标是否达到供货方在合同里承诺的保证值，启动试车只是检验设备安装完毕后，是否能够顺利、安全运行。因此，合同中均要约定设备移交后，试生产稳定运行多少个月后进行性能测试。由于合同规定的性能测试验收时间采购方已正式投产运行，所以这项验收试验应该由采购方负责，但供货方必须参加。

由采购方负责准备的试验大纲必须经过监理人与供货方讨论方可确定。试验现场和所需的人力、物力由供货方提供。试验所需的测点、一次性元件和装设的试验仪表由监理人组织供货方人员提供并做好技术配合和人员配合工作。

每套设备在性能验收试验完毕达到合同规定的各项性能保证值指标后，监理人可以与采购方和供货方共同签署设备验收的初步验收证书。

当一项或多项性能保证指标经测试检验未能达到合同约定时，监理人应当与采购和供货双方共同协商后，根据供货方在合同内的承诺值偏差与测试缺陷或技术指标试验值程度按以下原则区别对待：

1）测试缺陷或技术指标试验值仅有个别微小缺陷的，在不影响设备安全、可靠运行的前提条件下，监理人可同意签署初步验收证书，但供货方必须在双方商定的时间内免费给予修理。

2）如果设备的一项或多项性能保证值在第一次性能验收试验中达不到合同规定的指标，监理人应当与采购、供货双方共同分析原因，划清责任，然后由责任一方采取具体措施，第一次验收试验结束后，在合同约定的时间内进行第二次验收试验。如能顺利通过，则监理人签署初步验收证书。

3）如果有一项或多项指标在第二次性能验收试验后仍未能达到合同规定的性能保证值时，按责任的原因区别对待：

① 如果属于采购方的原因，监理人应当签署初步验收证书，设备初步验收通过。此后供货方仍然有义务与采购方一起采取措施，使设备性能达到保证值。

② 如果属于供货方的原因，则应当按照合同约定的违约金计算方法赔偿采购方的经济损失。

③ 在设备稳定运行规定的时间后，如果由于采购方原因造成性能验收试验的延误致使超过了约定的性能验收试验的期限，则视为初步验收合格，监理人应当签署设备初步验收证书。

初步验收证书不能视为解除供货方对设备中存在的可能引起设备损坏的潜在缺陷所应负责任的证据，它只是证明供货方所提供的设备性能和参数截至出具初步验收证明时可以按合同要求予以接受。

3. 设备的最终验收

1）设备采购合同应当约定具体的设备保证期限，保证期从签发初步验收证书之日起开始计算。

2）在保证期内的任何时间，如果供货方提出由于其责任原因设备性能未达标而需要进行检查、试验、再试验、修理或调换，监理人应当做好安排和组织配合工作，以保证上述工作顺利进行。修理或调换的费用应当由供货方承担并按实际修理或更换使设备停运所延误的时间将质量保证期限相应延长。

3）供货方已完成监理人在保证期满前提出的各项合理要求，设备的运行质量符合合同的约定。合同保证期到期后，监理人应当在合同规定的时间内向供货方出具合同设备最终验收证书。

4）如果采购方没有在合同约定的时间内对每套设备的最后一批交货进行试运行和性能验收试验，那么从每套设备最后一批交货到达现场之日起至保证期满即视为通过最终验收。监理人应当与采购方和供货方共同协商后签发合同设备的最终验收证书。

三、设备采购合同的交付

（一）设备采购合同的价格与支付

1. 合同价格

设备采购合同通常采用固定的总价合同，在合同交货期内为不变价格。合同价内包括合同设备（含备品备件、专用工具）、技术资料、技术服务等费用，此外还包括合同设备的税费、运杂费、保险费等与合同有关的其他费用。

2. 付款

应在合同内具体约定设备款支付的条件、设备款支付的时间及费用内容。目前大型设备采购合同中的付款多采用以下方式。

（1）支付条件　在合同生效后，供货方应当提交金额为约定的合同设备价格某一百分

比不可撤销的履约保函，作为采购方支付合同款的先决条件。

(2) 支付程序

1) 合同设备款的支付。订购设备的货款一般分三次支付给供货方。

① 设备制造前，供货方提交履约保函和金额为订购设备价格 10% 的商业发票后，采购方支付订购设备价格的 10% 作为预付款。

② 供货方按交货顺序在规定的时间内将每批设备或部组件运到交货地点并将该批设备的商业发票、清单、质量检验合格证明、货运提单提供给采购方，采购方支付该批设备价格 80% 的货款。

③ 剩余订购设备价格的 10% 作为设备保证金，待每套设备保证期满没有问题、采购方签发设备最终验收书后再支付给供货方。

2) 技术服务费的支付。合同约定的技术服务费，采购方一般分为两次支付给供货方。

① 第一批设备交货后，采购方支付给供货方该套合同设备技术服务费的 30%。

② 每套合同设备通过该套机组性能验收试验、初步验收证书签署后，采购方支付该套合同设备技术服务费的 70%。

3) 运杂费的支付。在设备交货时由供应方分批向采购方结算运杂费，结算总额为合同规定的运杂费。

(3) 采购方的支付责任　付款时间以采购方银行承付日期为实际支付日期，若此日期晚于规定的付款日期，即从规定的日期开始，按合同约定计算迟付款违约金。

(二) 设备采购合同的交付过程

1. 检验和测试

买方和其他代表应有权检验和（或）测试货物，以确认货物是否符合合同约定的规格，并且不承担额外的费用。合同条款和技术规格将说明买方要求进行的检验和测试，以及在何处进行这些检验和测试。买方将及时以书面形式把进行检验和（或）买方测试代表的身份通知卖方。检验和测试可以在卖方或其分包人的驻地、交货地点和（或）货物的最终目的地任何地方进行。如果在卖方或其分包人的驻地进行，检测人员应能得到全部合理的设施和协助，买方不应为此承担费用。如果任何被检验和测试的货物不能满足规格的要求，买方可以拒绝接收该货物，卖方应更换被拒绝的货物，或者免费进行必要的修改以满足规格的要求。在交货前，卖方应让制造商对货物的质量、规格、性能、数量和重量等进行详细而全面的检验，并出具一份证明货物符合合同规定的检验证书。检验证书是付款时提交给支付银行文件的一个组成部分，但不能作为有关质量、规格、性能、数量或重量的最终检验。制造商检验的结果和细节应附在质量检验证书后面。

2. 包装

卖方应提供货物运至合同规定的最终目的地所需要的包装，以防止货物在转运中损坏或变质。这类包装应采取防潮、防晒、防锈、防腐蚀、防震动及防止其他损坏的必要保护措施，从而保护货物能够经受多次搬运、装卸及远洋和内陆的长途运输。卖方应承担由于包装或其防护措施不妥而引起货物锈蚀、损坏和丢失的任何损失责任或费用。对于木质包装材料，应按照检验检疫局的规定进行熏蒸处理，并出具有关熏蒸证明。

3. 装运标记

卖方应在每一包装箱相邻的四面用不可擦除的油漆和明显的英文字样做出以下标记：①收货人；②合同号；③发货标记（唛头）；④收货人编号；⑤目的港；⑥货物名称、品目号和箱号；⑦毛重/净重（用 kg 表示）；⑧尺寸（长×宽×高，用 cm 表示）。如果单件包装箱的质量在 2t 或 2t 以上，卖方应在包装箱两侧用英语和国际贸易通用的运输标记标注“重心”和“起吊点”，以便安全进行装卸和搬运。根据货物的特点和运输的不同要求，卖方应在包装箱上清楚地标注“小心轻放”“此端朝上，请勿倒置”“保持干燥”等字样和其他国际贸易中使用的适当标记。

4. 交货和单据

卖方应按照“货物需求一览表”规定的条件交货。卖方应在货物装完启运后以传真形式将全部装运细节，包括合同号、货物说明、数量、运输工具名称、提单号码及日期、装货口岸、启运日期、卸货口岸、预计到港日期等通知买方和保险公司。

四、伴随服务

伴随服务是指根据本合同规定卖方承担与供货有关的辅助服务，如运输、保险、安装、调试、提供技术援助、培训和合同中规定卖方应承担的其他义务。应对本合同下提供的货物，按合同规定的方式，用一种可以自由兑换的货币对其在制造、购置、运输、存放及交货过程中的丢失或损坏进行全面保险。

专用合同条款与技术规格中约定有附加服务，卖方可能被要求提供下列中的任一项服务或所有的服务：

1）实施或监督所供货物的现场组装和（或）试运行。

2）提供货物组装和（或）维修所需的工具。

3）为所供货物的每一适当的单台设备提供详细的操作和维护手册。

4）在双方协定的一定期限内对所供货物实施运行或监督或维护或修理，但前提条件是该服务并不能免除卖方在合同保证期内所承担的义务。

5）在卖方厂家和（或）在项目现场就所供货物的组装、试运行、运行、维护和修理对买方人员进行培训。

卖方应提供专用合同条款（技术规格）中规定的所有服务，为履行要求的伴随服务的报价或双方商定的费用包括在合同价中。如果卖方提供伴随服务的费用未包含在采购货物的合同价中，双方应事先就此达成协议，但费用不应超过卖方向其他人提供类似服务所收取的现行价格。

五、违约责任

（一）供货方的违约责任

1. 误期赔偿款

除合同条款规定的不可抗力外，如果卖方没有按照合同规定的时间交货和提供服务，买方应在不影响合同项下的其他补救措施的情况下，从合同价中扣除误期赔偿费。每延误一周的赔偿费按迟交货物交货价或未提供服务的服务费用的 0.5% 计算，直至交货或提供服务为止。误期赔偿费的最高限额为合同价格的 5%。一旦达到误期赔偿费的最高限额，买方可考虑根据合同的规定终止合同。

2. 违约终止合同

在买方对卖方违约而采取的任何补救措施不受影响的情况下，买方可向卖方发出书面违约通知书，提出终止部分或全部的合同：

1）如果卖方未能在合同规定的期限内或买方根据合同的约定同意延长的期限内提供部分或全部货物。

2）如果卖方未能履行合同规定的其他任何义务。

3）如果买方认为卖方在本合同的竞争和实施过程中有腐败和欺诈行为。

为此，定义了下述概念：腐败行为是指提供、给予、接受或索取任何有价值的物品来影响买方在采购过程或合同实施过程中的行为；欺诈行为是指为了影响采购过程或合同实施过程而谎报或隐瞒事实，损害买方利益的行为。

3. 不能供货的违约金

合同履行过程中，如果因供货方原因不能交货，按不能交货部分约定价格的某一百分比计算违约金。

4. 由于供货方责任采购方人员的返工费

如果供货方委托采购方施工人员进行加工、修理、更换设备，或由于供货方设计图错误以及因供货方技术服务人员的指导错误造成返工，供货方应承担因此所发生合理费用的责任。

（二）采购方的违约责任

采购方的违约责任中应列明下列条款：

1）延期付款的违约金计算方法。

2）延期付款利息的计算方法。

3）如果采购方中途要求退货，按退货部分设备约定价格的某一百分比计算违约金。

在违约责任条款内还应分别列明任何一方严重违约时，对方可以单方面终止合同的条件、终止程序和后果责任。

六、设备采购合同文本风险提示及防控

（一）合同主体的风险提示及防控

1）应对合同相对人的资质和履约能力进行综合考察和评价。特殊设备的合同相对人应具备特殊资质。

2）合同相对人银行账户应当与签约主体名称一致。合同相对人在执行合同过程中变更银行收款账户的，应当暂停付款；在供应商出具加盖公章或合同专用章的书面说明，且买方财务管理部门在财务系统中修订相关信息后，恢复付款；合同相对人在执行合同过程中变更收款人账户名的，应当办理合同变更手续。

3）如果供应商主体名称变更，应当与供应商签订变更协议或重新签订合同，否则容易因合同主体不明确而产生纠纷。

4）特种设备的生产、检修维修、报废拆除主体必须具备相应资质。

（二）标的名称、数量、价格的风险提示及防控

1）规格、型号、数量、质量、价格是合同中最重要的标的条款，应当清楚准确，没有歧义。

2）在列明设备规格、型号的同时，对设备的备品配件、零配件的名称数量要有清单，防止产生争议。

3）通用设备要列明品牌、商标和生产厂家；非通用产品应当对加工方及原材料的来源做相应的约束和限制。

（三）交货与风险负担的风险提示及防控

1）明确交货时间、方式、地点、装卸责任和费用负担。

2）设备运输费的承担应当在合同中明确。运输费一般与交付方式有关，如自提货物或待办托运的，运输费通常由买方承担；供应商送货的，运输费通常由供应商承担。运输费的负担有专门约定的从约定。

3）交货地点涉及合同履行地的确定，可能影响诉讼案件的管辖法院，还涉及货物所有权的转移、毁损和灭失风险的承担。一般情况下，交货地点为买方所在地指定仓库为宜。

4）需要厂家安装的设备，要关注到货后买方提供场地、由厂家或供应商自行保管的交货责任承担。

（四）付款的风险提示及防控

1）预付款的支付要符合买方管理规定，并严格控制比例。

2）支付预付款时，根据供应商资信情况可以要求其提供等额预付款保函或者经批准的其他担保方式。

3）合同要明确约定每笔款项均应在取得合同约定的由供应商提供的全部单据后支付。

4）严格按照合同约定对供应商支付预付款和进度款，一是避免买方违约产生法律纠纷；二是在供应商违约时保护自己的合法权益。

（五）设备及随机备品备件的风险提示及防控

1）设备及随机备品备件一般应当由供应商供应，为防止争议，合同约定由供应商提供的备品备件应当在合同中明确。

2）非通用设备及用于组装的零件和原物料等内容和范围应当没有歧义，应当由供应商提供的备品备件的规格、型号、价格等要在合同中明确约定。

3）为防止供应商垄断备品备件的价格，双方可以就备品备件的今后供应做原则约定。

（六）包装的风险提示及防控

1）设备包装要适合运输和中途运转的需要，应当要求包装为适合长途运输、多次搬运和装卸的坚固包装。根据设备的特点及装卸和运输的不同要求，包装箱上应明显印刷“轻放”“无倒置”“防雨”等字样。

2）最好能提供当地商检部门出具的包装质量检验单，对于大件设备，应提前同运输部门协商包装方案。

3）根据设备需要，可要求包装具备防潮、防霉、防锈、防腐蚀措施，并有减振、防冲击措施，如要求加入油毡及填充物等。

4）木制包装要有熏蒸证明，也可采用免熏蒸板，另外底部要有便于叉车搬运的地槽。

5）裸装设备应以金属标签或直接在设备本身上注明上述有关内容。大件设备应带有足够的设备支架或包装垫木。

6）每件包装箱内，应附有包装分件名称、数量、图号的详细装箱单。外购件包装箱内应有产品出厂质量合格证明书、技术说明书各一份。另外，应当邮寄或提交装箱清单各两份。

7）合同中列明的备品备件应按每套设备分别包装，并在包装箱外加以注明，一次性发货。

8）所有管道、管件、阀门及其他设备的端口必须用保护盖或其他方式妥善防护。

9）供应商对包装箱内和捆内的各散装部件在装配图中的部件号、零件号应标记清楚。

（七）过程控制的风险提示及防控

1）重点项目设备，长周期制造设备，都需要对设备制造过程提出要求，确保设备质量或专门签订监造合同，委派专人对生产商制造过程进行质量监督。

2）买方自行监造时，应配备高水平的专业技术人员，若委托第三方监造，应选择专业性强、监造体系完善的监造单位。

3）设备监造并不减轻供应商的质量责任，不能代替买方对设备的最终质量验收。第三方监造单位应对被监造设备的制造质量承担监造责任，具体责任应在监造服务合同中予以明确。

4）监造方或监造人员应对设备制造过程中发生的不符合项及时报告买方并进行跟踪处理，按照程序要求对不同类别的不符合项进行见证处理、关闭和签字确认，保留证据记录。

（八）分包和外购的风险提示及防控

1）分包和外购的内容、分包商和分包外购比例应征得买方书面同意后在技术协议中规定。

2）供应商应确保不得再次分包。

3）防止因分包商和外购商不具备主体资质、信誉低，导致设备质量风险，影响买方正常生产、经营。经买方书面同意分包外购的设备或部件，买方原则上应参与分包商的选定。

（九）出厂前检验和现场验收的风险提示及防控

1）设备的到货验收一般是指对设备的包装、数量、规格等外观内容进行检查验收，但根据约定也可能包括对设备质量进行检查验收。因此，合同文本应当明确到货验收的内容，并根据合同要求进行验收，验收报告应当跟验收内容保持一致。

2）应当在合同约定的检验期间进行检验，否则将承担未经检验的产品视为合格的风险。

3）设备采购合同通常约定由买方和供应商共同进行现场验收。供应商未能出席，视为供应商放弃该权利，买方有权自行完成现场验收，但应当保留相关书面证明资料。

4）设备现场验收合格的，买方在验收完毕后合理期限内出具现场验收合格证明。检验期内发现不合格项应及时记录并保留相关证据资料，记录需写明地点、时间、参加人员、标的物不合格情况，并经买卖双方或者承运人签字确认或以书面形式通知对方，怠于通知的，标的物视为检验合格。

5）双方代表在验收时对验收记录不能取得一致意见，可以协商委托双方同意的第三方检验机构依照协议标准进行最终检验。

6）设备送货地点通常为设备使用单位，安装前设备的管理和控制权通常在供应商或生产厂家，物资装备部应当与设备使用单位就设备的外观和质量的检验做出明确规定，否则出现质量问题可能对买方不利。

（十）其他方面的风险提示与防控

1. 单机设备安装与调试的风险提示与防控

1）检查设备及其部件的安装尺寸；在具备条件的情况下，检查设备的主要零部件、连接件、配件、附件等的尺寸精度、形状精度或者其他要求的加工精度。

2）通过对设备的安装，进一步检查每台、每套设备及附件的完整性。

3）对已安装好的设备，结合调试检查其各部分的配合精度、定位精度，检查设备的参数。

4）对需在安装后进行安全性能检验的设备，按照检验计划和实施方案进行检验。

2. 成套设备安装与调试的风险提示与防控

1）进口设备需在专家指导下，由专业安装队伍负责安装，也可在确有把握的情况下，由出国实习人员负责组织专业安装小组实施。进口设备安装应按照规定的技术要求，制订详细工程进度计划，分工组织实施。对设备基础、隐蔽工程、配套管线、吊装就位、调整找平、精度检测等各项工程质量应认真组织检验验收，逐项填写验收单存档。

2）设备调试应经专门培训的技术人员按程序进行，首先检查设备实际的电压、气压、水压、油压是否与设备要求相符，润滑系统的工作状态是否正常并做好记录。如与设备技术要求不符时，应及时分析原因，排除故障，在故障未排除前，绝不允许开车。

3）在试运行、试生产正常、考核验收合格后，由买卖双方签署竣工验收合格证书，并经商检机构认可后，报请上级有关部门组织验收。在验收时，企业有关部门应向验收组提供有关设备的技术文件，包括：设备技术档案、考核验收资料、费用决算等。设备验收投产后，及时纳入企业固定资产，由财务部门提取折旧。

4）一般建议在7至30日内安装调试完毕，如需对买方人员培训的，可根据实际情况选择培训时间。一般为免费培训，如需一定天数的专门培训可以另行约定，并注明费用明细与承担者。

3. 质量责任的风险提示及防控

1）合同约定适用的质量标准应当明确、唯一、不相互冲突，同时写明标准编号和标准名称。若质量标准存在两个或两个以上，应详细约定以哪个质量标准为准。

2）非通用设备采购合同应与供应商签订技术协议，明确技术要求。

3）质量保证期应明确约定，防止供应商据此为由逃避质量保证责任。

4. 违约责任的风险提示及防控

1）在设置违约金比例和金额时应平衡考虑，违约金比例不宜超过损失金额的130%，超过部分法院有权予以减少。

2）在设备采购合同中，应当详细列举可能出现的违约情形，如供应商设备出现质量问题、延迟交货、延迟交付技术资料、延迟提供技术服务等，并明确违约金比例。

5. 知识产权和保密的风险提示及防控

1）在合同中需明确供应商知识产权的担保范围、被第三人主张侵权争议的协助通知义务和关于停止侵权的处理，若约定不明，则容易产生法律争议和诉讼风险。

2）标的物交付后，若法院或行政机关要求停止侵权，导致买方被禁止使用全部或部分设备时，应当约定由供应商通过更改、替换等方式让买方继续使用相关设备，若无法规避上述停止侵权的禁令，则应约定全部或部分返还，并约定供应商应当相应返还合同价款并赔偿买方损失。

3）除法律或者合同约定的披露情形，保密的期限应为永久。

4）如买方需要披露合同保密信息，应通知供应商披露的原因并获得许可，并要求被披露方保密或签订不低于保密条款的约定，保持披露记录。

5）知识产权条款和保密条款通常是对等条款，买方应当注意严格履约，否则可能造成权利丧失或被供应商追究违约责任。

6. 争议解决的风险提示及防控

1）内部单位签约，必须选择内部调处，不得选择其他争议解决方式。

2）外部单位签约，争议解决方式可选择法院诉讼或者提请仲裁，但两者仅可选择其一。

3）约定诉讼解决的，应明确管辖法院，一般应选择买方所在地法院。管辖法院约定不明或没有约定的情况下，易发生法院管辖争议，可能导致买方诉讼成本增加。

4）约定仲裁解决的，应列明仲裁机构的准确名称、仲裁地点和适用的仲裁规则。约定不明存在争议时，将可能导致仲裁条款无效。

7. 变更和解除的风险提示及防控

1）合同变更仅指合同内容的变化，合同主体的变动属于合同转让的范畴。

2）合同内容的变化，可表现为合同标的物的数量或质量、规格、价金数额或计算方法、履行时间、履行地点、履行方式等合同内容的某一项或数项发生变化，对于变更内容应约定明确，否则将被视为未进行变更。

3）合同变更必须采取书面形式，经双方签字确认并需经原审批流程。

8. 合同档案管理的风险提示及防控

合同及相关资料等应当定期、完整、妥善归档，若管理不善，可能因证据缺失导致买方在争议或纠纷处理中处于被动或不利地位。

总之，细化设备采购合同文本的管理，有针对性地实施风险防控，才能有效地控制每一台采购设备，为企业的正常生产经营和长远发展提供有力保障。

案例分析

(1) 由于采购方现场条件原因要求供货方推迟设备发货时，采购方应及时通知供货方，并承担推迟期间的仓储费和必要的保养费。

(2) B公司如果对采购方提出的设备修理、更换、索赔等要求有异议，应在接到采购方书面通知后合同约定的时间内提出，并派代表赴现场同采购方代表共同复验，否则采购方的上述要求即告成立。

(3) 按照采购方的要求对生产厂家定型设计图的局部修改；设备制造；提供配套的辅助设备；设备运输；设备安装（或指导安装）；设备调试和检验；提供备品、备件；对采购方运行的管理和操作人员的技术培训等。

(4) 卖方未能在合同规定的期限内或买方根据合同的约定同意延长的期限内提供部分或全部货物；卖方未能履行合同规定的其他任何义务；买方认为卖方在本合同的竞争和实施过程中有腐败和欺诈行为。当出现上述情形时，王先生可向卖方发出书面违约通知书，提出终止部分或全部的合同。

常见问题解析

1. 采购信息不能共享，采购成本较高怎么办？

【解析】项目材料采购部门应随时进行市场调查，全面了解市场，要意识到并及时与供应商及内部部门沟通，掌握材料价格现状，如果购买价格偏离正常的市场价格，应适当调整以确保物资的正常供应。

2. 依据平衡考虑，在设置违约金比例和金额时应如何设计？

【解析】违约金比例不宜超过损失金额的130%，超过部分法院有权予以减少。

3. 哪些属于非即时买卖合同?

【解析】非即时买卖合同的表现有很多种，在建设工程材料设备采购合同中比较常见的是货样买卖、试用买卖、分期交付买卖和分期付款买卖等。

4. 在验收时，企业有关部门应向验收组提供哪些有关设备的技术文件?

【解析】设备技术档案、考核验收资料、费用决算等。

5. 误期赔偿款中应注意哪些事项?

【解析】除合同条款规定的不可抗力外，如果卖方没有按照合同规定的时间交货和提供服务，买方应在不影响合同项下的其他补救措施的情况下，从合同价中扣除误期赔偿费。每延误一周的赔偿费按迟交货物交货价或未提供服务的服务费用的0.5%计算，直至交货或提供服务为止。误期赔偿费的最高限额为合同价格的5%。一旦达到误期赔偿费的最高限额，买方可考虑根据合同的规定终止合同。

思 考 题

1. 材料采购合同如何进行交货的检验?
2. 材料采购合同履行过程中，如果出现供货方提前交货，应如何处理?
3. 材料采购合同的违约责任有哪些规定?
4. 设备采购合同的伴随服务可能包括哪些内容?

11

第十一章 国际工程常用合同文本简介

学习目标

知识目标：

1. 了解 FIDIC 组织、英国 NEC 合同文本、美国 AIA 合同文本。
2. 熟悉 FIDIC 施工合同条款。

能力目标：

1. 能够区分三大国际常用合同文本的特点。
2. 能够根据不同国际工程项目选择相应合同文本。
3. 能够知悉 FIDIC 施工合同主要条款。

知识脉络图

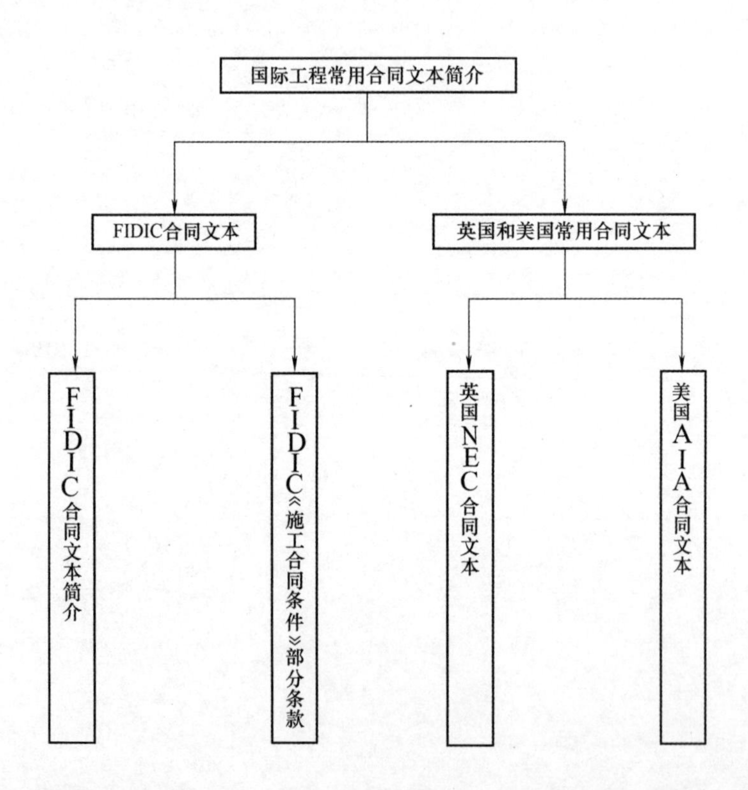

第一节　FIDIC 合同文本

案例引入

背景资料：2017 年 4 月，某承包商沿海岸建造一超高层建筑，地上 54 层，地下 3 层。设计采用钻孔灌注桩基础。钻机钻进表土施工过程中，钻头与钻杆的连接杆被钻孔周边土层中掉落的孤石别断，导致钻头掉落在护壁泥浆之中，水下打捞钻头等工作共花费 5 万元，拖延工期 3 天。

问题：承包商能否进行索赔？理由是什么？

一、FIDIC 合同文本简介

（一）FIDIC 组织

FIDIC 是国际咨询工程师联合会的法文字头的缩写，简称“菲迪克”。FIDIC 成立于 1913 年，是一个非官方机构。FIDIC 下设五个专业委员会：业主与咨询工程师关系委员会（CCRC）；合同委员会（CC）；风险管理委员会（RMC）；质量管理委员会（QMC）；环境委员会（ENVC）。其宗旨是：通过编制高水平的标准文件，召开研讨会，传播工程信息，从而推动全球工程咨询行业的发展。目前，全球有 60 多个国家和地区的成员加入了 FIDIC，我国在 1996 年正式加入。

FIDIC 的各种文献和出版物，包括各种合同、协议标准范本、各项工作指南以及工作惯例建议等，得到了世界各有关组织的广泛承认和实施，是工程咨询行业的重要指导性文献。FIDIC 的权威性主要体现在其高质量的工程合同范本上，世界银行、非洲开发银行等国际金融机构的贷款项目指定使用 FIDIC 的合同范本，并被国际工程界广泛采纳。

（二）FIDIC 发布的标准合同文本 2017 年版要点解读

FIDIC 2017 年 12 月在伦敦举办年度国际用户会议并发布 2017 第二版红皮书、黄皮书和银皮书（为系列工程合同范本，以下简称“《第二版》”），新版本将为索赔和争议解决程序带来重大变化。对于可能对工程产生不利影响，可能引起合同价格上涨或导致迟延的事件或情况（包括已知和可能发生的情况），该版本要求承包商和雇主在上述情况的预测和预防上加强协作，并从一开始就以高效的方式对索赔进行管理以避免其演变为纠纷。

《第二版》规定了新的时效，更复杂的索赔程序和通知要求，并进一步将 DAB（即争议避免与裁决委员会）整合到索赔程序中。这些做法能够鼓励纠纷的快速解决，给承包商和雇主之间的合同关系带来更多的透明度和可预见性，但与此同时，也可能给所有涉案当事人（包括工程师在内）增加管理负担和相关费用。

FIDIC 对其 1999 年版红皮书、黄皮书和银皮书（以下简称“《第一版》”）所做的更新反映了 FIDIC《第一版》在全球不同司法辖区使用中获得的经验，也反映了国际建筑业在过去 18 年中的发展。

为了加强当事人之间的协作，《第二版》显著改善了合同管理程序并试图对《第一版》中的风险分配进行重新平衡。

具体来说，《第二版》对争端解决机制进行了重新考虑，其中包括对先前版本的有益且

必要的修订并增加了一些有用的新条款。

1. 通知

根据《第二版》的新规定，一个有效通知必须对其本身做出相应描述并说明具体参考的合同条款。

该规定似乎是为了提高透明度并避免当事人依赖“非正式”通知（如参考信件或会议记录），以避免超过时效规定。

2. 预先警告

《第二版》第 8.4 条规定，对于可能产生如下影响的事项，双方当事人有义务“尽力发出预先警告”：(1) 对承包商人员的工作产生不利影响；(2) 对竣工时的表现产生不利影响；(3) 导致合同价格的上涨；(4) 导致工程或某部分（若有）执行的延迟。

“预先警告”旨在防止上述事项的发生并尽可能减少其可能造成的损害。

3. 索赔和争议

《第二版》的两个单独条款（分别为第 20 条和第 21 条）规定了索赔和争议的处理，重点强调了两个条款之间的区别。

索赔是指一方当事人根据合同所能获得的权利或救济向另一方当事人提出的主张，争议则是指索赔被拒绝或被忽视的任何情况。

为实现当事人之间的平衡和互惠，雇主和承包商提起索赔的程序机制已合并规定在《第二版》的同一条款（第 20 条）中。

现在，业主和承包商发出索赔通知的时效均为 28 天，为支撑索赔提交相关详细资料的时效为 42 天，从业主或承包商知道或应当知道导致索赔发生的事件或情况之日起算。

工程师收到索赔通知后若认为索赔时效已过，则有义务在 14 天内做出初步答复；工程师做出此类答复后，若索赔方认为存在紧急情况使得索赔的迟延提交具有正当性，则该索赔方可以向 DAB 申请时效豁免。

在裁定是否给予时效豁免时，DAB 应考虑对该迟延索赔的接受是否会对另一方当事人造成损害，另一方当事人是否已经得知涉及的事件或索赔的基础，还应考虑工程师是否已经做出决定或更可能正试图协商或达成一致（及进展程度）。

4. 工程师的协议或决定

《第二版》明确规定，工程师负有鼓励双方通过协议解决索赔的积极义务，相关条款的标题（即《第一版》第 3.5 条和《第二版》第 3.7 条）已经由“决定”修改为“协议和决定”。

工程师的职能得到扩张，其中包括一些新的责任和义务。

就涉及的索赔而言，工程师必须：(1) 与各方协商并试图达成协议；(2) 如果在 42 天内没有达成任何协议，则须在之后 42 天内做出“公平的决定”。

虽然工程师将继续作为业主的代理人（与《第一版》规定一致），但工程师在根据合同做出决定之前无须得到业主同意。此外，在试图达成协议或做出决定时，工程师不再做为业主的代理人，而是在当事人之间保持“中立”。

如果工程师未能在合同规定的时限内做出决定，则认为工程师已经驳回了索赔主张，该索赔可提交更名后的“争议避免或裁决委员会”审理。

如果任何一方对工程师的决定有异议，那么该方有权在 28 天内向另一方发出异议通知（向工程师提交副本）并说明异议理由。

有争议的索赔应根据第 21 条通过争端解决程序处理。但是工程师的决定对双方仍具有约

束力，除非（直到）DAB（即争议避免与裁决委员会简称）或仲裁程序对该决定做出修订。

5. 争议避免与裁决委员会（简称“DAB”）

根据《第二版》的规定，设立 DAB 的主要目的在于防止索赔转变为纠纷。

在此方面，《第二版》黄皮书的规定与红皮书和银皮书的规定保持一致，并要求 DAB 必须自项目开始之时设立且一直存在。

当事人可以共同将事项提交 DAB 审理，请求提供协助，组织正式讨论并设法解决当事人之间的分歧。DAB 也有权邀请当事人将争议事项提交其解决（若察觉到分歧的存在）。

与《第一版》的规定一致，DAB 必须在争议提交之日起 84 天内做出决定，该决定立即生效并对双方当事人具有约束力。

但《第二版》的新条款也包括一些修订，旨在对这些义务的履行进行澄清并提供协助，主要包括：DAB 的决定对工程师具有明确的约束力；当事人和工程师必须遵守 DAB 的决定，无论“当事人是否已根据本款规定提交了针对 DAB 决定的异议通知”；若 DAB 裁定支付一定金额的款项，则该金额应在付款人收到发票后立即到期并支付（无须任何证明或通知）。另外，DAB 可以要求为裁定的款项提供适当担保。

此外，《第二版》第 21.7 条规定，如果任何一方当事人不遵守 DAB 决定（不论是否为终局决定），另一方当事人可根据第 21.6 条直接将该行为（即不遵守 DAB 决定的行为）提交仲裁。

在《第二版》下，任何一方当事人均可以在 28 天内发出异议通知使 DAB 的决定不具有终局性。如果在异议通知发出后 182 天内仍未开始仲裁，则该异议通知应视为已过期并失去效力。在未按规定提起仲裁程序的情况下，DAB 决定将成为最终决定。

最后，若没有适当的 DAB 进行审理，《第二版》允许当事人在争议发生时直接进行仲裁。

6. 和解

根据《第二版》的规定，强制友好和解的期限已从 56 天减少为 28 天。此外，如果一方未遵守 DAB 的决定，则友好和解期不再适用，该失败（指不遵守 DAB 决定的行为）可直接提交仲裁。

7. 仲裁

与《第一版》的规定相似，《第二版》援引国际商会的仲裁规则作为默认仲裁规则，仲裁庭有权审查并修改工程师和 DAB 做出的决定。

（三）多边开发银行统一版《施工合同条件》

FIDIC 与世界银行、亚洲开发银行、非洲开发银行、泛美开发银行、加勒比开发银行、北欧开发基金等国际金融机构共同工作，对 FIDIC《施工合同条件》（1999 年第一版）进行了修改补充，编制了这本用于多边开发银行提供贷款项目的合同条件——多边开发银行统一版《施工合同条件》（2005 年版）。由于 FIDIC 编制的合同文本力求在雇主与承包商之间体现风险合理分担的原则，而国际投资金融机构的贷款对象是雇主，调整的条款更偏重于雇主对施工过程中的控制。

这本合同条件，不仅便于多边开发银行及其借款人使用 FIDIC 合同条件，也便于参与多边开发银行贷款项目的其他各方（如工程咨询机构、承包商等）使用。

多边开发银行统一版《施工合同条件》，在通用条件中加入了以往多边开发银行在专用条件中使用的标准措辞，减少了以往在专用条件中的增补和修改的数量，提高了用户的工作

效率，减少了不确定性和发生争端的可能性。该合同条件与FIDIC的其他合同条件的格式一样，包括通用条件、专用条件以及各种担保、保证、保函和争端委员会协议书的标准文本，方便用户的理解和使用。

二、FIDIC《施工合同条件》部分条款

我国的GF—2017—0201《建设工程施工合同（示范文本)》大量借鉴了FIDIC《施工合同条件》的条款编制原则，但鉴于我国法律的规定和建筑市场的特点，有些条款部分采用，有些条款没有采纳。

（一）工程师

1. 工程师的地位

工程师属于雇主人员，但不同于雇主雇用的一般人员，在施工合同履行期间独立工作。处理施工过程中有关问题时应保持公平（是指“处理事情合情合理，不偏袒哪一方”）的态度，而非公正（是指建立个人权利同他人，包括社会、公众、政府或个人权利的和谐关系）的处理原则。

2. 工程师的权力

工程师可以行使施工合同中规定的或必然隐含的权力，雇主只是授予工程师独立做出决定的权限。通用合同条款明确规定，除非得到承包商同意，雇主承诺不对工程师的权力做进一步的限制。

3. 助手的指示

助手相当于我国项目监理机构中的专业监理工程师，工程师可以向助手指派任务和付托部分权力。助手在授权范围内向承包人发出的指示，具有与工程师指示同样的效力。如果承包商对助手的指示有疑义时，不需再请助手澄清，可直接提交工程师请其对该指示予以确认、取消或改变。

4. 口头指示

工程师或助手通常采用书面形式向承包商做出指示，但某些特殊情况可以在施工现场发出口头指示，承包商也应遵照执行，并在事后及时补发书面指示。如果工程师未能及时补发书面指示，又在收到承包人将口头指示的书面记录要求工程师确认的函件2个工作日内未做出确认或拒绝答复，则承包商的书面函件应视为对口头指示的书面确认。

（二）不可预见的物质条件

“不可预见的物质条件”是针对签订合同时雇主和承包商都无法合理预见的不利于施工的外界条件影响，使承包商增加了施工成本和工期延误，应给承包商的损失相应补偿的条款。FIDIC《施工合同条件》进一步规定，工程师在确定最终费用补偿额时，还应当审查承包商在过去类似部分的施工过程中，是否遇到过比招标文件给出的更为有利的施工条件而节约施工成本的情况。如果有的话，应在给予承包人的补偿中扣除该部分施工节约的成本作为此事件的最终补偿额。

该条款的完整内容，体现了工程师公平处理合同履行过程中有关事项的原则。不可预见的物质条件给承包商造成的损失应给予补偿，承包商以往类似情况节约的成本也应做适当的抵消。应用此条款扣减施工节约成本有以下四个关键点需要注意：一是承包商未依据此条款提出索赔，工程师不得对以往承包人在有利条件下施工节约的成本主动扣减；二是扣减以往节约成本部分是与本次索赔在施工性质、施工组织和方法相类似的部分，不类似的施工部位

节约的成本不涉及扣除；三是有利部分只涉及以往，以后可能节约的部分不能作为扣除的内容；四是以往类似部分施工节约成本的扣除金额，最多不能大于本次索赔对承包商损失应补偿的金额。

（三）指定分包商

为了防止发包人错误理解指定分包商而干扰建筑市场的正常秩序，我国的 GF—2017—0201《建设工程施工合同（示范文本）》中没有选用此条款。在国际各标准施工合同中均有“指定分包商”的条款，说明使用指定分包商有必然的合理性。指定分包商是指由雇主或工程师选定与承包商签订合同的分包商，完成招标文件中规定承包商承包范围以外工程施工或工作的分包人。指定分包商的施工任务通常是承包商无力完成的特殊专业工程施工，需要使用专门技术、特殊设备和专业施工经验的某项专业性强的工程。由于施工过程中承包商与指定分包商的交叉干扰多，工程师无法合理协调才采用的施工组织方式。

指定分包商条款的合理性，以不得损害承包商的合法利益为前提。具体表现为以下几点：一是招标文件中已说明了指定分包商的工作内容；二是承包商有合法理由时，可以拒绝与雇主选定的具体分包单位签订指定分包合同；三是给指定分包商支付的工程款，从承包商投标报价中未摊入应回收的间接费、税金、风险费的暂定金额内支出；四是承包商对指定分包商的施工协调收取相应的管理费；五是承包商对指定分包商的违约不承担责任。

（四）竣工试验

1. 未能通过竣工试验

我国的 GF—2017—0201《建设工程施工合同（示范文本）》针对竣工试验结果只做出“通过”或“拒收”两种规定，FIDIC《施工合同条件》增加了雇主可以折价接收工程的情况。如果竣工试验表明虽然承包商完成的部分工程未达到合同约定的质量标准，但该部分工程位于非主体或非关键工程部位，对工程运行的功能影响不大，在雇主同意接收的前提下工程师可以颁发工程接收证书。

雇主从工程缺陷不会严重影响项目的运行使用，为了提前或按时发挥工程效益角度考虑，可能同意接收存在缺陷的部分工程。由于该部分工程合同的价格是按质量达到要求前提下确定的，因此同意接收有缺陷的部分工程应当扣减相应的金额。雇主与承包商协商后确定减少的金额，应当足以弥补工程缺陷给雇主带来的价值损失。

2. 对竣工试验的干扰

承包商提交竣工验收申请报告后，由于雇主应负责的外界条件不具备而不能正常进行竣工试验达到 14 天以上，为了合理确定承包商的竣工时间和该部分工程移交雇主及时发挥效益，规定工程师应颁发接收证书。缺陷责任期内竣工试验条件具备时，进行该部分工程的竣工试验。由于竣工后的补检试验是承包人投标时无法合理预见的情况，因此补检试验比正常竣工试验多出的费用应补偿给承包商。

（五）工程量变化后的单价调整

FIDIC《施工合同条件》规定 6 类情况属于变更的范畴，而在我国 GF—2017—0201《建设工程施工合同（示范文本）》“变更”条款下规定了 5 种属于变更的情况，相差的一项为“合同中包括的任何工作内容数量的改变”。我国 GF—2017—0201《建设工程施工合同（示范文本）》将此情况纳入计量与支付的条款内，但未规定实际完成工程量与工程量清单中预计工程量增减变化较大时，可以调整合同价格的规定；此种情形可按照 GB 50500—2018《建设工程工程量清单计价规范》的规定执行。

FIDIC《施工合同条件》对工程量增减变化较大需要调整合同约定单价的原则是，必须同时满足以下四个条件：

1）该部分工程在合同中约定属于按单价计量支付的部分。

2）该部分工作通过计量超过工程量清单中估计工程量的数量变化超过10%。

3）计量的工作数量与工程量清单中该项单价的乘积，超过中标合同金额（我国GF—2017—0201《建设工程施工合同（示范文本）》中的“签约合同价”）的0.01%。

4）数量的变化导致该项工作的施工单位成本超过1%。

（六）预付款的扣还

1. 预付款的起扣点

当已支付的工程进度款累计金额，扣除后续支付的预付款和已扣留的保留金（我国GF—2017—0201《建设工程施工合同（示范文本）》中的“质量保证金”）两项款额后，达到中标合同价减去暂列金额后的10%时，开始从后续的工程进度款支付中回扣工程预付款。

2. 每次工程进度款支付时扣还的预付款额度

在预付款起扣点后的工程进度款支付时，按本期承包商应得的金额中减去后续支付的预付款和应扣保留金后款额的25%，作为本期应扣还的预付款。

（七）保留金的返还

我国GF—2017—0201《建设工程施工合同（示范文本）》中规定质量保证金在缺陷责任期满后返还给承包人。FIDIC《施工合同条件》规定保留金在工程师颁发工程接收证书和颁发履约证书后分两次返还。

颁发工程接收证书后，将保留金的50%返还承包商。若为其颁发的是按合同约定的分部移交工程接收证书，则返还按分部工程价值比例计算保留金的40%。

颁发履约证书后，将全部保留金返还承包商。由于分部移交工程的缺陷责任期的到期时间早于整个工程的缺陷责任期的到期时间，对分部移交工程的二次返还，也为该部分剩余保留金的40%。

（八）不可抗力事件后果的责任

FIDIC《施工合同条件》和我国GF—2017—0201《建设工程施工合同（示范文本）》对不可抗力事件后果的责任规定不同。我国GF—2017—0201《建设工程施工合同（示范文本）》依据《合同法》的规定，以不可抗力发生的时点来划分不可抗力的后果责任，即以施工现场人员和财产的归属，发包人和承包人各自承担本方的损失，额外增加的工作费用由发包人承担，延误的工期相应顺延。FIDIC《施工合同条件》是以承包商投标时能否合理预见来划分风险责任的归属，即由于承包商的中标合同价内未包括不可抗力损害的风险费用，因此对不可抗力的损害后果不承担责任。由于雇主与承包商在订立合同时均不可能预见此类自然灾害和社会性突发事件的发生，且在工程施工过程中既不能避免其发生也不能克服，因此雇主承担风险责任，延误的工期相应顺延，承包商受到损害的费用由雇主给予支付。

案例分析

承包商能进行索赔。理由：按照FIDIC《施工合同条件》规定，“不可预见的物质条件”是指承包人在施工场地遇到的不可预见的自然物质条件、非自然的物质障碍和污染物，包括地下和水文条件，但不包括气候条件。如果出现了“不可预见的物质条件”使承包商增加了施工成本和工期延误，应给承包商的损失相应补偿。背景资料中，土层中孤石的掉落是签订合同时雇主和承包商都无法合理预见的不利施工的外界条件，属于合同条款中规定的“不可预见的物质条件”的情形，合同约定的责任方在雇主，承包商能进行索赔。

或者，也可以按照雇主提供的地质资料不准确回答。因雇主未能提供上述施工障碍资料或提供的资料不真实、不准确、不齐全，给承包人造成损失或损害的，由雇主承担赔偿责任。导致工程关键路径延误的，竣工日期相应顺延。

第二节　英国和美国常用合同文本

一、英国 NEC 合同文本

（一）合同文本简介

英国土木工程师学会（ICE）编制的标准合同文本（简称“NEC 合同”）不仅在英国和英联邦国家得到广泛应用，而且对国际上众多标准化文本的起草起到参考和借鉴作用，在全球的影响力很大。NEC 的合同系列包括工程施工合同、专业服务合同、工程设计与施工简要合同、评判人合同、定期合同和框架合同。NEC 工程施工合同的管理理念和合同原则是 NEC 系列其他合同编制的基础，下面就工程施工合同文本做简单介绍。

（二）工程施工合同文本的履行管理模式

工程施工合同文本的条款规定，是基于当事人双方信誉良好、履行合同诚信基础上设定的条款内容，施工过程中发生的有关事项由雇主聘任的项目经理与承包商通过协商确定的二元管理模式。合同争议首先提交给当事人共同选定的“评判人”，独立、公正地做出处理决定。虽然合同涉及的相关方中也有工程师，但他的职责仅限于工程实施的质量管理，不参与合同履行的全面管理，比我国监理工程师的职责简单。

（三）工程施工合同文本的结构

工程施工合同文本具有条款用词简洁、使用灵活的特点，为了广泛适用于各类的土木工程施工管理，标准文本的结构采用在核心条款的基础上，使用者根据实施工程的承包特点，采用积木块组合形式，选择本工程适用的主要选项条款和次要选项条款，形成具体的工程施工合同。

1. 核心条款

核心条款是施工合同的基础和框架，规定的工作程序和责任适用于施工承包、设计施工总承包和交钥匙工程承包的各类施工合同。工程施工合同的核心条款设有九条：总则；承包商的主要责任；工期；测试和缺陷；付款；补偿事件；所有权；风险和保险；争端和合同终止。

2. 主要选项条款

由于核心条款是对施工合同主要共性条款的规定，因此还要根据具体工程的合同策略，在主要选项条款的六个不同合同计价模式中确定一个适用模式，将其纳入合同条款之中（只能选择一项）。主要选项条款是对核心条款的补充和细化，每一主要选项条款均有许多针对核心条款的补充规定，只要将对应序号的补充条款纳入核心条款即可。主要选项条款包

括：选项A——带有分项工程表的标价合同；选项B——带有工程量清单的标价合同；选项C——带有分项工程表的目标合同；选项D——带有工程量清单的目标合同；选项E——成本补偿合同；选项F——管理合同。

标价合同适用于签订合同时价格已经确定的合同，选项A适用于固定价格承包，选项B适用于采用综合单价计量承包；目标合同（选项C、选项D）适用于拟建工程范围在订立合同时还没有完全界定或预测风险较大的情况，承包商的投标价作为合同的目标成本，当工程费用超支或节省时，雇主与承包商按合同约定的方式分摊；成本补偿合同（选项E）适用于工程范围的界定尚不明确，甚至以目标合同为基础也不够充分，而且又要求尽早动工的情况，工程成本部分实报实销，按合同约定的工程成本一定百分比作为承包商的收入；管理合同（选项F）适用于施工管理承包，管理承包商与雇主签订管理承包合同，他不直接承担施工任务，以管理费用和估算的分包合同总价报价。管理承包商与若干施工分包商订立分包合同，确定的分包合同履行费用由雇主支付。若承包商直接参与施工，将部分承包任务分包，则不属于管理合同。

3. 次要选项条款

工程施工合同文本中提供了18项可供选择的次要选项条款，包括：通货膨胀引起的价格调整；法律的变化；多种货币；母公司担保；区段竣工；提前竣工奖金；误期损害赔偿费；“伙伴关系”协议；履约保证；支付承包商预付款；承包商对其设计所承担的责任只限于运用合理的技术和精心设计；保留金；功能欠佳赔偿费；有限责任；关键业绩指标；1996年房屋补助金、建设和重建法案（适用于英国本土实施的工程）；1999年合同法案（适用于英国本土实施的工程）；其他合同条件。

雇主在制定具体工程的施工合同时，根据工程项目的具体情况和自身要求选择本工程合同适用的选项条款。对于采用的选项，需要对应做出进一步明确的内容约定。

对于具体工程项目建设使用的施工合同，核心条款加上选定的主要选项条款和次要选项条款，就构成了一个内容约定完备的合同文件。

（四）合作伙伴管理理念

核心条款明确规定，雇主、承包商、项目经理和工程师应在工作中相互信任、相互合作和风险合理分担。工程施工合同规定合同履行过程中的合作伙伴管理，改变了传统的雇主与承包商以合同价格为核心，中标靠报价盈利靠索赔的合同对立关系，建立以工程按质、按量、按期完成并实现项目的预期功能，作为参与项目建设有关各方的共同目标，进行合作管理的新理念（Partnering管理模式）。次要选项条款中规定的伙伴关系协议，要求雇主与参建各方在相互信任、资源共享的基础上，通过签订合作伙伴协议，组建工作团队，在兼顾各方利益的条件下，明确团队的共同目标和各自责任，建立完善的协调和沟通机制，实现风险合理分担的项目团队管理实施模式。

1. “伙伴关系”协议

鉴于参与工程项目的有关方较多，影响施工正常进行的因素来源于各个方面，因此建立伙伴关系的有关各方不仅指施工合同的双方当事人和参与实施管理的有关各方，还可能包括合同定义的“其他方”。其他方是指不直接参与本合同的人员和机构，包括雇主、项目经理、工程师、裁决人、承包商以及承包商的雇员、分包商或供应商以外的人员或机构。

伙伴关系协议明确各方工作应达到的关键考核指标，以及完成考核指标后应获得的奖励。雇主负责支付咨询顾问费用，承包商负责支付专业分包商的费用。如果因伙伴关系中某一方的过失造成了损失，各方也应通过双边合同的约定来解决。对于违约方的最终惩罚是将来不再给他达成伙伴关系的机会，即表明其诚信和能力存在污点，对以后项目的承接或参与均会产生影响。

由参与团队的主要有关方组成的核心项目组负责协调伙伴关系成员之间的关系，监控现场内外的工程实施。团队成员有义务向雇主或其他成员提示施工过程中的错误、遗漏或不一致之处，尽早防患于未然。

2. 早期警告

工程施工合同文本提出的早期警告条款，是对双方诚信、合作基础上实现项目预期目标的很好措施，建立了风险预警机制。当项目经理或承包人任一方发现有可能影响合同价款、推迟竣工或削弱工程的使用功能的情况时，应立即向对方发出早期警告，而非事件发生后进行索赔。这些事件可能涉及发现意外地质条件；主要材料或设备的供货可能延误；因公用设施工程或其他承包商工程可能造成的延误；恶劣气候条件的影响；分包商未履约以及设计问题等情况。

项目经理和承包商都可以提出召开早期警告会议，并在对方同意后邀请其他方出席，可能包括分包商、供应商、公用事业部门、地方行政机关代表或雇主。与会各方在合作的前提下，提出并研究建议措施以避免或减小早期警告通知的问题影响；寻求对受影响的所有各方均有利的解决办法；决定各方应采取的行动。项目经理应在早期警告会议上对所研究的建议和做出的决定记录在案，会后发给承包商。

在核心条款“补偿事件”标题下规定，项目经理发出的指令或变更导致合同价款的补偿时，如果项目经理认为承包商未就此事件发出过一个有经验的承包商应发出的早期警告，可适当减少承包商应得的补偿。

二、美国 AIA 合同文本

（一）AIA 合同文本简介

美国建筑师学会（AIA）编制了众多的系列标准合同文本，适用于不同的项目管理类型和管理模式，包括传统模式、CM 模式、设计-建造模式和集成化管理模式。

A 系列——雇主与施工承包商、CM 承包商、供应商之间的合同，以及总承包商与分包商之间合同的文本；B 系列——雇主与建筑师之间合同的文本；C 系列——建筑师与专业咨询机构之间合同的文本；D 系列——建筑师行业的有关文件；E 系列——合同和办公管理中使用的文件。

每一系列均包括很多相关的文件，供使用者选择，AIA 施工合同通用条件是施工期间所涉及各类合同文件的基础。

（二）CM 合同

1. CM 合同类型

CM 合同属于管理承包合同，有别于施工总承包商承包后对分包合同的管理。与雇主签订合同的 CM 承包商，属于承担施工的承包商公司，而非建筑师或专业咨询机构。依据雇主委托项目实施阶段管理的范围和管理责任不同，分为代理型合同和风险型合同两类。代理型 CM 合同，承包商只为雇主对设计和施工阶段的有关问题提供咨询服务，不承担项目的实施风险。风险型 CM 合同，要求在设计阶段为雇主提供咨询服务但不参与合同履行的管理，施工阶段相当于总承包商，与分包商、供货商签订分包合同，承担各分包合同的协调管理职

责，在保证工程按设定的最大费用前提下完成工程施工任务。

2. 风险型CM的工作

风险型CM承包商应非常熟悉施工工艺和方法，了解施工成本的组成，有很高的施工管理和组织协调能力，工作内容包括施工前阶段的咨询服务和施工阶段的组织、管理工作。

工程设计阶段CM承包商就开始介入，为设计者提供建议。建议的内容可能包括：将预先考虑的施工影响因素供设计者参考，尽可能使设计具有可施工性；运用价值工程提出改进设计的建议，以节省工程总投资等。

部分设计完成后承包商即可选择分包商施工，而不一定等工程的设计全部完成后才开始施工，以缩短项目的建设周期（采用快速路径法）。承包商对雇主委托范围的工作，可以自己承担部分施工任务，也可以全部由分包商实施。自己施工部分属于施工承包，不在CM工作范围。CM工作则是负责对自己选择的施工分包商和供货商，以及雇主签订合同交由CM负责管理的承包商（视雇主委托合同的约定）和指定分包商的实施工程进行组织、协调、管理，保证承包管理的工程部分能够按合同要求顺利完成。

3. 风险型CM合同计价方式

风险型CM合同采用成本加酬金的计价方式，成本部分由雇主承担，CM承包商获取约定的酬金。CM承包商签订的每一个分包合同均对雇主公开，雇主按分包合同约定的价格支付，CM承包商不赚取总承包、分包合同的差价，这是与总承包后再分包的主要差异之一。CM承包商的酬金约定通常可采用以下三种方式中的一种：按分包合同价的百分比取费；按分包合同实际发生工程费用的百分比取费；固定酬金。

4. 保证工程最大费用

随着设计的进展和深化，承包商要陆续编制工程各部分的工程预算。施工图设计完成后，承包商按照最终的工程预算提出保证工程的最大费用值（GMP）。CM承包商与雇主协商达成一致后，按GMP的限制进行计划和组织施工，对施工阶段的工作承担经济责任。当工程实际总费用超过GMP时，超过部分由CM承包商承担，即管理性承包的含义。对于工程节约的费用归雇主，CM承包商可以按合同约定的一定百分比获得相应的奖励。

约定保证工程最大费用（GMP）后，由于实施过程中发生与CM承包商确定GMP时不一致的情况使得工程费用增加时，可以与雇主协商调整GMP。可能的情况包括：发生设计变更或补充图纸；雇主要求变更材料、设备的标准、系统、种类、数量和质量；雇主签约交由CM承包商管理的施工承包商或雇主指定分包商与CM承包商签约的合同价大于GMP中的相应金额等情况。

常见问题解析

1. FIDIC《施工合同条件》的应用方式有哪些？

【解析】应用方式包括：

（1）直接采用：国际金融组织贷款项目等建设工程项目可直接采用。

（2）部分采用：总承包、分包合同中可部分采用。

（3）修改采用：内容体系大同小异的各国合同条件均可参照并修改采用。

2. FIDIC《施工合同条件》的适用条件是什么？

【解析】FIDIC《施工合同条件》的适用条件为：

（1）各类大型或复杂工程。

（2）主要工作为施工。

（3）业主负责大部分设计工作。

（4）由工程师来监理施工和签发支付证书。

（5）按工程量表中的单价来支付完成的工程量（即单价合同）。

（6）风险分担均衡。

思　考　题

1. 对工程师的地位和权力如何理解？
2. 对于不可预见的物质条件，工程师应如何处理？
3. 分析指定分包商与一般分包商的不同点。

参考文献

[1] 张志勇. 工程招投标与合同管理 [M]. 2版. 北京：高等教育出版社，2015.

[2] 中国建设监理协会. 建设工程合同管理 [M]. 北京：中国建筑工业出版社，2017.

[3] 全国招标师职业资格考试辅导教材指导委员会. 招标采购专业实务 [M]. 北京：中国计划出版社，2015.

[4] 全国一级建造师执业资格考试用书编写委员会. 建设工程法规及相关知识 [M]. 北京：中国建筑工业出版社，2017.

[5] 全国一级建造师执业资格考试用书编写委员会. 建设工程合同管理 [M]. 北京：中国建筑工业出版社，2017.

[6] 李启明. 建设工程合同管理 [M]. 北京：中国建筑工业出版社，2015.

[7] 刘庭江. 建设工程合同管理 [M]. 北京：北京大学出版社，2013.

[8] 标准文件编制组. 中华人民共和国标准施工招标文件（2012年版） [M]. 北京：中国计划出版社，2012.

[9] 王利明，杨立新，王轶，等. 民法学 [M]. 5版. 北京：法律出版社，2017.

[10] 谢华宁. 建设工程合同 [M]. 北京：中国经济出版社，2017.

[11] 高玉兰，江怒. 建设工程法规 [M]. 2版. 北京：中国建筑工业出版社，2015.

[12] 马凤玲. 工程建设法规概论 [M]. 北京：中国建筑工业出版社，2015.

[13] 赵力军. 建设工程合同法律适用与探索 [M]. 北京：中国人民公安大学出版社，2012.

[14] 古嘉谆，陈希佳，吴诗敏. 工程法律实务研析 [M]. 北京：北京大学出版社，2011.

[15] 朱树英. 工程合同实务问答 [M]. 2版. 北京：法律出版社，2011.

[16] 徐占发. 建设法规与案例分析 [M]. 2版. 北京：机械工业出版社，2011.

[17] 宋春岩. 建设工程招投标与合同管理 [M]. 3版. 北京：北京大学出版社，2014.

[18] 李志生. 建筑工程招投标实务与案例分析 [M]. 2版. 北京：机械工业出版社，2014.

[19] 石磊，邢畅，戴大双. 建设工程合同双边道德风险问题研究 [J]. 工程管理学报，2017（1）：123-128.

[20] 陈步佳. 建设工程合同风险成因分析及管控策略 [J]. 赤峰学院学报（自然科学版），2017（6）：59-61.

[21] 李方. 建设工程施工合同效力探析 [J]. 陕西建筑，2016（8）：58-60.

[22] 严伟平. 建设工程施工合同的实施目标新论 [J]. 工程经济，2016（2）：20-22.

[23] 杨静，姚新宇. 建设工程的合同体系 [J]. 施工技术，2015（2）：708-711.